電子情報通信レクチャーシリーズ **A-2**

電子情報通信技術史
―― おもに日本を中心としたマイルストーン ――

電子情報通信学会「技術と歴史」研究会●編

コロナ社

▶電子情報通信学会 教科書委員会 企画委員会◀

- ●委員長　　　　　　　原島　　博（東京大学教授）
- ●幹事　　　　　　　　石塚　　満（東京大学教授）
  （五十音順）　　　　大石　進一（早稲田大学教授）
  　　　　　　　　　　中川　正雄（慶應義塾大学教授）
  　　　　　　　　　　古屋　一仁（東京工業大学教授）

▶電子情報通信学会 教科書委員会◀

- ●委員長　　　　　　　辻井　重男（情報セキュリティ大学院大学学長／中央大学研究開発機構教授／東京工業大学名誉教授）
- ●副委員長　　　　　　長尾　　真（情報通信研究機構理事長／前京都大学総長／京都大学名誉教授）
  　　　　　　　　　　神谷　武志（大学評価・学位授与機構教授／東京大学名誉教授）
- ●幹事長兼企画委員長　原島　　博（東京大学教授）
- ●幹事　　　　　　　　石塚　　満（東京大学教授）
  （五十音順）　　　　大石　進一（早稲田大学教授）
  　　　　　　　　　　中川　正雄（慶應義塾大学教授）
  　　　　　　　　　　古屋　一仁（東京工業大学教授）
- ●委員　　　　　　　　122名

(2004年4月現在)

刊行のことば

　新世紀の開幕を控えた1990年代，本学会が対象とする学問と技術の広がりと奥行きは飛躍的に拡大し，電子情報通信技術とほぼ同義語としての"IT"が連日，新聞紙面を賑わすようになった．

　いわゆるIT革命に対する感度は人により様々であるとしても，ITが経済，行政，教育，文化，医療，福祉，環境など社会全般のインフラストラクチャとなり，グローバルなスケールで文明の構造と人々の心のありさまを変えつつあることは間違いない．

　また，政府がITと並ぶ科学技術政策の重点として掲げるナノテクノロジーやバイオテクノロジーも本学会が直接，あるいは間接に対象とするフロンティアである．例えば工学にとって，これまで教養的色彩の強かった量子力学は，今やナノテクノロジーや量子コンピュータの研究開発に不可欠な実学的手法となった．

　こうした技術と人間・社会とのかかわりの深まりや学術の広がりを踏まえて，本学会は1999年，教科書委員会を発足させ，約2年間をかけて新しい教科書シリーズの構想を練り，高専，大学学部学生，及び大学院学生を主な対象として，共通，基礎，基盤，展開の諸段階からなる60余冊の教科書を刊行することとした．

　分野の広がりに加えて，ビジュアルな説明に重点をおいて理解を深めるよう配慮したのも本シリーズの特長である．しかし，受身的な読み方だけでは，書かれた内容を活用することはできない．"分かる"とは，自分なりの論理で対象を再構築することである．研究開発の将来を担う学生諸君には是非そのような積極的な読み方をしていただきたい．

　さて，IT社会が目指す人類の普遍的価値は何かと改めて問われれば，それは，安定性とのバランスが保たれる中での自由の拡大ではないだろうか．

　哲学者ヘーゲルは，"世界史とは，人間の自由の意識の進歩のことであり，…その進歩の必然性を我々は認識しなければならない"と歴史哲学講義で述べている．"自由"には利便性の向上や自己決定・選択幅の拡大など多様な意味が込められよう．電子情報通信技術による自由の拡大は，様々な矛盾や相克あるいは摩擦を引き起こすことも事実であるが，それらのマイナス面を最小化しつつ，我々はヘーゲルの時代的，地域的制約を超えて，人々の幸福感を高めるような自由の拡大を目指したいものである．

　学生諸君が，そのような夢と気概をもって勉学し，将来，各自の才能を十分に発揮して活躍していただくための知的資産として本教科書シリーズが役立つことを執筆者らと共に願っ

ている．

　なお，昭和55年以来発刊してきた電子情報通信学会大学シリーズも，現代的価値を持ち続けているので，本シリーズとあわせ，利用していただければ幸いである．

　終わりに本シリーズの発刊にご協力いただいた多くの方々に深い感謝の意を表しておきたい．

　　2002年3月

電子情報通信学会　教科書委員会

委員長　辻　井　重　男

まえがき

　行き詰まりや閉そくの状態であっても，極めて独創的に，タイミング良く，かつ適切に，科学技術の発見，発明や未来予測を行うことはなかなか難しい．人の能力には限界がある．その意味で，過去を振り返り，成功と失敗を種々の観点と評価軸で，分析や評価することは助けとなる．そのために，過去の人類の作り出した叡智（技術，製品，システムなどを含め）を資料として記録・保持することは意義がある．その資料を人類の持つ文化遺産の目録といい，歴史資料ともいう．

　日本の技術開発の歴史は欧米に比べて浅い．それでも，日本の開発技術には，「ある期間に産業的に社会的に多大なる貢献をし，その後，別の技術に取って代わられ，使命が終わった技術」，「過去に発明・開発され今も咲き誇っている技術」，また「過去に原理が発明され，最近になって新しい要素技術の開発で実現された技術」など，いずれにしても，厳密な意味での歴史的評価が後日なされるにしても，現時点で歴史に残すべきと思われるものが，通信，光，放送とテレビジョン，情報，エレクトロニクスの技術分野では多々ある．

　今回，本学会の電子情報通信レクチャーシリーズ（教科書委員会委員長：辻井重男）の一巻として，電子情報通信技術史の刊行を企画することが本研究会に依頼された．本研究会では，検討の結果，それらの分野（通信，光，放送とテレビジョン，情報，エレクトロニクスの技術分野）において，おもに日本発のマイルストーンともいうべきトピックスを選択し，執筆者を選定し，できれば，物語的に執筆していただくことを編集方針とした．ここに「おもに日本発の」というのは日本発でないマイルストーンというべきトピックスもいくつか含めるという意味である．分野ごとに，担当委員をおき，その委員を通して，本研究会で選択したトピックスの執筆者に，編集方針のもとでの執筆をお願いした．トピックスの特異性や執筆者の個性もあって，編集上の調整を経ても，トピックス間で，記述に難易度の差が生まれた．それは，多くの個性ある著名な執筆者によるオムニバス的な形式の本に共通する特徴である．また，物語的なものと，そうでないものの割合はおおむね6対1の割合となった．それらは3章～7章に記述される．なお，それらの各章の第1節ではその分野の歴史的な流れを概説し，オムニバス的な形式を補完するように配慮した．

　1章と2章はそれらの前座として準備した．1章では，日本における技術開発がまだほとんどなされなかった時代，1900年頃までの電気，電子，情報通信の技術の歴史展開におけるおもなものについて概観が記述されている．また，2章では，大学の2，3年で習う

「フェーザを用いる回路解析」と「信号処理技術」のそれぞれの歴史について記述されている．

また，付録では，年表を付け，今回取り上げたトピックスの年代的位置づけを示した．

本書は，レクチャーシリーズの一巻であるが，教科書としてよりも，補助資料としての性格が強い．専門科目の学習の際に，ぜひ参考にされることを望む．

最後に，本研究会からの編集上の種々のお願いに対して，難色も示されずに，多大なる協力と努力をしていただいた執筆者各位に深く感謝申し上げる．また，本書の企画・編集に多大なる時間と労力を割いていただいた本研究会の副委員長，委員各位に深く感謝申し上げる．

2006年2月

電子情報通信学会「技術と歴史」研究会

委員長　篠　田　庄　司

幹　事　花　澤　　　隆

「技術と歴史」研究会の名簿

委員長	篠 田 庄 司	（中 央 大 学）
副委員長	石 井 六 哉	（横浜国立大学）
	三 木 哲 也	（電気通信大学）
幹　事	花 澤 　 隆	（Ｎ　Ｔ　Ｔ）
委　員 （五十音順）	伊 藤 紘 二	（東京理科大学）
	石 田 賢 治	（広島市立大学）
	宇 野 　 亨	（東京農工大学）
	大 石 進 一	（早 稲 田 大 学）
	大 宮 知 己	（Ｎ Ｔ Ｔ － Ａ Ｔ）
	河 合 直 樹	（Ｎ　Ｈ　Ｋ）
	菊 野 　 亨	（大 阪 大 学）
	鈴 木 　 寿	（中 央 大 学）
	関 根 慶太郎	（東京理科大学）
	田 中 國 昭	（岐阜県研究開発財団）
	高 田 　 篤	（Ｎ　Ｔ　Ｔ）
	塚 田 啓 一	（元　Ｎ　Ｔ　Ｔ）
	西 　 哲 生	（早 稲 田 大 学）
	橋 本 周 司	（早 稲 田 大 学）
	濱 口 智 尋	（元 大 阪 大 学）
	山 下 榮 吉	（元電気通信大学）
	山 田 昭 彦	（東京電機大学）

(2006 年 2 月現在)

執筆者一覧

まえがき
　篠田庄司（中央大学）
　花澤　隆（NTT）

1章　電気・電子・情報通信技術の誕生
　篠田庄司（中央大学）

2章　電気回路と信号処理──波形を理解し活用する──
　西　哲生（早稲田大学）……………2.1　　石井六哉（横浜国立大学）……………2.2

3章　通　信──時間と距離を越えて──
　三木哲也（電気通信大学）…………3.1　　千葉正人（NECモバイリング）………3.2
　山本平一（奈良先端科学技術大学院大学）…3.3　　山崎泰弘（東海大学）…………………3.4
　坪井利憲（東京工科大学）…………3.5　　安田　浩（東京大学）…………………3.6
　後藤滋樹（早稲田大学）……………3.7　　小西和憲（KDDI）……………………3.7
　榎　啓一（NTTドコモ）……………談話室

4章　光技術──より大量の情報を扱うために──
　島田禎晋（オプトウェーブ研究所）……4.1　　伊澤達夫（NTTエレクトロニクス）…4.2
　伊賀健一（日本学術振興会）………4.3　　長岐芳郎（愛知工科大学）……………4.4
　今村修武（テラハウス）……………4.5　　稲田浩一（フジクラ）…………………談話室

5章　放送とテレビジョン──リアルな臨場感を求めて──
　三宅　誠（NHK）……………………5.1　　泉　武博（放送衛星システム）………5.2
　西澤台次（シャープ）………………5.3　　佐々木誠（NHK）………………………5.4
　谷岡健吉（NHK）……………………5.5　　船田文明（シャープ）…………………5.6
　佐藤史郎（NHK）……………………5.7　　廣田　昭（CCT研究所）………………5.8
　河合直樹（NHK）……………………談話室

6章　情報技術──コンピュータは世界を変える──
　矢島脩三（京都大学）………………6.1　　嵩　忠雄（元　大阪大学）……………6.2
　辻井重男（情報セキュリティ大学院大学）…6.3　　坂村　健（東京大学）…………………6.4
　穂坂　衛（東京大学）………………6.5　　遠藤　諭（アスキー）…………………6.6
　小柳義夫（東京大学）………………6.7　　中村行宏（京都大学）…………………談話室

7章　エレクトロニクス──電子の運動を理解し活用する──
　長谷川伸（元　電気通信大学）……7.1　　菊池　誠（東海大学）…………………7.2
　三村高志（富士通研究所）…………7.3　　舛岡富士雄（東北大学）………………7.4
　山之内和彦（東北工業大学）………7.5　　中島　茂（元　日本無線）……………談話室
　風間保裕（日本無線）………………談話室

付録　日本を中心とした電子情報通信技術史年表
　伊藤紘二（東京理科大学）

編集後記
　花澤　隆（NTT）

（執筆順，所属は執筆当時）

目次

1. 電気・電子・情報通信技術の誕生

1.1　はじめに …………………………………………………………………… 1
1.2　1900年頃までの電気・電子・情報通信技術の歴史展開 ……………… 2
談話室　回路理論の誕生史 ………………………………………………… 9
1.3　おわりに …………………………………………………………………… 15

2. 電気回路と信号処理 —— 波形を理解し活用する ——

2.1　フェーザを用いる電気回路解析から回路合成論の確立へ …………… 17
談話室　1．フェーザの導入 ……………………………………………… 19
　　　　2．フェーザ解析の貢献者の横顔 ……………………………… 20
2.2　ディジタルシグナルプロセッサの歴史 ………………………………… 24

3. 通　　　　　信 —— 時間と距離を越えて ——

3.1　アナログ通信からディジタル通信へ …………………………………… 27
3.2　クロスバ交換機の開発 …………………………………………………… 37
3.3　マイクロ波ディジタル通信の開発 ……………………………………… 47
3.4　G3ファクシミリとその符号化の標準化 ………………………………… 56
3.5　同期ディジタルハイアラーキ（SDH）の標準化 ……………………… 62
3.6　MPEG方式の標準化 —— 情報圧縮技術の必要性 —— ……………… 68
3.7　インターネットの技術と歴史 …………………………………………… 76
談話室　iモードの開発 …………………………………………………… 84

4. 光　　技　　術 —— より大量の情報を扱うために ——

4.1　光ファイバ通信の発展 …………………………………………………… 86
4.2　光ファイバ製造技術の研究開発，そして光回路へ …………………… 95
4.3　半導体レーザ —— 面発光レーザによる変革 —— …………………… 100
談話室　1．レーザの研究 ………………………………………………… 105
　　　　2．半導体はどうして光るか？ ………………………………… 106
4.4　光ファイバの測定技術 —— OTDRによる障害点探索技術 —— …… 106
4.5　光磁気ディスクの開発 …………………………………………………… 112

談話室　光ファイバ融着技術 …………………………………………… 117

5. 放送とテレビジョン ── リアルな臨場感を求めて ──

　　5.1　アナログ放送からデジタル放送へ …………………………………… 119
　　5.2　東京オリンピック衛星中継から
　　　　 衛星放送の実用化・安定化への道 ……………………………………… 125
　　5.3　ハイビジョン …………………………………………………………… 130
　　5.4　地上デジタル放送システム …………………………………………… 136
　　5.5　高感度撮像デバイス …………………………………………………… 141
　　5.6　液晶ディスプレイ ……………………………………………………… 146
　　5.7　プラズマディスプレイ ………………………………………………… 151
　　5.8　家庭用VTR「VHS」 …………………………………………………… 156
　　　談話室　情報バリアフリー放送 ………………………………………… 162

6. 情　報　技　術 ── コンピュータは世界を変える ──

　　6.1　コンピュータの誕生と発展 …………………………………………… 164
　　6.2　符　号　技　術 ………………………………………………………… 169
　　6.3　暗　号　技　術 ………………………………………………………… 175
　　6.4　TRON OS ……………………………………………………………… 181
　　6.5　JRの座席予約システム ………………………………………………… 187
　　6.6　ゲームマシン …………………………………………………………… 192
　　　談話室　アタリショック ………………………………………………… 195
　　6.7　ベクトル形スーパーコンピュータ …………………………………… 198
　　　談話室　パルテノン ……………………………………………………… 204

7. エレクトロニクス ── 電子の運動を理解し活用する ──

　　7.1　真空デバイスから固体・半導体デバイスへ ………………………… 206
　　7.2　トランジスタの誕生 …………………………………………………… 212
　　7.3　HEMTの開発 …………………………………………………………… 217
　　7.4　フラッシュメモリ ……………………………………………………… 223
　　7.5　弾性表面波デバイス …………………………………………………… 228
　　　談話室　大電力マグネトロンの話 ……………………………………… 235

付録 ── 日本を中心とした電子情報通信技術史年表 ……………………… 237
引用・参考文献 ……………………………………………………………………… 244
編　集　後　記 ……………………………………………………………………… 257
索　　　　　引 ……………………………………………………………………… 258

1 電気・電子・情報通信技術の誕生

1.1 はじめに

　筆者が大学院時代に遭遇した二見氏の著書「電気の歴史」[1]†（いまは絶版になっている）は電気の歴史への良いガイドブックであった．その著書が刺激となって，現在まで，機会あるごとに，種々の資料，記録や原典の論文で，大学時代に授業で断片的に得ていた法則発見，定理証明，技術開発などの歴史についての知識を確認し，電気の歴史への関心を深めることになった．

　歴史の本は，過去の人類が作り出した叡智（技術，製品，システムなどを含め）について，いつ，どこで，だれが，なにを，（できれば，どのように），発見，発明，または技術開発したかを記録するもので，できるだけ客観的に記述することが求められるが，根拠とする資料や，著述する個人や集団の観点と評価軸で，その内容に多様性が生まれる．その意味で，歴史の本は個性的である．同じ事項について書かれた歴史の本であっても，記述の違いから，読む人に，「本当はどうであったのか」という疑問を感じさせ，自分で調査してみなければという思いを起こさせ，歴史探求への関心を深めさせることもある．また，機会あるごとに，国内外を問わず，博物館，資料館や図書館で，歴史に記録された個別事項に関しての根拠とする資料との遭遇を求め，それぞれの発想のそれぞれの時代における生々しさに触れることは，次の発見，発明または未来予測への情熱と意気込みを増幅させることにもなる．そのような意味で，歴史の本は過去から未来への道案内役の側面を持つ．

　本章では，1968年以来，筆者が機会あるごとに，国内外の博物館，資料館や図書館で集めてきた種々の情報（論文，資料，本などを含む）をもとに，1900年頃までの電気・電子・情報通信技術の歴史展開におけるおもなものとして，つぎの①〜⑧について概観する．

---

† 肩付き数字は，巻末の引用・参考文献の番号を表す．

① ヴォルタの電池の発明以前
② ヴォルタの電池の発明
③ 電磁気学の基礎法則の発見
　（談話室「回路理論の誕生史」を含む）
④ 発電機と電動機の発明
⑤ 白熱電球の発明
⑥ 電信の発明
⑦ 電話の発明
⑧ 無線通信の誕生

1.2 1900年頃までの電気・電子・情報通信技術の歴史展開

1.2.1 ヴォルタの電池の発明以前

電気・電子・情報通信技術の歴史は1799年のヴォルタ（Alessandro Volta，ボルタともいう）の電池の発明によって大きく動き出すことになった．その発明以前は，「磁石に代表される静磁気」と「摩擦電気に代表される静電気」に関するものであった．

紀元前600年頃には，ギリシャでは磁石と摩擦電気について知られていたといわれている．

また，中国では，西暦200年頃に，水平に回転できるように置かれた棒磁石や磁針は南北を指す（一方が北で他方が南を指す）ことが知られていたといわれている．10世紀頃には，棒磁石の中心を紐でつるしたもの，わらの上にのせた磁針や木製の魚に埋め込んだ磁針を水に浮かせたものは，方位を示すものとして使われていた．それが火薬や木版印刷技術とともに，11世紀頃には，アラビアを経由してヨーロッパに伝わり，13世紀頃には船乗りの間で使われ，改良されていった．1269年，フランスのペレグリヌス（Petrus Peregrinus）による著書（Epistola……de magnete；二見氏の著書では「磁石についての手紙」と訳されている）において，磁石には引力のほかに斥力があることが記述されているということである．

14世紀頃には航海用磁気コンパス（羅針盤）が作られた．「1492年にイタリアのコロンブス（Christophorus Columbus）は，コンパスや，曇りない夜の星を頼りにして，スペインから西への航海を続け，新大陸を発見した」という話は有名である．その頃になると，コンパスで西へ航海すると，地磁気の磁極点と北極点がずれているため，磁針に偏角が生じることや，北へ航海すると緯度が大きくなるほど磁針の先が下に向き，伏角（俯角）も変わることが明らかになってきた．そして，日本で「関が原の戦い」が起こった半年ほど前の1600年3月に，イタリアのギルバート（William Gilbert）によって，磁石について断片的に知られていた知識が20数年かけて科学的な視点からまとめられ，「磁石，磁性体及び大磁石である地球について」（略称，「磁石について」）という著書として刊行された．

他方，静電気については，1660年に，ドイツのゲーリッケ（Otto von Guericke）によって**摩擦起電機**が発明され，摩擦電気の研究が始まった．静電気を蓄える蓄電びんは1746年にオランダのライデン大学のムッシェンブルック（Pieter van Musshenbroek）によって発明された．蓄電びんは，この3か月ほど前にドイツにおいてクライスト（Edward Georg von Kreist）によって発明されていたことが後日明らかになったが，**ライデンびん**といわれている．1752年に米国のフランクリン（Benjiamin Franklin）によって，雷による空中放電とライデンびんの火花放電が似ていることから，雷に向けて凧を上げ，ライデンびんを用いて同じ電気であることが確認され，翌年に，

避雷針が発明されたことはあまりも有名な話である．1753 年にイギリスのキャントン（John Canton）よって静電誘導現象が発見された．1787 年にイギリスのベネット（Abraham Bennet）によって，電気があるかないかを測る感度の良い金箔検電器（びんの中に吊り下げられた金属棒の先端部分に，2 枚の金箔の一端を共通に固定してぶら下げ，電圧が高ければ高いほど，自由な端が大きく「ハの字」に開くもの）が発明された．なお，ベネットの独創性は，1782 年にヴォルタにより考案されていたわら検電器のわら部分の代わりに 2 枚の金箔を用いたところにある．

イギリスのワット（James Watt）によって（回転運動機構による）蒸気機関が発明された 1 年後の 1785 年になって，フランスのクーロン（Charles Augustine de Coulomb）によって，静電気に関するクーロンの法則と静磁気（磁極）に関するクーロンの法則が発見された．前者の法則は，「空間中の二つの荷電体（静電気が帯びた物体）の間に働く力の大きさは，それぞれの荷電体の持つ電荷の積に比例し，荷電体間の距離の 2 乗に反比例する」というもので，後者は「空間中の二つの点磁極間に働く力の大きさは，それぞれの磁極の強さ（磁荷の強さ）の積に比例し，両磁極間の距離の 2 乗に反比例する」というものである．なお，磁極は，磁石の N 極と S 極の一対として存在し，荷電体とは違って，一つの極として取り出すことができない．クーロンは弱い永久磁石と小さな磁針を用いて，磁極を点磁極（点磁荷）とみなして実験を行ったとのことである．その 98 年前の 1687 年 3 月に完成し，同年 7 月に刊行されていたニュートン（Sir Issac Newton）の大著「プリンシピア（Philosohiae naturalis principia mathematica）」において述べられた万有引力の法則が既に知られていたことから，クーロンの法則が発見される頃には，類推で，「荷電体間に働く力や磁極間に働く力は距離の逆 2 乗に反比例する」ことは推察されていたようである．問題はその力をいかに測るかであった．クーロンは，1750 年にミシェル（Johannes Michell）によって磁石の反発力を測るために考案されていたねじばかりを精密なものに改良し，それによって 1785 年に，クーロンの両法則を発見した．ところで，1879 年になってイギリスのマックスウェル（James Clerk Maxwell，マクスウェルともいう）によってキャヴェンディッシュ（Henry Cavendish，キャベンディッシュともいう）によって秘密裏に行われていた研究の遺稿の内容がチェックされた．その結果，クーロンとは全く別の方法で実験が行われ，静電気に関するクーロンの法則がキャヴェンディッシュによって，クーロンの法則発見の 13 年前に，既に発見されていたことが明らかにされた．マックスウェル自身によって，キャヴェンディッシュの方法で実験がなされ，クーロンの法則が ±1％の精度で正しいことが検証されたということである．しかし，現在に至るまで，キャヴェンディッシュの法則とはいわれていない．クーロンの両法則は電磁気学の基礎法則の二つで，その発見は電磁気の歴史の始まりである．

1.2.2　ヴォルタの電池の発明

ヴォルタは，1775 年に電気盆（電気を運ぶ盆）を発明した業績が認められて，1778 年 11 月からイタリアのバヴィア大学（University of Pavia，バビア大学ともいう）の物理学教授となっていた．そのヴォルタによって，1799 年 9 月に，コップの中に塩水を入れ，それに亜鉛板と銅板を互いに接触しないように立てて入れた電池が発明された．（二見氏の著書では，亜鉛板と銀板を用いた電池の原型はヴォルタの生まれたイタリアのコモの博物館に保存されていたが，火災で焼失し，現在は，原型の模型がその博物館に陳列されているとのことである）．その発明は，イタリアのボローニア大学（University of Bologna，1119 年に設立，ヨーロッパ最古の大学）の解剖学教授であったガルヴァーニ（Luigi Galvani，ガルヴァニとかガルバーニともいう）の 8 年前の研究が動

機となってなされた．

　ガルヴァーニが動物電気を発表した頃は摩擦起電機による電気のショック療法などへの応用が試みられていた時代であった．ガルヴァーニは，死んだ蛙の皮をむいた足（脚）にメスを押し付けると蛙の足（脚）がピクピク動く現象を発見し，繰り返し実験した結果，「蛙の体内に電気があって，金属で接触するとその金属を通して電気が流れて，蛙の足（脚）がピクピク動く」と考え，そのような現象を起こす電気を**動物電気**と名づけ，1791年に発表した．その発表は学者の間で珍しい実験として関心を集め，動物電気は**ガルヴァーニ電気**ともいわれた．ところで，ボローニア大学のある地方は1796年からナポレオン（Bonaparte Napoleon）によって占領され，新しい共和国となった．ガルヴァーニは，その共和国に忠誠を示す宣誓を拒否したため，大学を追われ，研究が継続できなくなった．

　ヴォルタは，ガルヴァーニ電気に関心を持ち，ガルヴァーニの研究の追試実験を行い，ドイツのズルツァ（Johann Georg Zulzer）によって既になされていた「一端を接触させた亜鉛板と銅板の多端で舌をはさむと，特有な感覚が感じられる」という観察を考慮し，「ガルヴァーニの実験では，メスを構成する鉄と黄銅の接触作用で電気が発生し，蛙の足は検電器の役割を果たした」と考え，「石墨，金，銀，銅，鉄，すず，鉛，亜鉛の（系列における）任意の二つの異なる板を直接に接触しないように，一端を，コップの中の塩水に立てて入れ，塩水に入れていない端の間を導線で結ぶと，その系列の左側の板から右側の板へ導線を通して電流が流れる」ことを発見し，1799年9月に上述の電池を発明した．ヴォルタの電池発明は，導線に連続的に流れる人工の電流を人類が手にした最初の瞬間であった．

　しかし，興味ある関連話がある．それは，第2次世界大戦の数年前にイラクのバクダードの南西郊外の古代パルティア（Parthian）遺跡で発掘された壺が，ヴォルタの電池と同じ原理の物と考えられ，「バクダード電池」といわれていることである．筆者がこのことに接したのは，1990年頃に文献8)においてであった．その後，バクダードまたはその近郊で学会発表等の機会があったら実物を見てみたいと思っていたところに，この本が企画された．それを機に，実物の確認とそれに関するより詳しい情報収集と思ったが，残念なことに，イラク戦争で実物を見る機会を逸してしまった．インターネット等で，「バクダード電池」とか「古代電池」という項目について調べてみると，どの記事もほぼ同じ内容で，文献8)に紹介されている写真（壺，その中にあった青銅の筒，ならびに，その筒中にあった激しく腐食した鉄棒）とほぼ同じ物（複数発見され，大きさに若干の違いがある）が載せられている．第2次世界大戦後に復元した人がおり，銅の円筒の中に硫酸，酢酸，クエン酸のどれを入れても銅と鉄の間にある大きさの電圧が発生することが確認され，ヴォルタの電池とのつながりに興味が注がれるが，これまでのところ，別の見方をする考古学者も存在し，最終的な結論を得ていない．現時点では，バクダード電池は，古代に生まれ，古代に消えていったことになる．

　ヴォルタは，より大きい電圧の電池の開発を試み，直径10 cmほどの亜鉛と銅の円板状の皿を互いに接触することがないように，両皿の間に塩水をしみこませた紙，布または皮をはさみこませて（または，ろう付けして重ね，中の凹んだところに塩水を入れ，両皿を塩水を介して接触させて），何段にも積み重ねて，「**ヴォルタの電堆**（Voltaic pile）」という電池を発明した．その発明がヴォルタから手紙（図面つき）でロンドンにあるイギリス王立学会（Royal Society in London）の総裁へ知らされた．その手紙が，「異なる種類の金属の接触によって発生する電気について」という論文として，1800年6月に学会で公表された．直後から，反響が大きく，ヴォルタの電池やヴォルタの電堆が作られ，追試実験が行われた．ガルヴァーニ電気とヴォルタの電池について，文

1.2 1900年頃までの電気・電子・情報通信技術の歴史展開

献 1) の pp. 29〜31 のほかに，文献 6) の pp. 47〜51 と文献 7) の pp. 10〜13 などを読まれたい．

ヴォルタの論文の約 3 か月後にイギリスのカーライル（Anthony Carlisle）とニコルソン（William Nicholson）によって陽電極から小さい気泡が発生する現象が確認され，その気泡が水素であることが発見された．更にその約 2 か月後にドイツのリッター（Johann Wilhelm Ritter, リッタともいう）によって，ヴォルタの電池の原理を利用して，水から酸素と水素の遊離（水の電気分解）がなされるとともに，硫酸銅溶液の電気分解で銅の遊離がなされた．また，イギリスのデーヴィ（Sir Humpry Davy, デービーともいう）によって，1807 年には，カリウムとナトリウムの遊離が，その 1 年後には，マグネシウムの遊離がなされた．1833 年には，デーヴィの弟子であるファラデー（Michael Faraday）によって**電気分解の法則**（電気分解で析出される物質の量はその物質の電気化学当量，直流電流の大きさ，その直流電流の流した時間の積となる）が発見された．ヴォルタ自身は電気分解を発見するチャンスがあったが，それを逸した．

また，1809 年にドイツのゼンメリング（Samuel Thomas von Semmering）によって，ヴォルタの電池の陽極から小さい気泡が発生する現象を用い，電気を用いた最初の電信機が発明された．それは，ヴォルタの電堆を用い，受信装置と送信装置の間をアルファベットの文字数だけの電線でつないだものであった．

なお，ヴォルタの電池はヴォルタ自身によって 1815 年に改良され，コップの中に希硫酸を入れ，その中に亜鉛板と銅板を互いに接触しないように立てて入れた電池が考案された．それが一般に，**ヴォルタ電池**とか**ボルタの電池**といわれているものである．本によっては，誤って，この電池が 1799 年とか 1800 年に発明されたと記述されていることに注意されたい．

ヴォルタの電池における分極作用（陽極から水素が発生し，電極の表面に水素の気泡が付着し，しばらくすると電流が流れなくなる現象）は 1803 年頃にはリッターによって確認されていたようであるが，どう対処すれば解決できるか，良いアイデアはなかった．その解決の糸口を作ったのがイギリスのダニエル（John Frederic Daniell）であった．ダニエルは 1836 年に，陽極から発生する水素を酸化剤の硫酸銅で取り除く方法を考案し，電解液に硫酸，陰極に亜鉛，陽極に銅，減極剤に硫酸銅をそれぞれ用いる**ダニエル電池**を発明した．ダニエル電池以降，減極剤の開発が試みられ，いくつかの電池が発明された．1839 年にイギリスのグローヴ（William Robert Grove, グローブともいう）によって，電解液に硫酸，陰極に亜鉛，陽極に白金，減極剤に硝酸をそれぞれ用いる**グローヴ電池**が発明された．また，同年に，グローヴによって，水素と酸素の化学反応で電流が発生することが発見され，ガス電池という燃料電池の可能性が示された．それによって，グローヴは燃料電池の父といわれている．また，1865 年にフランスのレクランシェ（Geroge Leclanche, ルクランシェともいう）によって，電解液に塩化アンモニア，陰極に亜鉛，陽極に炭素，減極剤に二酸化マンガンをそれぞれ用いる**レクランシェ電池**が発明された．それは，後日に，その電解液の塩化アンモニアにでんぷんなどを加え，ゲル化して固め，持ち運び可能なものに改良された．それが現在も利用されている**マンガン乾電池**である．また，1860 年にフランスのプランテ（Gaston Raimond Plante）によって，硫酸の中に一対の鉛板を立て電気分解の実験中に，両極の鉛板に蓄電現象が起きることが発見され，同年，電解液を希硫酸，陰極に海綿状の鉛，陽極に二酸化鉛で覆われた鉛をそれぞれ用いる**鉛蓄電池**が発明された．陰極と陽極のどちらにも鉛を用いているが，陰極の方が陽極よりも電解液に解けやすいという性質を利用したものである．鉛蓄電池は充電の操作で繰り返し使用できる電池で，**二次電池**といわれる．これに対して，ボルタ電池，ダニエル電池，グローヴ電池やレクランシェ電池は，充電によって元の状態にもどせない電池で，**一次電池**といわれる．より優れた電池の開発は現代も最重要の研究課題の一つである．

1.2.3 電磁気学の基礎法則の発見

クーロンの両法則が発見されてから約 36 年経ち，ボルタの電池が発明されてから約 21 年経った 1820 年 5 月に，デンマークのエルステッド（Hans Christian Oersted）によって「**電流の磁気作用**」が発見された．その作用は，電線に電流が流れると電線近くに置いた磁針が揺れる，すなわち電流の流れるコイルは磁石のような作用をするというものであった．その発見後は，電磁気学の基礎法則のうちクーロンの法則（1785 年に既に発見）を除くすべてのものが矢継ぎ早に発見されることになった．なお，筆者がデンマーク工科大学を訪問したとき，その大学がエルステッドによって 1829 年に設立された大学であることを知った．

1820 年 9 月にドイツのポッケンドルフ（Johann Christian Poggendorff）によって長方形に巻いた 1 巻きのコイルの中心に磁針を置いた**電流計**が考案された．また，その直後，ポッケンドルフの同僚のシュヴァイガー（Salomo Chrisoph Schweiger，シュバイガーともいう）によって，電流を一定としコイルの巻数を増加させるか，コイルの巻数を一定とし電流を増加させると，コイルの中心に置かれた磁針の揺れが大きくなることが発見され，その装置はマルチプライヤー（multiplier）といわれた．

ほぼ同じ頃，フランスのビオ（Jean Baptiste Biot）とサバール（Felix Savart）によって（電流の作る磁界に関する）**ビオ・サバールの法則**が発見され，同年 11 月にパリ学士院に報告された．

また，ほぼ同じ頃，フランスのアンペール（Andre Marie Ampere，アンペアともいう）によって，「正電荷の単位時間当りの流れが電流で，その流れる向きが電流の基準の向き」と規定され，電流を測る**アンペール（アンペア）のはかり**と電流計が発明され，「電流の流れている 2 本の電線相互間の反発・吸引作用」が発見された．また，アンペールによって，空心コイルのことが**ソレノイド**といわれ，**アンペール（アンペア）の法則**（磁界の方向に右ねじを回すとねじの進む方向が電流の向きとなるという右ねじの法則）が発見され，両成果は同年 10 月に発表された．なお，導体の電流は電子（負の電荷を持つ）によって引き起こされ，電流の向きは電子の流れと逆であることは，1897 年にイギリスのトムソン（Joseph John Thomson）によって微粒子という名のもと「**電子**」という物理的実体の存在が明らかにされたのちに明らかとなる．電子という用語自体は，1891 年にイギリスのストーニー（Geroge Johstone Stoney）によって，「電子」という物理的実体に対してではなく，電気分解におけるイオンの帯電量を計算し，電気に素量というものがあることが発見され，その素量に対して用いられていた．

1821 年にドイツのゼーベック（Thomas Johann Seebeck）によって，「ヴォルタの異種類金属の接触説が正しいとすれば，電解液はいらないはずである」という考えに従って実験を試み，銅とビスマス（そう鉛）の接触での**ゼーベック効果**（2 種類の金属板の両端部分を接合し，環状とし，一方の接合部を熱すると，両金属を環状に巡回する電流が流れるという**熱電流現象**）が発見された．のちに，電流の巡回する環状回路（装置）は**熱電対**といわれ，発生する起電力は**熱起電力**とか，**ゼーベック起電力**といわれている．1834 年になって，フランスのペルティエ（Jean Charles Athanase Peltier，ペルチエともいう）によって，ゼーベック効果の逆の現象（2 種類の金属板の両端部分を接合し，環状とし，環状に巡回する電流を流すと，二つの接合部の一方の温度が高くなり，他方の温度が低くなり，電流の向きを変えると，二つの接合部での温度の高低が逆転するという現象）が発見され，**ペルティエ効果**といわれている．また，関連したことであるが，1854 年になって，イギリスのトムソン｛William Thomson，あとのケルヴィン卿（Lord Kelvin，ケルビンともいう），絶対温度スケールを導入｝によって，熱電対の熱力学的研究から，1 種類の金属導

1.2 1900年頃までの電気・電子・情報通信技術の歴史展開

線の一端の温度を高く，他端の温度を低くなるように温度差を作り，温度の高い端から低い端の方向に電流を流すと，ジュール熱（抵抗器において電流の2乗と抵抗の積に比例する；談話室「回路理論の誕生史」参照）とは違う熱がその金属の種類によって発生または吸収が起きる（具体的には，銅やアンチモンでは熱の発生が起き，鉄，ニッケル，白金などでは熱の吸収が起きる）という現象が発見された．その熱は電流と温度差の積に比例するもので，電流と温度差の一方を逆にすると，金属の種類によって起きる熱の発生と吸収がそれぞれ吸収と発生に変わる．この現象は**トムソン効果**といわれ，その熱は**トムソン熱**といわれている．トムソン効果とトムソン熱については，文献9)も参照されたい．

1824年にはアンペアの親友であるアラゴ（Dominique Francis Jean Arago）によって**アラゴの円盤**（銅円盤の中心に糸を付け，その円盤が水平になるようにつるし，その円盤の下で，U字形磁石を回転させると，その円盤も回転するという誘導電動機の原理）が発明された．しかし，この現象がなぜ起きるのかについては，1855年にフーコー（Jean Bernard Leon Foucault）によって**うず電流**が発見されるまで解明されなかった．

ドイツのオーム（Georg Simon Ohm）によって，1827年の著書で「導体に加えられた電圧はその電流に比例する」という**オームの法則**の発見が発表され，その比例定数に「修正長さ（英語ではreduced lengths）」という用語が用いられた[10]．その「修正長さ」は，のちに，ロンドンのキングスカレッジ（Kings' College London）の物理教授であったホイートストン（Sir Charles Wheatstone）によって**抵抗**という用語に変更され，同時に，電圧源の**起電力**（electromotive force）という用語もホイートストンによって与えられた[12]．オームの法則関連については，談話室「回路理論の誕生史」を参照されたい．

その2年前の1825年に，イギリスのスタージョン（William Sturgeon）によって，径1cmほどの軟鉄棒にワニス（varnish）を塗って，導線を1層に18回巻いた**電磁石**が発明された．また，1828年にフランスのヘンリー（Joseph Henry）によって，導線をショートしないように多層巻きにした強い電磁石が作られた．また，1830年にそのヘンリーによって，**自己誘導現象**（コイルに流れる電流が時間的に変化するとそのコイルに起電力が誘導される現象）が発見された．

翌年にファラデーによって，エルステッドの発見の逆，すなわち磁気が電流を作るのではないかという観点から，**電磁誘導現象**（環状の鉄心に，隣接して，二つのコイルを多重巻きし，一方のコイルの電流を断続すると，他方のコイルに電流が発生する現象）が発見された．また，ファラデーによって，ほぼ同時に，永久磁石の磁極の間に銅のディスク（円盤）を回転させると，ディスクの軸と端の間に電流が発生することも発見された．しかし，その発生する電流が電池からの電流（直流電流）とは違って交流であり，当時は直流全盛時代であったためか，ファラデーはそれに関心を示さなかったということである．ファラデーの電磁誘導に対して，1834年にドイツのレンツ（Heinrich Friedrich Emile Lentz）によって（電磁誘導による起電力の向きに関する）**レンツの法則**が発見された．1845年にドイツのノイマン（Franz Ernst Neumann）によって，ファラデーの電磁誘導現象が，レンツの法則を考慮して定式化された．その式は，**ノイマンの法則**ともいわれているが，この電子情報通信レクチャーシリーズの後藤尚久による電磁気学の著書も含め，**ファラデーの電磁誘導の法則**ということが多い．

1845年に，ノイマンの法則を与えたノイマンの学生であったキルヒホッフ（Gustav Robert Kirchhoff，キルヒホフともいう）によって電圧源と抵抗器からなる集中定数回路について**キルヒホッフの電流則**（**第一法則**ともいう；現代的表現では，回路の各節点について，その節点から出る枝の電流に＋の符号を，その節点に入る枝の電流に－の符号を付け，その総和を求めると0となる）と

電圧則（**第二法則**ともいう；現代的表現では，回路の各閉路について，その閉路に正の向き（順向き）に含まれる枝の電圧に＋の符号を，その閉路に負の向き（逆向き）に含まれる枝の電圧に－の符号を付け，その総和を求めると0となる）が定理として導入され，特に電圧則については証明が与えられた．キルヒホッフによって2年後の1847年に，電圧源と抵抗器からなる集中定数回路の回路方程式を連立して電流分布を求める方法が確立された．詳しくは，後述の談話室「回路理論の誕生史」を参照されたい．

　1864年にはイギリスのマックスウェルにより，それまでに得られている電磁気学の法則が，ファラデーの「場」の考えに従い数学的に整理され，マックスウェルの理論としてまとめられ，それが正しいならば「**電磁波**というものが存在するはずである」と予想された．実際に電磁波の存在が確認されたのは，24年後の1888年におけるドイツのヘルツ（Heinrich Rudolf Herz）による実験であった．ヘルツとイギリスのヘヴィサイド（Oliver Heaviside，ヘビサイドともいう）によってマックスウェルの理論を「場」の考えの徹底という意味で，更に体系的に整理することが試みられ，ヘヴィサイドによる1892年と1894年の論文[27),28)]で，マックスウェルの理論がCGS有理単位系で整理された．文献1)等によると，ヘルツは1894年1月1日に不幸にして虫歯から敗血症となり，37歳の若さで死亡したということである．その後，イギリスのローレンツ（Hendrik Antoon Lorentz）などの手を経て，現在では，マックスウェルの理論は最終的にMKS単位系で

$$\mathrm{rot}\,\boldsymbol{H} = \boldsymbol{i} + \frac{\partial \boldsymbol{D}}{\partial t} \tag{1.1}$$

$$\mathrm{rot}\,\boldsymbol{E} = -\frac{\partial \boldsymbol{B}}{\partial t} \tag{1.2}$$

$$\mathrm{div}\,\boldsymbol{D} = \rho \tag{1.3}$$

$$\mathrm{div}\,\boldsymbol{B} = 0 \tag{1.4}$$

（ここに，$\boldsymbol{H}$：磁界，$\boldsymbol{D}$：電束密度，$\boldsymbol{i}$：電流密度，$\boldsymbol{E}$：電界，$\boldsymbol{B}$：磁束密度，ρ：電荷の空間密度）の形の方程式の組で表されることとなった．現在，この式(1.1)～(1.4)を**マックスウェルの方程式**といい，$\partial \boldsymbol{D}/\partial t$ を**変位電流**という．電磁気学の諸法則はマックスウェルの方程式から演繹される．

　1893年4月の米国電気学会論文誌に，エジソン（Thomas Alva Edison）の弟子からハーバード大学の教授になったケネリー（Arthur Kennelly）によって，「インピーダンス」という表題の論文が発表された．その論文で，正弦波交流電源，コイル（インダクタ），コンデンサ（キャパシタ）を含む正弦波定常状態にある回路の取扱いに対して，虚数単位 $\sqrt{-1}$ を用い，インダクタンス l のインダクタを抵抗が複素数の $pl\sqrt{-1}$（ただし，$p = 2\pi f$）である抵抗器とみなし，キャパシタンス k のキャパシタを抵抗が複素数の $-\sqrt{-1}/pk$ である抵抗器とみなし，複素数域での枝特性とキルヒホッフの法則を考えることによって，抵抗器，コイル，コンデンサを組み合わせた結線構造の回路の計算を，抵抗回路のように，代数的に処理できることが明らかにされた．このケネリーは1899年にΔ-Y変換とその双対（Y-Δ変換）の公式を導いた人でもある[23)]．ケネリーの論文の4か月後の1893年8月の第5回国際電気会議（シカゴで開催）で，GE社（General Electric Co.）の技術者であったシュタインメッツ（Charles Proteus Steinmetz，スタインメッツともいう）によって，「複素量とその電気工学における利用」という表題の論文[29)]が発表された．その会議のときに，複素平面表示におけるベクトルの回転方向を反時計式にすることがシュタインメッツの提案で決まったということである．また，シュタインメッツによって，引き続き，1894年のアメリカ電気学会論文誌に「リアクタンス」という表題の論文[30)]が発表された．シュタインメッツの両論文は，ケネリーの成果を含むもので，正弦波交流の実効値の概念が導入され，正弦波交流回路の計算

に複素数を用いる方法とそれを支える理論が完成された[31]．

なお，レイレイ（Load Rayleigh，レイリーともいう）の音響に関する著書[26]の p. 449 には，電流 x が調和的で，$\exp(ipt)$ に比例する限り，電位差 V との間に

$$V = (a_1 + ia_2)x \tag{1.5}$$

が成り立つことが示されている．ただし，電気電子工学の分野では，i が電流の変数として用いられることから，混同しないように $j = \sqrt{-1}$ が用いられるが，ここではレイレイの著書どおりに $i = \sqrt{-1}$ を用いておく．また，$p = 2\pi f$ で，抵抗 R の抵抗器，インダクタンス l のコイル，キャパシタンス k のコンデンサの直列接続に対して

$$a_1 = R, \quad a_2 = pl - \frac{1}{pk} \tag{1.6}$$

であることが示されている．しかし，レイレイの著書のケネリーやシュタインメッツとの関係は不明である．これ以上の内容については，2 章を参照されたい．

1895 年に，マックスウェルの信奉者であったローレンツ（Hendrik Antoon Lorentz）によって，磁束密度 $\boldsymbol{B}$ が速度 $\boldsymbol{v}$ の電荷 q に及ぼす力 $\boldsymbol{F}$ が

$$\boldsymbol{F} = q\boldsymbol{v} \times \boldsymbol{B} \tag{1.7}$$

と表されること（**ローレンツの法則**という）が示された．ここで×の記号はベクトルの外積を意味する．この力は**ローレンツ力**といわれ，いくつかの電磁気学の著書では，ローレンツ力からビオ・サバールの法則が導かれ，ビオ・サバールの法則からアンペールの法則が導かれ，アンペールの法則からストークス（George Gabriel Stokes）の定理を考慮してマックスウェルの式(1.1)が導かれることが説明されている．

また，マックスウェルの式(1.2)は，ファラデーの電磁誘導の法則からストークスの定理を考慮して導かれる．マックスウェルの式(1.3)と式(1.4)は静電気と静磁気に関するクーロンの法則からガウスの法則を考慮して導かれる．このような関係を念頭に置くと，電磁気学についての理解が鳥瞰（かん）的に深まる．

☕ 談 話 室 ☕

回路理論の誕生史

ドイツのオームは，ポッゲンドルフのアドバイスに従い，電源としてゼーベック効果（熱電対）を用いて実験を行い，「導体に加えられた電圧はその電流に比例する」という**オームの法則**の発見を 1827 年の著書で発表した．オームはその比例定数に「修正長さ（英語では reduced lengths）」という用語を用いたが，後にホイートストンによって抵抗という用語に変更された．オーム自身は，長さと断面積の違う導体について実験し，その比例定数の概念がその導体の長さに比例し，断面積に反比例することを発見していることから，その比例定数に「修正長さ」という用語を用いたと推察される．以下の記述では，オームまでさかのぼって「修正長さ」を用いるのではなく，抵抗という用語を用いる．

そのオームの業績は文献 10 で発表されたが，14 年後の 1841 年にイギリス王立学会によって認められ，賞が贈られるまでは，ドイツでは，時代背景もあってか認められなかった．新訳ダンネマン大自然科学史〈復刻版〉（ドイツのフリードリヒダンネマンの『発展と関連から見た自然科学』(Friedrich Dannemann, Die Naturwissenschaften in ihrer Entwicklung und ihrem Zusammenhange, 2 Auflage, Leipzig, 1920-1923) 全四巻の安田徳太郎訳・編；三省堂，2002 年）の 7 巻目の p. 175 に，内容的には，「1800 年に水から酸素と水素の遊離（水の電気分解）を行ったドイツのリッターによって，1805 年に，オームの法則の内容が定性的ではあるが言及され，その言及が，オームによって 1827 年に一般的な形で定式化された」と，述べられている．オームの法則発見に，リッターの言及がどのように関係し

たかは不明であるが，フーリエ（Jean Baptiste Joseph Fourier）の熱伝導や流体の研究が影響を与えたことは有名である．

オームの法則が導入された頃には，電流を流し続けると導線が熱くなる現象は既に知られていたが，オームはその温度によって抵抗が変化することには気づかなかった．それを発見したのは1838年にロシアのレンツであった．また，1840年にジュール（James Prescott Joule）によって，**ジュールの法則**（電流によって発生する熱量は電流の2乗に比例し，抵抗に比例する）が発見された．

1843年頃は，オームの法則の適用で，直列接続，並列接続または直並列接続を結線構造とする抵抗回路の合成抵抗を計算することができたが，非直並列接続を結線構造とする抵抗回路の合成抵抗を計算することはできなかった．そのようななか，1833年にクリスティ（Samuel Hunter Christie）によって与えられていた「異なる線の抵抗を比較するブリッジの考え[11]」に着目し，1843年にホイートストン（Sir Charles Wheatstone）によって，抵抗測定装置についての論文[12]が発表された．その測定装置は**ホイートストンブリッジ**といわれている．文献13)はこの頃の歴史事項を確認する意味で参考となる．

結線構造が直並列であるか，非直並列であるかに関係なく，抵抗回路の電流分布を記述する方程式が定式化されるとともに，非直並列接続を結線構造とする抵抗回路の合成抵抗の計算法が確立されたのは，ノイマンの弟子であった学生のキルヒホッフの1845年と1847年の論文であった．1845年のキルヒホッフの論文[14]は，ノイマンの演習問題に対して提出されたレポートが，ノイマンの手を経て，次の形の論文として公表された．

Ueber den Durchgang eines elektrischen Stromes durch eine Ebene, insbesondere durch eine kreisförmige（円形の平板を流れる電流の分布について）; von Studiosus Kirchhoff, Mitglied des physikalishen Seminars zu Konigsberg, Poggendroffs Annalen der Physik und Chemie, **64**, pp. 497〜514, (1845).

この論文の最後の2ページ，それも補足（注）部分において，**キルヒホッフの電流則**（Kirchhoff's current law）とか第一法則といわれているものが1番目の定理として証明なしで与えられ，**キルヒホッフの電圧則**（Kirchhoff's voltage law）とか第二法則といわれているもの（当時は，オームの法則が組み込まれていた）が2番目の定理として証明されている．この両定理を利用して，非直並列接続の結線構造を持つホイートストンブリッジの平衡条件が導かれた．また，その論文では，著者がStudiosus Kirchhoff（学生キルヒホッフ）と書かれている．それは論文の著者表記としては例外的で，ノイマンの手を経たことが明らかになっている．ここに，集中定数回路の記述方程式は枝特性（オームの法則を含む），キルヒホッフの電流則の方程式，キルヒホッフの電圧則の方程式の組であることを考えると，回路理論の誕生は1845年となる．

キルヒホッフの1847年の論文[15]は，抵抗器と直流電圧源からなる一般的な結線構造の回路の電流分布がどうなるかを特徴づけたものである．その論文では，「二つの枝について，第一の枝の起電力による第二の枝の電流は，第二の枝の起電力として第一の枝と大きさの等しい起電力を加えたときの第一の枝の電流に等しい」という「枝相互間の伝達抵抗の対称性」についても述べられている．なお，対称性や相反性（可逆性）の概念が回路のどのような性質の反映かは，後日に明らかになる[29]．更に，その論文では，文献19)においてヴェブレン（Oswald Veblen）が指摘しているように，グラフ理論（トポロジー）的概念が種々導入され，その論文はのちにポアンカレ（Henri Poincare）による組合せトポロジーの構築の基礎となった．キルヒホッフの論文の結果，回路の枝の電流や電圧が回路の位相幾何学的（グラフ理論的）性質に関係して特徴づけられることが明らかになったことから，1902年と1904年のフォイスナー（W. Feussner）の論文[24],[25]では，木集合のグラフ理論的展開式（フォイスナーの原理という）について考察がなされている．

キルヒホッフによって，1845年と1847年の論文のほかに，1848年にも，抵抗器と直流電圧源からなる一般的な結線構造の回路に関する第三の論文[16]が発表されている．その論文はほとんど引用されることはないが，そこでは，1853年にヘルムホルツ（Hermann Ludwig Fedinand von Helmholtz）[20]によって重ね合わせの原理を用いて証明され，1883年にテブナン（Leon Charles Thévenin）[21]によって再発見された等価電圧源定理が制限された仮定のもとで与えられている．

ところで，電池の端子電圧Vと電流Iの間の関係が$V = E - RI$と表されるということは，キルヒホッフの1845年の論文では，実験式であるにせよ，既に既知として扱われている．その式で，$I = $

0としたとき，すなわち電池に何も接続しないとき $V = E$ となり，電池の端子電圧（開放電圧）が E となる．また，$V = 0$ としたとき，すなわち電池の両端を短絡したとき，$I = E/R$ の短絡電流が流れる．このことから，抵抗 R は開放電圧を短絡電流で割ったものとなる．この事実は，電池に限らず，2個の端子を持つ回路を一つの枝としてみたとき，その電圧-電流特性が1次式で表される場合には，通称テブナンの定理の内容がほぼ自明であることを意味している．この1次式で表される場合とは，別の言い方では，その回路が線形集中定数抵抗回路である場合ということができる．以上については文献18)も参照されたい．

　イギリスのマックスウェルによって1877年に初版，1894年に第2版が出版された有名な著書「電気と磁気に関する専門書（Treatise on Electricity and Magnetism）」[22]において，キルヒホッフの電圧則の代わりに，キルヒホッフがその証明の前提とした「枝電圧を節点電位で表す式」（節点変換）が用いられ，節点解析という回路解析の方法が示された．抵抗器と直流電圧源からなる直流抵抗回路の基礎理論はオーム，キルヒホッフ並びにマックスウェルによって築かれたといえる．

1.2.4　発電機と電動機の発明

　1832年にフランスのピキシー（Hippolyte Pixii）によって，コイルを巻いた軟鉄と永久磁石を用い，コイル側を固定し，永久磁石側を軸回転させたとき，ファラデーが観測したようにコイルの両端に交流電流が発生するが，永久磁石の半回転ごとにコイルの接続を反転させるスイッチ（整流子）を用いると，その発生する交流電流を常に一方向に流れる電流に変換できることから，**手回しの磁石式直流発電機**が発明された．しかし，実用性の面では，その発電機の出力を大きくするための工夫が必要であった．この発電機の図は，例えば，文献1)の p. 140 の図4.1や文献6)の p. 120 の図3.26を参照されたい．

　何人かの挑戦を経て，1856年にドイツのジーメンス（Ernest Werner von Siemens）によって，誘導起電力を発生する複T形電機子が発明され，複T形発電機が発明された．また，1866年にジーメンスによって，電磁石の励磁コイルと整流子を直列接続させた直巻の**自励式直流発電機**が発明された．それは最初の実用的な直流発電機の発明であった．この発電機は**ダイナモ発電機**（dynamo-electric machine）と呼ばれた．なお，当時，ワイルド（Henry Wilde）が電機子の回転運動によって生じる電気をダイナモ電気（dynamo electricity）といい，ジーメンスらもダイナモ発電機というようになったということである．また，ほぼ独立に，ホイートストンによって，電磁石の励磁コイルと整流子の直列接続を並列接続に変えた**分巻自励式直流発電機**が発明された．このホイーストンの直流発電機は，ジーメンスの直流発電機とは違って，出力電圧が一定であることから，白熱電球に適していたこともあり，電灯用電源として用いられた．なお，直巻と分巻の違いを示す図は，例えば，文献3)における図6.8の1（a）と（b）の概略図を参照されたい．これが自励式の直流発電機の発明史である．

　1870年にフランスのグラム（Zenobe Theophile Gramme）によって，ジーメンスの自励式が取り入れられ，環状巻線法を用いた実用的な直流発電機が開発された．その発電機が1873年のウィーン万博に出品されたとき，手違いで，その発電機に直流電流が外部から流され，その発電機が突然に回転し始めたことから，「発電機と電動機が同じ構造である」ことが発見されたことは有名な話である．

　交流発電機は直流発電機の整流子を集電子（スリップリング）に代えることによって得られる．1880年代になると，交流の電圧と電流を扱う発電機，電動機，変圧器の技術開発が活発となった．1882年にイギリスのギップス（John Dixson Gibbs）とフランスのゴラール（Lucien Gaulard）に

よって変圧器が発明された．その変圧器が，その3年後の1885年に，米国のウェスチングハウス（George Westinghouse）の技術顧問であったスタンレー（William Stanley）によって実用的なものに改良された．ウェスチングハウスは，その変圧器の改良を受けて，交流送配電が可能であると考え，電力送配電事業のためのウェスチングハウス社を1886年に設立した．

1884年に米国に移住し，エジソンの会社で働いていたテスラ（Nikola Tesla）によって，1887年に2相回転磁界を用いた交流発電機と交流電動機（誘導電動機）が発明された｛文献6)のp. 161の図4.26を参照｝．エジソンが交流ぎらいであったため，テスラは2相交流発電機の特許をウェスチングハウス社に売り渡し，自分もウェスチングハウス社に移った．テスラの送電方式は4線式の2相交流結線方式であった．3相回転磁界を用いた交流電動機（誘導電動機）と交流発電機は，ドイツのドブロヴォルスキー（Dolivo Dobrowolsky，ドブロウォルスキーともいう）によって，1889年に発明され，続いて3相交流変圧器が作られ，翌1890年に4線式の3相交流結線方式が考案された．その方式は1891年のフランクフルトでの国際電気技術博覧会において公開実験され，その結果，3相交流送電が直流送電よりも優れており，単相交流や2相交流の送電よりも有利であるということになった．文献6)のpp. 160〜163，並びに文献7)のp. 59と，p. 68も参照されたい．これが3相交流の発電機，電動機，送電方式の発明史である．

東京電力の「電気の史料館」[†]には，電気の歴史が紹介されているだけでなく，日本における電力事業と関連した種々の機器が展示されている．一度は訪問されるとよい．

1.2.5 白熱電球の発明

ヴォルタの電池の発明後，1815年にイギリスのデービー（Sir Hummphy Davy）によってヴォルタの電池で炭素アーク灯を点灯する実験がなされた．アーク灯は輝度が高すぎるとか，経済的でないという問題があったが，明るい照明光源として，工場照明などで用いられた．

白熱電球の発明については，文献6)のp. 140や文献7)のp. 52にも記載されているが，1874年に，ロシアのロドギン（Alexandre de Lodyguine；ロドゥギンともいう）によってフィラメントに炭素棒を用いる白熱灯が発明され，事業化が試みられたが，実現されなかった．しかし，ロドキンの白熱灯は欧米で注目を集めた．1878年になって，イギリスのスワン（Sir Joseph Swan）によって，電球の内部に付着しているガス（炭酸ガス，窒素，酸素，水素など）の処理法が工夫され，炭素フィラメントを用いた白熱電球が発明されたが，特許が出されなかった．

白熱電球の特許は1879年にエジソンによって取られ，白熱電球の発明者はエジソンということになった．エジソンの白熱電球のフィラメントとしては当初白金が用いられたが，1879年の秋にはフィラメントとして炭化された木綿系が用いられ，1882年からはフィラメントとして竹を炭化させたもの，特に日本の竹を炭化したものが用いられたことは有名な話である．1880年にスワンによって，電球内部のガスの排気処理法と木綿糸を利用した炭素フィラメント製造法の特許が取られたことで，その特許とエジソンの1879年の特許との間で訴訟問題が発生したが，1883年に和解が成立し，エジソンとスワンは共同で電灯会社を作った．それはラングミュア（Irving Langmuir）によってガス入りタングステン電球が発明される約10年前のことである．文献3)のpp. 51〜56，文献6)のpp. 139〜143ならびに文献7)のpp. 50〜55も参照されたい．

[†] 〒230-8510 横浜市鶴見区江ヶ崎町4-1；JR南武線「尻手駅」より徒歩15分

1.2.6　電信の発明

　1809年になされたゼンメリング（Samuel Thomas von Semmering）による「電池を用いた通信実験」に関心を持っていたドイツ駐在のロシアの外交官シリング（Pavel Pavlovich Schilling）によって，1820年にエルステドが発見した「電流の磁気作用」をヒントに，1831年に電磁式電信機が発明された．それは，6個の磁針を用いるもので，コイルに電流が流れるとコイルの上につるした磁針が揺れ，電流が流れないと磁針は揺れないというもので，一つの磁針は呼出し用，残りの5個の磁針は，（揺れる，揺れないのどちらかであるから）2^5，すなわち32種類の字を表示するものであった．そのシリングの発明はロシアやその近隣国での実験にとどまり，実用化までには至らなかった．それを実用化までに至らしめたのは，シリングの実験をドイツで見たイギリスの退役軍人のクック（William Forthergill Cooke）と，クックに相談を持ち込まれたホイートストンであった．この2人によって，1837年に，だれにでも通信文字が読み取れる文字指示形5針電信機が考案され，電信会社が設立された．

　米国では，同年の1837年に，ニューヨーク大学の美術教授モールス（Samuel Fintey Breese Morse）によって電信機が発明された．モールスは，フランスとイタリヤへ美術の研究で出かけた帰りの船の中で，1823年にイギリスのスタージョン（William Sturgeon）によって発明されていた電磁石の話を聞き，電信機を作ることを思いつき，モールス符号の構想をまとめたといわれている．**モールス符号**は短点と長点を組み合わせた符号で，印刷屋でよく使用される活字には簡単な組合せを割り当て，あまり使用されない文字には複雑な組合せを割り当てるものである．

　ところで，日本では，1850年に信州松代藩士の佐久間象山によって蘭学（オランダの書物）をもとに，電信機と電池が作られ，松代で実験された．米国のペリー（Matthew Calbraith Perry）が1854年（黒船で浦賀沖に現れてから1年後）に和親条約の交渉のため江戸湾に入港した折に，幕府への献上のためモールス電信機が持ち込まれ，横浜で電信線を張って公開実験がなされた．そして，1870年に東京―横浜間の電信工事が完成し，翌年に日本のモールス符号が作られた．しかし，残念なことに，文字の使用頻度が考慮されなかった．技術開発上注意すべき教訓である．

　モールスらは1843年に米国政府から3万ドルの支援を受け，1845年1月1日にワシントン-ボルチモア間に実用通信を完成させ，電信会社を設立した．1856年になって，モールスはウエスタン・ユニオン電信会社を設立し，その10年後の1866年には，欧州と米国を結ぶ大西洋横断海底ケーブルを敷いた．これが電信の発明史の概観である．

1.2.7　電話の発明

　モールス符号による電信の代わりに，電線で音声を電気的に送る電話機（送話器と受話器を持つ）は1860年にドイツの物理学者ライス（Johann Philipp Reis）によって発明され，telephoneと名づけられていたが実用化されなかった．米国では，シカゴの工場主のグレー（Elisha Gray）と，グレーが1874年に行った「電池をつないだ電磁石を手でなぜると音が発生する実験」にヒントを得たボストン大学のベル（Alexander Graham Bell）によって，独立に電話機が発明され，1876年2月14日に，米国の特許庁に特許申請が出された．しかし，長い法廷闘争の結果，ベルの特許申請の方が2，3時間早かったこともあって，2人の電話の原理は異なっていたが，ベルのみが特許権を取得した．これには「神の微笑がもし逆だったらどうであったか」という想いを起こさせる．文献6)のpp. 84～86ならびに文献7)のpp. 40～41も参照されたい．

ベルは 1877 年にボストンに自分の電話会社を設立した．同年にエジソンがベル電話機の送話器よりも性能が良い炭素送話器を発明した．ベル電話会社はその翌年にヒューズ（David Edward Hughes）よって発明された「エジソンの送話器よりも性能の良い炭素マイクロホン送話器」の特許を買い取った．エジソンとの間でもめごとがあったが，結果的にはベルは経営を固めることとなった．ベルとグレー，ベルとエジソン，エジソンとスワンなどの訴訟問題からも，特許をいかには早く出すか，他人の取った良い特許をいかにタイミング良く手に入れるかがビジネスには重要であることを示し，そこには，ベンチャービジネス（start-up business の日本語で，そのビジネスへの投資（capital）は，成功するか失敗するか分からないから，冒険的（venture）であるという意味で作られた日本語）を始める場合の教訓がある．

電話が実用的になるためには複数の電話機のうち，任意の送信側と受信側の電話機を接続する方法が必要であった．1880 年頃には，送信側と受信側の電話機を交換手が（プラグの差し込みで）接続する手動式電話交換方式の交換機が実用化された．そして，アメリカの葬儀屋のストロージャー（Almon Brown Strowger）によって，1889 年に最初の自動式電話交換機が発明され，1891 年に特許が取られた．「なぜ葬儀屋が？」と話題になるが，「電話交換手が加入者から葬儀の依頼を受けるといつもストロージャーでなく他の葬儀屋に仕事を回すので，なんとか電話交換手を通さないで加入者から直接仕事を受けられないかと考え，結果として，自動式電話交換機が発明された」ということである．「必要は発明の母である」という格言を感じさせる出来事である．

以上が電話の発明史の概観である．

1.2.8　無線通信の誕生

1864 年にイギリスのマックスウェルによって，理論的に「電磁波というものが存在するはずである」と予想された．それから 24 年経った 1888 年に，電磁波の存在が，ドイツのヘルツ（Heinrich Rudolf Herz）によって実験で確認された．

1890 年に，フランスのブランリー（Edouard Branly）によって「ガラス管の中にばらばらの状態で入れられたニッケルの粉末は直流では電流を流さないが，高周波では互いに密着（コヒーラ）して電流を流すという現象」が発見された．1894 年にイギリスのリバプール大学教授のロッジ（Sir Oliver Joseph Lodge）によってコヒーラ検波器が作られた．

1895 年になって，イタリアのマルコーニ（Guglielmo Marconi）は電磁波を利用して，無線通信を可能にした．マルコーニは，ヘルツの実験装置に着目し，送信アンテナを立て，その地面側を接地し，受信アンテナの高さを送信アンテナと同じ高さにし，その受信アンテナの地面側にコヒーラ検波器を接続し，導線で接地し，送信アンテナと受信アンテナの間を 1 700 m とする無線電信の実験に成功した．マルコーニはイタリアで無線通信の実用化を考えたが，当時イタリアでは有線通信用の電線や海底ケーブルが設置されていて，一応通信網が確立されていたこともあって実現されなかった．それで，マルコーニはイギリスに渡り，イギリス政府の支持を得て 1896 年 6 月 2 日に無線電信の特許を獲得し，イギリスでの公開実験を繰り返し行い，1897 年にロンドンに無線電信会社を設立した．マルコーニは 1899 年に，その 1 年前にロッジによって原理が明らかにされた同調回路（特定の周波数の電波を能率よく選ぶ回路）を，マルコーニの無線機に組み込み，無線機の能力を向上させた．マルコーニは無線機を使って，イギリス，フランス，イタリア，アイルランド，ベルギー，カナダに無線局を開設し，無線通信を成功させた．特に，1901 年 12 月 12 日のイギリス・カナダの大西洋横断無線通信実験の成功は歴史的イベントであった．

ところで，ロシアの水雷学校の教師であったポポフ（Aleksander Popov）も1895年5月7日に，独立に，ヘルツの実験とロッジのコヒーラ検波器を組み合わせて受信装置を作り，ペテスブルク大学で公開実験をした．そのわずか2年後の1897年に無線局を作り，無線による送受信を行うとともに，軍艦間での無線通信に成功したが，無線通信の研究に専念できないまま，ロシア革命の最中の1906年に死亡した．文献3)のpp. 100〜102と図8.1ならびに文献6)のpp. 216〜218に興味ある記述がある．マルコーニとポポフはともに，しかし別々に，無線通信の発見に至ったが，アンテナを最初に発見したということで，マルコーニが無線通信の父といわれている．1909年に，マルコーニは，1897年にブラウン管を発明したドイツのブラウン（Karl Friedrich Braun）とともに，ノーベル賞を受賞した．

日本で，1885年に，志田林三郎らによって隅田川をはさんで送受信間を導線で結ぶことなく通信する実験に成功している（文献33, 34)を参照）．それは，電波によるものでなく，電磁誘導によるものであったと思われるが，マルコーニやポポフの実験の10年前，ヘルツの実験の3年前であったことに注目すべきである．また，1897年になって，マルコーニやポポフの実験の情報を得て，日本の電気試験所で無線通信の研究が開始された｛文献3)を参照｝．

「電磁波は光波と同じく直進するから地球の反対側では無線通信ができないはずであるが，実際には地球を半周したところと通信できる」ことから，ケネリー（Arthur Kennelly）によってそれについて研究がなされ，1902年3月の論文で電離層の存在が推論された．それとは独立に，イギリスのヘヴィサイドによっても1902年6月の論文で電離層の存在が推論された．その電離層の存在の確認は1924年にイギリスのアップルトン（Sir Edward Victor Appleton）とバーネット（M. F. Barnett）によって実験的になされた．論文は1825年の有名な論文誌Natureに載せられているが，バーネットのフルネームは他の文献等でも確認できない．アップルトンは1947年に電離層の発見でノーベル賞を受けている．現在では，電離層は長波を反射する層（D層：約80 km），中波を反射する層（E層：約100 km；夜間には電波を反射する電子の密度が薄くなる），短波を反射する層（F層：約200 km）の3重層であることが判明している．

1.3 おわりに

1900年代に入ると，電気・電子・情報通信技術分野における発見，発明や技術開発は欧米において更に加速していく．しかし，日本においては，最近の20〜30年を除くとわずかであった．第2次世界大戦前までの約40年間には，1912年の鳥潟右一，横山英太郎，北村政治郎によるTYK式無線電話の発明，1916年の本多光太郎による強力磁石鋼（KS鋼という）の発明，1925年の八木秀次と宇田新太郎による八木・宇田アンテナの発明，1927年の高柳健次郎による電子式テレビジョンの実験成功，1930年の加藤与五郎と武井武によるフェライトの開発[35]，1932年の古賀逸策によるRカット水晶振動子の発見[36]，1932年の松前重義による無装荷ケーブルの発明，1938年の日本電気の中嶋 章によるブール（Boole）代数の継電器回路（スイチング回路，論理回路）への応用，1940年の岡田幸雄と藤本 栄による情報量についての考察[37]などが目につく程度であった．なお，岡田・藤本の情報量は，1928年のハートレー（Robert von Louis Hartley）によって導入

された情報量の定義（周波数帯域幅と通信時間の積）や，1948年にシャノン（Claude Elwood Shannon）によって「通信の数学的理論」において導入された確率統計的な内容を持つ情報量の定義とは違うが，注目される考察である．

また，戦後約20年間の日本における貢献は本学会の50周年史[39]や文献[40]に一部記述されているが，基本的には欧米での発見や発明の利用と開発技術の導入・改良の時代であった．そして，最近の約30年において，やっと，本学会の75周年史[41]，本学会の会誌に組まれた特集，小特集，特別小特集，奇書，回想など[31]~[67]や文献[68]などに紹介されているように，通信，光，放送とテレビジョン，情報，エレクトロニクスの技術分野で歴史に残すべき技術と思われるものが増えてきている．本書の3章以降の各章で，選択的に，おもに日本発のマイルストーンとして紹介される．

読者には，機会あるごとに，できるだけ，人類の持つ文化遺産の目録に登録されている発見，発明または技術開発についてのオリジナルな資料と遭遇され，それらの発想の生々しさに触れ，そこからなんらかの示唆を獲得され，行き詰まりや閉そくの状態であっても，極めて独創的に，次なる発見，発明または技術開発に貢献されることを望む．

本章の概観の記述では，割当てページ数の関係もあって，図・表・写真などはすべて割愛した．これらについては，文献1)~7)に掲載されているものを見るか，その他の本や，インターネットを通して歴史情報で，見られることも望む．特に文献7)は「電気の歴史」への入門書として面白い．また，文献70)と71)は一部の歴史事項の確認のために参考となる．

問題1 アンペールの法則，種々の業績と周辺事情の歴史的事実を，図書館での歴史書やインターネットでの検索で調査し，詳しくレポートにまとめよ．

問題2 ヘンリーの自己誘導現象，ファラデーの電磁誘導現象，ノイマンの法則の発見と周辺事情の歴史的事実について，図書館での歴史書やインターネットでの検索で調査し，詳しく報告書をまとめよ．

問題3 スワンの白熱電灯とエジソンの白熱電灯の発明と周辺事情の歴史的事実を，図書館での歴史書やインターネットでの検索で調査し，詳しくレポートにまとめよ．

問題4 オームの法則が分かっているとして，リッターの言及を定式化したらどうなるかを，図書館での歴史書やインターネットでの検索で調査し，詳しくレポートにまとめよ．

問題5 ヘヴィサイドの業績の歴史的事実を，図書館での歴史書やインターネットでの検索で調査し，詳しくレポートにまとめよ．

問題6 文献3)のp. 85, 86や，文献6)に，グレーの電話とベルの電話について書かれている．図書館での歴史書やインターネットでの検索で調査し，歴史的事実をより詳しくレポートにまとめよ．

問題7 文献1)のp. 68~71やp. 106~110，文献2)のp. 100~102，文献3)のp. 216~218にマルコーニの無線通信とポポフの無線通信について書かれている．図書館での歴史書やインターネットでの検索で調査し，歴史的事実をより詳しくレポートにまとめよ．

問題8 フレミング（John Ambrose Fleming）は，1885年にイギリスのユニバーシティ・カレッジ・ロンドン（University College London：UCL）の電気工学科を設立することを頼まれ，その教授となり，1926年まで勤めた．また，フレミングは，1899年にUCLでの教授であることに加え，マルコーニ社のコンサルタントになった．そして，1904年に，最初の熱電子管である2極真空管を発明し，これを用いた検波回路の特許をとった．真空管の発明は電子情報通信技術を急激に発展させるブレークスルーを生んだ．2004年はフレミングの発明から100年である．フレミングの種々の業績について図書館での歴史書やインターネットでの検索で調査し，歴史的事実をより詳しくレポートにまとめよ．

問題9 "学生に理解しやすくする"という教育上の見地から，フレミングによって考察された右手の法則と左手の法則を記述する電磁気学の専門書が最近は少なくなった．両法則の内容と，両法則を用いなくてもすむ法則とはどのようなものか，（必要に応じて図も用い）詳しくレポートにまとめよ．

2 電気回路と信号処理
——波形を理解し活用する——

2.1 フェーザを用いる電気回路解析から回路合成論の確立へ

　電気回路といえば、まず"$j\omega$"とか"インピーダンス"とかを思い浮かべるのではないだろうか。それほど、これらの概念は、電気回路解析のなかで重要で、かつ習ったときに強い印象を受ける。ところで、いまでは交流回路の解析（フェーザ解析）は大学の初学年でも学ぶことであるが、19世紀末の当時（1890年頃）は交流回路の解析はたいへん難解であった[1]（1章の文献4)～6)も参照）。本節ではフェーザ解析の始まりから、回路合成論の確立するまでを概観する。

2.1.1 フェーザ解析の歴史

〔1〕**フェーザ解析までの背景**　1章を参照していただきたいが、フェーザ解析が生まれるまでの19世紀後半の電気技術関連の事情をごく簡単に述べておく。

　モールス通信の発明（1837年）と実用化（1844年）、これに伴う長距離伝送線路や大西洋横断海底ケーブル（1858, 1865年）などの布設、白熱電球（スワン1878年、エジソン1879年）の発明と実用化、電灯の実用化のための直流発電機の改良（エジソン1879年）と発電所の建設（1889年）、直流電動機、送電線システム、電話（ベル1876年）の発明と実用化、等々、電気技術は1850年代から1890年頃にかけて産業としての大きな発展を遂げている。このような状況のなかで交流解析（複素数を使った解析；最近は"フェーザ解析"という）が1890年代になって完成したというのは一見奇異にみえる。しかし技術の歴史では、まず理論があってそれに基づいて新しい技術が作られるというわけではなく、むしろ逆に技術が先行し、そのなかで生じた問題を解決する理論が求められるということが多い。交流回路解析に関する状況も同様である。

　1890年頃までの電気技術では主として直流が用いられており、また海底ケーブルなどの長距離伝送線路では単純な直流ではないが、オン・オフに基づく通信である。直流回路の解析について

は，オーム（1826年），キルヒホッフ（1845年）などにより解析法が一応確立されていた．

ところで，ナイヤガラ瀑布に発電所を建設するに当たり，送電方式としてエジソンやケルビンを旗頭とする直流方式派と，交流方式を支持するスタインメッツ，テスラ，ウェスチングハウスの間の有名な交直論争の末（1890年頃），交流の優位性が認められた．これに伴い交流発電・送電，変圧器，3相交流技術の必要性が急激に増し，交流発電所の建設（ウェスチングハウス1886年），ドブロウォルスキーの3相交流・3相変圧器の提案（1890年頃）などもあり，交流回路の解析法が強く求められるようになった．

しかし交流の場合，現象が直流の場合と比べて格段に複雑である．それは交流では
① インダクタやキャパシタがあることで電流と電圧の間に位相差が生じて，電流や電圧の時間関数としての関係が複雑である
② この頃の回路部品としては鉄心を用いたコイルやトランスが多く使われ，鉄心ではヒステリシス現象がある
③ 高電圧に対しては非線形現象として高調波が発生する
④ 送電線や通信ケーブルなどの伝送線路での遅延やひずみが生じる
などのため，現象は極めて複雑にみえたに違いない．

また，共振現象があることが分かったのもこの頃であり（フェランチ（Ferranti）現象；後述のケネリーの論文では，鉄道の電力供給端の電圧よりも何キロメートルか離れた別の駅での電圧の方が高かったという報告の真偽について言及），正弦波電源で論ずるというのもこの頃始められた．

〔2〕 **フェーザ解析の誕生**　このような状況のもとで，1893年にケネリーが"インピーダンス（impedance）"というタイトルの長文の論文を米国電気工学会（American Institute of Electrical Engineers, 略してAIEE．AIEEは1884年設立．AIEEとIRE（Institute of Radio Engineers, 1912年設立）が1963年に合併して現在はIEEE（Institute of Electrical and Electronics Engineers）となっている）の論文誌で発表した[2]．

この論文でケネリーは，インピーダンス（複素インピーダンスを$z = r + jx$とすると，ケネリーの論文ではインピーダンスを$|z|$の意味で用いている）の直列接続，並列接続の計算が，2次元ベクトルの加減算や逆数の計算を繰り返すことにより，直流の場合と同様な公式で計算できることを具体的な例とともに示した．更に重要なことは，"これらの演算が虚数単位$\sqrt{-1}$を用いた複素数の計算としてできる"ことを指摘し，実質的に現在の複素インピーダンスの概念及び計算法を与えていることである．また，キルヒホッフの法則についても，電流及び電圧を複素量として表現したうえで成立すると述べている．ただし，この論文ではこれらのことを数式で明確に表現しているわけではなく，電力の計算については何も言及していない．

同じ1893年に，スタインメッツもAIEEの国際学会において複素数を用いたこんにちのフェーザ解析の論文を発表した[3]．この中では正弦波の複素数表示（一般の複素数と区別するためこれを"フェーザ"と呼ぶ）をはじめ，インピーダンスの計算まで複素数を用いた解析法を述べている．しかし，難解だったためか，AIEEの論文誌には掲載されなかった．しかし彼はその後の論文（"Reactance" 1894年）で有効電力・無効電力についても発表し，これらの内容を含めた7百数十ページにも及ぶ有名な著書"Theory and Calculation of Alternating Current Phenomena"を1897年に出版した[4]．この中で彼は，（複素量での表現の）キルヒホッフの法則を明確に与え，実効値を導入し，回路の計算方法を現在用いられている形で表現しており，この意味で，交流理論（フェーザ解析）を体系化・完成させたということができる．

この本は評判がよかったらしく，3年後の1900年には第3版が出版されている．しかしこの本も相当難解で，この原因の一つは人々が数学的基礎をもたないからだと知り，スタインメッツはこの普及のため数学教育にも力を入れたという．

電気工学における，かつてのスタインメッツ信仰は相当なもののようである[1]（1章の文献4)も参照）が，フェーザ解析のオリジナリティの点ではあまり過大評価すべきではない．しかし上述のようにこんにちのフェーザ解析を体系化し，著書[4]~[6]を通しての解析の普及並びにその他の電気工学での研究・開発で果たした功績は甚大であった[4]．

複素数を用いた電気回路の解析法はケネリーやスタインメッツが初めてかといえば，そうではなく，それ以前にヘビサイドによっても用いられていた[7]．伝送線路の解析に関するヘビサイドの1887年の論文では

$$y = \left[\frac{r + jl\omega}{g + jc\omega}\right]^{1/2}, \qquad z = [(r + jl\omega)(g + jc\omega)]^{1/2} \qquad (2.1)$$

といった表現がある．ここで，l，c，r，g は分布定数線路の1次定数であり，y は特性インピーダンス，z は伝搬定数である．前述のように当時の回路としては伝送線路が重要であった．ヘビサイドはこの論文でも，演算子法（operational calculus）を用いている．演算子法は19世紀前半より用いられていたが，ヘビサイドが発展させ，電気工学へ適用して普及させたという[9]．

なお，用語については，ヘビサイドが"インダクタンス（inductance）"，"キャパシタンス（capacitance）"，"インピーダンス（impedance）"を初めて使っているが，現在の意味でのインピーダンスはケネリーによる．"リアクタンス"という用語も，最初はフランスのM. Hospitalierにより使われたが，スタインメッツはこの用語をより合理的な定義をし，これがAIEEで認められたものである．また，有効電力・無効電力についても既に1891年にドブロウォルスキーが述べている．量記号についても，当時は電流を C，インピーダンスを I で表すこともよくあった[2]．

さかのぼって，$j\omega$ による計算はレイリーの名著（"Theory of Sound"第1版1877，第2版1894年）に見られる．ただし，これは回路のフェーザ解析というわけではなく，微分方程式の解析法といえる．1930年に書かれた解説[8]によると，ヘビサイドの研究があるにもかかわらず，この頃でもイギリスの教科書では複素数を用いた回路解析はほとんどなかったという．一方，米国やドイツではフェーザによる解析が盛んに利用された．米国での普及はスタインメッツに負うところが大きい．フェーザ解析はその後，伝送線路や伝送回路の特性表現法にも用いられ，後述の回路合成論の基礎をなした．

☕ 談 話 室 ☕

1．フェーザの導入

フェーザ（$j\omega$）の導入にはいくつかの説明法があるが，ここでは典型的な方法を2，3取り上げる．交流電圧源，抵抗，インダクタ，キャパシタなどを含む線形回路の方程式は，一般に線形連立常微分方程式で記述される．フェーザ（定常解析）の導入の説明には，一変数の線形定数係数微分方程式

$$\sum_n a_n \frac{d^n x}{dt^n} = e(t), \qquad e(t) = E_m \sin(\omega t + \theta) \qquad (2.2)$$

について述べれば十分である．$j\omega$ は，通常，次のようにして導入される．

〔1〕 **一つの正弦波を基準とした正弦波の表現**　ω を角周波数とする正弦波関数 $x(t)$ は

$$x(t) = X_m \sin(\omega t + \theta) = \Im[X_m\{\cos(\omega t + \theta) + j\sin(\omega t + \theta)\}] = \Im\{X_m e^{j(\omega t + \theta)}\}$$
$$= \Im\{X_m e^{j\theta} \cdot e^{j\omega t}\}, \qquad (X_m > 0) \qquad (2.3)$$

と書ける．ここで $\Im$ は複素数の虚部を表す．逆に，上式最右辺の複素数 $X_m e^{j\theta}$ （$\equiv X$ とおく）が決ま

れば，正弦波 $x(t)$ が
$$x(t) = \Im\{Xe^{j\omega t}\} \tag{2.4}$$
により定まる．すなわち $x(t)$ と複素数 X は 1 対 1 に対応するので，この対応関係を $x \leftrightarrow X$ で表す（$X = 1$ のとき $x(t) = \sin \omega t$ であるから）．この X を $x(t)$ の（$\sin \omega t$ を基準とする）フェーザ (phasor) という．一般に，$x \leftrightarrow X$, $x_1 \leftrightarrow X_1$, $x_2 \leftrightarrow X_2$ とすると

$$\left. \begin{array}{l} 線形性：a_1 x_1 + a_2 x_2 \leftrightarrow a_1 X_1 + a_2 X_2 \\[4pt] 微\ 分：\dfrac{dx}{dt} \leftrightarrow (j\omega)X, \qquad \dfrac{d^n x}{dt^n} \leftrightarrow (j\omega)^n X \\[6pt] 積\ 分：\int^t x\, dt \leftrightarrow \dfrac{1}{j\omega} X, \qquad \int^t \int^t \cdots \int^t x(dt)^n \leftrightarrow \left(\dfrac{1}{j\omega}\right)^n X \end{array} \right\} \tag{2.5}$$

が成り立つので，式(2.2)で $x(t)$, $e(t)$ のフェーザを X, E とし，両辺をフェーザで表すと

$$\left[\sum_n a_n (j\omega)^n\right] X = E \tag{2.6}$$

が得られる．これから複素数 X が求まり，式(2.2)の微分方程式の解 $x(t)$ が式(2.4), (2.6)より簡単な代数計算だけで求まる．

〔2〕**電源に $e^{j\omega t}$ を加えた応答**　求めたいのは式(2.2)の実数解 $x(t)$ であり，右辺の sin を cos で，また変数 x を y で置き換えた方程式を

$$\sum_n a_n \frac{d^n y}{dt^n} = E_m \cos(\omega t + \theta) \tag{2.7}$$

とする．式(2.2)に j を掛けて上式に加え，$z(t) = y(t) + jx(t)$ とおくと

$$\sum_n a_n \frac{d^n z}{dt^n} = E_m e^{j(\omega t + \theta)} \tag{2.8}$$

となる．ここでオイラーの公式：$e^{j\phi} = \cos \phi + j \sin \phi$ を用いている．これを解く常とう手段は $z(t) = Ze^{j\omega t}$（Z は一般には複素数）とおくことで式(2.9)を得る．

$$\left[\sum_n a_n (j\omega)^n\right] Z = E_m e^{j\theta} (\equiv E) \tag{2.9}$$

これは式(2.6)と同じであり，$x(t) = \Im z(t) = \Im\{Ze^{j\omega t}\}$ と求まる．

式(2.8)の解釈としては，式(2.2)の電源 $e(t)$ として最初から $e(t) = E_m e^{j(\omega t + \theta)}$ とおいたものであり，場合によってはこちらの方が考えやすい．

2．フェーザ解析の貢献者の横顔

ここでは，フェーザ解析への貢献が大きい，ヘビサイド，ケネリー，スタインメッツについて簡単に述べる．3 人とも，フェーザ解析への貢献もさることながら，それ以外にいくつも素晴らしい業績をもつことを紹介したかったからである．

ヘビサイド　ヘビサイド（1850～1925）は，多方面で優れた研究を残したイギリスの電気工学者である．母親方の義理の兄弟にあたるホイートストン（ホイートストンブリッジでも有名であるが，"ホイートストンブリッジ"という命名は必ずしも適当でない；1 章参照）は，電信機の発明などで数々の重要な業績を残している．

学校ではきわめて優秀であったが，学科がいやだったため 16 歳でやめ，モールス符号や電気について独学で勉強し電信技術者になった．これは多分にホイートストンのアドバイスがあったのであろう．しかし子供の頃に患った猩紅熱の後遺症のため 24 歳のときには耳が聞こえなくなり，電信技術者としての職を失った．その後は貧困の中で独力で電気回路解析の研究を行った．当時出版されたマクスウェルの "Treatise on Electricity and Magnetism (1861)" に魅了されてこれを猛烈に勉強し，こんにちのマクスウェル方程式と呼ばれているものを導いたという．同様なことはヘルツによってもなされたが，ヘルツはこれがヘビサイドのアイデアに基づくと述べている．

ヘビサイドは 1880 年から 1887 年にかけて，微分演算子 d/dt を変数 p のように取り扱っていわゆる演算子法を用いて回路解析を行った．演算子法の理論的な根拠が明確でないという理由で猛烈な反発を受けたが，"Shall I refuse my dinner because I do not fully understand the process of digestion?（消

化器官の働きを完全に理解しないといって食事をしないということはないだろう)"と反論したことは有名な話である．ヘビサイドはユークリッド幾何学のような厳密な証明を好まなかったし，"若い人たちが，ほとんど自明なことの証明に頭を使うのにはショックである"とも述べたという．

演算子法の理論的根拠に関しては，ブロムウィッチ (Bromwich, 1916年) 以後の研究で正当性が理論的に証明され[32]，こんにちのラプラス変換として確立されている．単位階段関数のことをヘビサイド関数ともいい，またラプラス逆変換での部分分数展開をヘビサイドの展開定理ともいうことを知っている方も多いであろう．演算子法は1953年にミクシンシキー (Mikusinski) によって理論的に確立されている[9]．ヘビサイドの演算子法を19世紀後半の最も重要な発見の一つであるという見方もある．

ヘビサイドは，更に電離層を理論的に予想し (1902年)，地球表面波による遠距離通信の可能性を予測し，これは20年後に発見されて実証された．ところで，前述のケネリーも同時期に独立に電離層を予測し，このため，電離層は当初，ケネリー・ヘビサイド層と呼ばれ，後にヘビサイド層とも呼ばれた．ヘビサイドの名前は，一般の人にもミュージカル"Cats"の中の一行，"Up up up to the Heaviside layer"として知られているという．

ヘビサイドはこのほかにも，長距離伝送線路での減衰の軽減にいまでいう"装荷線輪（コイル)"の有効性を指摘した (1887年) が特許は取得しなかった．これを知ったピューピン (Michael Pupin) は長距離伝送線路に等間隔にコイルを挿入するいわゆる装荷線輪の特許を取得した (1899年)．なお，ベル研究所のキャンベル (George Campbell) も独立に装荷の理論を得ていたという．

ヘビサイドの上記のような数々の偉大な業績に対しては，1891年に Royal Society のフェローに選ばれはしたが，経済的にも恵まれることはなく不遇の生涯であった．

ケネリー　ケネリー (1861～1939) はロンドンで IEE (Institution of Electrical Engineers) で仕事をしたのち，1887年に米国に渡り，エジソンが設立した West Orange Laboratory に入り，1894年までエジソンの頭脳の一人として交流回路の研究を行い，エジソンと一緒に仕事をしている．

1902年からは，ハーバード大学教授となり (1930年まで)，また1913～1924年は MIT 教授（兼務）でもあった．大学でも非常に重要な数々の研究を行ったが，1902年にはヘビサイドとは独立に電離層を発見し，当時はケネリー・ヘビサイド帯と呼ばれ，1920年代になってその存在が確認された．

電気工学の分野での多大な貢献により，後日に AIEE 会長 (1898～1900)，IRE 会長を務めたり (1916年)，エジソンメダル (1933年) をはじめ数々の受賞をし，また数々の名誉ある役職に就いた．このことは，ヘビサイドの場合と好対照である．

スタインメッツ　スタインメッツ (1865～1923) については単行本もあり[1]，この中では"世界最高の電気技術者である"とも称されている．スタインメッツは波乱に満ちた人生を送っている．彼はドイツのブレスローで生まれがたが，子供の頃から，体に不自由な部分があったという．このことが引け目になってか，小学校に入学した当時は出来の悪い学生ということであったが，途中からめきめきと成績を伸ばし，16歳でブレスロー大学に入学した．特に数学が得意で，計算を暗算でできたり，対数表を丸暗記していて周りの人を驚かせたという話もある．

大学では勉学のほかに，自由を目指す社会主義運動にも加わり，当時鉄血宰相といわれたビスマルクのもとでの反政府・反体制運動弾圧から逃れるため（数学での学位を取る寸前ではあったが），命からがらスイスに逃れたが，ここでの居心地も悪く，結局友人と一緒に米国に渡った．時に1889年スタインメッツ24歳のときである．つてを頼ってアイケンマイヤーの会社に入ることができたのは幸運であった．それから間もない1891年にはヒステリシス現象の解明（すなわち，ヒステリシス損失 P_h が最大磁束密度 B_{max} の1.6乗に比例するという実験式を発見するなど）で一躍有名になり (27歳のとき)，その直後の1893には前述のフェーザ解析を確立し，更に高電圧送電に関連して雷の発生などで人々を驚かせた．その後，彼の名声は終生続いた．エジソンが設立した General Electric co.（の前身の Edison General Electric co.) は，スタインメッツを獲得するためにこの会社を会社ごと買収し (1893年)，スタインメッツはここでその後ずっと働くことになる．

スタインメッツの偉大な点は，上記のような基本的研究だけではなく，それらの実用化へ直接結びつ

けた点である．例えば，ヒステリシス現象解明は誘導電動機の鉄損の減少による誘導電動機の実用化と普及のためであったし，変圧器の設計による高圧交流電圧による配電システムの実用化，有名な著書の執筆により技術の普及に多大な貢献をしたことなどであり，このほかにもユニオン大学教授（1902～1913）などでの教育への貢献も含め，当時の電気社会への貢献は極めて大きかった．

　米国に移民後，十数年で米国電気工学会（AIEE）会長（1901）に選ばれており，これはスタインメッツの業績が極めて高く評価されていることを示すとともに，米国という国では移民して十数年の人でも学会会長になれるという，スタインメッツが若い頃に目指していた主義・思想を実現する社会であったことを示すものである．

2.1.2　回路解析から回路合成論へ

〔1〕**フィルタ設計の必要性**　スタインメッツなどにより回路解析の手法が確立したが，回路技術の目標は解析ではなく，所望の特性の回路を設計・製作することである．長距離ケーブルに集中定数素子のコイルを装荷するのも一種の回路設計ともいえるが，ここでは，インダクタL，キャパシタC，抵抗R，理想変成器（IT）からなる，いわゆる受動線形集中定数回路の合成論の発展の歴史を概観する．ここでは，研究のおおよその流れと日本からの貢献をおもに述べる．

　電気関係の産業として最も早く発展したのは「電信」分野である．電信では，一対の長距離ケーブルを1回線として使うのはむだで，数回線の信号を同時に送受信するいわゆる多重通信が19世紀半ばでも数多く提案され用いられてきた．電信の場合は信号を取り出すには基本的には信号の有無を検出できればよいので高級な検出器は必要でなかった．

　電話についても同様に多重伝送が望まれ，周波数多重（frequency division multiplex, FDM）方式が用いられた．搬送電話としては当初は1918年に4回線，1938年には16回線のものがつくられている．日本では1937年に日本電気で3回線の搬送電話が世界に先駆けて作られたという．なお，ベル研究所では1924年に3回線搬送電話が開発された．

　伝送帯域を有効に利用するためには，約4 kHzの各音声帯域を周波数軸上になるべく接近して配置することになる．そのため，多重化した信号から所望の信号だけを分離するための高級なフィルタ（周波数特性が，通過域では損失が少なくかつ平坦，遮断特性が急峻，かつ減衰域では減衰量の大きなもの，かつ大量に使われるものであるからコストが安いこと，換言すると部品点数の少ないフィルタ）が必要となる．回路合成の問題はフィルタ設計論に端を発するが，"フィルタ"は電話網に限らずさまざまなところで重要である．

　ところで，上で高級なフィルタの設計と述べたが，最初は"LとCの逆L形回路が低域通過特性をもつ"ことすら気づくまでにかなりの年月を要している．すなわち，フェーザ解析が行われるようになったといっても，それから直ちに周波数特性の概念が出てきたわけではなく，色々な試行錯誤の上での発見である．簡単な低域特性が得られることが分かれば，あとはより複雑な回路でより望ましい周波数特性をもつ回路の設計，すなわちフィルタ設計論が始まることになる．

〔2〕**回路合成論の始まり**　ワグナー（K.W. Wagner）は，インピーダンスz_1を直列枝に，z_2を並列枝に交互に接続したはしご形回路（終端は$z_1/2$と$2z_2$）に対し，周波数特性の計算法を与え，この回路が低域通過などの特性を持ちうることを示した（1915，1919年）[10),11)]．キャンベルも"Electric Wave-filter"の設計を与えた（1922年）[12)]．

　少し遅れてゾーベル（O. Zobel）は，影像パラメータ理論に基づく"複合フィルタ"（"影像パラ

メータフィルタ"とも"ゾーベルフィルタ"ともいう) 設計法を提案し[13]，更に特性の優れた誘導M形フィルタを導いた．これらの方法は，設計が組織的で簡単であること，直感的な意味のつかみやすいことのため，また一方，厳密設計法の計算の困難さのため，1960年代に計算機を用いた厳密設計法が主流になるまで実用上重用された．しかし影像パラメータフィルタは，実現不可能な影像インピーダンスの存在を前提にしているため，厳密な設計法とはいえない．また，実際の設計では所望の仕様を満たすのに必要以上に多くの素子を用いる傾向がある．このため，厳密な解析による回路合成論が望まれた．

合成すべき回路は大まかには入力端子対（ポート）の数で分類できる．インピーダンス $z(j\omega)$（または $j\omega$ を s と置き換えたインピーダンス関数 $z(s)$）の1ポート，フィルタ（伝送回路）のように入力ポートと出力ポートを持つ2ポート，一般の n ポートである．また，抵抗を含まない無損失回路はリアクタンス回路とも呼ばれ，合成論では重要な役割を果たす．

〔3〕 **厳密な回路合成論** ゾーベルの設計論から間もなくの1924年に，フォスター (R.M. Foster) がリアクタンス1ポートのインピーダンス関数としての必要十分条件を発表し[15]，1926年にはカウエル (Wilhelm Cauer) は実用上，より重要な"はしご形回路"によるリアクタンス1ポートでの合成を示した[16]．カウエルは回路合成論の中では最も特筆すべき一人であり，名著[18]を著した．この中で，回路合成の問題を次のように提案した．

① 与えられた周波数特性をもつ回路の実現条件を明らかにする
② 与えられた周波数特性をもつすべての等価回路を求める
③ 所望の周波数特性を関数近似する

更に彼は1931年にリアクタンス n ポートに関して，上記の問題①，②を一挙に解決して回路合成論の基礎を築くとともに，低域通過特性の最良近似関数を求めて，問題③を解決している．

カウエルは，1900年ドイツに生まれ，はじめに電気工学を学び，更に数学と物理を専攻した．彼は問題を数学的に厳密に記述し，厳密に解くという主義であったが，これに対しては数学者からは，"あまりにも電気工学的すぎる"とされ，また電気工学者からは，"あまりにも数学的で難解すぎる"ということであった（例えば文献14）はギルミン (E.A. Guillemin) がカウエルの解説論文を書いたもの）．彼は LRC 回路については解決しないままに，1945年45才で不慮の死を遂げた．

一般の LRC 回路の合成に関しては，カウエルに問題を示唆されたブルーネ (Otto Brune) が1931年に正実関数の概念（複素変数 s の実有理関数 $z(s)$ が $\Re s > 0$ で常に $\Re z(s) \geq 0$ となる関数）を導入し，正実関数であることが LRC 1ポートインピーダンス関数として合成できるための必要十分条件であることを示した[17]．正実関数の導入が回路合成論のブレークスルーとなり，これ以後，関数論的回路合成論が展開されることになった．

なお，正実関数 $z(s)$ に関連して，変数 s 及び関数 z に1次変換を行うと，単位円内で大きさが1以内という性質のシュア (Schur) 関数となる．また，正実関数による補間問題は，実質的に同じ内容が Nevanlinna-Pick により1910～1920年代に議論されていた．

次に，2ポート（フィルタ）に関しては，カウエル，ダーリントン (Sydney Darlington)[19] は動作伝送関数に基づく厳密なフィルタ理論をほぼ同時期（1940年頃）に発表し，その後，LC フィルタの合成論が急速に展開していく．特に実用上重要なリアクタンス2ポートの縦続形合成では，種々の基準回路が提案された．

〔4〕 **回路合成論の確立と日本からの貢献** 本書は，"日本発の技術"に重点が置かれているが，昭和の初期までは日本からの貢献は大きくなかった．しかし，それ以後の日本の研究者の貢献は非常に大きい．永井・神谷[21]，岡田・井上[20]などのカウエルの結果の紹介を含む啓発書をはじ

め，第2次世界大戦中は時代を反映して国産技術での開発が叫ばれた結果でもある．

大戦直後の1946年に大野克郎は，n次の正実行列（実対称行列Zは任意の実2次形式が正実関数になるとき，正実行列という．非対称行列に対しても拡張される）がnポートとして合成できるための必要十分条件であることを初めて示した（抵抗最少個数の合成）[24]．続いて1949年にはブルーネの方法のnポートへの拡張を与え，更にその後1953年には大野・安浦によりS行列を用いた精緻な合成論を構築し，等価回路・非相反回路（Tellegenにより提案された非相反素子であるジャイレータをも含む非相反nポート）の場合まで含めて，カウエルの問題①，②を完全に解決し[26]，回路合成論をほぼ確立させた．なお，S行列が回路合成に有効であることの指摘はベレビッチ（V. Belevitch）による．また，S行列はフィルタ設計理論の基礎でもある．

なお，回路合成論は1946～1960年代にかけて華々しい展開を見せ，欧米でも多くの研究がなされている（例えば，V. Belevitch，D.C. Youla，D. Hazony，Tellegen，M. Bayard，McMillan）．詳細は，ベレビッチの著書[34]や大野のやさしい解説記事[33]を参照して欲しい．

上述の合成論ではフォスターの1ポート合成の場合を除き，"理想変成器"が自由に使えるという前提でなされている．しかし，理想変成器は実際には製作が難しく，このため実用的な観点から"変成器を用いない回路合成論"が別途議論された．LRC1ポートについては，ブルーネ（1931年）よりもずっと遅れ，1949年になってBott-Duffinは"任意の正実関数が変成器なしに合成できる"ことを示した[27]．また，2ポートについては，Fialkow-Gerstによる伝送関数実現に関する一連のすばらしい研究がなされた．日本でも，喜安善市，宮田房近[28]の1ポート合成の十分条件，LC直列端低域はしご形回路に関する藤沢の必要十分条件[29]，高橋秀俊のはしご形回路の素子値導出[30]，尾崎弘のRC3端子網合成の十分条件，渡部和の帯域フィルタ合成の十分条件などが発表され，この分野でも日本からの貢献は極めて大きい．変成器を用いない合成は，密接な関係をもつグラフ理論を駆使した研究もかなりなされたが，ごく簡単そうに見える抵抗nポートやLC2ポートの合成についてさえ現在も未解決である．

尾崎弘・嵩忠雄は1959年に，"多変数回路"という全く新しい概念を提出して回路合成論に新しい分野をひらき[31]，これに関しては古賀利郎による優れた結果がある．

2.2 ディジタルシグナルプロセッサの歴史

日常生活に欠かせない携帯電話などのディジタル機器において，音声信号のディジタル処理を行うために欠かせないハードウェアとしてのディジタルシグナルプロセッサ（digital signal processing, DSP）はどのようにして登場してきたのであろうか．DSPの登場は1970年代であり，歴史的にはあまり古くはない．ディジタル信号処理手法の考え方の発展に伴い，これを実現するためのハードウェアとして登場したのである．

離散化された信号のフィルタリング処理を行うためのディジタルフィルタの考え方は，1730年にド・モアブル（De Moivre）によって導入されたz変換に始まると考えられている．これは，Zadehらによってサンプル値データシステムの解析に応用され，1960年代に入りKaiserやGold-Raderらが独立にディジタルフィルタの解析や設計に使うようになった．

一方，ディジタル信号をスペクトルの領域で処理する方法として，離散フーリエ変換（discrete Fourier transform，DFT）並びに高速フーリエ変換（fast Fourier transform，FFT）がある．FFT のアルゴリズムは，観測値から惑星の軌道を決定する計算を簡単に行うために，ガウス（K. F. Gauss）によって最初に考えられたといわれている．その後，音声の信号処理を計算機で行うために，計算時間を短くする方法として，1965 年に Cooley-Tukey によって再発見された．通信の分野では，PCM 通信のシステムを小形化するためのハードウェアの研究が行われていた．音声のディジタル処理は，非リアルタイム処理であったのに対して，通信の分野での信号処理はディジタル的に実時間で行う必要があった．これに相応して，1968 年に Jackson, Kaiser, McDonald らによるディジタルフィルタの汎用 IC で構成したハードウェアの提案があり，これを使ったいろいろな例が発表されている．なかでも押しボタン電話機の番号検出回路は，多くのフィルタを必要とするが，これらすべてのフィルタを双 2 次ディジタルフィルタの時分割多重処理で構成する提案は，たいへん興味を引くところであった．双 2 次ディジタルフィルタを汎用 IC で構成することは装置として大きくなるので，この装置を小さくするためにいろいろな方法が提案された．

1971 年代初めには，汎用マイクロプロセッサ（4004 や 8008/8080）に，乗算器のハードを外部付加してディジタル信号処理装置なども製作された．マイクロプロセッサで乗算を行うと，ソフト的に行う必要があり，実時間の信号処理としては時間がかかるので使い物にならなかった．信号処理の計算として，一番時間がかかる乗算を外部の IC に受け持たせ，処理速度を上げる方法である．これによってある程度の処理速度を上げることができた．更に，乗算器のハード量を減らす方法として，1974 年に乗算器を ROM（read-only memory）で置き換える装置が発表されている．信号もフィルタの伝達関数の係数も有限ビットで表される．有限ビットで表される信号と有限ビットで表される定数の積の組合せは有限個である．この有限個の値をすべて記録しておけば，いちいち乗算を行う必要はなく，単に対応する値を読み出すだけでよいことになる．この記憶素子を ROM で置き換える方法である．当時この方法は，乗算器のハード量を減らす画期的な方法であった．遅延素子をシフトレジスタで実現し，このシフトレジスタの値を，ROM の乗算結果を読み出す番地とする方法である．またディジタルフィルタの伝達関数を設計する方法も，いろいろと工夫がなされた．乗算を行う代わりに，加算だけで信号処理装置を組めば装置が簡単になるので，係数が整数だけの伝達関数の設計方法なども数多く研究された．

1979 年にインテルから A-D/D-A 変換器を搭載したシグナルプロセッサ 2920 が発表されている．アナログ信号を単一の LSI で処理できる特徴を備えていたが，高速乗算器を内蔵していないことや内蔵メモリの容量が小さいころなどから，販売実績はあまり上がらなかったようである．また，AMI より乗算器をハードとして内蔵した LSI である S 2811 が発表されているが，乗算精度が 12×12 bit で，通信用の信号処理では不十分であった．

汎用性のある本格的な DSP は 1980 年代に誕生している．NEC から発表された μPD 7720 とベル研究所から発表された DSP-20 である．アナログ回路で行っている信号処理を，ディジタル技術で行うことにより，高機能化，高精度化を図るためのものである．そのためアナログ回路と同程度のサイズで実現でき，しかも消費電力も十分に小さいことである必要があった．そこで，1 チップですべてを実現する必要があった．このような考え方に基づいて開発された，μPD 7720 は 16 bit の固定小数点表示で信号が表示され，1 マシンサイクルが 250 ns である．1 回の乗算が 1 マシンサイクルの 250 ns で行うことができ本格的な LSI である．この LSI は，ディジタル信号処理を行う汎用の LSI として計画されたために，実時間でのフィルタリング並びに高速フーリエ変換（FFT）の両方の機能を備えた LSI であった．そのため，実時間でディジタル信号を処理するディ

ジタルフィルタリングの機能に，FFT により離散信号のスペクトルを計算するための余分な機能が付加されていたことになる．その後，テキサスインスツルメンツ（TI）から TMS 32010，日立から HD 61810，富士通から MB 8764，東芝から T 9506 が発表されている．これらの DSP は信号を固定小数点で表示し，演算も固定小数点演算であったが，HD 61810 は一部浮動小数点演算ができるようになっていた．1985 年から 1986 年にかけて，演算形式が浮動小数点の DSP が各メーカから発表されている．信号が 32 bit の浮動小数点で表示されている DSP 32（AT&T）や μPD 77230（NEC），22 bit 浮動小数点表示の MSM 6992（沖電気），18 ビット浮動小数点表示の DSSP 1（NTT）などである．その後，DSSP 1 は，東芝で製造され T 9551 として販売された．1980 年代後半の DSP は 32 bit 浮動小数点表示の標準である IEEE 754 に準拠したものであった．

　日本の電気メーカでは，DSP が主としてディジタル通信への応用として，モデムやエコーキャンセラに使われることを主目的としていた．1972 年代に開発されたアナログスイッチとキャパシタ及び演算増幅器で構成されたスイッチトキャパシタフィルタ（switched capacitor filter, SCF）で，モデムなどを構成することに研究が移行していった．回路の安さにも原因がある．また日本での DSP のプログラム開発に使われるオンラインデバッガーが当時高級車 1 台分ほどの値段であったことも一因があるように思える．DSP を開発していた人たちが，当時日本の LSI の儲け頭であるメモリの開発や TRON，RISC の LSI の開発に移っていき，DSP の開発は一時下火になっていった．LSI の製作者は，メモリや TRON の LSI の開発に手いっぱいであって，DSP の開発に人を割けなかったというのが原因ではなかろうか．これに対して，TI はメモリという儲け頭がなかったので，DSP の開発に勢力を注いでいった．また，通信システム以外に DSP の応用範囲を広げる努力もしていった．1980 年代には DSP を使った音声分析・認識と合成を応用した人形ジュリーをクリスマス商戦に売り出したりした．プログラム開発用のデバッガーもワンボードの物を開発し，これをパソコンで制御してプログラムを開発するようなものを作った．そして世界中のディジタル信号処理の研究者に DSP とワンボードデバッガーを無料で配布し，使ってもらうように依頼している．この DSP を使った研究成果を論文に書くときには，TI のシステムを使ったことを必ず明記させている．また TI の DSP を使っていろいろな応用に適応した論文を集めて一冊の本にし，この本の販売もしている．TI は DSP を通信システム以外に応用の範囲を広げる努力をしたり，DSP を使ったディジタル信号処理の教育の普及にも非常に力を入れている．このよう状況であったので TI の DSP が世界中で多くのシェアを占めているのは納得できる気がする．TI はメモリという LSI の開発の代わりに，DSP の開発に勢力を注いだともいえるのではないだろうか．

　日本の電気メーカは，DSP を通信分野への応用だけを考えて，他分野への応用やこれの普及にまであまり手を出さなかった．あまり余裕がなかったともいえる．通信分野への応用として，モデムなどの製作に単価の安い素子が出てくると，DSP の開発をやめてしまったのも一因である．また，日本という土壌が，新しい考え方のプロセッサを積極的に使っていこうとする考え方に慣れていなかったともいわれている．しかし，米国という土壌は，DSP を使おうとする市場があった．この点，米国のメーカは有利であったともいえる．このため日本のメーカでも米国に DSP の開発の本拠地を移して，米国の需要にこたえて積極的に開発しようとしたところもある．しかしあまりうまくいかなかったようである．その後，通信システムのディジタル化が本格的になり，信号をディジタル処理するようになって，DSP の需要が増してきたが，これらは汎用性の DSP を使うというよりは，特定の目的に特化し，DSP の必要な機能を抽出した LSI を短期間で製作したものを使うようになった．また汎用性を考慮した DSP は，LSI の集積度が上がるにつれて，マイクロプロセッサの機能を備えてきており，DSP とマイクロプロセッサが区別できなくなってきている．

3 通 信
── 時間と距離を越えて ──

3.1 アナログ通信からディジタル通信へ

3.1.1 はじめに

　1876年にベルが発明した電話は，20世紀に入っても一般家庭ではまだ高嶺の花であった．第2次世界大戦中に軍事技術として大きく進歩した電子技術や無線技術は，電話の長距離伝送や回線増にこたえる技術として利用され，電話網の拡大と経済化が進んだ．

　1950年代初頭の主要国の電話の人口普及率は，米国が30％弱，カナダが約20％を除けば，欧州の先進国でも10％前後であった．日本の電話網は，敗戦により壊滅状態になり，ほとんどゼロからの再出発であったため，1950年代初頭の人口普及率は2％程度であった．その後は，急速な経済発展によって，1970年には15％程度に拡大している．更に，1990年代初頭には47％となり，現在では世帯普及率ではほぼ100％を達成している．日本の電気通信は，このような電話網の発展に伴って，普及率と技術力で圧倒していた米国を目標にして急速に産業を発展させるとともに，研究開発力を高めていった[1]．

　電気通信技術におけるアナログからディジタルへの変遷期は，1960年代から1970年代にわたる時代であり，1980年代には光ファイバ伝送技術とLSI技術によって，ディジタル通信全盛期へと進展していった．本節では，アナログ通信からディジタル通信へ至る変遷期の主要な技術開発の流れを述べる．

3.1.2 アナログ通信技術の発展

　通信網の主要素は，リンクとノード，具体的には伝送路と交換機から成り立っている．通信端末もノードの一種であり，通信端末と最初の交換機を結ぶリンクは加入者線（最近はアクセス系とい

うことが多い）であり，交換機相互を結ぶ幹線系リンクとは異なる技術が使われる場合が多い．通信の需要が増すと，交換機の大規模化が求められる．同時に，交換機相互を結ぶ回線も増さなければならず，多くの回線を束ねて（多重化して）伝送することが求められる．これを多重伝送という．一般的に，多重数を増すと1回線当りのコストを下げることができるため，伝送路のコストはいかに多重数を大きくできるかにかかっている．

アナログ通信における多重化は，おのおのの回線の信号を周波数軸上に配置する方法であり，FDM（frequency division multiplexing，周波数分割多重）伝送と呼ばれる．電話の音声周波数帯域は，300 Hz から 3 400 Hz の範囲を伝送するが，きりのよい値として 4 kHz を 1 回線に割り当て，周波数軸上に 4 kHz 単位で回線を配置していく．同軸ケーブルが出現する以前は，ペアケーブルを用いて 6 回線ないしは 12 回線を伝送する FDM 伝送システム（日本では F-6 方式，T-12 S 方式，米国では N-1 方式など）が使われていた．多重数を増すには，伝送帯域を広げる必要があり，ペアケーブルでは 60 回線程度が限度であった．

更に多重数の大きい伝送には，ペアケーブルより損失が低く，広い周波数帯域にわたって安定した特性を有する同軸ケーブルを使う必要があった．最初の同軸ケーブル伝送は，米国のベル研究所で開発された 480 回線の FDM 伝送システムであり，L-1 方式と名づけられて 1941 年に実用化されている．しかし，実際に広く商用導入されたのは，第 2 次世界大戦後の 1946 年に 600 回線が伝送できる方式になってからである．その後，1953 年には 1 860 回線の L-3 方式が開発された．多重数の増加に伴って高い周波数まで利用することになり，L-1 方式が 2.8 MHz まで利用しているのに対して，L-3 方式では約 3 倍の 8.3 MHz まで使っている．

ところで，同軸ケーブルの損失は，単位長当りの損失単位を dB/km とすると，周波数 f の平方根に比例して増加する．これを"ルート f 特性"と呼ぶが，銅線の表皮効果によるもので，ケーブルに共通する特性である．そのため，多重数を増すにはケーブルの損失を補う増幅器（中継器）の挿入間隔，すなわち中継間隔を短縮する必要がある．L-1 方式の中継間隔が 8 mile（12.8 km）であるのに対して，L-3 方式では 4 mile（6.4 km）である．厳密には，もう少し長くできるのだが，既に布設されている同軸ケーブルを用いて，新方式の中継器を設置する場合が多いので，既存方式の中継間隔の 1/2 とか，1/3 とかのきりのよい距離が望まれるためである．L-3 方式では，中継間隔を L-1 方式の 1/2 にして，約 3 倍の多重数を実現したわけである．多重数と中継間隔にはこのような関係があるため，中継器に 2 倍のコストをかけても，回線数が 3 ないし 4 倍になれば 1 回線のコストを下げることができる．これは，回線需要が十分存在し，増設した回線が有効に使われる限り成り立つ法則である．このことから，通信網の拡大の歴史のなかにあって，いつの時代も伝送方式の研究開発は，多重数の増大が至上命題であった．

日本の同軸ケーブル伝送方式は，電電公社（旧日本電信電話公社，現 NTT）によってまず 960 回線の C-4 M 方式が 1955 年に商用導入された．この方式の中継間隔は約 9 km であり，その後の日本の伝送方式の発展に大きな影響を与えた．因みに，C-4 M という名称は，coaxial（同軸）の頭文字と用いた上限周波数帯が約 4 MHz であることを表している．その後，米国では 1965 年に 3 600 回線の L-4 方式が実用化されたが，これには真空管に代わって初めてトランジスタ増幅器が使われた．日本でも，1962 年には，2 700 回線の C-12 M 方式が実用化され，続いてそれをトランジスタ化した C-12 MTr 方式が 1967 年に実用化されている．1973 年から翌年にかけては，10 800 回線の C-60 M 方式（日本）と L-5 方式（米国）が実用化され，アナログ同軸ケーブル伝送技術としては頂点を極めた．これらの米国と日本の同軸ケーブル伝送方式の変遷を**表 3.1** と**表 3.2** に示す[2),3)]．

3.1 アナログ通信からディジタル通信へ

表 3.1 米国の同軸ケーブル伝送方式の変遷

方式名	L-1	L-3	L-4	L-5	L-5 E
商用導入年	1946	1953	1965	1974	1978
電話回線多重数	600	1 860	3 600	10 800	13 200
最高周波数〔Hz〕	2.8	8.3	17.5	60.6	64.8
中継距離〔mile〕	8	4	2	1	1
素子技術	真空管	真空管	トランジスタ	トランジスタ	トランジスタ

表 3.2 日本の同軸ケーブル伝送方式の変遷

方式名	C-4 M	C-12 M	C-12 MTr	C-60 M
商用導入年	1955	1962	1967	1973
電話回線多重数	960	2 700	2 700	10 800
最高周波数〔Hz〕	4	12.4	12.4	61.2
中継距離〔km〕	9	4.5	4.5	1.5
素子技術	真空管	真空管	トランジスタ	トランジスタ

FDM 伝送では，増幅器の広帯域化，利得平坦度，リニアリティ，雑音指数などに極めて高性能が要求されるが，当時の技術を結集した高周波真空管（あとには高周波トランジスタ）の開発と，高度な負帰還増幅の設計技術が決め手となった．C-60 M 同軸ケーブル伝送方式の中継器回路には，トランジスタ 3 段の負帰還増幅器が使われているが，その回路を図 3.1 に示す[4]．

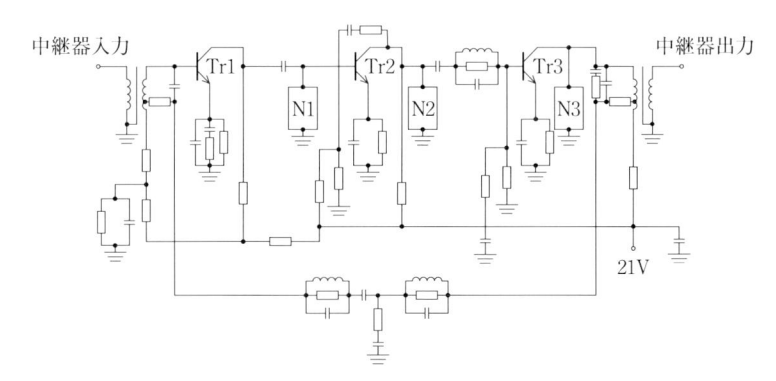

図 3.1 C-60 M 同軸ケーブル伝送方式の中継器回路

ここに使われているトランジスタは，数百 MHz の f_T が必要であり，2 GHz 程度までの S パラメータを考慮した設計がなされている．端局では，個々の電話信号から 4 kHz 間隔の FDM 信号を作るために，まず回線ごとに 4 kHz ずつずらした搬送波を用いて SSB (single side band, 単側帯波) 変調を行い，周波数軸上に 12 回線が並んだ群信号を作る．五つの群信号をそれぞれ SSB 変調して 60 回線の超群信号を作る，更に五つの超群信号によって 300 回線の主群信号を作る，ということを繰り返して，大群化していく．これらの変復調器には，超高安定な水晶発振器や，高度なフィルタ設計技術とそれを実現する高精度・高安定な部品が必要である．このように伝送方式の開発には，そこに用いる真空管，トランジスタ，電子部品などに高い性能目標を与え，日本のエレクトロニクスを牽引した効果も非常に大きかった．

一方，無線による多重伝送では，1940 年代に VHF 帯による 6 回線程度のシステムが開発されていたが，海峡横断や離島との電話回線用であり，本格的な長距離伝送システムは 1950 年代に入

り，マイクロ波を利用するようになってからである．マイクロ波技術は，第2次世界大戦中にレーダ用として飛躍的な進歩をとげ，戦後に通信用として大きく開花したのである．マイクロ波帯では広い周波数帯域を利用することができるので，多重数の大きい伝送が可能である．その頃ちょうど，テレビ放送が始まり，その番組中継には4 MHz程度の帯域を確保する必要があった．当時の同軸ケーブル伝送方式は，そこまでの帯域を確保できなかった．

　本格的なマイクロ波伝送システムは，ベル研究所が1950年に開発したTD-2方式であり，4 GHz帯（3.7〜4.2 GHz）を用いたものである．この方式の電話回線多重数は480回線であるが，テレビを1回線伝送することもできた．電話480回線を多重化した2 MHzの多重信号でマイクロ波の無線周波数をFM変調し，約20 MHzの無線帯域を使用して伝送している．この20 MHz無線帯域を利用して，電話の代わりにテレビ信号を伝送することもできたわけである．TD-2方式を用いて，ニューヨークからサンフランシスコまでの長距離伝送路が1951年9月に完成し，これを用いて最初の大陸横断テレビ中継が行われている．

　日本では，4 GHz帯を使うSF-B1〜SF-B5方式と，6 GHz帯を使うSF-U1〜SF-U4方式が電電公社によって順次開発された．SF-B1方式は，最初の純国産マイクロ波方式として実用化され，1954年にまず東名阪ルートに導入された．電話360回線またはテレビ1回線を伝送するシステムであった．日本のテレビ放送は，1953年に東京でNHKと日本テレビによって始まり，翌年には大阪と名古屋でNHKの放送が始まった．最初のマイクロ波伝送方式は，このテレビ中継のためであった．全国のテレビ放送網を構築するためにマイクロ波が不可欠であったこともあり，マイクロ波伝送ルートは急テンポで拡大し，1958年には旭川〜鹿児島を結ぶ日本縦断テレビ中継網が完成している．これらの米国と日本のマイクロ波伝送方式の変遷を**表3.3**と**表3.4**に示す[2),3)]．

表3.3　米国のマイクロ波伝送方式の変遷

方式名	TD-2	TD-3D	TH-1	TH-2	AR 6 A
商用導入年	1950	1973	1961	1970	1981
電話回線多重数	480	1 500	1 800	1 800	6 000
無線周波数帯〔GHz〕	4	4	6	6	6
無線変調形式	FM	FM	FM	FM	SSB

表3.4　日本のマイクロ波伝送方式の変遷

方式名	SF-B1	SF-B5	SF-U1	SF-U3	SF-U4
商用導入年	1954	1966	1961	1967	1977
電話回線多重数	360	960	1 200	1 800	2 700
無線周波数帯〔GHz〕	4	4	6	6	6
無線変調形式	FM	FM	FM	FM	FM

　マイクロ波伝送は，見通しのきく山頂などの高所を利用して，約50 kmごとに中継していくことができるため，アンテナ塔や中継所の建設に経費がかかるものの，一般的には同軸ケーブル伝送方式よりはコストが安い．更に，初期の頃はテレビ中継ができるのはマイクロ波のみであったため，長距離伝送路の整備はマイクロ波が先導する形となった．ただし，地震や災害の多い日本では，長距離回線の信頼性を確保するために，主要都市間に少なくとも2ルートを用意して，通信が途絶しないようにする必要があった．電電公社では，有線ケーブルと無線の2種類の伝送方式を適用して，互いに障害時のバックアップとすることを方針とした．これを「有無2ルート」と称した．そのため，同軸ケーブル伝送とマイクロ波伝送の両技術は互いに切磋琢磨して発展し，1970年代に入ると日本の技術は，世界のトップランナーであった米国の技術にかなり追いついた．

3.1.3 最初のディジタル通信

ディジタル通信の変調技術である PCM (pulse code modulation) 伝送の原理は，1937 年に Alex H. Reeves によって発明されていた．しかし，当時はパルス回路やこれに必要な部品技術が乏しく，実現困難であった．その後，パルスの発生やその受信技術は，レーダの開発で大いに進んだが，PCM を実現する技術は簡単ではなかった．例えば，PCM 符号器については，電子ビームを印加電圧で偏向させて符号パターンの窓を通すことで2進符号に変換する"符号管"が 1950 年代に登場した．しかし，総合的に伝送システムとして実現するには，符号化はもとより，パルス多重化，符号列の送受間の同期，劣化したパルス波形の再生，等々のさまざまな技術が必要である．これらを妥当なコストで実現する解は見つかっていなかった．原理的な実験は真空管回路でも可能ではあったが，規模が大きくなりすぎて，洗練されたアナログ伝送には到底太刀打ちできなかった．しかし，1960 年代に入りトランジスタが利用できるようになると，事情が大きく変わってきた．

当時，トランジスタは民生品にも広く使われるようになり，性能と品質が格段に向上してきた．コンピュータの分野でも，演算素子としてはパラメトロンに代わってトランジスタが本命になってきた．このように高性能化したトランジスタの出現で，PCM 伝送の実現性が増してきた．1961 年，ベル研究所は，PCM 伝送方式の実用化をアナウンスした．その方式は，"T 1 Carrier System"と命名されていた．翌年には，シカゴ市内と近郊のスコーキーの間 20 km の区間に，世界最初の PCM すなわちディジタル伝送システムが導入された[5]．

この T 1 方式は，当時のベル研究所の伝送グループが総力をあげて実用化したものであり，開発成果は 1962 年 1 月号の Bell System Technical Journal に詳しく発表された[6]．そこには，標本化，逐次近似符号化，非線形量子化，タイミング抽出，フレーム同期，バイポーラ符号伝送，波形等化，3 R (reshaping, retiming, regenerating) 中継器といった，ディジタル伝送の基礎となる一連の技術が示されている．電話回線を 4 kHz として，8 kHz で標本化，各標本点に 8 bit（交換機動作に必要なシグナリング用 1 bit を含む）を割り当てて 1 回線当り 64 kbit/s とする．それを 24 回線分集めて時分割多重し，それに各フレームに 1 ビットのフレーム同期信号を加えて，1 544 kbit/s という伝送速度が設定された．これは，現在でも広く使われているデータ伝送速度の一つである．また，特徴的な技術として，図 3.2 に示すバイポーラ符号が使われた．これは，トランス結合が不可欠なペアケーブル伝送において，パルス列が直流成分を持たないようにし，符号誤りの検出も容易となる巧妙な方法である．

ベル研究所がディジタル通信を初めて物にしたというニュースは，当時の先進各国に衝撃を与えたが，これに刺激されて日本でも電電公社の電気通信研究所（以後，通研と略称）が中心となって

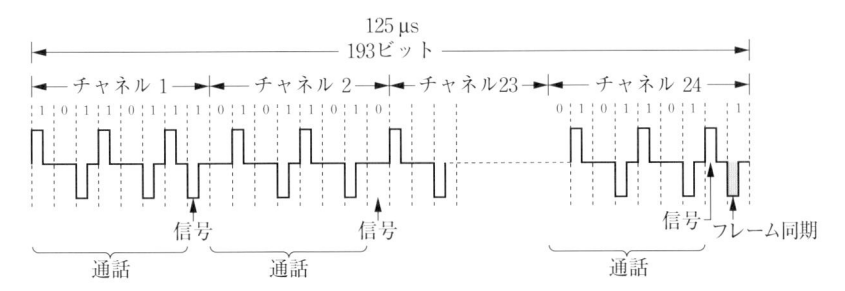

図 3.2 バイポーラ符号（T 1 方式のパルス伝送符号）及びフレーム構成

研究開発が加速された．通研や通信機メーカにおいても，それ以前からPCMの研究は行っていたが，当時の関係者はこれほど早く実用化されるとは思っていなかったようである．研究の下地があったので，日本におけるPCM伝送方式の研究開発は急テンポで進んだ．実用化した伝送方式の基本的な考え方は，結果的にT1方式とほとんど同一となった．多重数がT1方式と同じ24回線であったことから，PCM 24方式と名づけられた．比較的多く使われている0.5 mm径のペアケーブルの場合，この方式の中継間隔は約1.7 kmである．24回線という多重数は，アナログ伝送方式との互換性を保つためである．FDM方式が，12回線を基本群として多重化していく構造であるため，ディジタルであっても12回線の整数倍とすることが必要である．更に多重数を増すとすれば36回線にする必要があるが，伝送速度が上昇するので中継間隔を短縮しなければならない．建設や保守など，種々の条件を検討した結果，日本でも米国と同じ多重数が解となったわけである．PCM伝送を初めて実用化し，端局や中継器のシステム化技術，更にそれに必要な部品や測定器に至るまで，関連する多くの研究開発が促進され，日本のディジタル技術は大きく進展した．

　PCM 24方式は，通研による何回かの試作と現場での実験ののちに，1965年に総合的な現場試験が池袋-北町間で行われ，翌年に全国の9区間に導入された[7]．これが日本のディジタル通信の産声であった．一連の研究開発成果は，通研研究実用化報告1965年1月号[8]および9月号[9]に合わせて20件の論文として発表されている．また，電気通信学会雑誌1966年11月号ではPCM特集として招待論文7件，応募論文27件が掲載されており，ディジタル時代に向かう興奮が感じられる[10]．米国に遅れること4年で，日本は世界で2番目にディジタル化のスタートを切った．因みに，欧州では30回線を多重化した伝送速度2 048 kbit/sのE1方式を開発し，1970年前後から商用に供している．E1方式は，回線当り64 kbit/sは同一であるが，符号化における非線形量子化特性において米国・日本のμ-lawとは異なるA-lawを用いており，この違いは現在でも継承されている．

　ディジタル伝送とアナログ伝送との多重伝送に必要な伝送帯域を比較すると，"0，1"のバイナリー符号では1 bit当りほぼ1 Hzが必要であり，電話1回線当り64 kHzとなるディジタル伝送は，アナログ伝送の4 kHzに比べて約15倍となる．ただし，アナログ伝送に比べてSN比は小さくてもよいことから，ケーブル損失が大きくなる高い周波数まで利用でき，結果的にアナログ伝送に太刀打ちできるのである．

　端局の構成を比較すると，アナログ伝送では極めて高い精度と安定度が求められるSSB変復調器やフィルタを回線ごとに必要とするのに対して，ディジタル伝送では回線ごとの部分にそれほど高精度な回路を必要としない．図3.3に示すように，入力信号は回線ごとの標本化回路で順次サンプリングされたのちに，共通のPCM符号器に導かれる．復号側も同様に，復号器でPAM (pulse amplitude modulation) となった復調信号は，回線ごとには簡単な低域フィルタを通すだけである．高価なPCM符号器・復号器は，24回線に対して共通であり，回線当りコストの負担は十分軽減される．また，いったん符号化されたディジタル信号の処理は，すべて論理回路で行われ，高精度な回路技術は必要ない．このような端局構成の違いにより，ディジタル伝送端局は，アナログ伝送端局に比べてコストを下げることが可能であった．

　PCM 24方式は，数10 kmまでの近距離回線用に広く使われた．1966年から10年間で，2万システム以上が全国に導入され，近距離回線のディジタル化に果たした効果は非常に大きかった．近距離では，システムの全コストに占める端局コストの比率が高いことと，回線需要が必ずしも大きくないルートが多く，まさにPCMの独壇場となったのである．

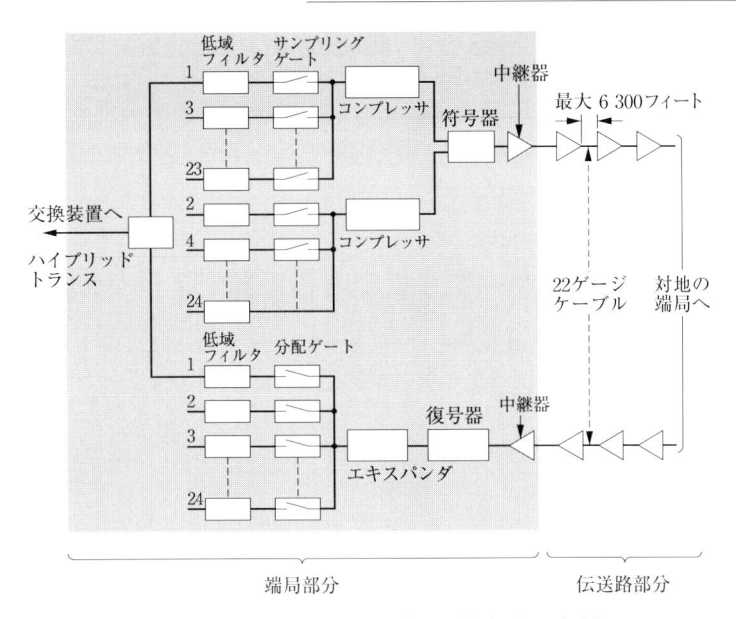

図3.3　PCM伝送における端局の構成（T1方式）

3.1.4　マイクロ波通信のディジタル化

　ペアケーブルによるディジタル伝送の成功は，無線通信においてもディジタル化の可能性が高まったことを意味した．マイクロ波でも，端局コストが低減できれば，近距離での出番がもっとでてくる．しかし，ペアケーブルとの違いは，伝送帯域である．当時の技術では，ペアケーブルの伝送速度は数 Mbit/s にとどまったが，マイクロ波では更に広帯域が利用可能であった．経済化の観点からは，伝送速度を上げることは当然有利となる．また，マイクロ波通信では，新たな課題も生じていた．マイクロ波の需要が増えたため，伝搬ルートの錯綜が生じ，ルートやシステム相互の電波干渉が問題になること，また衛星通信がこの頃に出現したが，そこでは地上通信との干渉を避ける置局設計が問題となること，などである．アナログ伝送では，このような干渉への許容度が低いことから新たな伝搬ルートの設定が難しくなるが，これらの課題への抜本的な対処が可能となることからディジタル技術が期待された．

　日本では，PCM をマイクロ波に適用する意義は大きく，世界に先がけてマイクロ波 PCM 伝送方式の研究開発を行った．ちょうどその頃，ペアケーブルにおいても，次のステップとして 8 Mbit/s の PCM 120 方式の研究が進んでいた．この伝送速度は，近距離用の周波数帯である 2 GHz 帯を用いる伝送方式にとって都合のよい値であった．

　無線通信においては，使用する周波数帯域幅を極力有効に利用する必要があり，2 GHz PCM 方式では4相位相変調を用いて同一周波数の搬送波を2系列の 8 Mbit/s 伝送符号で直交変調し，合計 16 Mbit/s の伝送能力を持たせている．更に，送信波として垂直偏波と水平偏波を独立に用いることで，一定の帯域内で伝送する情報量を4倍に増すことを可能とした．このため，周波数利用効率はアナログ伝送に比較してそれほど悪くはなかった．

　2 GHz PCM 方式の基本技術は通研で研究開発され，1964 年にはディジタル変復調器の試作，1965～1966 年に横浜-小田原間で伝搬実験，1967 年に通研（武蔵野市）-川越間で伝送実験が行わ

れ，最初のマイクロ波PCM伝送方式として実用化された[11]．この方式は，1968年に熊谷-鴻巣および福岡-篠原の2区間において商用試験が行われ，その後全国に導入された．この時代にマイクロ波PCM伝送方式を商用化したのは，世界的にも米国に並んで極めて早かった．これらの先駆的なマイクロ波PCM伝送技術は，長距離用の準ミリ波ディジタル伝送や4～6 GHz帯高能率ディジタル伝送の研究開発に受け継がれていった．

3.1.5　同軸ケーブルによる長距離ディジタル通信

　PCM 24方式などにより，近距離回線のディジタル化が急速に進んだ1970年前後は，日本経済が大きく成長した時代であり，更にコンピュータ通信が始まり，ディジタルでの長距離通信の需要が高まっていた．当時，アナログ伝送の方は，マイクロ波のSF-B 5/U 3方式や，同軸ケーブルによるC-12 MTr方式が全盛であり，C-60 M方式の開発も進んでいた．C-60 M方式は，1システムで10 800回線の伝送能力があり，これと同等なディジタル伝送を行うには，800 Mbit/s程度の伝送速度が必要となる．当時のトランジスタの性能では，バイナリー伝送でこれを実現するのは無理であるばかりか，中継間隔がC-60 M方式より短くなってしまう．

　そこで，1パルス当り2 bit相当の多値伝送を行うことが通研で提案され，この実現に向けたチャレンジが始まった．この多値伝送により，ライバルのC-60 M方式と同じ1.5 kmの中継間隔が実現可能となる．多値数は5値とされたが，その理由は2 bit（4値）に対する5値の冗長性を利用して符号列の直流分を打ち消す制御を行うためである．このディジタル伝送は，1.5 kmおきにパルス再生中継を繰り返すことから，極めて多中継となり，各中継器での符号誤りは許されず，十分な動作余裕が必要である．また，タイミングジッタの累積も大きな問題になる．

　この方式の開発名称はPCM-800 M方式とされ，通研と通信機メーカが協力してシステム技術から，部品の開発にわたる総合的な研究開発が行われた．当時，このような高速のディジタル技術は世界的に例がなかった．トランジスタについていえば，入手可能な最高性能品のf_Tが3 GHz程度だったが，増幅回路やパルス再生回路のトランジスタに必要なf_Tが8 GHz以上であり，トランジスタの研究者にとっても実現性を約束し難い研究であった．また，このような高速動作は，プリント板実装では実現できず，開発途上にあったハイブリッドICを実用化しなければならなかった．ハイブリッドICには，抵抗体や配線材料を表面から塗布して焼結する厚膜形と，蒸着技術によって配線と抵抗，コンデンサを形成する薄膜形があるが，ここでは薄膜形の実現が目指された．中継器は，マンホール内の気密筐体の中に設置するため，その形状や消費電力が制約され，徹底した低消費電力化が求められた．端局や測定器にも多くの新技術開発が必要であり，中継器への給電，同軸ケーブルやコネクタの高周波特性の改良，更に気密筐体へのケーブル引込みに至るまで，多数の新技術が必要であった．

　このような高い目標に向けて研究開発が進められ，1973頃にはプロトタイプが出来上がった．しかし，ほとんどすべてが限界的な動作状態で，丹念に調整を繰り返して何とか動作させても，しばらくすると符号誤りが出てくるという不安定な状態であった．これでは厳しい屋外での長期安定動作が保証できるシステムにはなりそうもないことが判明した．この目標が実現できないと，アナログ網に代わってディジタル網を実現できる解がなくなる，ということでたいへん問題になった．ディジタル伝送は端局が安いといっても，長距離ではケーブルや中継器のコストが支配的となるので，その部分で多重数が少ないと，反比例して回線当りコストが高くなってしまう．技術的に確実な解は多値伝送を止めて通常のバイナリー伝送とする，すなわち400 Mbit/sとする案であっ

た．しかし，そこまで落とさなくとも，バイポーラ符号を使うことを考えれば3値パルス伝送をしているのであるから，3値のブロック符号として，ブロック内のいくつかの符号を直流成分抑圧用に使うことにより，情報伝送速度を600 Mbit/s程度にするという案もあった．これを準3値伝送といった．

通研だけの問題ではなく，新技術導入に責任を持つ電電公社技術局の関係者も加わって打開策が検討された．関係者それぞれの見識をかけた真剣な意見の応酬が続き，結論として400 Mbit/sバイポーラ符号伝送とすることになった．方式名もPCM-400 M方式と変えざるを得なかった．これでも長距離に導入可能と判断されたのは，やはり端局コストがものをいった．PCM-400 M方式とC-60 M方式での回線当りのコスト比較は，おおよそ図3.4のようになる．両方式のコストが交わる距離は約300 kmである．300 kmという値は，当時の日本の長距離市外回線の平均長に近い．そこで，「平均回線長において，コストがほぼ同等であるのならば，今後の発展が期待できるディジタル方式の開発意義がある」と結論づけられた．

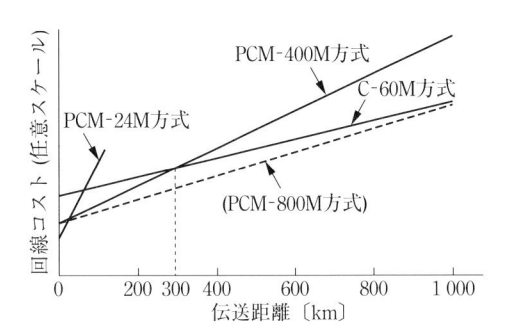

図3.4 伝送方式間の電話回線当りのコスト比較

PCM-400 M方式の中継器は，図3.5に示すように複雑な回路構成となり，トランジスタの数では，C-60 M方式が3個であるのに対して，PCM-400 M方式は50個を超えていた[12]ことから，設計コストに見合うように製造コストを削減する技術の追求が重要な課題として残った．

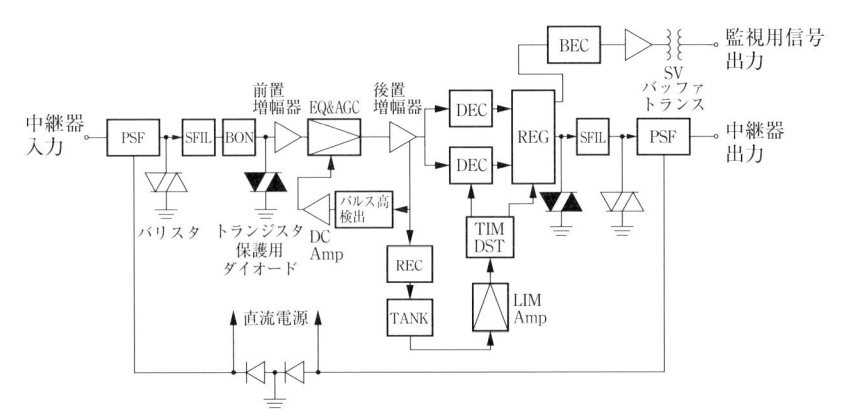

PSF：電力分離フィルタ　　EQ：等化器　　　　　LIM Amp：リミタ増幅器
SFIL：サージ防護フィルタ　AGC：AGC増幅器　　 TIM DIST：タイミング分配回路
BON：擬似線路回路　　　　REC：全波整流回路　　DEC：識別回路
BEC：バイポーラ誤り検出回路　TANK：タンク回路　REG：パルス再生回路

図3.5 PCM-400M方式（正式名称DC-400 M方式）の中継器の回路構成

しかしながら，このような大英断の結果，当初の計画から一歩引いた形ではあったが，PCM-400 M方式の研究開発は順調に進み，1974年には大阪-神戸間50 km 38中継の現場実験が行われ，実用技術として実証された．その後，1976年から商用導入されることになり，正式名称はDC-400 M方式となった．DC-400 M方式の完成により，全国の主要幹線ルートのディジタル化が急テン

ポで進んだことはいうまでもない．これより少し前に，中距離用として DC-100 M 方式の開発も行われ，ディジタル伝送用の方式が出そろった．

PCM-400 M 方式の研究開発成果は，1975 年 5 月にサンフランシスコで開催された IEEE の国際会議 ICC'75 において，初めて発表された．通研と富士通から 1 件ずつの発表[13],[14]であったが，くしくもこの会議ではベル研究所から T 4 M 方式と名づけられた 274 Mbit/s 同軸ケーブル伝送方式の発表もあった[15]．T 4 M 方式は，発表の直前の同年 1 月にニューヨークマンハッタン-ニューワーク間 28.6 km の区間で現場実験を開始しており，完成度は PCM-400 M 方式に近かった．これら両方式の中継器主要諸元を表 3.5 に比較して示すが，発表においても両方式の優劣の差は一目瞭然であった．特に大きな差は，消費電力と外形の大きさであった．通研や日本の通信機メーカにとって憧れの的であったベル研究所が開発した技術を目の当たりにして，日本の研究陣が「我々の技術が勝った」と肌身で感じた瞬間であった．

表 3.5　PCM-400 M 方式と T 4 M 方式の中継器主要諸元の比較

方式名	PCM-400 M 方式	T 4 M 方式
ビットレート	400.352 Mbit/s	274.176 Mbit/s
電話回線多重数	5 760 回線	4 032 回線
伝送符号	バイポーラ符号	ユニポーラ符号
中継間隔	最大 1.6 km	最大 1.7 km
中継器回路実装	薄膜ハイブリッド IC（R, C とも薄膜）	薄膜ハイブリッド IC（R のみ薄膜）
中継器消費電力	7.0 W（580 mA×12 A）	13.7 W（835 mA×16.4 V）
中継器外形	270×160×52 mm	660×203×57 mm

当時の米国では，L 5 方式を超える 13 200 回線の L 5 E 方式を開発していた．しかも日本に比べれば，はるかに回線長の長い条件下でディジタル伝送を導入するには，日本以上に苦しいはずであった．後日分かったことだが，彼らのコスト比較は我々とはベースが全く異なっていた．米国では，当時すでにコンピュータ通信が盛んになっており，それらは電話回線にモデムを接続して行われていた．当時のモデムは高速のものでも 4.8 kbit/s であった．そこで，アナログ伝送方式の回線当りディジタル伝送能力を 4.8 kbit/s として，対するディジタル伝送は 64 kbit/s としてビット当りコストを比較し，274 Mbit/s でも十分に経済的であるとの結論を導いていた[16]．コンピュータ通信の普及した社会では，受け入れられた考え方だったのであろう．しかし，当時の米国でも，さすがに T 4 M 方式を使い切るほどのコンピュータ通信のニーズがあったとは考えにくく，ディジタル化を進める方便であったのかもしれない．

3.1.6　おわりに——ディジタル通信全盛時代へ

長距離電話回線の低コスト化に向けてひたすら多重化数を高めてきた伝送方式の研究開発は，C-60 M 方式により頂点を極め，更なる多重化は限界的になっていた．マイクロ波伝送では，伝統的に用いられてきた FM 変調を SSB 変調に変えることにより，帯域を更に有効利用する方式として，ベル研究所は AR 6 A 方式を 1981 年に完成させている．フェージングによる不安定な伝搬特性を乗り越える高度な技術を駆使した方式であったが，光ファイバ伝送方式の利用が始まっていた時代であり，その出番は限られた．

電話網の経済的実現にはアナログ伝送の果たした役割は大きいが，コンピュータ通信時代を迎えてディジタル伝送のニーズは急速に高まっていった．本節では，ディジタル交換技術への変遷につ

いては述べなかったが，交換機のディジタル化は LSI の出現によって小形化と経済化に大きな効果が見込めるようになり，1970 年代には研究開発が本格化した．1976 年に，ベル研究所が世界で初めてディジタル交換機 No.4 ESS 方式を実用化し，その商用試験がシカゴで行われた．日本をはじめ各国でのディジタル交換の研究開発が加速されたことはいうまでもない．交換機がディジタル化されると，交換点でいちいち 4 kHz のアナログ電話回線を扱う必要がなくなり，多重化されたままのディジタルデータを処理することで交換機能が実現されようになる．そのため，加入者線を引き込んでいる交換機（これを加入者交換機という）で，いったんディジタル化されれば，すべてがディジタルの通信となるため，伝送品質の劣化がなくなり，極めて安定した通話品質が提供できるようになる．更に同じ通信網が，コンピュータ通信のデータ伝送とも共用できることから，1980 年代の ISDN（integrated service digital network）へと発展することになったのである．

このようなディジタル化への端緒を作ったのが，1970 年代のディジタル伝送であったが，バイナリー伝送では伝送帯域が何倍にもなり，高能率の変復調技術を使うか，伝送媒体自体が本質的に広帯域でないとアナログ方式にかなわない事情もあった．高能率変調については，マイクロ波伝送において 256 QAM 方式のような高度な技術開発へと向かった．本質的に広帯域な伝送媒体については，以前からミリ波が注目されており，ベル研究所や通研を筆頭に研究が行われ，日本では 43〜87 GHz を用いた電話 30 万回線の W-40 G 方式の実用化が目指された．この方式は，1972〜1974 年に水戸–東海村間 23 km の区間で現場実験が行われた．しかし，円形導波管を直線状に布設し維持することが大きな問題であった．

そのような状況において，1970 年にコーニングガラス会社が，減衰量 20 dB/km という当時としては驚異的に低損失の光ファイバ試作に成功したことが引き金となって，それ以降のディジタル伝送の研究は光ファイバ伝送へと大きく舵がきられた．同軸ケーブルディジタル伝送や，ミリ波ディジタル伝送に携わっていた研究者のエネルギーが，光ファイバ伝送方式の実現に向けて結集され，研究開発は短期間に進展した．1978 年には，東京都内の 20.8 km の区間で初めての光ファイバ伝送方式が実験され，短期間ではあったが商用回線にも供されて，十分実用的であることが実証された．1980 年前後における，光ファイバ伝送とディジタル交換の両技術の確立は，ディジタル通信時代へのネットワーク革新を確固たるものとした．

問題 1　ディジタル伝送における 3 R 機能について調べよ．
問題 2　アナログ伝送とディジタル伝送について，それぞれの長所と短所を比較せよ．
問題 3　現在は通信のみならず，多くの分野でディジタル技術が主流になっているが，技術の進歩とあわせてそのおもな理由を考察せよ．

3.2　クロスバ交換機の開発

3.2.1　クロスバ交換機の歴史的位置づけ

我が国の電話サービスは 1890 年（明治 23 年）12 月，東京–横浜からスタートした．これを 110 年余の間支えてきた交換機の方式別推移を図 3.6 に示す．

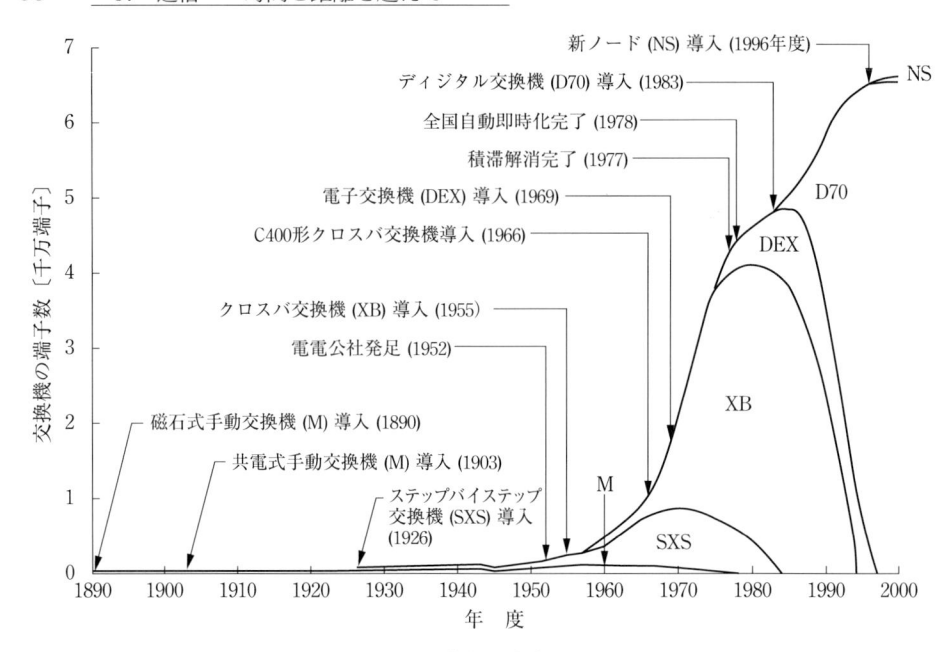

図3.6 交換機の方式別推移

　クロスバ交換機が存在した期間は特に長いものではないが，導入された量で見ると1977年（昭和52年）頃に，日本全体の交換機の約80％をクロスバ交換機が占めている．この1977年度末に日本全国で電話を申し込めばすぐつく状態，すなわち「積滞解消」が実現されたのである．積滞解消は1952年に発足した電電公社（旧日本電信電話公社，現 NTT）の事業の2大目標の一つとされたもので，これにクロスバ交換機が大きく貢献した．

　また図から読みとれることは，クロスバの1号機がサービスを開始してから本格的に導入されるまで10年余の歳月を要していることである．実はこの10年間に，クロスバ技術を自家薬籠中の物にして，電話網の発展と近代化に不可欠な全国電話番号計画や料金制度などの外部条件の確立を待ち，急増する電話需要に経済的に対応できる方式を追求して，5次にわたる研究開発が行われたのである．研究開発は電電公社の電気通信研究所（通研）からスタートし，日本電気，日立製作所，富士通，沖電気が逐次共同研究に加わり，最終段階で電電公社の技術局が参加した．電話サービスの普及・向上と自主技術開発への情熱が燃えたぎった時代であり，その完成がC400形クロスバ交換機だった．

　そして交換機メーカ4社は各社それぞれにC400形をベースに海外向けのクロスバ交換機を開発し，当時シーメンスとエリクソンに支配されていた世界の電気通信機器市場に一石を投じたのである．また，このクロスバ技術の獲得は，次世代の電子交換方式の開発に大きく生かされるところとなった．

3.2.2　交換方式の概要

　我が国のクロスバ交換機が名実ともに完成するまでの経緯をまとめるに当たり，技術用語の解説も兼ね，交換方式について簡単に説明しておきたい．なお特に断らない限り，記述内容はクロスバ交換機が完成した1960年代後半の状況によるものとする．

〔1〕 **電話網の構成**　電話の交換機は，多数の電話サービス加入者の中から指定された相手を選び，その間に専用の通話路を設定するものである．この指定のため全国電話番号計画により各加入者に固有の9桁(けた)の番号が付与される．そして，全国に散在する加入者間の接続をするため，**図3.7**の全国電話網の構成に示すように，数千万の加入者を約5 500の端局に設置される市内交換機に収容し，その間を集中局，中心局，及び総括局に設置される市外交換機で中継する（これを「市外通話帯域制」といい，現在のディジタル化された電話網では3段階に集約されている）．通話路の設定は，発信加入者がダイヤルした電話番号を交換機間で送受し，それをもとに目的の方路を選んでいき，最終的に着信加入者が収容される市内交換機に到達することとなる．

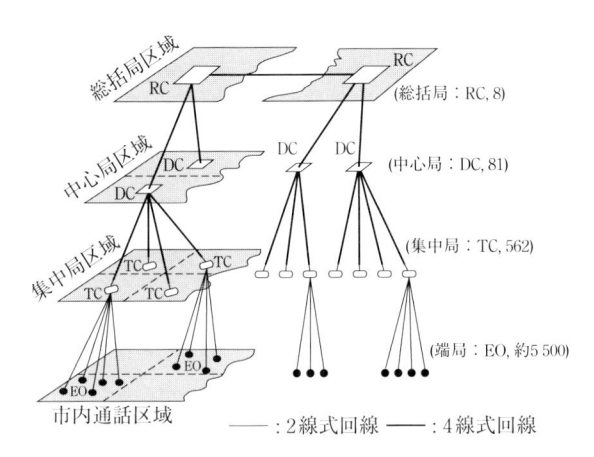

図3.7　全国電話網の構成

接続相手が同一の端局内あるいは同一の集中局内の場合，接続回線は2線式ですむが，それ以上の遠距離の場合は通話信号を上り，下りに分けて増幅する必要が生じ，4線式回線となり，交換機もそれぞれに対応したものとなる．

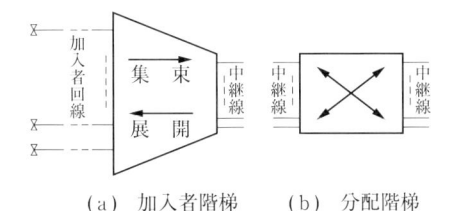

図3.8　市内交換機の通話路
(a) 加入者階梯　(b) 分配階梯

〔2〕 **市内交換機**　市内交換機の通話路は，**図3.8**に示すように，加入者回線を収容する加入者階梯と，中継線を収容する分配階梯とからなる．加入者回線を交換機に接続するポイントを端子といい，市内交換機の規模を表すのに端子数を用いる．

加入者が電話を利用する習性は区々であり，1日の内最も混み合っている時間帯において，ある時点で通話をしている加入者は，平均的にみて全体の数分の1ないし数十分の1である．したがって，ある市内交換機に出入りする回線数は，この同時に通話している加入者数に見合ったものですむこととなる．この見合いの回線数まで集束し（発信時），また集束された回線を目的の加入者に展開する（着信時）階梯が加入者階梯であり，台形の縦の線でその様子を表している．

分配階梯はこうして集束された回線を目的とする方路の回線に接続する階梯であり，入りと出の回線の使用効率はほとんど同じで，両者ほぼ同数である．

この回線の集束すなわちトラヒックの集束に関しては，大群化効果と呼ばれる現象がある．それは例えば加入者階梯でいえば，加入者数が増えるほどその接続に必要な回線の増加傾向が鈍化して

くる，すなわち1回線当たりの使用効率が向上してくることである．したがって，何らかの理由で多数の加入者を1群にできない場合，あるいは出・入り回線の群の構成に制約がある場合は，最も効率の良い通話路の構成ができず，不経済を伴うこととなる．

〔3〕 **ステップバイステップ交換機** これは市外通話帯域制が確立されるはるか以前の1920年代から，専ら市内交換機として使用されてきたものである．加入者のダイヤル操作で数字1桁ごとに自動的に空き回線を選択し，接続していく自動交換機で，従前の電話交換手による手動交換機に比べ，接続の正確・迅速・秘密の確保などの面で優れているとともに，方式容量が大きく，発展性があった．方式の詳細は文献7)を参照されたい．

この自動形のメリットは加入電話の普及率が低い間は十分発揮されていたが，普及率が10％を超えるような将来の需要予測に対しては次のような方式限界が問題になってきた．

① 出側の最大回線数は10回線が限度で，回線の使用効率を向上させる大群化が不可能である．
② 2線式回線交換対応であり，4線式の遠距離市外回線の交換は機構上実現が困難である．
③ 回転式スイッチで目的の箇所まで滑らせることから，接点を次々に通過する際の電気的雑音発生と，接点摩耗の問題が避けられない．

〔4〕 **クロスバスイッチ** クロスバ交換機は，図3.9に示すクロスバスイッチを通話路素子とするもので，その原理を図3.10に示す．回線は縦方向から入る群と横方向から入る群に分けられ，マトリックスを構成する各交差ポイントに接続接点（2線式回線の場合3個1組，4線式回線の場合6個1組）が設けられている．そして縦方向を指示するx値と，横方向を指示するy値が指定されると，(x, y)のポイントの接点が閉じて，x値の縦回線とy値の横回線が接続される．1個のスイッチで，xかyの小さい方の値の組合せまで接続が可能である．また入り側回線と出側回線を，縦/横，上/下，左/右いずれに対応させるかは自由である．

指定された水平列(10通り)と縦列(20通り)が交差(クロス)する位置にある接点が動作する．水平列は5本の横棒(バー)のいずれか1本が上側または下側に半回転し，決定される．

図3.9 クロスバスイッチ

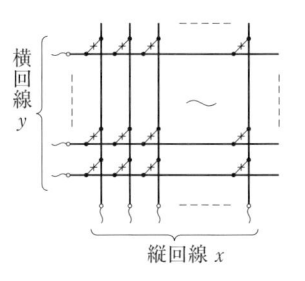

(注) ─*─ : 接点．この大きさのスイッチを回路図では$y\boxed{}$と略記する．

図3.10 クロスバスイッチの原理図

回線数を増やす場合は，スイッチを横につなぎ，また縦に積む形で可能であるが，必要とされる接点の総数はxとyの積となり，規模が大きくなると不経済になる．そこで図3.11に示すようなリンク接続が考案された．図の例は横に2段のスイッチ群を接続するので2段フレームと呼ばれる．横3段にすれば3段フレームとなる．

リンク接続における回線群は，フレームの左側に収容される群と，右側に収容される群に大別される．各段の構成スイッチ（格子）の大きさを1段目がx_1, y_1，2段目がx_2, y_2とすると，左側の群の回線数はx_1y_2回線，右側のそれはx_2y_1回線となる．そして左側の任意の回線から右側の任

3.2 クロスバ交換機の開発　41

意の回線に接続することができる．すなわちステップバイステップ交換機のスイッチの出側が最大10回線に限定されていたのに対し，任意の大きさの回線群を構成することができ，経済性が大きく改善される可能性がある．

ただし，図 3.11 において，1 段目と 2 段目のあるスイッチ（格子）どうしの組合せでみると，その間をつなぐ回線（リンク）は 1 本だけなので，これが使用中に同じ組合せのスイッチ間で接続要求が発生すると使えるリンクがなく接続ができない．この現象をリンクブロックといい，これに遭遇する確率をリンクブロック率という．

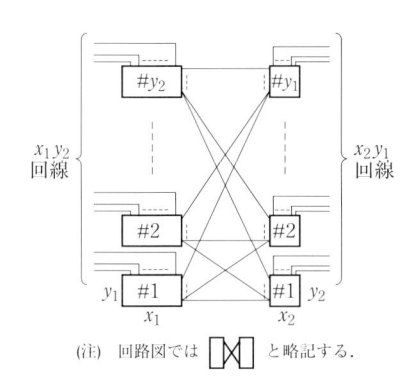

図 3.11　クロスバスイッチのリンク接続　　　図 3.12　クロスバスイッチのリンク接続
　　　　　（2 段フレーム）　　　　　　　　　　　　　　　　（3 段フレーム）

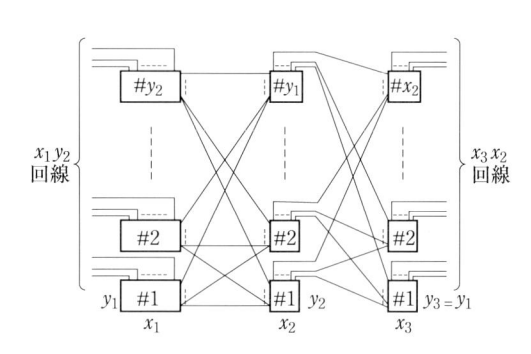

これを図 3.12 の 3 段フレームにすると，1 段目と 3 段目のあるスイッチどうしの組合せでみて，その間をつなぐリンクは y_1 本となり，リンクブロック率が大幅に改善される．ただし，必要なスイッチ数は 2 段目の分だけ増加する．この効果は 4 段フレームにすると更に大きくなる．

スイッチ接続動作時の雑音については，空いている回線対応の接点を閉じる動作だけなのでほとんど問題なく，また接点摩耗の問題も無視できるオーダである．

〔5〕**市内クロスバ交換機**　この通話路としては，図 3.8 の加入者階梯と分配階梯に 2 段フレームまたは 3 段フレームが適用され，この間がジャンクタと呼ぶ配線で結合される．

ある電話の呼（call）が発生すると，加入者階梯の入り側で該当加入者回線を特定し，分配階梯の出側で出または入り回線を特定し，この間をつなぐ通話路を選び，それぞれの階梯の該当するクロスバスイッチの電磁石を動作させ，通話路を形成する．この動作を行う装置が共通制御装置（マーカ）であり，これを加入者階梯と分配階梯のそれぞれに設ける部分共通制御方式と，両階梯を統合して制御する完全共通制御方式がある（図 3.13）．制御回路の設計の難易度の点では前者が容易であり，経済性の点では交換機に収容する加入者数が多くなるほど後者が有利になる．更にサービス性評価の問題を含め，このどちらを選ぶかが，日本におけるクロスバの研究・開発の歴史に大きくかかわることとなった．

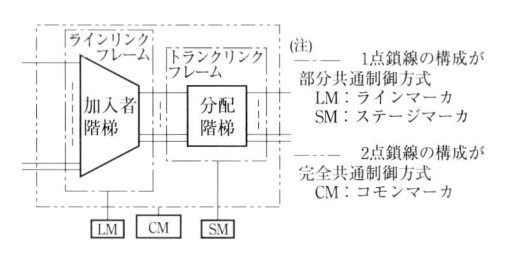

図 3.13　クロスバ交換機の共通制御方式

交換機の動作機能としては上述の通話路制御機能のほかに
① 電話番号を受信，送信する機能（図 3.14 の OR，IR，OS）

42   3. 通信——時間と距離を越えて——

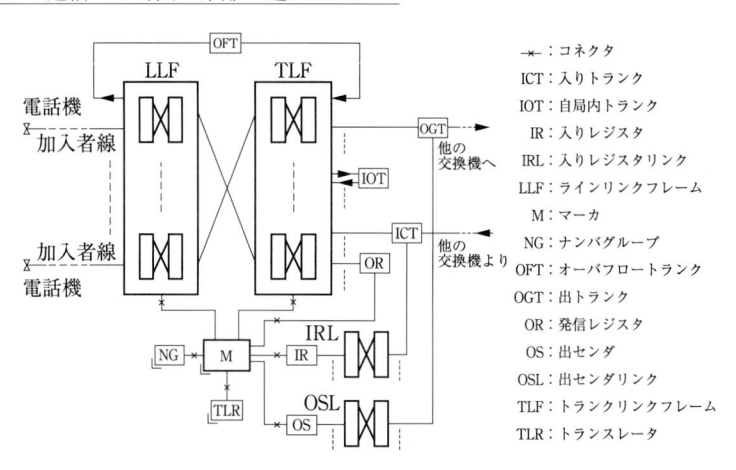

```
                    ┌─ OFT ─┐
                    │       │
          ┌─ LLF ─┬─ TLF ─┐           ✕：コネクタ
電話機    │       │       │           ICT：入りトランク
 ⊠─加入者線─┤ ⊠ ├╳┤ ⊠ ├─ OGT ─→ 他の交換機へ   IOT：自局内トランク
          │       ├─ IOT       IR：入りレジスタ
          │       │                  IRL：入りレジスタリンク
          │  ╲ ╱  │                  LLF：ラインリンクフレーム
          │  ╱ ╲  │                  M：マーカ
電話機    │       │                  NG：ナンバグループ
 ⊠─加入者線─┤ ⊠ ├─┤ ⊠ ├─ ICT ←─ 他の交換機より  OFT：オーバフロートランク
          └───────┴─ OR ─┐           OGT：出トランク
              │          │           OR：発信レジスタ
         ┌─NG─┤M├── IR ──┤ ⊠ IRL    OS：出センダ
              │          │           OSL：出センダリンク
              └─ TLR ─┐  │           TLF：トランクリンクフレーム
                      └── OS ─┤ ⊠ OSL  TLR：トランスレータ
```

図 3.14   C 400 形交換機の基本構成

　② 電話番号を接続方路情報に変換し（TLR），その方路の空き回線を選択する機能（M）
　③ 電話番号を被呼加入者の加入者階梯位置情報に変換する機能（NG）
などがあり，共通制御装置の一部に取り込むか，またはそれぞれに共用の装置が設けられる．

接点ばね(スプリング)にワイヤ(針金)を用いた
多接点，長寿命のリレー

図 3.15   ワイヤスプリングリレー

　ステップバイステップ交換機が発信加入者のダイヤル数字1桁ごとに空き回線を選んで接続を進めていくのに対し，市内クロスバ交換機ではダイヤル数字の全桁を受信・蓄積してから上記②の回線選択を行うので，通話路フレームの構成面でのメリットと合わせ回線の大群化が可能となる．クロスバ交換機の持つこの機能を電話番号の蓄積変換機能という．
　クロスバ交換機の論理，制御回路には，**図 3.15** に示す多接点，長寿命のワイヤスプリングリレーが採用され，クロスバ交換機の特長の一翼を担うものとなった．

　〔6〕**市外クロスバ交換機と課金方式**　　市外クロスバ交換機の通話路は4段フレームの分配階梯のみで構成され，入りと出の回線数はほぼ同数である．機種としては2線式回線用と4線式回線用の2種類がある．
　電話の料金制度は交換方式とともに，また非電話系サービス（データ通信など）の出現に応じて変遷してきたが，国産クロスバの完成期には次のように定められていた．
　すなわち加入者ごとに度数計が設置され，この月間の積算度数に単位料金（当時7円）を乗じて請求額が決定される．市内通話の場合は通話1回当り1度数，市外通話の場合は接続相手までの距離（発・着集中局間の直線距離）によって決められる時間†ごとに1度数がカウントされる．
　この市外通話の課金方式を距離別時間差法といい，集中局に設置される市外発信交換機において接続相手の市外局番から距離段階が選定され，これに対応する時間ごとに通話回線を経て発信加入者の度数計に課金用のパルスが送出される．

---
†　2.5秒（750 km 以上）～60秒，合計14段階

3.2.3 国産クロスバ開発の前夜

〔1〕 **ステップバイステップ交換機の導入と国産化** 1923年（大正12年）9月1日の関東大震災を契機に，従来の手動交換機に代わり自動形のステップバイステップ交換機がイギリス，ドイツから輸入されることとなり，1号機が1926年に東京-横浜でサービスを開始した．やがて1930年に日本電気により，更に1934年に富士通により，念願の国産化が達成された．

こうして電話の加入者数は1943年に戦前におけるピークに達し，手動交換機収容が66万，ステップバイステップ交換機収容が42万，合計で108万加入を数えるに至ったが，第2次世界大戦の終戦時には戦災によりその半分の54万まで激減していた．

〔2〕 **電電公社の発足** 1952年8月1日，日本電信電話公社（電電公社）が発足し初代総裁に梶井剛（1912年逓信省入省）が就任した．梶井はサービス向上のために新技術を導入する必要性を力説し，その一つがクロスバ交換方式だった．しかし発足当初の電電公社にとってクロスバは未経験の方式であり，一方で既存方式のステップバイステップ交換機は加入者数の増加と電話網の拡大に対し，前述のような問題を内包していた．

当時米国では，1948年にAT&T系のウェスタンエレクトリック社が大都市用交換機としてNo.5クロスバ（4段フレームの完全共通制御方式）を開発していた．しかし米国の独占禁止法の関係でNo.5クロスバの輸出は不可能だった．代わって米国のケロッグ社からNo.7クロスバが売り込まれ，1952年末に輸入計画が決定した．これに対し，No.7クロスバは技術的にみてステップバイステップの延長にすぎず，我が国に望ましい将来方式は自主的に定めるべきである，として若手技術者らが輸入反対の建白書を総裁に提出する騒ぎにまで至った．総裁からは今回はサンプル輸入であり，標準形式は自主技術で開発されるべき旨の表明がなされた．1955年9月，群馬県の高崎局と周辺の2局で，我が国で最初のクロスバ交換機としてNo.7クロスバがサービスを開始した．

3.2.4 国産クロスバ方式の開発スタート

No.7クロスバの輸入問題を契機として自動交換技術委員会が設置され，1953年8月，通話路にクロスバスイッチを用い，電話番号の蓄積変換機能を有するクロスバ方式が望ましい旨の答申案がまとめられた．

一方，交換屋（技術者）のオーソリティとしてNo.7の輸入に反対した運用局の小島哲（1935年，就職年．以下同じ）はこれに対抗して新しいクロスバ方式の考案に全力を注ぎ，1953年4月独自の開発案を作成し総裁への説明にこぎつけるとともに，通研に提案した．この案は交換機を3段フレームの加入者階梯と2段フレームの分配階梯に分け，これらの階梯をそれぞれ独立に制御する部分共通制御方式によるものだった．

かくして，1953年9月梶井総裁のもとで臨時関係幹部会議が開催され，通研から小島案をベースにした研究計画が提出され，了承された．ここに梶井総裁の英断による国産クロスバの研究開発がスタートを切ったのである．

開発方針として，第1次試作に使用する機構部品はケロッグ社から輸入し，可能な限り早急に完成すること，4段フレームの完全共通制御方式による市外中継用交換機も試作の対象とすることなどが決められた．

こうして通研と日本電気の共同研究体制が立ち上げられ，前者では米澤平次郎が，後者では大和茂樹がリーダとなり，事業部局から小島，山内正彌（1945年）らが参画した．このとき通研には

実力者の島田博一（1944年），若手として城水元次郎（1952年）らがいた．

そして1955年初頭に日本電気で製造が完了した第1次試作の市内クロスバと市外クロスバが通研に搬入され，基本機能と動作の確認が行われた．関係者の喜びは一方ならぬものだった．

第1次試作装置が製造に移ると同時に，機能と経済性に更に配慮した修正設計が開始された．この際に問題となったのは，外部条件が流動的な中で市内クロスバにどのような機能を持たせるか，また通話路と制御方式をどう構成するかだった．後者について，通研の若手技術者は4段フレームの完全共通制御方式にすることを強く主張した．しかし，いまは一日も早く国産クロスバを完成させることが肝要として，第1次試作と同様に2階梯の部分共通制御方式によることが決定された．

このような経過を経て1957年7月，国産のクロスバスイッチとワイヤスプリングリレーを採用した市内及び市外クロスバの第2次試作機の製造が日本電気において完了し，それぞれ新宿電話局と東京市外局に搬入され現場試験が行われた．

一方，電電公社の本社はクロスバ技術の振興を図るため交換機メーカ4社に第2種小自動交換機を発注し，1956年9月に栃木県三和局のサービス開始を皮切りに，香良洲，六甲，竜王と開局した．国産クロスバの先駆けであり，のちに数百端子の小局に適用されるC2形クロスバへと発展した．

3.2.5　C45形クロスバ交換機の誕生と改良

第2次試作をベースとする商用機が，1958年3月に武蔵府中局（日本電気製）で，同年6月に蕨局（日立製）でサービスを開始した．加入者が1千を超える中局用クロスバ方式として我が国の第1号機となったもので，のちにC40・50形と命名された．

第2次試作に引き続き，1957年末，通研に4社が協力し，分配階梯（C5形）に市外発着信機能を追加するとともに，1万端子規模の局まで適用領域を拡大する設計が開始された．こうして市内クロスバの本命たるべきC41・51形クロスバが開発され，1960年に福井局でサービスを開始した．

しかし，問題はその経済性だった．既存のステップバイステップ交換機は方式限界を有しつつも，高山正一郎（1946年）らの努力によって大幅な経済化とスペース削減が達成されており，C41・51形クロスバを全面導入するには，更に一段の改良が求められたのである．かくして1960年6月，通研を中心として改良検討が開始され，翌年に定められた新しい全国番号計画と，翌々年からの導入が決定した新しい料金制度（距離別時間差法）を織り込み，改良C41・51形クロスバが開発された．この結果，価格で約10％，スペースで約15％の経済化が図られ，1号機が1963年に大宮局などでサービスを開始した．

市外クロスバについては，第2次試作をベースとし，4線式の中継用交換機C80形クロスバが1959年に仙台局で，また2線式の市外発着信用交換機C61形クロスバが1961年に京都市外局でサービスを開始した．

3.2.6　交換方式の見直し

1962年に至り，改良C41・51形クロスバの価格などの見通しをもとに，大都市における経済性の検討が再開された．しかし，10％のコストダウンでもまだステップバイステップ交換機の経済性に及ばないことが明らかになった．

いわば国産クロスバ丸が暗礁に乗り上げてしまったのである．この呻吟のまっただなかで1963年に至り，山内，福富禮治郎（1951年），城水，田代穣次（1953年）らにより，改良C41・51形クロスバに比べ価格・スペースともに約20％の経済化を図った新方式を，2年後に実用化しうる見通しが明らかにされた．これは年々の予想を上回る電話需要の熾烈な伸びを考慮し，交換機の方式容量を3万端子程度まで拡大し，基本構成を図3.14に示したように4段フレームの完全共通制御方式とするものだった．

しかし一方で，この経済化が果たして実現できるのかという疑問や，10年来努力を重ねてようやくここまで育てたC45形の方向を変えることへの疑問が呈され，容易に結論に至らなかった．

そこへこの見通しの実現性を強力にサポートする事実が現れた．それは福富らによる市外クロスバの大幅な経済化の達成だった．概要については次項で述べるが，ここで考案された多くの経済化手法を新方式の市内クロスバに適用することは可能だった．

かくして，1963年8月副総裁米澤滋（1933年）のもとで関係幹部の打合せが持たれ，同年11月「市内クロスバ方式の改良」の方針が正式に決定されたのである．

3.2.7 市外クロスバの経済化

市外網の構築が進むにつれ，中心局にC8形とC6形を併設するケースが生じるようになった．そこでC8形にC6形の市外発着信機能を付与して1ユニットですませる方法が考案され，C82形交換機として開発されることになった．このとき合わせてシステム全体を見直し，4段フレーム・完全共通制御の基本構成は踏襲しつつ，回路の細部に至るまで徹底的な検討が加えられ，大幅な経済化―コストで約30％以上，床面積で40％以上―が達成されたのである．またC82形の共通制御装置でC6形の2線式の通話路を制御する構成でC63形交換機が生まれた．

これらの開発は1962年に技術局の福富がリーダとなり，石井孝（1958年），上田裕（1960年）の若手と日本電気が参画して開始され，翌年から千葉正人（1961年）が加わった．

C82形とC63形は全国に急速に導入され，1967年8月，県庁所在地都市の間で加入者ダイヤルによる自動即時サービスが実現されるに至った．

3.2.8 市内クロスバ交換機の完成――C400形の開発

〔1〕 開発の経緯と成果　「市内クロスバ方式の改良」の方針決定を待って直ちに日本電気，日立製作所，富士通，沖電気に協力依頼が行われ，1963年12月から共同研究が開始された．

研究体制として方式，通話路，情報処理，制御，部品の5分科会を設置し，電電公社と4メーカの技術者がすべてについて一緒になって検討する形が取られた．これは初めての試みであり，技術局，通研，そして各社のベテランと若手技術者から次々に優れた提案がなされ，方式から回路の詳細にわたるまで徹底した精力的な検討が行われた．既存の方式にこだわることなく，既存の知恵を最大限に生かし，新しい知恵を絞り出す闘いだった．

電電公社側は技術局の山内（方式分科会）をリーダとして，福富（通話路分科会），城水（通研，制御分科会），田代（情報処理・部品分科会）がサブリーダとなり，これに若手の飯村治（1958年，情報処理），千葉（制御），岩井義人（1961年，通話路），三原種昭（1962年，制御），成松誠（同，情報処理）らが加わった．また，施設局の宮津純一郎（1958年）は機器数算出用のマニュアルを作成する立場から検討に参加した．工事方法を担当する建設局，保守方法を担当する保全局，

資材の購入と安定供給を図る資材局なども加わった．共同研究の4社側からも多くの優秀な技術者が参加した．

およそ2年間に及んだ共同研究で作成された資料は5 000点，16 000ページに及び，出願された特許は200件を数えた．方式の最適設計を求めて，当時のコンピュータを徹夜で動かして膨大なシミュレーションを実施し，解を求めたこともあった．

こうして誕生したのがC 400形交換機で，第1号機は4社で機器を分担して製造し，東京の西大森局に搬入され1966年3月から商用サービスが開始された．

この結果，所期の目標を十二分に達成していることが確認された．すなわち，改良C 41・51形に比べて価格で約30％の削減，スペースでは実に40ないし50％の削減が実現でき，ステップバイステップ交換機に対して経済性の面でも優位に立ったのである．

また，数千端子の中局用として，通話路の規模を小さくし，その他の装置もC 400形のものを縮小またはそのまま使用する形でC 460形交換機が開発された．

C 400形の本格導入の第1局は東京の銀座局で，2万端子の規模を持ち，1967年4月にサービスを開始した．以後，積滞解消の目標達成に向けて市内クロスバ交換機の導入に拍車がかかったのである．

〔2〕 **小局用可搬形クロスバ交換機の実用化と自動改式の促進**　1960年を過ぎ，全国約4 200局に及ぶ小局の自動改式（手動交換機の自動化）が課題として浮上してきた．

このため小局用のクロスバ交換機と電源を鉄製のボックスに収容し，メーカで配線をすませ，これをトラックに積んで現地まで運ぶ可搬形のC 1形自動交換機（最大100加入収容）が1963年に開発された．この方法がC 2形クロスバにも適用され，トレーラで輸送するC 22形自動交換機（最大1 000加入収容）が誕生した．

こうしてC 1，C 2，C 460及びC 400の標準クロスバ方式により，1977年度末までに5千局近くの自動改式が実施され，残った350局も翌年度末までにすべて完了した．前年度末に実現した「すぐつく電話」すなわち積滞解消に引き続き，1978年度末に「すぐつながる電話」すなわち全国自動即時化が達成されたのである．電電公社が発足してから四半世紀の歳月をかけての2大目標達成だった．

〔3〕 **C400形の特徴——経済性と機能**　C 400形はその基本構成を4段フレームの完全共通制御方式とすることにより大都市での経済性を獲得し，共通機器の使用効率向上，制御装置の高速化，情報伝達・処理の最適化などと合わせ，C 45形に対し約30％の経済化を達成した．そして既存のステップバイステップ交換機に代わる標準方式となったのである．

米国のNo.5クロスバと比較すると，その基本構成はほぼ同様だが，着信接続時における通話路のリンクブロック率を低くする画期的な方法が考案され（図3.14のOFT接続，福富の発案），交換機の処理容量を増大させることに成功した．そして前述の我が国独特の経済化と合わせ，トータルで30％に近い経済的優位性を得るところとなった．当時の世界中で最も経済的で，かつスペース効率が最大の交換機の誕生だった．

また，機能面でもプッシュホンやキャッチホンなどの新サービスが導入しやすく，ラインロックアウト機能（故障した加入者回線を自動的に遮断）の付与などで保守作業性が一段と改善され，更に災害などの異常時にも重要加入者の通話が確保されるなど，すぐれた信頼度の高い方式となったのである．

問題1　1952年に発足した電電公社の事業の2大目標とは何であったか？

問題2　その2大目標達成に寄与した交換方式は何か？
問題3　クロスバ交換機の方式上の長所を1点あげよ．
問題4　我が国のクロスバ開発上，最大の論点となった点を二つ述べよ．

3.3　マイクロ波ディジタル通信の開発

3.3.1　マイクロ波ディジタル通信方式の研究開始

通信方式を16 QAM方式に決定

1974年，電々公社電気通信研究所無線伝送研究室では準ミリ波方式（20 GHz，400 Mbit/s）の開発を終了し，次期無線方式の検討を行っていた．当時の電々公社の重要課題は全国通信網を早期にディジタル化することであった．この実現には，既に設備が全国に設置されているマイクロ波方式のディジタル化が非常に有効であると考えられ，マイクロ波ディジタル通信方式の研究が開始された[1〜4]．

マイクロ波ディジタル方式実用化における最大の課題は，既存マイクロ波方式と同等以上の伝送容量の実現であった．しかし，電話回線はアナログでは3.4 kHz帯域であるが，ディジタルでは64 kbit/s伝送を必要とするため，工夫しなければディジタル化には20倍の帯域が必要であった．一方，マイクロ波帯の電波はすべて使用されているため使用帯域の拡大は不可能であり，既存帯域での伝送容量確保が必須の課題であった．当時のディジタル無線方式はすべて4 PSK（phase shift keying，位相変調）であったが，これでは伝送容量がアナログFM方式の半分以下であり，2倍以上の高能率ディジタル無線方式の実現が求められていた．そこで我々は伝送容量の大幅増大のためにあらゆる面からの方式検討を行い

① 16 QAM（quadrature amplitude modulation，直交振幅変調）方式
② 狭帯域化伝送（75 %）
③ 水平・垂直両偏波利用

などの新技術を開発し，既存アナログ方式の周波数間隔である40 MHzで200 Mbit/s（電話2 880回線）という大容量伝送を可能にする方式の実現に挑戦した．既存FM方式は2 700回線であり，ディジタル方式の目標として十分であった．この結果，本方式は200 Mbit/sの伝送容量を持ち，周波数利用効率も5 bit/(s・Hz)となり，世界の研究機関の開発状況に比べて突出した高い目標性能を目指すこととなった（図3.16）．

上で述べたディジタル無線方式で用いられる代表的な変調方式の信号空間配置（変調波の振幅と位相で表示される2次元の信号空間配置）を図3.17に示す[3,5,6]．図のように位相変調である4 PSKでは4値ディジタル信号00，01，11，10をおのおの0，$\pi/2$，π，$\pi/2$の四つの位相に変調して情報を伝達する（2 PSKでは2値ディジタル信号0，1をおのおの0，πの二つの位相に変調）．直交振幅変調である16 QAMでは，伝送するディジタル信号を2系列の4値ディジタル信号00，01，11，10に直並列変換し，おのおのの系列の4値ディジタル信号00，01，11，10を搬送波の同相成分と直交成分それぞれに-3，-1，1，3の振幅に対応させて変調したのちにベクトル合成

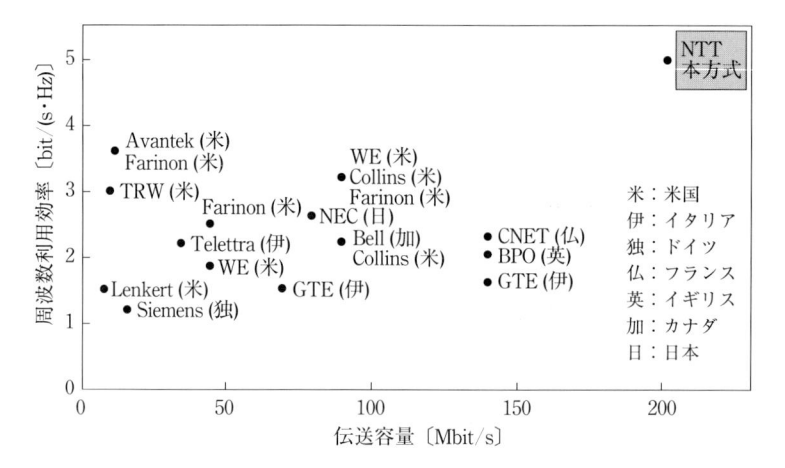

図3.16 マイクロ波ディジタル通信方式の開発状況（1981年）

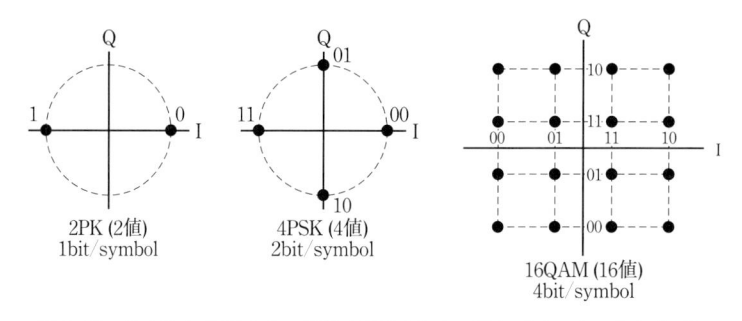

図3.17 代表的な変調方式の信号空間配置（I：同相成分，Q：直交成分）

することで16値直交振幅変調され，情報が伝達される．多値変調により，1符号で伝送できる情報量は増加し，2，4，16，64，256値の各多値変調に対応して，1符号で伝送可能な情報量は各1，2，4，6，8 bitと増加する．

3.3.2 無線機器の開発

アナログ方式よりもはるかに厳しい要求スペック

周波数利用効率向上のために必須となった16 QAM変復調器実用化の研究は1975年から開始された．16 QAM方式では4 PSKと比べ変調位相誤差を5°から2°に，復調系の再生搬送波許容雑音量も2/5に減少し，更に200 Mbit/sという当時の世界最高速動作を実現するという困難な課題があった．堀川泉らは直交2搬送波（I&Q）をそれぞれ4値振幅変調したのちに合成する方法で16 QAM変調器を実現した[7]．また，正規の引込み位相を判別する機能を有する選択制御形搬送波再生回路を考案して擬似引込みを防止し，16 QAM用各回路の性能向上を実現して要求条件を満足する16 QAM変復調器を実現した[8]．

周波数利用効率向上のためのもう一つの課題は，伝送帯域を75％まで狭帯域化することであったが，この狭帯域化はパルス波形を大きくひずませ，パルス波形ひずみが隣のパルスに影響を与えて符号誤りを生じさせる原因となる．この問題はナイキストが提案したロールオフフィルタの採用

により解決した．ナイキストロールオフフィルタはパルス周期間隔で無ひずみ伝送を可能にする理想的な伝送系である．しかし，このナイキストロールオフフィルタ系は伝送特性が設計値からわずかにずれても大きな波形ひずみが生じ，誤り率特性が大きく劣化するという問題があった．このため本方式の伝送系は非常に高精度な周波数特性と高い線形性が要求された．従来のFM方式は定振幅信号であったため振幅は飽和領域まで利用でき，非線形伝送系でよかった．しかし16QAM方式ではディジタル伝送にもかかわらず逆にはるかに厳しい線形伝送特性が要求され，無線装置各回路には厳しい規格が課せられた[9]．

3.3.3 最初の現場試験

大きな符号誤りが発生し，フェージングの恐ろしさを知る

多値信号波形をひずみなく忠実に伝送する必要がある本方式では，伝搬路で発生するマルチパスフェージング（到達時間が異なる複数の電波が混合して受信アンテナに到着することにより，これらが相互干渉して生じる電波の減衰と乱れ）により波形ひずみが生じて誤り率特性が劣化する．これは，テレビ放送（TV）をゴーストがある場所で見たときにTV画像が劣化するのと同じ現象である．マイクロ波方式は送受信点が互いに見通せる場所（山上や鉄塔上）にアンテナを設置している．このため通常は直接波だけを受信できるため受信レベルは安定している．しかし，図3.18のように気象条件により大気の密度分布（屈折率）が変動すると，大気中に大きな凸レンズや凹レンズができた状態になり，電波の方向が乱れ散乱する．このため直接波は大きく減衰し，反射波や屈折波と互いに干渉し合って大きな電力低下や波形ひずみを生じる．また，海上では常に強い反射波が到達するため直接波が減衰しなくても同様の現象が起こる．これがマルチパスフェージングである．発生場所は海面からの強い反射波がある海上ルートが最も多く，季節的には陽炎などが発生する夏の無風時が多い[10]．

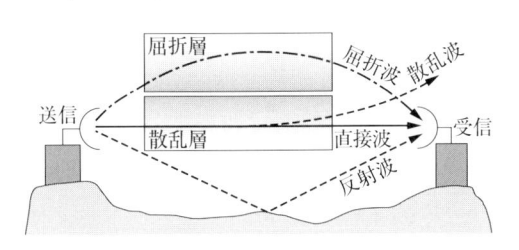

図3.18 マルチパスフェージングの説明図

フェージングは自然現象であり，その影響確認のためには現場試験が必須であった．現場試験はフェージングが多発する夏期をねらって1978年の夏に無線装置を準備し現場試験を行った．現場試験は，フェージングが多発する海上区間（相模湾）でスペースダイバーシチ（space diversity，SD）も設置されている奥の沢（熱海の山上）→仏向（横浜）間63kmで実施した．データが取れ始めたのはフェージング最盛期を過ぎた1978年10月からであったが符号誤りが多発し，当時用意していた従来形SD（受信電力を最大にする方式）と可変共振形等化器のみではフェージング補償は不可能であることが判明した．16QAM方式がマルチパスフェージングに弱いことはある程度は予想していたが，現場試験結果は予想をはるかに上回るものであり，当初の想定がいかに甘かったかを思い知らされた．従来のFM方式では回線断が全く生じない弱いフェージングでも誤りが多発し，ディジタル方式開発の困難さを実感し，本当に実用化できるのか危ぶまれ研究者全員が不安を感じた．この符号誤り発生の原因を究明するために，伝搬特性解析とフェージング補償技術（SDと等化器）を徹底的に分析した．この結果，フェージングによる符号誤り発生原因は，受信電界の低下ではなく，マルチパスで生じる波形ひずみであることを解明した．これは現在の携帯電話での最大課題であるマルチパスと同じ問題であり，マイクロ波ディジタル方式はこの問題を一足

先に経験することとなった．これにより研究開発態勢の抜本的見直しが必要となり，マルチパスフェージング補償技術の確立に本格的に取り組むことになった．

3.3.4　研究態勢の抜本的見直し

新しいスペースダイバーシチと等化器を考案

　筆者は1978年には光伝送研究室で光通信の研究を行っていたが，第1次現場試験の結果，大幅な研究態勢の変更が必要となり，1979年に急遽無線伝送研究室長として本プロジェクトの指揮を執ることとなった．筆者はまず，フェージング対策をそれまでの等化器中心からSD中心に変更し，また受信レベル低下でなく波形ひずみ改善を図ることを主眼にした．すなわちマルチパスフェージング克服のためには，受信波形ひずみを大幅に改善できるSDを開発し，残った波形ひずみを等化器で改善するという研究戦略の転換が必須と痛感した．このマルチパスフェージング克服技術の研究がその後の研究課題のすべてとなり，以下に述べるようにグループ全員が一丸となって研究し，現場試験を繰り返してフェージング克服技術の確立に邁進した．

　〔1〕　**スペースダイバーシチ（空間領域──受信入力信号の改善）**　SDはアンテナを2面必要とするが，最適システムが開発できれば受信信号の電力と波形ひずみの両方を大幅に改善できる可能性がある技術であり，フェージング対策として最も有効な技術である．しかし，従来形SDではマルチパスで生じる波形ひずみは改善できないため，新たな発想のディジタル用SDの開発が必要となり，マルチパスの原因となる反射波や屈折波を消去して波形ひずみを除去する制御法の研究を進めた．小牧省三らは種々の試行錯誤の研究ののち，最小偏差合成SDと呼ばれる新しい原理のSDを考案した[11]~[13]．これは，反射波などがなくなると帯域内偏差が平坦になることを利用し，帯域内の3周波数でのレベルをモニタし，コンピュータでSD合成位相を制御して合成後の帯域内特性を平坦にする方式である．この新しいSDの現場試験を行ったところ，多くのフェージングで劇的な効果があった．しかし，時として合成後の受信電界が異常に低下して符号誤りが生じる場合があった．解析した結果，反射波などを消去すると直接波も消去される場合があることが判明した．このため受信電界が一定値以下に低下したときには従来のSD方式に切り替え，帯域内偏差の改善は等化器で行うように改良した．

　従来方式では，SD区間は海上区間だけに限られていたが，ディジタル方式ではSDをほぼ全区間に設置する必要が生じたため，SD装置の小形化，経済化が重要な研究課題となった．従来のSD装置は，導波管形で非常に大形で変化速度も遅くかつ高価であった．そこで市川敬章らは新たにFETを用いた全電子化無限移相器を開発し，これとマイクロコンピュータ制御を組み合わせて全電子化SD装置を開発した[14]．このSD装置は従来比で速度20倍，体積重量1/250，消費電力1/10という画期的なものであった．

　〔2〕　**周波数特性等化（周波数領域──中間周波数（IF）帯における振幅周波数特性改善）**
波形ひずみの原因となる帯域内偏差を除去する周波数特性等化器として，森田浩三らはIF帯における可変共振形等化器を考案した[15]~[17]．この等化器は，フェージングによる周波数特性が共振特性の逆特性とほぼ同じである性質を利用したもので，共振器の共振周波数と選択度を変化させるという簡単な原理でほぼ正確に振幅周波数特性は等化できた．本等化器はフェージングによるほとんどの振幅周波数特性を等化でき，国際学会で発表したときにbeautifulと絶賛された．しかし，現場試験では浅いフェージング時には誤りを大きく改善できたが，深いフェージング時には改善できない現象が多く発生した．この原因を室内実験で種々分析・検討した結果，フェージングが発生し

た場合に帯域内の振幅特性が同じでも，遅延特性が反転する場合があることが分かった．本等化器は振幅周波数特性は等化できるが，上記のような遅延特性は等化できないため，このような場合には誤りが減少しないことが判明した．更に反射波の通路差が長い区間で生じる複数の落込みを持つ周波数特性にも無効であった．したがって，このような厳しいフェージングに対する補償技術の確立が新たに必要となった．

〔3〕 波形等化（時間領域──ベースバンド信号波形の改善） 上記の激しいフェージング区間に対処するため高いフェージング補償能力を持つベースバンド帯における波形等化器が必要となり，トランスバーサル形自動等化器を開発した．この等化器は約1万個のパルス列の相関から干渉パルス波形を予測してこれを除去するもので，すべての波形ひずみを等化可能である．無線方式においてはディジタル信号を2系列のディジタル信号に直並列変換し，おのおののディジタル信号を搬送波の同相成分と直交成分に別々に変調し，受信側では同相成分と直交成分として復調した2系列のベースバンド信号になるため，これらを相互に関係がある2次元信号として等化する必要がある．このため，マイクロ波ディジタル化方式用トランスバーサル形自動等化器では，フェージングに追従可能な高速性と2次元（同相成分と直交成分）処理を実現する必要があった．この2次元構成のためには同相成分用，直交成分用，同相成分→直交成分用，直交成分→同相成分用の4系統必要で，4倍の規模が必要であった．更に長い通路差の反射波を除去するためには多数のタップが必要で，複雑で大規模な回路となった（図3.19）．

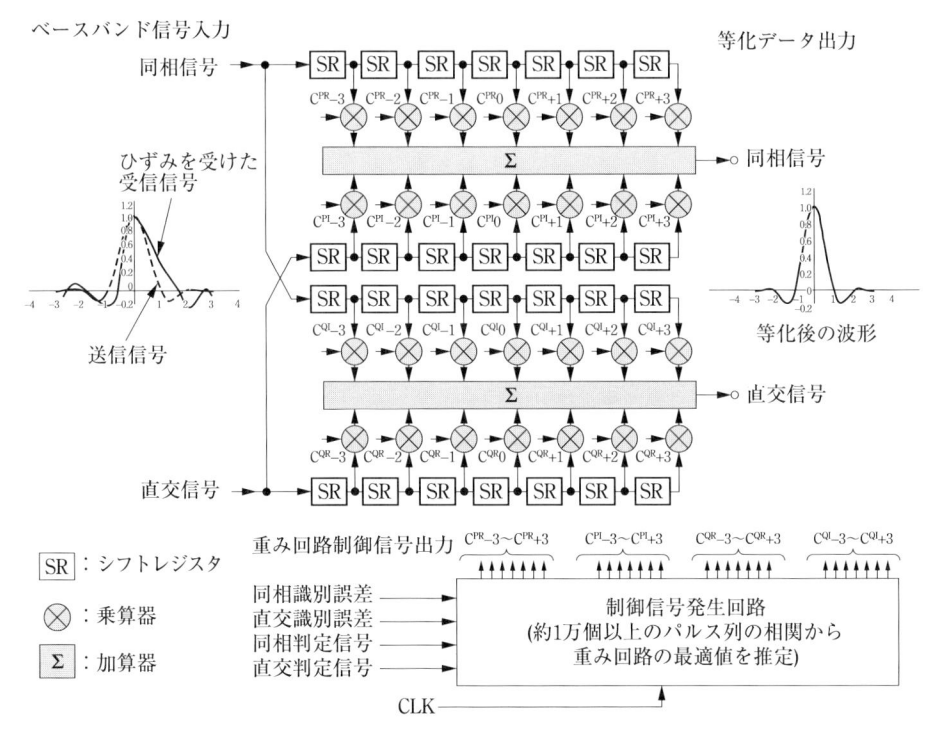

図3.19 2次元トランスバーサル形自動等化器の構成例（7タップの例）

この装置の開発は村瀬武弘らが担当したが，最初の試作では思うような特性が得られず，作り直したものは大きな実験机一つを専有するものとなり，航空母艦とあだ名された．しかし精力的な研究の結果，マイクロ波ディジタル方式の厳しい環境でも大きな波形ひずみ改善効果が得られる装置が実現できた[18]．実用装置では1チップ化され，高い誤り改善能力を実証できた．

以上の空間・周波数・時間の3領域のフェージング補償技術を総動員して，初めて全国区間で回線品質を満たせる見通しが得られた．

3.3.5　無線中継器にマイクロコンピュータ制御を導入

SDや等化器の複雑で精密な制御にはマイクロコンピュータが不可欠になり，無線装置に初めてコンピュータを導入した．コンピュータのおかげで複雑な制御も自由に行えるようになり，ソフトで制御法が変えられるため，研究段階で試行錯誤するのには最適であった．北海道，青森，九州，横浜，名古屋などの遠隔地での現場試験データもデータ伝送回線でリアルタイムに横須賀の研究所に送られ，研究所ではこのデータからSDや等化器の制御法の改善法が分かると，すぐにソフトを手直ししてROMに記憶させて速達で現場試験局に郵送した．現地で研究者が取り替えると，すぐその結果を研究所でチェックすることができ，研究開発スピードを大幅に上げることができ，本プロジェクトに多大な貢献をした．本方式の開発時期にマイクロコンピュータが出現し，無線機器に新しい能力を付加できたことは画期的であった．

3.3.6　新しい伝搬特性推定法を確立

1978年の現場試験でディジタル方式用伝搬特性推定法としては帯域内偏差推定法の確立の必要性が判明し，坂上修二らはこれらの発生メカニズムの解明と発生区間・発生確率推定法の研究を開始した．その結果，奥の沢-仏向間では従来推定法では通路長差2mの弱い反射波（陸上）だけのはずであったが，現場試験では推定を超える通路長差9mの強い反射波の到来が確認された．現場試験データを詳細に解析し，この長い通路長差の反射波は計算上は存在しないはずの海面反射波であることを解明した．波が小さく海面が鏡のように見えるときには海面反射波は受信アンテナに到達しないが，波が高く海面に凹凸が生じると電波が乱反射して海面反射波が受信アンテナにランダムに到達するためと解明された（図3.20）．この現象は，海岸で夕日を見ると海面での反射は点ではなく太陽まで一直線に夕日の反射が輝いて見える現象と全く同じ現象である．この結果を基にして新しい伝搬特性推定法を確立した[19]．これによれば海上区間では伝送品質が劣化する確率が陸上区間に比べ非常に大きくなる．日本では約50区間もの海上区間があり，海上区間を含むマイクロルートは実は1/3にも達し，諸外国に比べてディジタルに関しては厳しい環境にあることが判明した[10]．

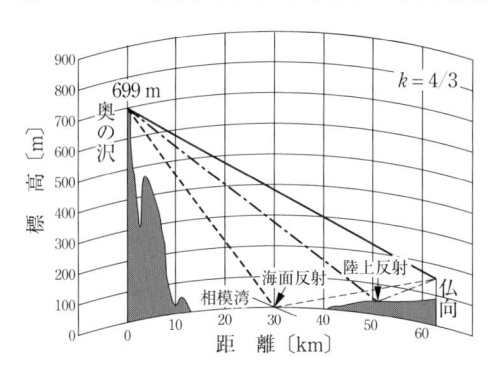

図3.20　奥の沢-仏向間63kmの伝搬プロフィール

3.3.7　第2次現場試験——最悪区間に挑戦

1980年夏には，すべてのフェージング補償技術を統合した方式の改善効果を確認するため，日本における最悪区間と推定された海上区間の室蘭→川汲峠間（北海道内浦湾53km）で現場試験

を実施した．この区間は長い通路長差を有する海面反射波が常に存在し，大きなフェージングの多発区間である．研究所で現場試験データをリアルタイムで確認するため，川汲峠での全受信データを研究所に伝送した．受信電界や符号誤り率は当然であるが，受信スペクトルの帯域内偏差もスペクトルアナライザの画面を伝送し，研究所でビデオテープに記録した．SDや等化器の制御信号も伝送し，研究所で動作をモニタした．毎朝出勤すると，まず前夜のデータを確認するのが日課となった．そして各補償回路の動作に少しでも異常があれば直ちに解析し，逐次改良を施した．激しいフェージングは年に数回程度しか発生しないので改善効果を確認するためには一つのフェージングも漏らさないように，データ収集系に異常がないか常に細心の注意をすることが必要であった．このような苦労の甲斐があって，フィールドでの実験データを基に上記の三つのフェージング補償技術はめざましい改良が加えられて性能が見違えるように向上し，この最悪区間でも回線規格を満足できる見通しが得られた．1980年11月には伝搬特性が異なる区間でのフェージング補償効果確認のため，日本で4番目に厳しい津軽海峡の石崎→渡島当別区間64.3 kmで現場実験を行い，どの区間でもフェージング補償効果が得られることを確認した．

3.3.8 高性能化・経済化・小形化送受信装置を開発

フェージング補償技術の研究と併行して，1978年から送受信装置の回路技術の高性能化・経済化・小形化の研究開発を行い，1979年には進行波管を代替できる10 Wガリウムひ素（GaAs）FET固体電力増幅器，小形5 GHz直接発振器，高効率電源などの多くの新技術を開発した．

3.3.9 高性能小形化アンテナを開発

マイクロ波ディジタル方式実現のためのアンテナに対する要求は，以下の3項目である．
①アンテナ高の低減：SDを標準的な区間でも採用する必要が生じたため，既設マイクロ波方式用鉄塔の中段に新たにSD用アンテナを設置可能にするためのアンテナ高の低減
②低サイドローブ特性の実現：ディジタル方式は，多値化のため種々の干渉の影響が厳しくなり，多方向からマイクロ波回線が集中する大都市において他ルートからの干渉を抑圧する必要が生じたため目的外方向からの電波の抑圧
③交差偏波識別度の改善：周波数有効利用のために電波の水平・垂直両偏波の同時使用を可能にするため両偏波間の分離度（交差偏波識別度）の改善

中嶋信生らは，これらの要求条件を満足させるアンテナの研究に着手し，本方式用アンテナ形式として広い放射角度範囲にわたり低サイドローブ特性の得られる2枚反射鏡オフセット形アンテナを採用することを決めた．まず，2枚反射鏡オフセット形アンテナの両反射鏡の途中に平板の反射鏡を挿入することにより，垂直導波管と接続可能な折返し反射鏡アンテナを考案した．これにより電波の通路を折り曲げることができ，アンテナ高を従来から使用されていたホーンリフレクタアンテナに比べて3/4に小形化できた．更に，3枚鏡面の配置角度の最適化により交さ偏波識別度を改善した[20),21)]．続いて苅込正敞らは，このアンテナの3枚反射鏡をすべて曲面修整し，また電波吸収体の活用により，広角にわたる低サイドローブ特性，交差偏波識別度ともに約10 dBの改善を達成した[22)]．この新規開発アンテナの特性確認のため，1981年に秦野-横須賀通研間で現場試験を実施し，すべての特性が目標を満足していることを確認した．本アンテナは，高性能小形化アンテナとして広く実用回線に導入された．

3.3.10 最終現場試験を3か所で実施

回線品質をすべて満足することを確認

1980年に,以上すべての新技術を集大成した最終試作装置が完成した.1981年は本方式実用化の総仕上げとしてこの最終試作装置を用いて標準的な伝搬特性を有する名古屋近郊の菊井-美濃遠ヶ根間で総合特性試験を行い,また北海道内浦湾区間でフェージング時特性実験を行った.更に津軽海峡区間では従来の装置を用いた現場試験を継続し,フェージング補償技術を更に改良し,その高度化を実現した.これら3か所の現場試験によりフェージング補償技術,装置動作特性,他ルート干渉特性のいずれも設計値を満たすことを確認した.

3.3.11 国際舞台での活躍

図3.16に示したように本方式は,世界的にみて突出した高性能な方式であり,全世界で広く使われているマイクロ波方式で最高技術を確立した影響は多大であった.この方式の発表以降は,毎年IEEE・ICCのOrganizerやChairmanを務め,ITU-RのSG-9にもVice-Chairmanを出すなど,国際活動の場において重要な地位を占めるに至った.1982年7月本方式実用化完了を機会に,ベル研究所からの3名の研究者を含む300人余りの参加者を得て,本方式の研究発表会をNTT研究所で開催した.彼らの印象に残ったのはフェージング補償技術とアンテナであった.

3.3.12 商用試験で実用性を確認

16 QAMマイクロ波ディジタル方式は4/5 L-D1方式と呼ばれ,1982年から12ルート,合計距離1 441 kmで商用試験のための工事が開始された.全46区間中,31区間にSD,海上5区間にトランスバーサル形自動等化器,全区間に可変共振形等化器が用いられた.商用試験は通常2,3ルートで実施するのが通例であったが,当時ディジタル通信網の早期構築が緊急の課題であったため,異例の12ルートでの商用試験となった.このことは商用試験を担当したNTT技術局の山後純一らにとってたいへんな苦労であり,またマニュアルが十分整備されていないなかで,設計・施工を担当したマイクロ無線部にとってもたいへんであった.1983年3月の仙台-青森ルートを皮切りに各ルートでサービスを開始した.

3.3.13 本土-沖縄間回線のディジタル化実現

長スパン方式の開発

全国ディジタル通信網構築のため,本土-沖縄間のマイクロ波ディジタル回線が必要となった.しかしこのルートは,100 km以上の長距離海上伝搬区間を含むため,それまでの4/5 L-D1方式では回線規格を満足できなかった.そこで1981年より100 km長スパン方式の研究を開始した.筆者は,この方式の最大課題である長距離海上区間での厳しいフェージングを克服するため,マルチキャリヤ技術(ディジタル信号を直列並列変換して複数(n系列)の低符号速度信号(速度1/n)に分割し,この複数の低速信号系列をおのおの複数の周波数の異なる搬送波(マルチキャリヤ)で変調して伝送する技術)を提案した[23].この方式の採用により,キャリヤごとの伝送速度は低速であるためマルチパスフェージングにおいても波形劣化などの特性劣化は大幅に減少し,回線

A4判原稿の伝送に6分を要した．G2機の変調方式にはAM・PM・VSB方式が採用された．これもアナログファクシミリで，振幅0の区間と任意の振幅の単極性信号とが時間的に交互に現れ，この信号列による変調度100％のAMと単極性信号が出現するごとに搬送波（2 100 Hz）の位相を180°変化させる．この結果，周波数帯域はほぼ1/2に圧縮され，伝送速度は3分に短縮された．これに対し1分程度で伝送することを目標に，いわゆるG3機の研究開発が強く望まれた．具体的にはファクシミリ信号中に含まれる冗長性をディジタル処理により極限にまで削減する2次元符号化方式である．

3.4.2　2次元符号化方式は招かれざる客

ディジタルファクシミリは画面を上端から下端へ，左から右へ走査して得られる白または黒の画素で構成される．その画素数はA4判当り200万（標準解像度）または400万（高解像度）と膨大である．これを4.8 kbit/s程度の電話回線でそのまま送信すると7分または14分かかってしまう．そこで，図3.22の符号化走査線のように同一色の連続する画素の数（ランレングス）を符号化する1次元符号化方式であるモディファイドハフマン（modified Huffman, MH）方式がまず開発されていた．しかし，この方式では情報量削減が不十分でA4判を1分程度で送ることができなかった．そこで前走査線（参照走査線）の情報も利用して符号化する，いわゆる2次元符号化方式が注目された．図からも分かるように，符号化走査線の変化画素（黒から白または白から黒への変化画素）はその直前の参照走査線（既に符号化済み）の変化画素とほとんど同じ位置に存在することが多い．すなわち，左に1画素のずれ（−1），ずれがない（0），右に1画素のずれ（＋1）という状態が全変化画素の75〜80％を占めていることを突き止めることができた．この発生頻度に基づきエントロピー符号化することがRAC符号化方式の原理である[1]．

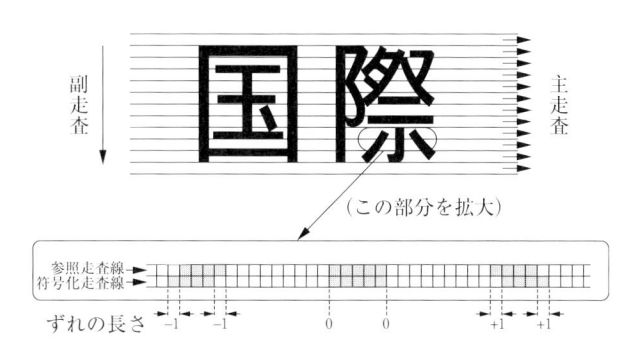

図3.22　ファクシミリ信号の特性

1970年代前半，国際標準方式を定めるCCITTでは，符号化方式の標準化には時機尚早という雰囲気が強く，標準化するにしても1次元方式で十分という空気が強かった．

このような状況において1975年4月KDDは変化点相対アドレス符号化（RAC）方式をCCITTに提案し[2]，2次元方式の優位性と早期国際標準化を主張した．しかし，2次元方式に対する他国の支持はなく，一時は標準化の検討の対象からも外されかねず，「招かれざる客」の悲哀を感じるところとなった．これを懸念した寺村浩一（当時KDD）は，2次元方式を基本機能として固執することは危険と判断し，「1次元方式を基本方式とし，2次元方式はオプションとして継続検討する」ことを提案し，辛うじて認められた[3]．2次元方式が首の皮1枚で生き残ったことになる．

3.4.3 単一標準に向けて国内統一

CCITTでも次の会期（1977〜1980年）になるとディジタルファクシミリの高速化への必要性が認識されるようになってきた．世界中のファクシミリが相互に通信できるためには単一標準が必須であった．そこでまず日本は国内での一本化作業を開始した．1977年，ファクシミリ通信方式部会（当時郵政省）にはKDD，NTTなど提案元だけでなく，行政，大学，製造業者も加わり，国際的にも通用する方式への対策が練られた．その結果，KDD提案のRAC方式[1]とNTT提案のEDIC方式[4]の特長を取り入れ，圧縮率も両方式を上回る統一案を1978年6月にまとめた．この方式はREAD（relative element address designate）方式[5]と命名され，1978年12月のCCITT第14研究委員会（SG XIV）会合に正式寄書として提出された．

3.4.4 国際評価試験

CCITTにおいても1次元方式の標準化がMH方式で決着すると，それまで関心を示さなかった欧米諸国もしだいに2次元方式の有効性に着目するようになり，具体的な方式も提案されるようになった．議論は白熱したが，結局主管庁から提出された唯一の正式寄書であることが評価され，READ方式をひとまず，comparison code として位置づけ更に検討することとなった．

最終的には，READ方式を含め七つの2次元符号化方式が提案された．日本，IBM，AT&T，英国BPO，西独，3M及びXEROXである．各方式間の優劣を比較するための評価項目を定め，新たな方式提案の締切りを1979年3月末日と定めた．評価項目は，圧縮率，伝送誤りの画質への影響，方式の複雑さ，装置化コストなどである．特許の扱いも注目された．

評価試験を始めるに当たり，8枚の標準テスト原稿が仏国から磁気テープで提供された．回線雑音は西独が電話回線で収録した実際の誤りパターンを共通に使用することとした．各方式提案者はこれらを用いて計算機でシミュレーションを行い，符号化ビット数を取得するとともに，伝送誤りを加えた信号を復号した受信画の磁気テープを米国IBMに送り，IBMはその受信画を再生し，これを米国NCSがオフセット印刷して各国に配布するという国際的で遠大な試験計画が実施された．

国内では，各提案方式の評価作業に入った．正確性を期すために提案された各方式に対して独立の2企業でシミュレーションを担当することとした．ここでも最後の1ビットが合うまで各社は計算機を操作し続けた．10か月近くにわたる一大シミュレーションを終え，各提案者はデータを持って，1979年11月7日からのCCITT SG XIV京都会合に向かった．

3.4.5 モディファイドREAD方式の誕生

世界的規模でのシミュレーションの結果，READ方式は，圧縮率では見劣りしなかった．符号誤りの影響は他方式と比較し有意差はなく，アルゴリズムはやや複雑であった．結果としては，圧縮率が最も高く，comparison codeであり，商用化の実績もあるREAD方式を軸に議論が進んだ．この議論のなかで技術的な関心事は符号化アルゴリズムがソフトウェアでも容易に実現できるか否かであった．READ方式は，図3.22に示したように変化素子を参照走査線の変化画素からのずれの長さを符号化する．ソフトウェアで実現するために，このずれの長さを3画素以内にし，これを超える場合は水平方向のランレングスとしたいとの修正要求であった．READ方式をこのように

56　　3.　通信——時間と距離を越えて——

問題4　マイクロ波回線においてマルチパスフェージングが発生するメカニズムを説明せよ．
問題5　マルチパスフェージングがディジタル無線方式に与える影響を説明せよ．
問題6　マルチパスフェージングの克服技術を列挙し，それぞれについて説明せよ．
問題7　マイクロ波回線の海上区間において，理論的には海上に反射点がないにもかかわらず海面反射によるフェージングが発生するのはなぜか．
問題8　マイクロ波ディジタル方式のためにアンテナに新たに必要になった要求条件とその解決策を述べよ．

3.4　G3ファクシミリとその符号化の標準化

　ファクシミリ端末を電話回線に接続するだけで，A4判の文書を約1分で伝送できる電話網用G3ファクシミリが世界中に急速に普及している．この急速な普及の契機となったのは1975年KDD（現KDDI）がCCITT（国際電信電話諮問委員会，現ITU-T）に提案した変化点相対アドレス符号化（relative address coding，RAC）方式である．このRAC方式は，その後，NTTから提案された境界差分符号化（edge-difference coding，EDIC）方式とともに日本統一のREAD（relative element address designate）方式へと発展した．このREAD方式は，装置化を容易にするため若干の修正を施し，モディファイドREAD（modified READ，MR）方式として世界単一の国際標準に採択された．この結果，世界中のどの端末も電話網を介して文書通信が可能となったのである．本節では，提案当時，招かざる客の悲哀を被った2次元符号化方式が国際的な競争を勝ち抜き，MR方式として主客の座を占めるまでの舞台裏を紹介する．

3.4.1　電話より古いファクシミリ技術

　ファクシミリは，1843年に英国のベイン（A.Bain）により発明された．ベルによる電話の発明が1876年であるから，ファクシミリの発明はそれより33年も前になる．ファクシミリの語源"fac＋simile"は「同じようなもの作る」という意味である．すなわち送信原稿を電気信号に変換し，通信回線を介して相手方に伝送し，紙面上にそのコピーを記録する．これを実現するためには光電変換，変復調，記録技術など多くの解決すべき技術的課題と回線利用の緩和など制度的な見直しも必要であった．そのため文書通信は，長い間，写真電送装置，模写伝送装置を用い，報道・通信・鉄道機関など一部で利用されているにすぎなかった．このような状態が長く続いたことよりファクシミリは「眠れる巨人」と揶揄された．

　電話網用のファクシミリの開発は1960年代後半から徐々に進み，国際標準も**図3.21**に示すようにまとまり始めた．当時，一般的であったG1機は，黒信号に搬送波周波数（1 700 Hz）＋400 Hz，白信号に搬送波周波数−400 Hzを割り当てたFM変調方式で

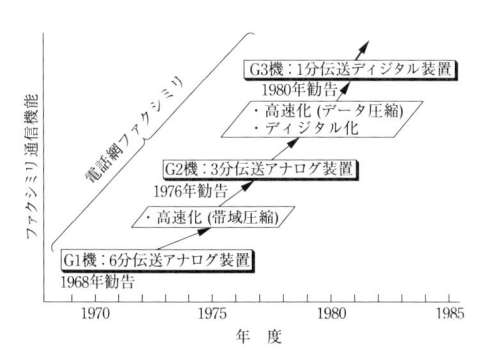

図3.21　電話網ファクシミリの変遷

規格を満足できる方式が実現できた．おのおのの伝送速度は低速であるが，並列伝送により実効的に高速伝送を実現するこのマルチキャリヤ技術は，マルチパス環境下では非常に有効であった．

このマルチキャリヤ技術は，厳しいマルチパスフェージング克服技術として20年後の現在において無線 LAN とディジタル TV に OFDM（orthogonal frequency division multiplexing）技術として採用され，また第4世代移動通信でも用いられようとしており，NTT 研究所の技術先導性とレベルの高さを実証するものである．1982年から鹿児島－屋久島間94 km で現場試験を開始した．フェージングの厳しさは想像以上であったが，新しく開発した4マルチキャリヤ方式，ノッチ検出形最小振幅偏差 SD と7タップトランスバーサル等化器などのフェージング補償技術により規格を満足できた．1984年には最も伝搬特性が厳しい屋久島－口永良部島間97 km で総合的な最終現場試験を実施し，回線規格を満足することを確認した．その後，1986年11月沖縄へのディジタルサービスが開始された．

3.3.14　NTTディジタル通信網の建設に貢献

TV回線を除く NTT マイクロ波回線は，本方式を用いてすべてディジタル化され，NTT ディジタル通信網の早期かつ経済的構築に大きな貢献をした．現在この回線は NTT ドコモに引き継がれ，ドコモの基幹回線として全面的に利用されている．また，本方式実用化直後に設立された DDI（現 KDDI）のマイクロ波ディジタル回線にも本方式は用いられ，NTT に限らず日本のディジタル通信網の構築に貢献をした．現在は 64 QAM と 256 QAM に多値化した方式で回線容量を 1.5倍以上に増大して運用されている[24]．最近では移動通信システムのアクセス回線用としても広く利用されている．

3.3.15　海外マイクロ波ディジタル通信への展開

海外マイクロ波ディジタル通信市場においても，NTT を主体とする国内のマイクロ波ディジタル通信市場で培われた先進技術が積極的に活用され，極めて多様な展開がなされている．日本のマイクロ波ディジタル通信装置は，全世界約130か国と世界のほとんどすべての国々に輸出され，輸出台数も約30万台という無線通信装置としては画期的な出荷台数を達成し（延べ装置距離は地球200周以上に相当），無線通信分野における日本の技術レベルの先導性を示した．内容としても，幹線及び支線マイクロ波通信システムから，最近は移動通信システムのアクセス回線向けと多方面に利用されている．通信システムは，幹支線向けに4，6，7，11，13 GHz 帯，アクセス回線向けに15，18，23，38 GHz などが納入されている．通信方式も多岐にわたり，4 PSK，8 PSK，16 QAM，128 QAM が利用されている．具体的な回線事例として，総延長7 500 km に及ぶシベリア横断マイクロ波ディジタル通信システムのように，国内では例をみることができない長距離回線も含まれている．

問題1　ディジタル無線方式における高能率伝送の手段を列挙し，それぞれについて説明せよ．
問題2　マイクロ波ディジタル方式は 5 bit/(s・Hz) という高い周波数利用効率を実現したが，これを実現した手段を列挙し，その内容を説明せよ．
問題3　ディジタル無線方式用の無線装置はディジタル装置であるにもかかわらず，アナログ FM 無線装置よりもはるかに厳しい装置性能規格が必要であったのはなぜか．

限定してもデータ圧縮率への影響はほとんどなかった．ずれの長さが3画素を超える頻度は少ないことを既にシミュレーションで把握してあった．むしろコンピュータでの画像処理など適用分野の拡大が期待され，日本もこの修正案に賛成し，モディファイド READ（modified READ, MR）方式と名づけた．

3.4.6 MR方式のアルゴリズム

採択されたMR方式[6]の具体的アルゴリズムの概略を次に述べる．まず，図3.23のように五つの変化画素が定義される．

a_0：符号化起点画素．符号化の開始時には，a_0は各走査線の最初の画素の直前の仮想的な白の変化画素上に置かれる．その後の符号化では，a_0の位置は直前の符号化モードにより定義される．

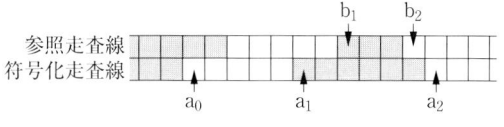

図3.23 変化画素

a_1：符号化走査線上でa_0より右の最初の変化画素

a_2：符号化走査線上でa_1より右の最初の変化画素

b_1：参照走査線上にあってa_0と反対の色情報をもつ最初の変化画素

b_2：参照走査線上でb_1の右の最初の変化画素

上記の変化画素に対し以下の手順1，手順2，手順3が適用される．おのおのに該当する符号表を**表3.6**に示す．

表3.6 MR方式の符号表

モード	符号化される要素		記 号	符 号
パ ス	b_1, b_2		P	0001
水 平	a_0a_1, a_1a_2		H	$001 + M(a_0a_1) + M(a_1a_2)$[注]
垂 直	a_1がb_1の直下	$a_1b_1 = 0$	$V(0)$	1
	a_1がb_1の右側	$a_1b_1 = 1$	$V_R(1)$	011
		$a_1b_1 = 2$	$V_R(2)$	000011
		$a_1b_1 = 3$	$V_R(3)$	0000011
	a_1がb_1の左側	$a_1b_1 = 1$	$V_L(1)$	010
		$a_1b_1 = 2$	$V_L(2)$	000010
		$a_2b_1 = 3$	$V_L(3)$	0000010

注）水平モードの$M(\ )$はMH符号を援用する．

〔1〕 **手順1** 図3.24のように，a_1の左側にb_2が存在するときパスモードとして検出し，このモードを符号'0001'で符号化する．こののち，b_2の真下の画素が新しい起点画素a_0となる．パスモードが検出されないときは手順2または手順3に進む．

〔2〕 **手順2** 図3.25のように，画素a_1とb_1の距離（画素数）の絶対値$|a_1b_1|$が3以下ならば垂直モードとして検出し，表3.6に示すようにa_1b_1の距離を符号化する．その後，a_1が新しい起点画素a_0となる．

〔3〕 **手順3** 図3.26に示すように，$|a_1b_1|$が3を超えると，水平モードとして検出し，表

図 3.24　パスモード

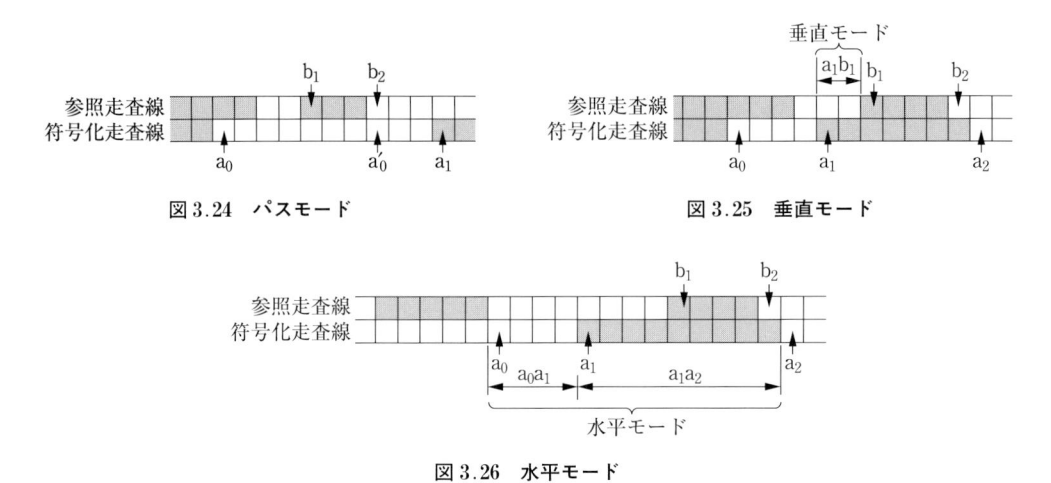

図 3.25　垂直モード

図 3.26　水平モード

3.6のように符号'001'に引き続いて$a_0 a_1$及び$a_1 a_2$の距離をおのおの1次元MH符号化する．その後，a_2が新しい起点画素a_0となる．

3.4.7　標準化と特許問題

　国際標準化作業では，その標準方式が長期間の使用に耐えられる超一流の技術の中から選考され改良が加えられる．各機関ともこのような優れた技術を開発するためには相当の人員と費用をかけている．その技術を第三者から守るため特許権などの工業所有権は当然のことながら取得している．標準方式の制定ではこの特許権の取扱いと特許提供条件が注目される．通常，国際標準方式に関する特許の方針は

　①排他的でないこと（non exclusively）
　②差別的でないこと（non discriminatory）
　③合理的な条件（reasonable terms and conditions）

であるとされている．

　G3ファクシミリの国際標準化でも特許の扱いが残されていた．CCITTでも標準方式に関する特許の基本は前述のとおりである．しかし，あまり有償に固執すると標準化のタイミングを逃しかねない．そこで，日本は，「MR方式が単一の国際標準に採用されるならば」という条件の下で，特許を無償で提供する用意のある旨を宣言した．この宣言を契機に会場のわだかまりは一気に消え，MR方式は全会一致で単一の国際標準として成立した[6]．日本代表団の事前の熟慮の結果とはいえ大英断であった．

3.4.8　乱れのない受信画を再送訂正方式で実現

　2次元方式にも弱点があった．2次元方式は高能率である反面，符号化された信号に伝送誤りが生ずるとその悪影響がその後の情報に波及し，再生画面に乱れが生じたり，場合によっては再生できないこともある．これに対する抜本的対策として，1977年，日本はハイレベルデータリンク制御手順（high-level data link control procedure, HDLC）をファクシミリ通信に採用することを提案した．再送訂正方式である．しかし，日本の提案は当時受け入れられず，K走査線（$K=2$ま

たは4）ごとに1次元方式を挿入し，信号誤りの影響を数走査線以内に抑えようとする方式が採用された．しかし回線の状況によっては，冒頭で述べたように受信された文書が読めない事態も生ずる結果となった．ディジタルファクシミリが急激に世界的規模で普及するにつれ，受信文書に乱れのない高品質のファクシミリ通信が求められるようになった．日本の提案からおよそ10年後，欧州から誤り訂正方式の提案があった．この提案に日本はもちろん反対はしなかった．ただ「もっと早くファクシミリサービスの向上が図れたのに」という思いが胸をよぎったのも確かである．これが現在の誤り訂正モード（error correction mode，ECM）である[7]．図3.27に示すように受信側は伝送誤りの有無をフレームごとにチェックし，誤りを含むフレームのみの再送を要求し，結果的に誤りのないフレームのみを受信する．この手順により電話網ファクシミリの信頼性，すなわち受信画質が格段と向上した．

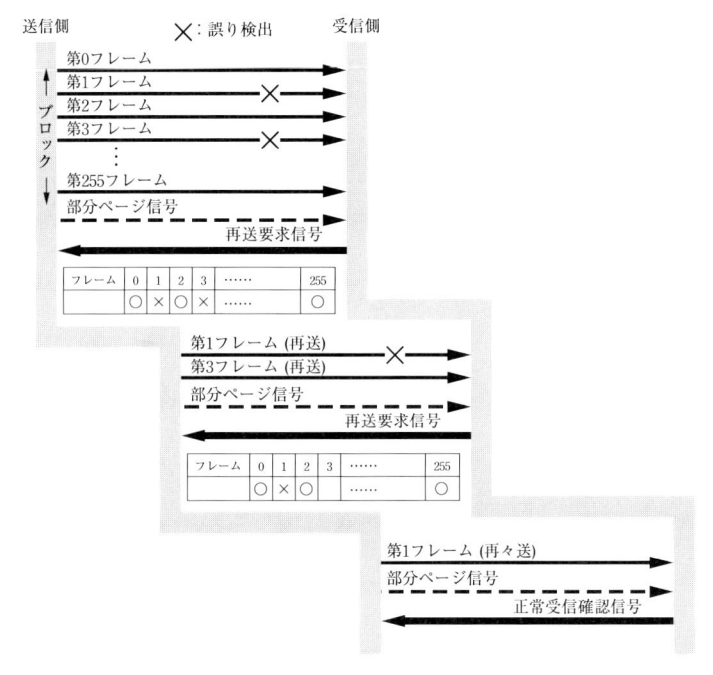

図 3.27　G3ファクシミリの誤り訂正モード（ECM）方式

3.4.9　国際標準化の効果

「MR方式」という名称は国際標準方式を記述した勧告 T.4[6]には一切現れず，単に「2次元符号化方式」と表現されているにすぎない．膨大なエネルギーと時間を費やした関係者にとっては何とも素っ気ないが，国際標準方式は利用者相互の通信を確保するためのものであり，固有名は控えるとの視点からむしろこの方が透明性があり中立的である．その2次元方式は1次元方式のオプションと位置づけられ辛うじて日の目を見たが，その後のファクシミリは専ら2次元方式が使われている．2次元方式が「招かれざる客」から「主客」の地位を勝ち取り，1次元方式との立場を完全に逆転した．図 3.28 はG3ファクシミリが国際標準化されたのちの十数年でファクシミリが急激に普及したことを示す．最近は電子メールの普及などにより減少傾向にあるが，家庭での手軽な文書

通信，商品の発注・受注などに重宝がられ，いまでも国内出荷台数は400万台/年を維持している．G3ファクシミリの国際標準化は，世界中の数千万台というファクシミリ間の「相互通信」を可能としたもので，標準化の大命題を実現した成功例といえよう．

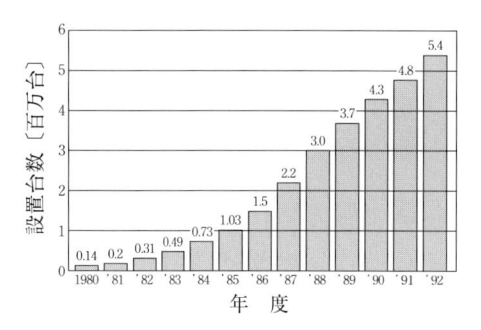

図3.28 国際標準化後のG3ファクシミリの普及

問題 図3.29は2走査線分のディジタルファクシミリの画素列を示す．上方が参照走査線，下方が符号化走査線である．MR符号化方式では符号化走査線上の・印の付いた画素が符号化の対象となる．これらの画素を左から右へ，MR符号化アルゴリズムに従って符号化した場合，その画素の符号化モードと符号を示せ．ただし，白画素のランレングス3の符号は'1000'，黒画素のランレングス4の符号は'011'とする．

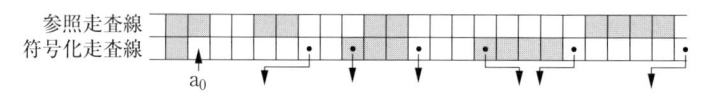

図3.29 ディジタルファクシミリの画素列

3.5 同期ディジタルハイアラーキ（SDH）の標準化

3.5.1 B-ISDN検討からSDH標準化が始まった

当時のCCITT SG XVIII（現ITU-T SG 13）は第7研究会期（1981～1984年）にISDN（integrated services digital network）の勧告を作成した．この経緯については文献1)に詳しく書かれている．ISDNは64 kbit/sのチャネルを用い，各家庭にまでディジタルサービスを提供することをねらいとしていた．そして，SG XVIIIは1985年から始まる第8研究会期の重要課題として広帯域ISDN（Broadband-ISDN）を設定した．インターネットはまだ世に現れておらず，ターゲットとしては映像サービスと企業用の高速ディジタルサービスなどであった．1985年12月に京都で開かれたSG XVIII ISDN専門家会合，1986年7月にジュネーブで開かれたSG XVIII会合で日本，米国，欧州からB-ISDNユーザ網インタフェース（UNI）と広帯域チャネルの提案が行われた．しかし，提案は三者三様であり，議場や議場外で議論を重ねても各国は提案を譲らず，標準が作成できる見込みは全く立たなかった．その理由は，ユーザ網インタフェースとチャネルはディジタルネットワークの構造と密接にかかわっていることにあった．すなわち，各国は自国のディジタルネットワークで伝送できる情報速度を広帯域チャネルに設定しようとしたのである[2]．

ディジタルネットワークは低速度の信号を順次多重化して高速の信号を得るという構造になって

いる．このような階梯構造をディジタルハイアラーキというが，当時のディジタルハイアラーキは日米欧で3系列になっており，これがそのまま B-ISDN ユーザ網インタフェースの提案に現れていた．日本は，ディジタルハイアラーキが 1.5 Mbit/s-6.3 Mbit/s-32 Mbit/s-100 Mbit/s であり，UNI 速度 100 Mbit/s，チャネル速度 30 Mbit/s と 90 Mbit/s を提案した．欧州は，ディジタルハイアラーキが 2 Mbit/s-8 Mbit/s-34 Mbit/s-135 Mbit/s であり，UNI 速度 135 Mbit/s，チャネル速度 32 Mbit/s から 33 Mbit/s の間を提案した．米国は，当時米国内で標準化の最終段階にあった SONET（synchronous optical network）をベースとして，UNI 速度 149 Mbit/s，チャネル速度 44 Mbit/s と 144 Mbit/s を提案した．（当時のディジタルハイアラーキは，1あるいは2次群は同期多重化及び非同期多重化で，それより高速部分は非同期多重化を採用していたので，SDH（synchronous digital hierarchy）勧告ができたときに PDH（plesiochronous digital hierarchy）と呼ばれることになった）．

SG XVIII の副議長であった沖見勝也（当時日本電信電話(株)以後 NTT と略称）は，この状況を打破するためには，ディジタルハイアラーキそのものを新しく作り直すほかないことを見抜き，1986年7月会合の最終総会に，新しいディジタルハイアラーキ研究を提案し了承された．

3.5.2 SDH提案が生まれるまで

帰国後，NTT 内に作業グループが作られ，夏休みを返上して精力的に新しいディジタルハイアラーキの研究を行った．作業グループでは，新しいディジタルハイアラーキの基本枠組みを以下のように設定した．

① 既存の三つのどのディジタルハイアラーキにも公平である世界統一インタフェースを作ること．
② 将来の光ネットワーク技術や LSI 技術の発展に耐えられる拡張性を持ったインタフェースであること．

NTT は 1975 年頃からディジタル同期網を構築しており，既に2次群レベルまで同期化をしていた．そこで，これまで培った同期ディジタル網構成技術を核として，これに米国のベルコアが提案している SONET 技術の利点と問題点を整理し，新しいインタフェースフレーム構成を徹底的に研究した．3か月ほどの集中的な検討により，図 3.30 に示すような B-ISDN 世界統一インタフェースを実現するためのアプローチ法，及び世界統一インタフェースの基本コンセプトを作成した．

そこで，沖見を団長とし青山友也，淺谷耕一，井上友二，坪井利憲，金田哲也，寺田紀之からなる主要検討メンバーが米国と欧州諸国を訪れ，NTT の考え方を伝え，議論を行った．しかし，この時点では各国とも既存のディジタル網を作り変えることになる NTT 提案に賛成することはなかった．NTT は 1987 年 2 月にブラジルで開かれた SG XVIII ISDN 専門家会合に，上記の①，②項に下記の3項目を加えた，図 3.30 の基本コンセプトとインタフェースの基本的考え方の提案を行った．

③ 1.5 Mbit/s 系と 2 Mbit/s 系の信号を同程度の効率で多重化できるフレーム構成が必要であること．
④ 多様なフォーマットを持った信号を単一の手順で多重化でき，ディジタル網の運用を容易にできるよう，バーチャルコンテナという信号を運ぶための器を基本とした多重化を用いること．
⑤ ディジタル網の構造と運用単位は，伝送フレームを終端とするセクションと，バーチャルコ

64　　3. 通信——時間と距離を越えて——

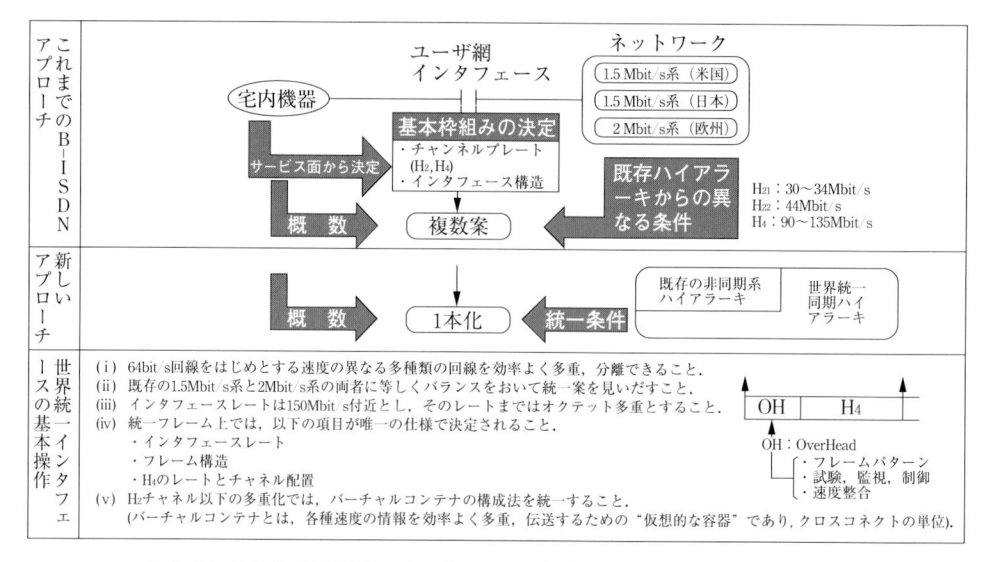

これまでのB-ISDNアプローチ	宅内機器 → サービス面から決定 → 概数 → 複数案 ← 既存ハイアラーキからの異なる条件 ← 基本枠組みの決定・チャンネルプレート(H_2, H_4)・インタフェース構造　ユーザ網インタフェース　ネットワーク（1.5Mbit/s系（米国）／1.5Mbit/s系（日本）／2Mbit/s系（欧州））　H_{21}：30〜34Mbit/s　H_{22}：44Mbit/s　H_4：90〜135Mbit/s
新しいアプローチ	概数 → 1本化 ← 統一条件 ← 既存の非同期系ハイアラーキ／世界統一同期ハイアラーキ
世界統一の基本操作インタフェース	(i) 64bit/s回線をはじめとする速度の異なる多種類の回線を効率よく多重，分離できること． (ii) 既存の1.5Mbit/s案と2Mbit/s案の両者に等しくバランスをおいて統一案を見いだすこと． (iii) インタフェースレートは150Mbit/s付近とし，そのレートまではオクテット多重とすること． (iv) 統一フレーム上では，以下の項目が唯一の仕様で決定されること． 　・インタフェースレート 　・フレーム構造 　・H_4のレートとチャネル配置 (v) H_2チャネル以下の多重化では，バーチャルコンテナの構成法を統一すること． 　　（バーチャルコンテナとは，各種速度の情報を効率よく多重，伝送するための"仮想的な容器"であり，クロスコネクトの単位）. ［OH｜H_4］　OH：OverHead ─ フレームパターン／試験，監視，制御／速度整合

図3.30　B-ISDN世界統一インタフェースを実現するための基本コンセプト

ンテナを終端とするパスに階層化すること．

　この提案は世界中の国がこれまでのディジタル網を作り変えることを要求していた．しかし，導入されているシステムを一挙に置き換えることは不可能なので，移行期間中はPDHシステムで生成されたディジタル信号を，新しいディジタル網に載せて運ぶ必要がある．このとき，どこかの国だけが効率が良く，他の国では効率が悪いという不公平にならないように，③項の要求条件を設定した．④，⑤項はこれまでのNTTにおける同期ディジタル網の構成法についての研究成果を背景とし，21世紀における多様なサービスと，光通信やLSIなどの新技術にも対応できる拡張性，網の運用性，経済性を最大限に発揮できることをねらいとして提案された．

　ブラジリア会合において，NTTは提案の趣旨と同期ディジタル網構成技術を各国に説明した結果，イギリス，スウェーデンがNTT提案の利点に興味を示した．そしてこれ以降，NTTとイギリスのブリティシュテレコム（BT）との連携によるSDH標準化活動が開始された．また，日本においてはNTTが主導し，クロスコネクトシステムなどのハードウェア構成の点からインタフェース構造を検討するために，日本電気，富士通，沖電気工業，日立製作所の4社が加わり，詳細な検討を進めた．

3.5.3　日本とイギリスの連携なる

　図3.31にSDH標準化の経緯を示す．次のCCITT SG XVIII会合は1987年7月のハンブルグで開催された．そこで，NTTとBTは個別会合やFAX（当時はまだ電子メールはなかった）などで，意見の交換を続け，具体的なインタフェースフレーム構成を作り上げていった．その提案をBTが欧州内の標準化機関である欧州通信標準化機関（ETSI）に提案し，欧州内で仲間を増やす努力を行った．ただ，欧州内でも意見が分かれ，特にフランスはB-ISDNインタフェースとしてATM（asynchronous transfer mode）を提案しており，新しいディジタルハイアラーキの作成には消極的であった．更に，NTTとBTは共同で米国の標準化機関であるT1委員会にも提案を行い，世界統一ハイアラーキ作成の必要性を訴え続けた．

3.5 同期ディジタルハイアラーキ (SDH) の標準化

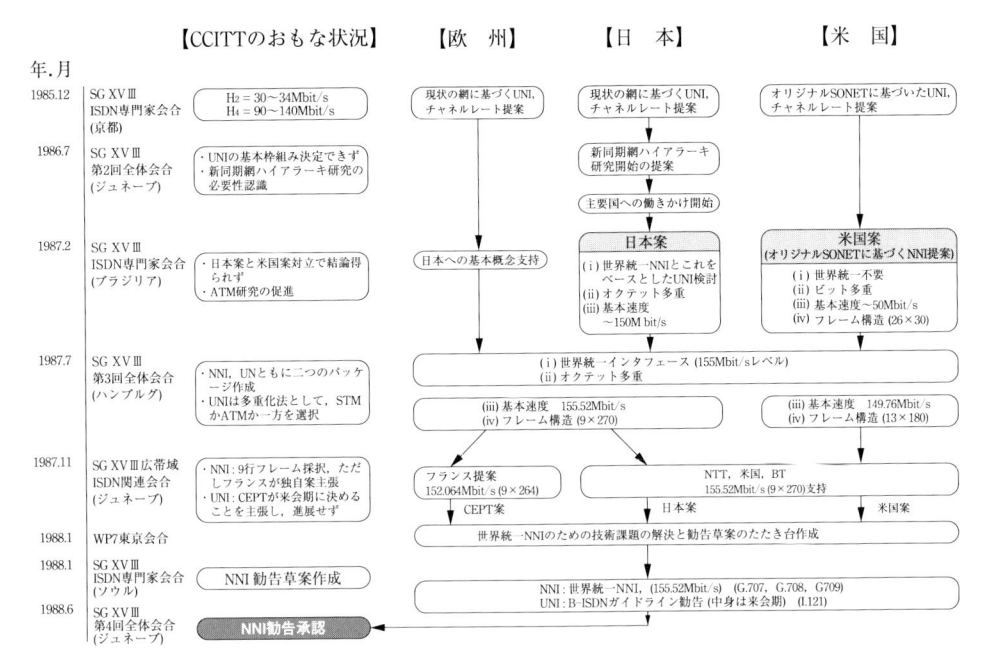

年.月	【CCITTのおもな状況】	【欧州】	【日本】	【米国】
1985.12	SG XVIII ISDN専門家会合 (京都)	現状の網に基づくUNI, チャネルレート提案	現状の網に基づくUNI, チャネルレート提案	オリジナルSONETに基づいたUNI, チャネルレート提案
		$H_2 = 30～34\text{Mbit/s}$		
		$H_4 = 90～140\text{Mbit/s}$		
1986.7	SG XVIII 第2回全体会合 (ジュネーブ)	・UNIの基本枠組み決定できず ・新同期網ハイアラーキ研究の必要性認識		新同期網ハイアラーキ研究開始の提案 主要国への働きかけ開始	
1987.2	SG XVIII ISDN専門家会合 (ブラジリア)	・日本案と米国案対立で結論得られず ・ATM研究の促進	日本への基本概念支持	日本案 (i) 世界統一NNIとこれをベースとしたUNI検討 (ii) オクテット多重 (iii) 基本速度 ～150Mbit/s	米国案 (オリジナルSONETに基づくNNI提案) (i) 世界統一不要 (ii) ビット多重 (iii) 基本速度～50Mbit/s (iv) フレーム構造 (26×30)
1987.7	SG XVIII 第3回全体会合 (ハンブルグ)	・NNI, UNともに二つのパッケージ作成 ・UNIは多重化法として, STMかATMか一方を選択		(i) 世界統一インタフェース (155Mbit/sレベル) (ii) オクテット多重	
				(iii) 基本速度 155.52Mbit/s (iv) フレーム構造 (9×270)	(iii) 基本速度 149.76Mbit/s (iv) フレーム構造 (13×180)
1987.11	SG XVIII広帯域 ISDN関連会合 (ジュネーブ)	・NNI: 9行フレーム採択, ただしフランスが独自案主張 ・UNI: CEPTが来会期に決めることを主張し, 進展せず	フランス提案 152.064Mbit/s (9×264) CEPT案	NTT, 米国, BT 155.52Mbit/s (9×270)支持 日本案	米国案
1988.1	WP7東京会合			世界統一NNIのための技術課題の解決と勧告草案のたたき台作成	
1988.1	SG XVIII ISDN専門家会合 (ソウル)	NNI勧告草案作成			
1988.6	SG XVIII 第4回全体会合 (ジュネーブ)	NNI勧告承認		NNI: 世界統一NNI, (155.52Mbit/s) (G.707, G.708, G.709) UNI: B-ISDNガイドライン勧告 (中身は来会期) (I.121)	

図 3.31　SDH 標準化の経緯

　ハンブルグ会合では長い議論の末，米国も世界統一ハイアラーキを作成することについては賛成した．しかし，米国内で標準化が進んでいたSONETの骨組みを譲ることはできず，ハンブルグ会合では，図 3.32に示すような日本・BT 共同提案と米国提案の二つのパッケージ案を作成し，どちらかを採用するかというところで議論が終わった．

　ここで，提案の技術的なポイントについて触れておこう．フレーム構成はいずれも長方形の形状になっている．これは，ディジタル同期網の基本構成要素が，ディジタルクロスコネクトシステムであることによる．ディジタルクロスコネクトシステムはインタフェース上の複数のタイムスロットをインタフェース間で入れ替える装置であり，この機能によりディジタル同期網が経済的に構成できる．このとき，重要なことは，タイムスロットを入れ替えるために必要なメモリ量と遅延時間である[3]．両者の値が少なくできるフレーム構成が望ましい．

　これらの値は一括して入れ替えるタイムスロット数と関係する．ところで，日本や米国は 24 バイト+1 ビットを基本周期とする 1.5 Mbit/s 系 1 次群システムを，欧州は 32 バイトを基本周期とする 2 Mbit/s 系 1 次群システムを大量に導入していた．米国はこのような 1 次群システム（T1 システム）と 45 Mbit/s システム（T3 システム）を最も効率よく収容できるフレームとして，26 行×30 バイト（49.92 Mbit/s）からなる SONET を提案していたのである．

　NTT はこの提案に対して 1.5 Mbit/s システムは効率が良くとも，2 Mbit/s システムや，将来重要になるであろう 50 Mbit/s を超える信号に対しても経済的に対応できることが重要と判断して，図 3.32 のパッケージ（A）案のようなフレーム構成を提案した．この案では，1.5 Mbit/s システムは 27 タイムスロット，2 Mbit/s システムは 36 タイムスロットを割り当てることにより，両者に対して同等効率を提供できるものである．図中に網かけで示した単位でクロスコネクトを行うことにより，クロスコネクトシステムのハードウェア構成を簡素化できる．

　これに対して，米国は将来への拡張性についてパッケージ（A）案に歩み寄り，SONET を変更し

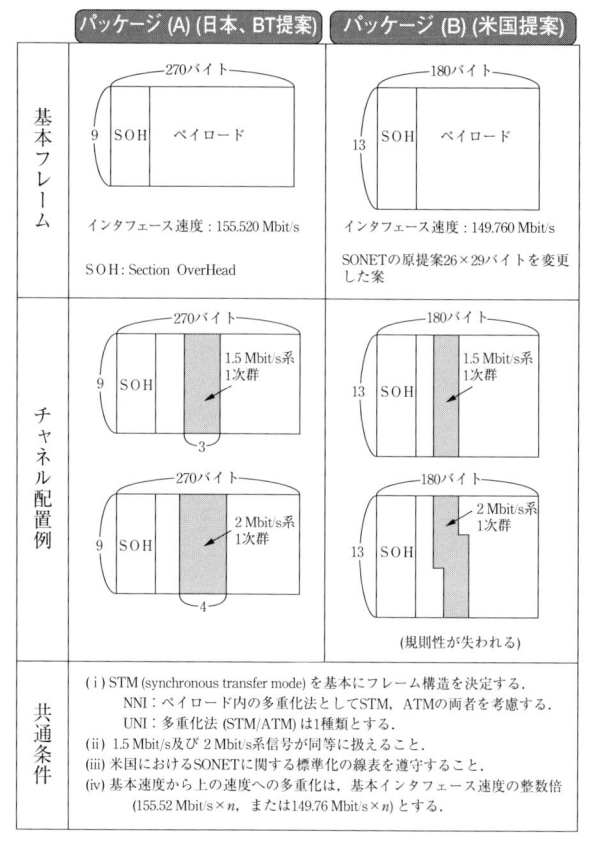

図 3.32 ハンブルグ会合における二つのパッケージ案

た 150 Mbit/s 付近を基本速度とする新たなパッケージ（B）案を提案した．しかし，この提案でも 2 Mbit/s システムは図中の網かけで示すように不規則な配置となり，2 Mbit/s 系システムを処理するクロスコネクトシステムは非常に複雑な構成になる案である．

3.5.4　日本，米国，欧州の協力体制でSDHの完成へ

NTTは，ハンブルグ会合以降，日本・BT案に1本化すべく，この案を支持した欧州諸国と連携して，米国，カナダ，積極的でない一部の欧州諸国に対して，活発に働きかけを行った．ようやく米国の中でも世界統一インタフェースを実現しようとする意見が出始め，1987年11月にジュネーブで開催された広帯域ISDN専門家会合において，米国とカナダも日本・BT案を支持することを決断した．この裏には，技術的に良いものは認めようという専門家らの存在がある．フランスでも当初はATMだけでよいという意見が支配的であったが，SDHの必要性を理解し，フランスの意見を変更した専門家らの存在があった．

そこで，1988年1月にソウルで開催されるISDN専門家会合の直前に東京会合を開催し，3日間かん詰で会合を行った．この会合において，関係者達の精力的な努力と協力により，日本・BT案を基本としたSDH勧告の原案が作成され，フランスを含めて了承された．そして，この原案を基にソウル会合において技術，用語，文章など最終的な詰めを行い，世界各国の関係者全員の徹夜

作業により，SDHに関する三つの勧告，G.707（同期ディジタルハイアラーキ），G.708（同期ディジタルハイアラーキ用ネットワークノードインタフェース），G.709（同期多重化構成）が完成し，総会において承認された（現在ではこれらの勧告は再構成され，新しい勧告番号が付与されている[4]）．SDH勧告は世界の関係者の協力によって出来上がったが，技術的にも日本が提案した9行フレームとバーチャルコンテナによるフレキシブル多重化と，米国が提案したポインタによる位相同期と周波数ジャスティフィケーション技術などが組み合わされており，世界の協力によるものである．

東京会合やソウル会合などでの徹夜作業などを通して，標準化開始当初の意見の違いなどのわだかまりは消え，米国，欧州，日本の関係者全員が同志的一体感を持ち，SDH勧告の成功を祝福しあった．SDH関係者による協調関係はこのあとも続けられた．1988年勧告では勧告作成を優先させたために，1.5 Mbit/s系の信号を156 Mbit/sに多重化する方法と，2 Mbit/s系信号を多重化する方法とで異なった方法を用いてよいなど，統一レベルとしては低い面があった．しかし，関係者により一層の努力が続けられた結果，1990年にはより統一度の高い現在のSDH勧告が作成された．

これまで解説したようにSDH標準化において日本の果たした役割は以下のように集約できる．
① 新しい標準の必要性の提唱，標準化を成功させるための道筋を示し，各国の利害を調整し標準の実現を常にリードした．
② 新しいディジタル網の構成法に関する世界における最先端の研究成果を基に，あらゆる信号を柔軟に多重化できるバーチャルコンテナ概念と，それに基づくディジタル網のアーキテクチャ，世界統一インタフェースが実現できる9行フレームなどを提案した．

3.5.5　SDHのその後

1989年（平成元年）NTTは，世界に先駆けてSDHの実用化を行ってネットワークに導入し，その後世界中のネットワークがSDHに置き換わっている（米国国内標準では現在でもSONETと呼ばれている）．その後の技術の進歩により，当初2.4 Gbit/sまでの多重化規定が，10 Gbit/sへ拡張され，更には波長分割多重（wavelength division multiplexing, WDM）を用いたオプティカルネットワークなどでも基本フレームとして用いられている．また，SDHで開発されたトランスポートネットワークのアーキテクチャ[5]が，ATMやオプティカルネットワークのアーキテクチャ[6],[7]の基礎となった．

更に，その後急速に発展しているインターネットに対しても，その情報を運ぶIP（internet protocol）パケットやイーサネットフレームを効率よく多重化する方法として，packet over SDH/SONET（POS）やethernet over SDH/SONET（EOS）などが開発され，広く用いられている．このような状況は，SDH標準化に当たり策定した基本コンセプト①～⑤が，将来を見通した正しい判断であったことを示している．

最後に，筆者がSDHの標準化ののち，別の業務でAT&Tベル研究所（現在はLucentベル研究所）を訪れたとき，研究者の次のような一言が印象的であった．「ベル研究所では，NNI（network node interface）はニッポンノードインタフェースといわれている」．

問題1　多重化におけるディジタルハイアラーキの役割，世界統一ディジタルハイアラーキの必要性を考察し，SDHのねらい，技術的新規性について述べよ．

問題 2 インターネットの情報を伝送するために SDH がどのように用いられているか調べ，将来のオプティカルネットワークにおいて SDH がどのような役割を果たすか考察せよ．

3.6 MPEG 方式の標準化 —情報圧縮技術の必要性—

3.6.1 符号化活動の起源

1950 年代に始まったディジタル画像の圧縮符号化研究の目的は，膨大なデータ量となる静止画像/動画像の蓄積伝送には，画質を落とさずにどのように効率良く情報圧縮するかの高能率符号化方式の実現である．当初，画像伝送できるのは，電話線（9 600 bit/s）を利用する小容量伝送路であり，したがって，いかに少ない情報量で，原画に近い静止画を送ることができるか，が符号化研究の中心課題であった．

図 3.33 は，画像圧縮に必要な伝送量をコンパクトディスク（compact disc，CD）を例に示す．図の計算例で示すように標準ディジタル TV 画像を記録再生する場合に CD では，わずか 39 s になり，1 時間の番組では 93 枚のディスクを必要とする計算になる．CD ベースで digital video disc を実現するには，情報圧縮として少なくとも 1/1 200 の情報圧縮が必要となる．これは当時非常に高い目標値であった．

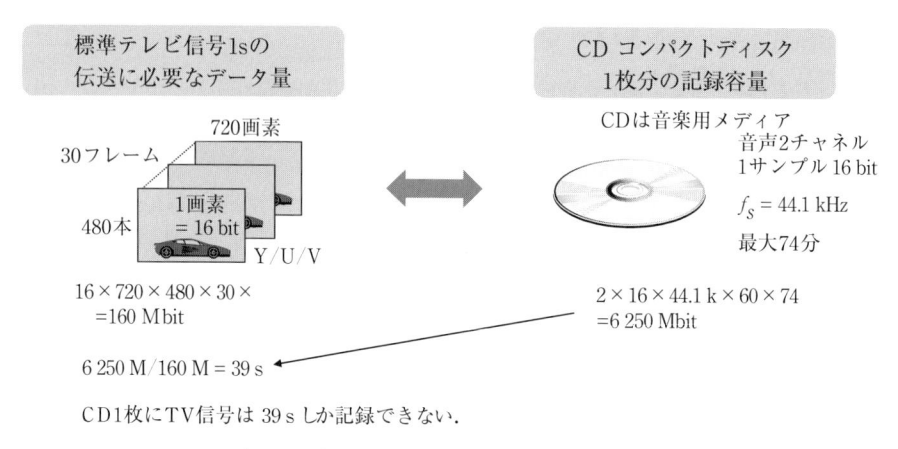

〔画像の蓄積・伝送に情報圧縮は不可欠である〕

図 3.33 画像圧縮に必要な伝送量（CD を例に示す）

当初，画像圧縮研究の中心はファクシミリ機器へ適用する符号化技術であり，その内容は，算術符号化方式（発生確率などの統計的性質を利用）をベースとしたモノクロファクシミリ（G 3 MH/MR）に適応する 2 値（0，1）符号化方式（旧 CCITT SG Ⅷ，現 ITU-T SG 16）であった．その符号化方式を多値化（中間レベルの適用）し，離散的コサイン変換（discrete cosine transform，DCT）を付加してカラーファクシミリに適応するカラー静止画符号化の標準化活動が

3.6 MPEG方式の標準化——情報圧縮技術の必要性——

ISOとCCITTとで始まり，これらの合同符号化検討グループJPEG (joint photographic coding expert group) が作り上げたのが現在ディジタルカメラなどで盛んに利用されている静止画符号化方式JPEG規格である．静止画適用に限定したので，フレーム間の相関的性質は使っていないが，JPEGに採用された符号化方式の基本要素技術，ランレングス（可変長符号化方式），DCTなどの要素技術は，日本からも多数提案があり，採用された要素技術も多かった．JPEGの標準化活動の流れは，あとに続く動画符号化方式MPEGの標準化作業にしっかり受け継がれていくことになる．

MPEG-1方式の規格化審議過程では，提案された各要素技術の比較検討（要素技術比較，主観評価実験）が行われた．一般の情報伝送に広く用いられる標準汎用符号化方式では，文字，図形，自然画など広い適用範囲を考慮すると，符号化技術は汎用性が求められ，MPEG方式（後述）は，ベクトル符号化方式（代表ベクトル値の伝送），算術符号化方式（確率統計手法の適用）との優劣が比較され，DCT＋MC（動き補償）のハイブリッド符号化方式が採用された．その評価作業手法は，画質の評価方法とも深くかかわり，実際の符号化し，復号された動画像の主観評価実験は日本で行われ，標準符号化方式における要素技術採用の手法的な進歩を促した．

MPEG活動では，同じような標準化活動をしている異なる団体どうしの合同，あるいは，共同標準化活動が実現し，異なる分野での協働作業は標準の普及に大きな成果を得た．このことは，特にMPEG-2の立上げ時期に有効に機能し，特筆に価する標準化の仕組みの変革であり，この新しい仕組みはその後の符号化活動の原点になり，CCITTとJCT-1/ISO・IECの共同作業で生まれた標準規格（MPEG-2規格，ITU-TとJTC-1の共同作業で練り上げたMPEG-4 Part 10 AVCすなわちH.264）は，いずれも，標準の産業界へ普及に大きく貢献した．

図3.34は上述の経緯を図示したMPEGを中心とした画像符号化方式の発展経過を示したものである．

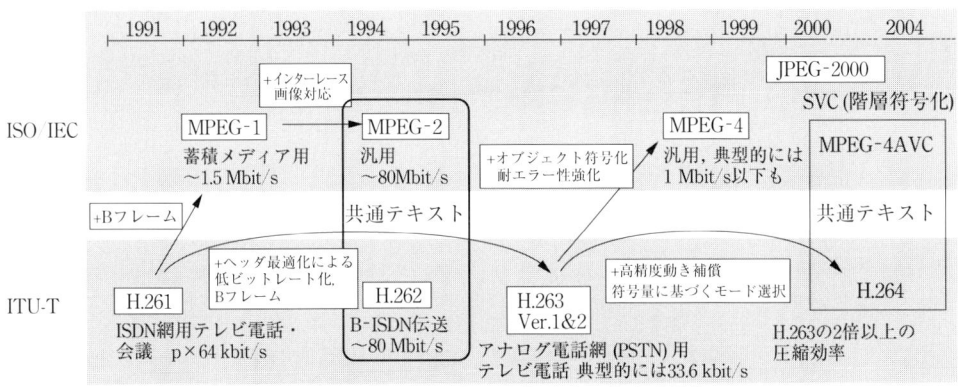

図3.34 MPEGを中心とした画像符号化方式の発展経過

ISO/IEC JTC-1：国際標準化機構/国際電気標準会議 合同技術委員会1
ITU-T：国際電気通信連合．電気通信標準化セクター

ISO/IECはITU-Tとの連携を維持強化しながら，共同作業（ITU-T技術者の直接参加）により符号化技術を高めてきた．図3.33の記述にあるBフレーム技術は，蓄積用符号化に適用する固有の双方向予測により作られるフレーム（ピクチャー）である．このBフレーム技術は，時間的に前後のフレームから予測した画像を作りだす技術であり，蓄積装置適用などに適応可能な実時間処理を必要としない応用への適用が始まり，高能率符号化手法として定着した．

3.6.2　静止画像符号化の基本技術

静止画符号化の基本技術は，静止画の持つ情報の空間情報の冗長性に着目し，人間の視覚特性を符号化効率の向上に利用し，効率化した．一般に，自然画像系静止画像は，輝度情報の空間周波数成分に偏りがあり，低い周波数成分（平坦な画像部分）にエネルギーが集中する傾向にあることはよく知られている．これらの空間輝度情報を直交変換し周波数成分に展開すると，情報が低周波成分に偏り，この性質がDCT係数の低周波部に集中して，高周波部は0に近い値の連続となるので，画像圧縮に利用できる．すなわち，周波数成分に変換した情報スペクトルの低周波成分を密に，高周波成分を粗く重み付けして量子化すると情報量の節約が期待できる．重み付けの幅を大きくすれば高周波成分はおおむね0あるいは0に近い係数となり，量子化後の係数をハフマン（Huffman）符号化（発生頻度に応じた可変符号長）の適用をすれば，多くの高周波成分は短い符号もしくは全く符号を割り当てることなく全体の符号化が可能である．これらの手法により情報量を大幅に削減が可能になり，復号においてはこの逆の情報処理を行う．符号化・復号化でDCT処理を繰り返すので，高周波成分を中心にある程度の輝度情報が欠落する．しかし，実際の一般画像では，1/10から1/30程度にまで情報を圧縮してもその画質差はほとんど知覚されないことが主観評価実験で確認された．この符号化方式は，アダプティブDCT（adaptive discrete cosine transform，ADCT）にまとめられ，カラー静止画符号化方式は1991年にJPEG規格として認知され，この優れた要素技術はMPEGに引き継がれた．後出の図3.36の各ブロックに示した要素技術，空間的冗長性の利用でDCT/量子化方式と，統計的冗長性の利用で可変長符号化方式の2項目は，その後に続く符号化方式の主流となる要素技術に決定的な影響を与えることになる．

図3.35は上記のDCTの変換動作を示した説明図であり，対象画像の一部（水平8×垂直8マクロブロック）がDCT（逆DCT）される様子を示した．

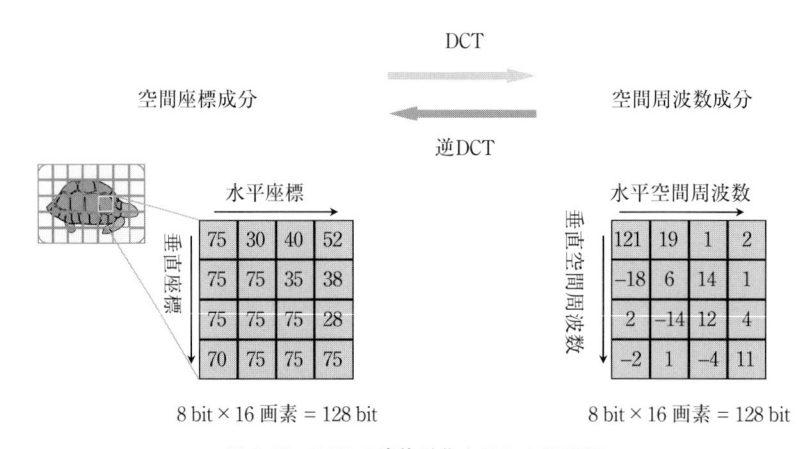

図3.35　DCTの変換動作を示した説明図

DCTの変換後は，量子化され，可変長符号化される．その様子を**図3.36**に示した．図はJPEGに採用された符号化方式の概略図である．上部がエンコード部，下部がデコード部である．実際の「標準」としては下部に示すデコード部のみが標準規格の対象範囲であり，上部の，エンコード部は，符号化方式の互換性範囲内で自由な構成をとることが可能である．なお，標準化対象として，デコード部とビットストリームのみとしたことは，互換性を維持しながらもエンコード部の実装

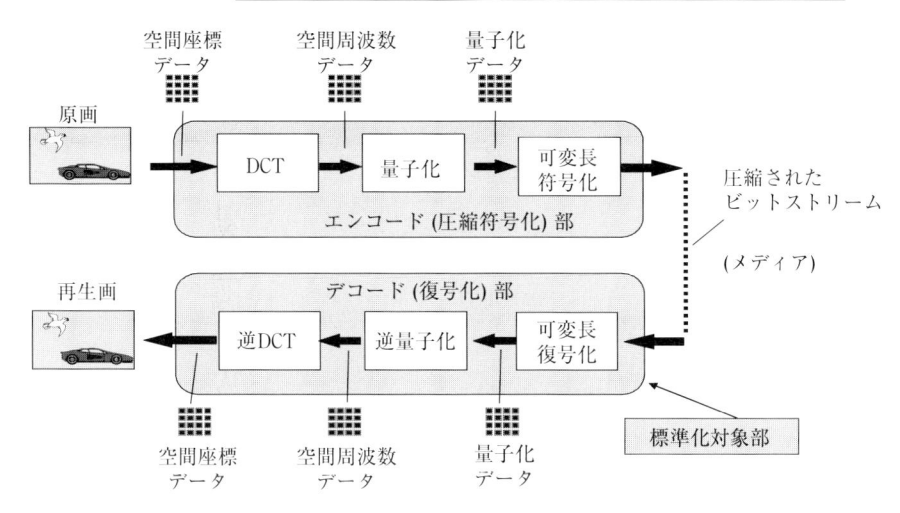

3.6 MPEG方式の標準化——情報圧縮技術の必要性—— **71**

図 3.36 JPEG に採用された符号化方式の概略図

(実現)方式に自由度を残して，効率化を競う素地となった．参照ソフトウェアを定めて標準の検証に便宜を供与，実装には自由裁量の余地を残す手法は，その後の符号化方式の用途別最適符号化開発を促し，符号化技術開発自体の発展を大いに貢献した．このことは，標準策定の表に見えない部分の決定事項として産業界への影響は大きいといえよう．

3.6.3 蓄積メディア用動画符号化方式

1980年代の後半は，音楽CDの普及期であり，音楽用の蓄積メディアと目されていたCDが，ディジタル情報蓄積メディアに用途を広げる始める時期でもあった．大容量記録メディアを渇望していた蓄積メディア業界は，データ蓄積メディアとしてCDのROM形式CD-ROMを歓迎し，種々の記録フォーマットが続出した．

その後，データCDの拡張フォーマットとしてPhilips社からCD-I (interactive) が公表されて，CDメディアがデータリトリーバル分野への応用が容易になり，静止画や動画のコンピュータ再生，データ保存が，黎明期を迎える．この時期には，CD-Iに載せた部分動画の例が現れ，CD-ROMを使ったフルモーションビデオが現実味を帯びて考えられ始めた．特に，マイクロソフト社がプライベートコンファレンスで1987年にシアトルで公表したCD-Iフルモーションビデオのデモンストレーションは，来場者に衝撃を与えるに十分であり，CDの転送レート 1.5 Mbit/s でも映画が再現できる可能性を公開，蓄積メディア符号化技術開発の起爆剤となった．

3.6.4 MPEGを生んだ国際標準化機構

図 3.37 に MPEG の原籍である ISO/IEC の標準化組織図を示した．MPEG は，動画像圧縮符号化アルゴリズム国際標準を策定する専門家グループの通称であり，グループとしての発足は1988年4月に結成され，以後，画像符号化方式の標準案を次々に作成している．このグループの策定した ISO/IEC 標準が，デジタル衛星放送を初めとして，次々にメディア符号化として採用されるなど，民生機器に使われるようになり，短時間の内に世界中に定着したので，MPEGの名前が画像

72　　3.　通信——時間と距離を越えて——

```
         ┌──────────────┐           ┌──────────────┐
         │     ISO      │           │     IEC      │
         │ 国際標準化機構 │           │ 国際電気標準会議│
         │ International│           │ International│
         │Organization for│         │Electrotechnical│
         │Standardization│          │  Commission   │
         └──────┬───────┘           └──────┬───────┘
                └──────────┬───────────────┘
                     ┌─────┴──────────────┐
                     │   ISO/IEC JTC-1    │
                     │ISO/IEC 合同技術委員会1│
                     │ISO/IEC Joint Technical Committee│
                     └─────┬──────────────┘
                           ├── SC1
                           ├── SC2
                           │     ┌── WG1 (JPEG, JBIG)
                           └── SC29 ── WG11 (MPEG)
                                 └── WG12 (MHEG)
                              マルチメディア
                                符号化
```

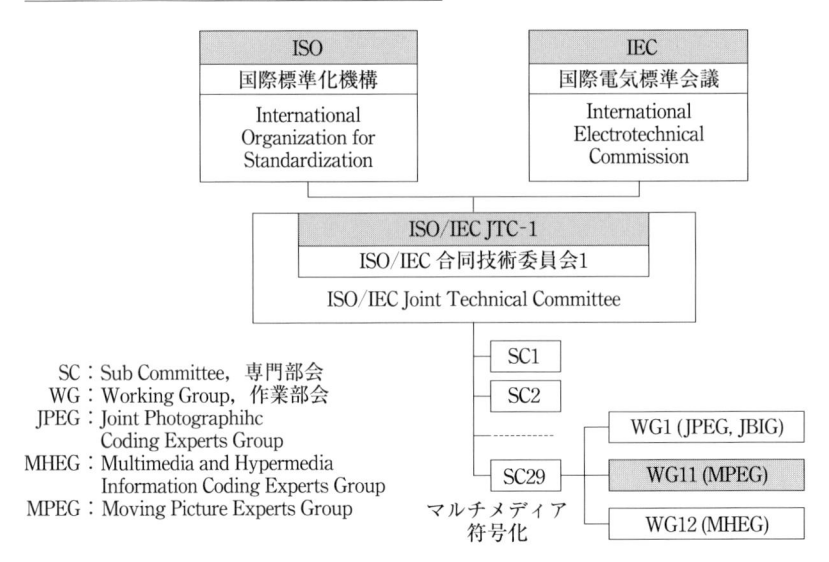

SC：Sub Committee，専門部会
WG：Working Group，作業部会
JPEG：Joint Photographihc Coding Experts Group
MHEG：Multimedia and Hypermedia Information Coding Experts Group
MPEG：Moving Picture Experts Group

図 3.37　MPEG の原籍である ISO/IEC の標準化組織図

符号化のシンボルロゴとして定着した．
　先にも触れたように MPEG の位置づけは ISO/IEC の合同委員会傘下にある SC 29 の作業班 WG（working group）11 を総称する国際標準化団体である．ここで生まれた標準規格案は，委員会案として上部機関の承認を得て正式に標準書が発行される．
　現在でも MPEG 会合は平均年 4 回開催されており，2004 年 9 月現在，発足以来の開催延べ回数は 69 回のロングランを数えている．毎回の会合参加者は 300 名前後であり，符号化以外でもコンテンツ伝送分野の専門家集団として活発な活動は現在も続いている．
　初期の MPEG 活動目標としては，まず，蓄積メディアへの圧縮符号化方式の標準を作成するに当たり，以下の項目に示す要求仕様（requirements）を策定，それに沿って提案募集を行い，標準化委員会原案を審議する経過を経て標準原案が策定される．

3.6.5　MPEGにおける標準策定手順

　産業界からの要求をベースに企画された標準化候補項目は，まずグループ傘下の要求仕様サブグループに検討が指示され，標準としての「仕様」の検討が始まる．そこでは，技術的な側面と同時に産業界はその「標準」を必要としているかが審議される．要求仕様サブグループでの結論が得られた「標準候補」は，標準の構成に必要な要素技術（システム技術も含め）が MPEG 内部で CFP（call for proposal）として公募される．MPEG で決めた標準策定手順と期間の概略は
・Exploration（探索）　　6-12 months depending on extent of search
・Requirements development（要求仕様策定）　　6-12 months partly in parallel with exploration
・Competitive phase（提案比較期間）　　3-6 months partly in parallel with requirements
・Collaborative phase（標準検討期間）　　1 year following completion of competitive phase
のように MPEG-101 文書に定められている．これによると約 2 年が検討期間になる．この 2 年は，技術進歩の急速な発展が続く現代の事情にそぐわないという意見もある．

MPEG-2規格として盛り込まれたおもな要求仕様の項目は
・安価な蓄積メディアに適用可能
・蓄積メディアは小形大容量タイプで，マルチメディア情報を記録可能
・符号化方式は電話並の安い料金でマルチメディア通信が可能
・放送メディアへの適用が可能で，これによりの多チャネル化，と劣化の少ない高画質伝送が可能
・コンテンツの共用化，再利用が可能
である．これらの要求仕様の項目を実現するには多くの高能率符号化の要素技術が必要である．

3.6.6 双方向予測（Bフレーム）符号化方式

蓄積分野と同時に放送メディアへの適用が盛り込まれたことで「Bフレーム」，「フィールドフレーム適応符号化」などの技術を生み出す基になった．図3.38に双方向予測のフレーム構造を示す．

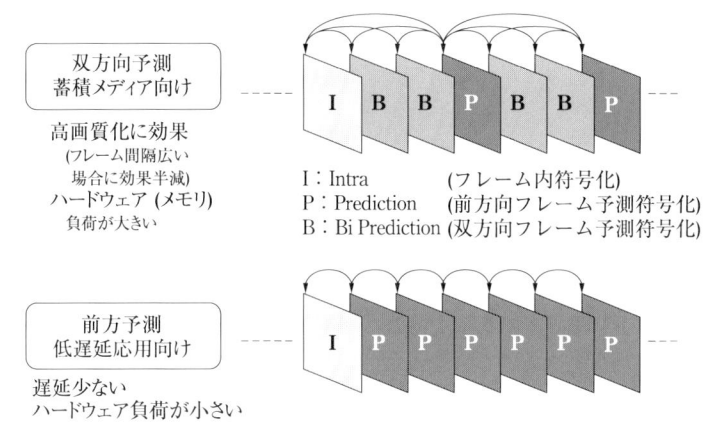

図3.38 MPEG符号化方式の双方向予測のフレーム構造

また，図3.39に双方向予測方式（Bフレーム）の原理説明図を示した．図に示すように，双方向予測方式は，時間的に前と後ろのフレームから動きベクトルを予測して補間する技術であり，この技術はMPEG-1に採用後も改良が加えられてMPEG-2やMPEG-4にも採用された．この要素

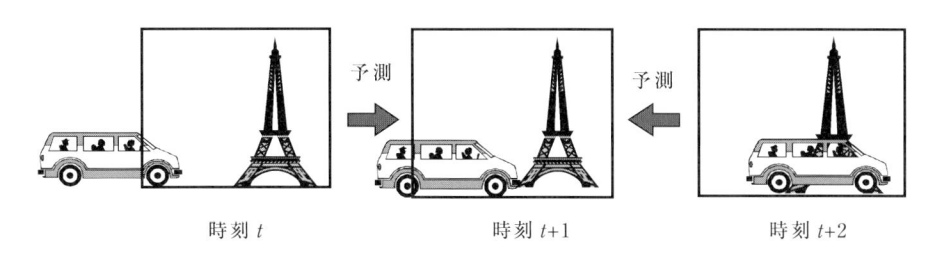

双方向予測の効果は
・両側から予測することにより，新しく出現する物体が予測可能である．
・両側の予測信号の平均により，ノイズがスムージングされる．
・スムージングのため，I（イントラ）フレーム，Pフレーム（前方予測）に比べて少ない符号量でも視覚的に劣化が目立たない．

図3.39 双方向予測方式の原理説明図

技術は日本からも提案されて採用され，低ビットレートでの画質改善に大きく寄与したが，ここにも日本勢の大きな足跡がある．

MPEG 標準化では，符号化方式の「テストモデル」を決めて，それに肉付けをする手法を採用，要素技術を次々に付加し，あらゆる画像の種類にも適用すべく，要素技術の採用には慎重な審議と実現性を議論した．要素技術の採用は，結局，「画質の主観評価」で決めることになる．この「画質の主観評価」を日本ビクター社久里浜研究所で実施した．ここにも，日本勢の標準化活動の貢献が見られる．

3.6.7　MPEG-2 の成立

蓄積応用からスタートした MPEG-1 は伝送符号化レートを 1.5 Mbit/s に固定したが，符号化方式の応用はビデオ CD に特化され，得られる画質も当時 VHS 長時間モード並みといわれた．MPEG の更なる発展は，この伝送レートの限界を解く必要があった．特に，DVD やデジタル放送への適用を考えると飛躍的に画質を向上させる必要があった．そこでは厳しい解像度の要求もあった．

そこで，伝送レートを上げ，それらに適応できる符号化方式を標準 TV 方式に採用してもらうには，原画である CCR-601 規格の画質レベルを保つ必要がある．そこで MPEG-2 の仕様は，伝送ビットレートの制限を外し，評価用伝送ビットレートを 3 Mbit/s（DVD 適用）と 9 Mbit/s（DVB 適用）を設定した．図 3.40 に，MPEG 関連の伝送ビットレート別符号化方式の適用例を示す．MPEG-2 では，比較的高い伝送レートで高画質適用を，続く MPEG-4 では低いレートから高いレートまでの広範囲を対象にしている．

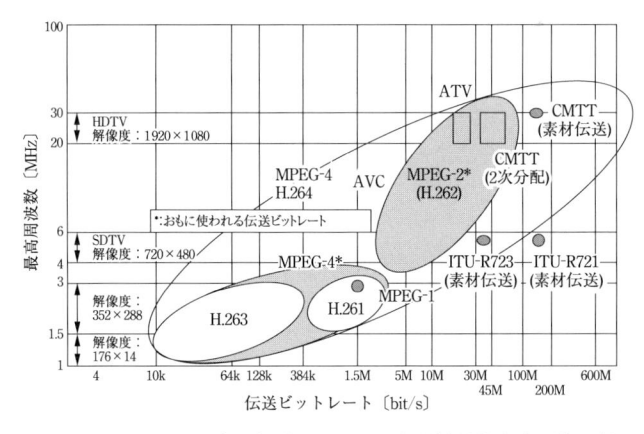

図 3.40　MPEG 関連の伝送ビットレート別符号化方式の適用例

要求仕様グループで新たな仕様を公表し，技術提案募集を行い，同様の主観評価実験を同じ日本ビクター社久里浜研究所で行い，標準に制定されたのが図 3.41 に示す MPEG-2 画像符号化方式である．この主観評価実験により，9 MBPS の伝送レートにおいて，復元後の画像は原画との差異が小さいことが確認されたので，MPEG-2 方式は，放送局外への 2 次伝送だけでなく，局内素材伝送にも耐える画質として国際的にも評価された．

一方，MPEG-2 の複雑な標準を構成する関連特許も多数存在する．その中に多くの日本勢の特許を数えることができる．この事実は，日本勢の標準作成に対する貢献度の高さを示す一つの指標ともいえよう．

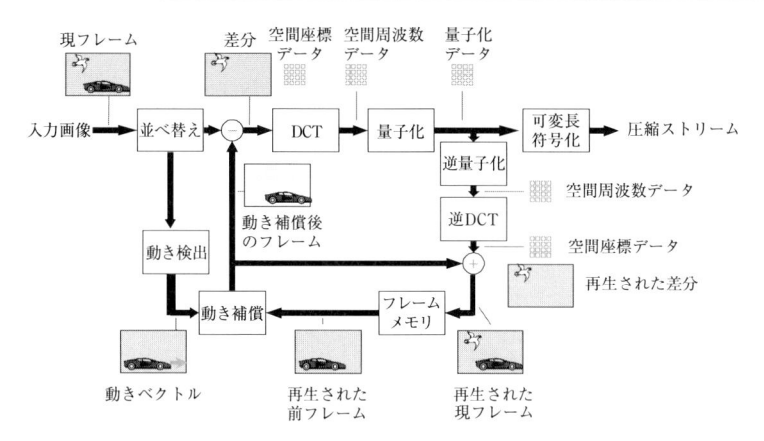

3.6 MPEG方式の標準化——情報圧縮技術の必要性——　75

図 3.41　MPEG-2 画像符号化方式の構成

3.6.8　MPEG活動の現状と将来

　2004年7月で69回会合を米国Remondで開催されたMPEG会合は　引き続き300名前後の大集団を抱え，音声符号化方式では，バンド幅拡張方式高能率符号化，あるいは5.1chサラウンド符号化方式と発展を続けている．画像の符号化方式も，3D方式，階層符号化方式，更なる高効率符号化方式と活動を継続中で引き続き多くの参加者を集めている．その中にあって，参加者の分野別構成は，徐々に変化が見られ，符号化そのものとは別に，コンテンツ流通全体にかかわる活動の分野にその比重を移しつつあるようにも見受けられる．

　図 3.42 は，過去のMPEG標準化活動の経過を示したもので，MPEG-7の「コンテンツ特徴記述言語方式」のような検索基準の記述方式言語標準の標準化を終了，MPEG-21のように「コンテンツ権利記述，流通管理制御標準」が新たに，策定，あるいは審議の途中である．

　図からMPEG活動の過去の標準化作業の経過とともに，標準化項目は増加し，発展してきたこ

図 3.42　MPEG 標準化活動の経過

とが読み取れる．

3.6.9 おわりに

　MPEG 活動は MPEG-101（総括）作成を期に，収束に入ったとする向きもあったが，一方では，次々に新技術や新方式が標準審議の場に登場し，標準化活動は留まるところを知らない．過去の活動の例からは，これで技術は出つくしたとすべきではなく，新技術の芽は無限とすべきであろうことを示している．MPEG の活動期間である 1900 年から 2000 年は劇的な社会と技術の変革期に遭遇し，技術の陳腐化は著しい．特に，MPEG 周辺技術の進歩は目覚ましく，過去の技術評価で葬り去られた「遺産」の再評価で浮上する要素技術も見直され，再評価されて生き返る例も散見される．

　最近の MPEG 活動のなかでは，過去の審議過程で棚上げされた「要素技術」を再評価し，現代に生かそうとする試みも行われつつある．

　このように，画像符号化のみならず，あらゆる技術標準は社会の生き物として，自己適応性を保ちながらも，変化と変貌を続ける宿命を背負っている．

問題 1 MPEG-1/2 映像圧縮符号化方式の特徴を述べよ．
問題 2 MPEG-2 規格への要求条件は何か述べよ．
問題 3 DCT 変換で情報圧縮ができる原理を述べよ．

3.7 インターネットの技術と歴史

　本節ではインターネットの黎明期からこんにちに至るまで発展の歴史を概観する．インターネットが生み出されて，わずか三十数余年しか経過していないが，生み出された技術は数多く，インターネットを多様かつ複雑なものにしている．すべての技術について言及することはできないが，ここではインターネットの発展に対して特に大きな影響を与えた技術を取り上げ，インターネットがどのように変貌し進化を遂げてきたかを述べる．

3.7.1 インターネット黎明期

〔1〕**インターネットの誕生**　こんにち，社会インフラとして一般にも広く認知されるようになったインターネットの原型は，1969 年に米国の 4 か所の研究施設，カリフォルニア大学ロサンゼルス校（UCLA），SRI International，カリフォルニア大学サンタバーバラ校（UCSB），ユタ大学を結んで始まった ARPANET である．ARPANET の ARPA は，米国国防省配下の高等研究計画局（Advanced Research Projects Agency，現在は DARPA）を指し，アイゼンハワー大統領によって創設された．当時は東西冷戦の時代であり，1957 年のソ連のスプートニク打上げ成功により西側諸国に対するミサイル攻撃の可能性が高まったことから，核攻撃を受けても通信が確保できるシステムの研究が行われた．その結果 ARPANET はパケット交換理論を基本とし，仮に一拠

3.7 インターネットの技術と歴史

点が通信不能となっても自動的に迂回路を選択し，通信が継続できるネットワークとして作り上げられた．

〔2〕最初のインターネット技術 ARPANET の構成は，拠点に IMP（interface message processors）と呼ぶパケット交換機を設置し，これらが相互に接続する形態であり，更に IMP にコンピュータが接続され，IMP を介してコンピュータが相互に通信する形であった（RFC 33）（図 3.43）．当時使われていた通信プロトコルは，1970 年に定義された NCP（network control protocol）であった．NCP は現在の TCP/IP とは異なるプロトコルである．ARPANET は，1972 年の国際会議 ICCC（International Conference on Computer Communications）におけるデモンストレーションにて，世に広く知られるところとなった．

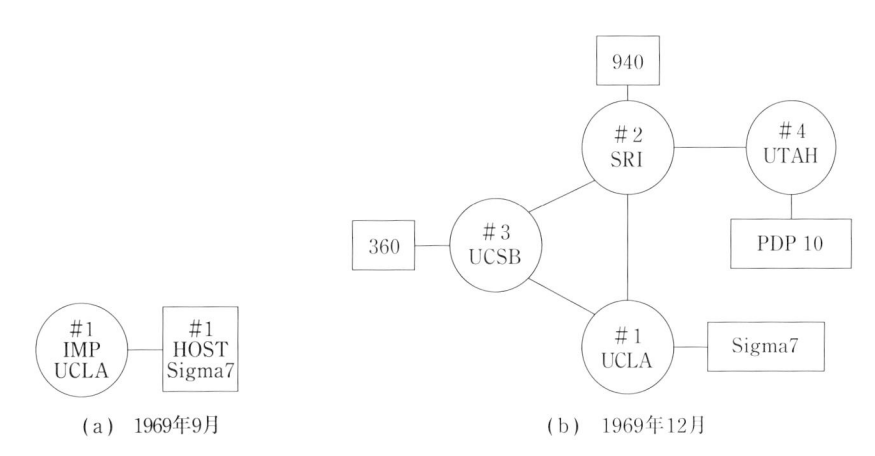

(a) 1969年9月 (b) 1969年12月

図 3.43　ARPANET の構成

ネットワーク自体の研究とともに，ネットワークをどう使うかというアプリケーションの研究も並行して行われていた．その中から，現在でも最もよく使われているアプリケーションである電子メールが 1972 年に登場する．電子メールは ARPANET の開発者どうしの調整をスムースに行う目的で作成された．電子メールは研究者間の共同作業のやり方だけでなく，その後の社会の在り方にも大きな影響を与えた．また遠隔地に存在する計算機を利用するためのプロトコル TELNET（RFC 318）もこの年に登場した．

このころの ARPANET は IMP が約 15 台，計算機が 25 台接続されているネットワークとなっていた．NCP は大規模なネットワークには適応が難しく，エラー訂正機能もないため，大規模なネットワークにも適応し，かつエンドエンドで再送制御を行ってデータの欠落・誤りを防ぐ機能を持つ TCP（transmission control protocol）の研究が始まった．

TCP は TCP v 1，TCP v 2 と改版を重ね，その後 TCP と IP（internet protocol）と分離して TCP v 3，IP v 3 が誕生する．その後の改良により現在まで利用されている TCP v 4 と IP v 4 になった．TCP が IP と分離したのは，データの信頼性よりも実時間性を要求する通信を実現するため，データグラムを直接使える仕組みとして UDP を定義する必要があったためである．現在インターネットで使用されている，IP と IP 上での TCP と UDP という基本的な体系がここに誕生した．IP，TCP，UDP はそれぞれ RFC 791，RFC 793，RFC 768 で定義されている．

3.7.2 基盤技術の確立と学術ネットワークでの発展

〔1〕 **インターネット基盤技術の確立** コンピュータの世界では小形化の流れが始まっており，AT&T で 1969 年から開発されていた UNIX はさまざまなコンピュータに移植された．TCP/IP は，1982 年に UNIX の派生系の代表である 4.2 BSD に標準搭載されることで，研究コミュニティに急速に広まった．このように TCP/IP の展開が進むなかで，ARPANET は NCP から TCP/IP への全面移行作業を 1983 年 1 月 1 日に実行することを決定し，ほぼすべての機関が協力して同日中に移行を実施した．

1983 年にはインターネットの重要な基盤技術である DNS（domain name system）が設計・実装されている（RFC 883）．これは，接続される計算機の著しい増加により，コンピュータに付与される名前が衝突する問題が生じていたことに起因する．コンピュータの名前を区別するために，名前の表現方法に階層構造を導入している．すなわち，「com」という名前空間（ドメイン）の中に「example」という名前空間があり，そのなかで「alice」という名前を持つコンピュータを「alice.example.com」というドメイン名で表現する．例えば，同じ名前「alice」をもつコンピュータでも example 2.com の配下にあれば alice.example 2.com となり，別のコンピュータを表すことができる．DNS はドメイン名を各階層ごとに分散データベースで管理する仕組みとし，大規模な名前空間を表現しうるアーキテクチャになっている．

IP パケットを宛先まで送り届けるため，パケット交換機（ルータ）での経路制御機構も発展を遂げている．接続数増加に対応するため，動的経路制御の範囲を階層化し，あるサブネットワーク内部を制御する内部経路制御プロトコルと，サブネットワーク間の経路制御に分けることとなった．内部と外部に分類することで，あるネットワーク内で使用する内部経路制御は他のネットワーク内と異なっていてもよく，そのネットワークの規模や構成によって適切な経路制御プロトコルを使えるようになった．1982 年に外部経路制御プロトコルとして EGP（exterior gateway protocol）が採用された．

〔2〕 **学術ネットワークの発展** 米国国防総省が運営した ARPANET は 1983 年に分離し，軍用の MILNET と一般研究用の ARPANET となった．APRANET は 1990 年にその役割を終えて運用を停止したが，全米科学財団 NSF（National Science Foundation）が 1987 年に開始した NSFNET がそれを引き継いだ．NSFNET は政府機関 NSF が資金提供している関係上，研究目的以外のネットワーク使用を AUP（acceptable use policy）という基準を設けて禁止していた．

〔3〕 **インターネットにかかわる組織** インターネットへ参加する人々が増えてくると，いろいろな場面で調整が必要となってくる．調整の役割を負って 1983 年に創設された組織が IAB である（当時は Internet Activity Board，現在の名称は Internet Architecture Board）．また 1985 年にドメイン名の管理業務を行う組織 NIC（Network Information Center）を SRI（Stanford Research Institutes）が担当することとなった．更に 1986 年には IAB 配下のタスクフォースの整理を行い，インターネット技術に関する標準化の役割を担う IETF（Internet Engineering Task Force），および研究組織として IRTF（Internet Research Task Force）を創設した．加えてインターネットに接続する際に必須となる IP アドレスやドメイン名を管理する権限を持つ IANA（Internet Assigned Number Authority，現在は ICANN（Internet Corporation for Assigned Names and Numbers））を，1987 年に創設している．これら組織の設立により，インターネット技術の標準化体制，アドレスやドメイン名などの共通資源の管理体制の原型が整った．

〔4〕 **日本の状況** 1980 年代前半の日本では BBS（bulletin board system）と呼ばれるパソ

コン通信が黎明期を迎えていた．BBS は電子掲示板で情報交換や，ファイルライブラリを使ったファイル交換ができるシステムであり，おもに電話回線とモデム使ってアクセスしていた．一方，大学や研究機関では，AT&T が開発した UUCP（UNIX to UNIX CoPy）をベースにした JUNET が 1984 年頃から形成され始め，研究者の間で電子メールやネットニュースによるコミュニケーションが活発化していった．1985 年に JUNET は KDD 研究所のドネーションで国際接続されている．1980 年代後半になると国内外と TCP/IP を基盤としたインターネット接続が開始されるようになった．東京大学や NTT が米国 CSNET に接続したのが 1987 年，研究団体 WIDE の中核メンバにより東京大学・東京工業大学・慶應義塾大学を結ぶネットワーク構築が 1988 年，WIDE の国際接続は 1989 年である．

3.7.3　インターネットの商用化と爆発的普及

〔1〕**インターネットの商用化**　1980 年代後半まで，学術ネットワークを中心として，インターネットの拡充が続いた．研究者による利用が中心のネットワークであったものの，多くの人々がメールをはじめとするメッセージ交換の利便性に気づき始めていた時期でもある．インターネットの利用が研究者コミュニティの外部へ拡大するのは時間の問題であった．米国では 1987 年に，世界初の商用 ISP，UUNET の設立を皮切りに商用化への流れが進む．それまで米国内でインターネットの中心的なバックボーンとして機能していた NSFNET も，1993 年頃から商用インターネットへその役割を委譲し始める．商用 ISP はバックボーンを提供できるまで成長したため，NSFNET を競合相手と位置づけ始めた．商用 ISP が米国各地の地域ネットの収容を引き受け始め，NSFNET はバックボーンとしての使命を終え 1995 年 4 月には停止された．このとき NSF は全米のスーパーコンピュータセンタ間を結ぶネットワークだけは自前で構築・運用すべきとし，高速ネットワーク vBNS を設立した．vBNS に接続できるのはスーパーコンピュータセンタか NSF に認められた組織だけに限られ，純粋な研究用ネットワークとして維持された．押し寄せる商用化の波のなか，新たな学術ネットワークが生まれたが，あとに重要な役割を果たすことになる．

一方，日本国内の事情に目を向けると，1992 年から AT&T JENS，IIJ が相次いで商用インターネットサービスを開始し注目を集めた．また翌年には，ダイヤルアップによる個人向けのサービスの提供が，ベッコアメインターネットにより開始され，コンシューマ市場にインターネットが広がる先駆けとなっている．

既に日本国内ではパソコン通信（BBS）と呼ばれるコミュニティが形成されていた．ASCII-NET，PC-VAN，Niftyserv などの大手 BBS では十数万から，百万人単位の会員を有しており，BBS が続々とインターネットへ接続されたことはインターネット成長の大きな要因となった．

〔2〕**Web 登場のインパクト**　インターネットがエンドユーザまで浸透するなか，最も大きなインパクトを与えたものは，WWW（world wide web）の開発であろう．それまでインターネット上での主要なアプリケーションは電子メールを中心としたメッセージ転送やファイル転送であったが，WWW の登場によりインターネット上でのさまざまな情報をより容易に入手可能となった．NCSA（National Center for Supercomputing Applications）により開発された Mosaic を起源とする Netscape と，マイクロソフト社による Internet Explorer の 2 大ブラウザが登場し，両社の熾烈なシェア争いにより短期間で驚くような機能強化がもたらされた．これにより，WWW 上での情報の表現能力は大きく高まり，インターネット上に多種多様な情報があふれることになる（図 3.44）．

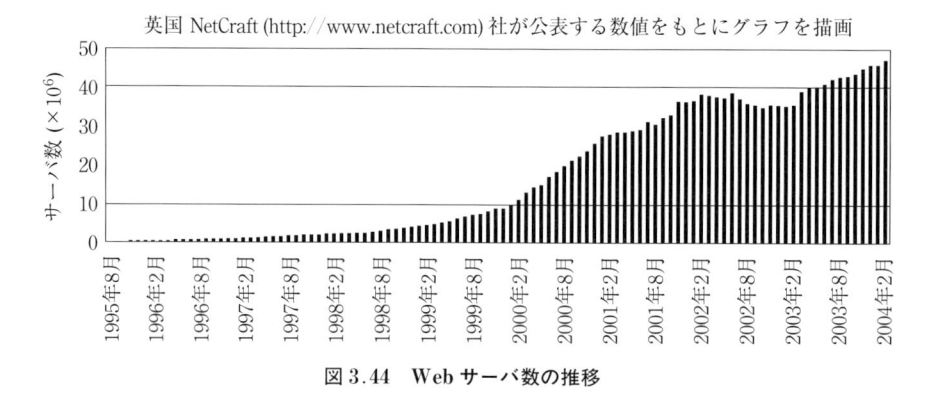

英国 NetCraft (http://www.netcraft.com) 社が公表する数値をもとにグラフを描画

図 3.44　Web サーバ数の推移

そのため，単にネットワークへの接続サービスに限らずコンテンツを提供する新たなビジネスが生まれた．1995 年米国で，翌 96 年には日本での Yahoo! による検索サービスが開始される．検索サイトをはじめ WWW がネットワークのポータルになり，インターネット上のトラヒックの大部分は WWW により占められるようになった．その後も検索サービスのみならず，掲示板をはじめとするコミュニティ形成のためサイト，商取引を行う EC サイトなど実社会の機能が次々と WWW 上に構築され電子的な社会の基盤となった．日本国内でエンドユーザに対して，WWW を最も手軽なものとし爆発的な普及の一翼を担ったのは，NTT ドコモが 1999 年に開始した i-mode サービスである．携帯電話を用いて WWW へのアクセスを可能とするものであり，NTT 系及び NCC（new common carrier）を含め，2005 年 3 月末で携帯インターネット契約者数は 7 515 万人となっている．

〔3〕 **NGI**　　再度，米国での動向を振り返ると，大学や研究機関などの学術系組織にとって商用インターネットの成長は必ずしも歓迎されるものではなかった．激増するトラヒックに対して商用 ISP は拡大を続けたものの，研究に必要とされる高速バックボーンの提供はビジネス・技術的に困難であった．安定した運用を重視する商用 ISP と，時に挑戦的な実験のためにネットワークを利用したいと考える研究機関のニーズには，大きな隔たりがあった．そのため，vBNS が 96 年には大学をはじめとする研究機関へ開放され始める．米国政府がインターネットにかかわる研究開発の先進性の維持を重視した結果による．vBNS は，NSFNET の停止直前に構築されて以来，スーパーコンピュータセンターと NSF をスポンサとする一部の組織だけに接続が許されていたが，開放後は学術系機関の重要なバックボーンを担うことになる．

更に大学の研究者が中心となり，次世代のインターネットを確立するためのコンソーシアム Internet2 を設立した．これは学術コミュニティに閉じたものではなく産学官が広く協力関係を築いていた．1993 年には，クリントン政権が「情報スーパーハイウェイ構想」を提唱しており，情報通信政策を重要視していた．更に 1996 年には，インターネットは政府が主導すべき重要なテーマとして NGI（next generation internet）計画が発表され，次世代インターネットが広く認知されることになる．

米国内でのインターネット研究開発に対する追い風を受け，Internet2 では 1997 年頃から基盤となるバックボーンネットワークの整備を行った．このネットワークは Abilene と呼ばれ，鉄道系電話会社 Qwest 社が光ファイバを提供し，シスコ社が高速ルータを，ノーテル社が SONET 機器を提供した．設立当時から 2.4 Gbit/s の帯域を持つ超高速伝送技術 SONET 技術が投入され，全米 33 都市に収容点が構築された．光ファイバの総延長は全米で 2 万 km に及ぶ巨大なネットワー

クである．98年4月にはAbilene計画をNGIとして位置づけるとする声明が，ゴア副大統領によりホワイトハウスから発表された．もう一つの学術ネットワークvBNSとも相互接続され，米国では，大学をはじめとする研究機関に対しては，政府がvBNSとAbileneの二つの超高速ネットワークを提供する体制が整った．

3.7.4 ブロードバンド時代へ

〔1〕 **常時接続への期待の高まり** 1990年代は，商用ISPの発展とともに日本国内でも順調にインターネットは拡大を続けた．ユーザの利用形態が多様化し，提供されるコンテンツが豊富になり，一般家庭にまでインターネットが浸透する．このとき課題とされたのが，インターネットへの接続料金であった．既に数社のISPは接続料金を定額制としていたが，家庭からISPの設置するアクセスポイントまでは加入電話線を用いているのが一般的であった．当時，電話料金は完全従量制であり，接続料の問題から，一般家庭のエンドユーザがインターネットに接続する時間は限られることになる．

常時接続のニーズが高まるにつれ，NTTにより通信料金が半固定制の画期的なサービス「テレホーダイ」が開始される．夜間23時から翌朝8時までの間は電話料が固定されるもので，非常に多くのユーザがこのサービスに加入した．そのため毎日，午後23時になるとISPのアクセスポイントへのダイアルアップ接続は輻輳状態となり，またIXなどのバックボーンネットワークで観測されるトラヒック量も23時にピークを迎えるなど，尋常でない社会現象を巻き起こした．

テレホーダイの導入によって，インターネットがより身近なものとなったが，固定料金で利用可能な時間は夜間に限られていた．そのため24時間いつでも，ためらうことなく利用可能な，真の常時接続の提供が望まれた．

〔2〕 **接続料競争と世界最安レベルの通信料** 日本国内で24時間定額による常時接続サービスの先駆けの一つは，ケーブルテレビによるインターネット接続サービスであった．1996年7月には武蔵野三鷹ケーブルテレビが開局し，同年10月にはインターネット接続サービスを開始している．既にインフラを保持していたケーブルキャリヤも次々と実験サービスを展開し，98年ごろには商用サービスが多数立ち上がった．24時間いつでも利用可能なだけではなく，電話回線やISDNに比べて高速な広帯域（ブロードバンド）のネットワークアクセスを享受することができた．

2004年現在xDSL（digital subscriber line）が最も主要な常時接続手段である．xDSLは既設加入者線上に電話と高速データ通信を多重する技術であり，既存のインフラを流用できるメリットがある．また通信速度も下りでは数Mbit/sに達し，新たなインターネットアクセスの方法として注目を浴びることになる．歴史的には1997年に長野県伊那市が中心となり，有線放送電話を利用した伊那xDSL利用実験が行われた．同年NTTもADSLフィールド実験の展開を発表した．

このとき国内ではISDNによるアクセスが普及しており，ISDNが利用する信号の周波数帯域が広いため，xDSLによるISDNへの干渉が懸念された．当初ADSLサービスは難しいと考えられていたが，干渉を緩和する方式が考案され，AnnexCとして規格化される．これによりADSL技術普及に弾みがつく．xDSL接続サービス実現のための技術的課題を解決すると，ビジネスとして成功する可能性がいっそう高まった．NTT地域会社は加入者線の開放を迫られる．1999年12月には東京めたりっく通信社が東京都内でのADSL接続サービスを実施，翌年にはイー・アクセス社がサービスを開始した．2000年12月に，これまで参入に消極的だったNTT地域会社も，

ADSLによる常時接続可能な「フレッツADSL」を正式サービスとして市場投入した．既にISDNを使った24時間定額の常時接続サービスが開始されていたが多くのエンドユーザにとって，利用可能な帯域が100 kbit/s近辺から，最大1.5 Mbit/sまで拡大し，ブロードバンド普及に弾みがついた．

国内のADSL事業において大きな衝撃を与えたものは，2001年のYahoo! BBの商用サービス開始であった．これをきっかけとして通信料の値下げ競争とシェア争いが引き起こされた．相次ぐ値下げのため，よりいっそう手の届きやすくなったADSL接続サービスは，2003年末には1 000万回線を超えるまでに普及する．2002年度末には既に日本国内の接続料の水準は国際的にも最も低い金額にまで下がることになった（図3.45）．

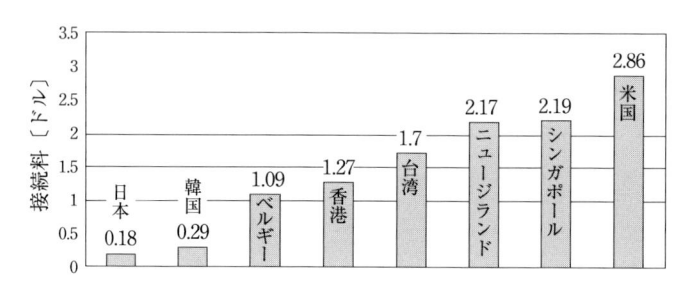

図3.45　100 kbit/s当りの月額接続料（2003年度情報通信白書，総務省発行より）

xDSL技術は年々改良を重ね通信速度が向上しているが，高速になるほど適応可能距離が短くなる傾向にある．このため，より高速なネットワークを幅広く求めるニーズは次々と沸き起こる．NTT地域会社がフレッツADSLを試験サービスとして投入していた1998年には，すでに金沢市でFTTHトライアル実験が行われており，光ファイバによる接続サービスの先鞭となった．2001年にはNTT地域会社により「Bフレッツ」が正式サービスとして投入され，拡大し続けている．

〔3〕 新しいアプリケーション（P2P）の登場　2000年の初頭までトラヒックの容量面でのインターネット上の最も中心的なアプリケーションはWWWであった．ユーザがブラウザ（クライアント）を用いてサーバから情報を引き出す利用モデルによって構築されており，ブラウザがインターネットへのポータル（表玄関）の地位を築いていた．サーバ・クライアントモデルはネットワーク上に配置したサーバにクライアントが集中的にアクセスを行うモデルであるが，24時間常にネットワークが利用可能なブロードバンドアクセスが広く普及すると，サーバを介さずに端末間で直接に情報交換を行うP2P（peer to peer）通信モデルが出現する．1999年に発表された音楽ファイル交換ソフトNapsterの発表はあとに社会問題にまで発展した．ユーザ間でのコンテンツの交換が非常に容易になったため，著作権を無視した違法な音楽コンテンツが流通し，米国では音楽業界を巻き込んで訴訟問題へ発展する．その後，AOL社によって買収された前Nullsoft社の社員がGnutellaを作成した．サーバを一切必要としない，完全なP2Pによるファイル共有と検索機能を持つ強力なソフトウェアである．2000年3月にAOL社のWebサイトで公開されるものの，わずか1日も経たないうちに公開が中止された．AOL社がNapsterの前例を恐れたため，頒布を阻止しようとした．

しかしながら，公開されたGnutellaはコピーが作成され，互換性のあるクローンも多く作成された．社会的に注目もさることながら，P2P通信は従来のネットワークの利用モデルに革新をも

たらす可能性も秘めており，Gnutella の 1 件は大きなインパクトを与えた．日本国内でも P2P によるファイル共有の普及は目覚ましいものがある．2003 年には ISP バックボーンが，激増する P2P トラヒックによって圧迫され管理者を悩ませた．最も象徴的な事件が 2003 年 11 月に発生する．P2P ファイル交換ソフト Winny を使い違法なコンテンツを配布していたユーザが逮捕された．インターネット・マルチフィード社が公表する IX のトラヒックデータ（図 3.46）によると，事件発生を境に 20％近く流量が減ったことがわかる．このデータは P2P に関するトラヒックだけではなく，すべてのトラヒックの流量を占めている．わずか一つのソフトウェアが引き起こした事件が，インターネット全体にこれほど影響を与えたことは特筆すべきことだといえる．

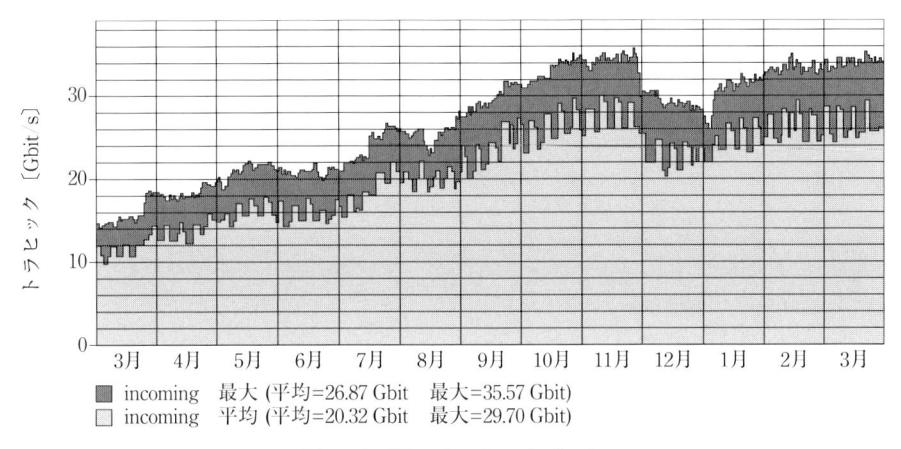

図 3.46 IX のトラヒックデータ
（出典：JPNAP total traffic）
http://www.mfeed.co.jp/jpnap/fr-traffic.html

負のイメージが先行する P2P 技術であるが，元来電話も P2P の通信の一種であると考えられる．インスタントメッセージをはじめとする，メッセージ交換も P2P 通信と非常に相性がよい．また，分散コンピューティングやゲーム分野などにも応用が考えられ，今後インターネット上のキラーアプリの基礎となる可能性を秘めていると意識すべきであろう．

3.7.5 おわりに

成長を続けたインターネットは，いまや，社会インフラとなった．実社会で発生した事象がネットワークに影響を与え，ネットワーク上でも実社会と何ら変わらぬ事象が発生する．更に，商取引などではインターネットで発生した事象が実社会に影響を与えるようになってきた．インターネットは常に変遷し続けてきたネットワークである．アプリケーションもトラヒックも時代とともに変化し続けてきた．今後も実社会を巻き込みながら進化を遂げていくだろう．

問題 1 次世代インターネットの実現に向けて Internet 2 では Land Speed Record と呼ばれる，広帯域かつ高遅延下（遠距離）のネットワークで通信速度を競うコンテストが開催されている．広帯域かつ高遅延のネットワークは Long Fat Pipe と呼ばれ，通信性能を高めるための技術的課題が研究対象として位置づけられている．ここで，2 台の日米間に設置されたホスト A，B が 1 Gbit/s の回線を通じて接続されており，往復遅延時間（RTT）が 250 ms であるとする．TCP を用いた場合 1 Gbit/s の帯域幅を有効に

利用するために，どのような点に留意すべきか考察せよ．（参考）"Internet 2 Land Speed Record"，http：//lsr.internet 2.edu/．

問題2 2004年6月現在，日本国内におけるインターネット接続料は最も低廉な水準となっている．日本と北米地区，欧州地区，アジア地区の三つ区域の主要国間に対して，次の三つ項目について調査を行い，日本国内の現状と比較せよ．

比較項目　1．接続料の水準，2．接続形態（回線種別）と利用可能な帯域幅，3．主要なアプリケーションの利用形態

☕ 談 話 室 ☕

iモードの開発

筆者がiモードの開発を大星公二（当時のNTTドコモ社長）から命ぜられたのは1997年1月8日であった．前職は携帯電話やポケベルの販売に従事していた．当時街ではベル友が一大ブームとなっていた．家の電話や公衆電話から相手のポケベルにメールを打つコミュニケーション方法である．ポケベルは元々企業の業務連絡の手段であったが，高校生を中心に若者のコミュニケーション手段へと急速に変化していた．その流れがあまりに急だったため，設備の増設が追いつかず，ポケベルが輻輳する事態が筆者のいた支店を皮切りに発生した．

発生時間帯は見事に高校生の生活パターンと合致していた．通学途上の朝7時〜8時，昼休みの12時〜1時，下校後の午後4時から深夜まで，緊急連絡の利用もままならない状況であった．ついに筆者は1か月半のポケベル販売中断に追い込まれた．

顧客の苦情への対応，販売中断等々苦しい決断であったが，iモードの開発には役立った．筆者がiモードの開発を命ぜられたとき，これはいける商品だと信じられた根拠になったからである．iモードは最初からこのベル友世代である若者をターゲットとして開発した．

家庭内での経験も同じく役立った．娘はベル友，息子はTVゲーム．携帯電話でメールをし，ゲームができる商品を開発できれば絶対売れると確信できた．この確信がiモード開発に要した2年間，筆者の心の支えとなった．

iモードの開発は，まず商品コンセプト作りから始まった．社長からのオーダは携帯電話単体で情報配信をするという漠然としたものであったため，10人程度の初期メンバで毎日毎日半年以上議論をした．その結果，コンビニ，コンシェルジュ，話すケータイから使うケータイ…というイメージができてきた．そして，ベアラはパケット網，アプリケーション層はインターネット技術を使うとの結論に至った．

iモードを見たり触ったりするためにはブラウザ付き携帯電話機が必要になる．

当時は音声専用の電話機が100％の世界であり，パケット対応の電話機を作ることのできる会社は1，2社であった．しかも，この電話機にブラウザを載せるとなると，当時の携帯電話製造技術からは極めて高いハードルであった．

一方，市場の現実を見ると，携帯電話が大ブレークした時期で，作るそばから売れる状況であった．ある携帯電話機製造会社の生産工場を見学したとき驚異的光景を目にした．携帯電話が5秒おきにベルトコンベアーに乗って出てくるのである．壮観であった．このように極めて忙しく，既存商品だけで十分利益の出ているとき，売れるかどうか分からない，しかも技術的ハードルの高い商品開発を依頼されたメーカの方はさぞや悩まれたことと思う．

iモードのサービス開始は1999年2月22日であり，この発売日を目指して4社に携帯電話機の開発をお願いしたが，製造が難しく，結局はF501i一機種のみが市場に出てきた．富士通およびブラウザを担当していただいたアクセスのエンジニアの皆さんにはたいへん感謝している．

Webの記述言語問題にも頭を悩ませた．iモードが，携帯電話とインターネットの融合した商品であることから発生した問題である．

インターネットでは，HTML/HTTPがデファクトスタンダードであり，すべてのWebが本言語で書かれ，ブラウザもこの言語が読めるようになっていた．インターネットの立場からiモードを見れば

当然携帯電話にはHTMLブラウザを搭載するという結論になる．

　一方，携帯電話，すなわち移動無線技術の世界では，WAP（wireless application protocol）という方式が当時は有力といわれていた．その理由は，移動無線分野の雄であるノキア，エリクソン，モトローラという会社が本方式を推していたからである．ドコモも移動通信を生業とする会社であり，無線系のエンジニアが多いので，このWAPを推す人々が大多数であった．

　数か月悩んだ末にHTMLブラウザを選択した．大勢が反対する技術を選択するのは，筆者のような一介のサラリーマンには結構ストレスのかかる選択ではあったが，HTMLブラウザの選択がiモード成功要因の一つであった．最終的判断ポイントは「iモードビジネスにとって何が一番重要か？」ということであった．それはまぎれもなくコンテンツである．いくら先進技術を搭載した格好良い電話機ができても面白い情報が見れなければお客様は買ってくれないし，使ってもくれない．ではディジタルコンテンツはどこにあるか？　それはインターネット上にしかない．ならば，そのコンテンツを読める言語を採用すべきであるという結論である．コンテンツ提供者の側に立って考えても，世の中に1台もない新しい電話機のために，新たな言語で書いたWebを作ってくれるわけはない．

　この辺は，新商品にどの技術を採用するかで悩んでおられる方には参考になろう．その商品にとって何が一番重要かを見極めることが肝要なのである．技術屋は，筆者もその1人であるが，技術にこだわる傾向にある．商売全体を見ないきらいがある．典型的パターンは，買わないお客が悪いのであって，売れない商品を作った俺は悪くない，という論理である．

　我々iモードチームは新しい技術を発明したようにいわれることが多い．しかし，事実は「新しい市場を見つけた」ということである．全角で，横10文字，縦10行．入力は数字キーのみ．いまでこそカラー液晶やJava（サン・マイクロシステムズの登録商標）やカメラが搭載されているが，当時は色黒液晶のみ．コンテンツの表示能力は貧弱であった．よって，新聞，雑誌，テレビなどのメディアやドコモ社内，携帯電話業界では，99％の方がiモードは売れないといっていた．でも売れた．サービス開始から6年半たったいま，4 500万契約と日本人の3人に1人がiモードを使うまでになった．なぜか？いつも人と一緒，みんなケータイ好き．この携帯電話の実力を人々は過小評価していたのである．いわばみんなが無視していた土地の地下に眠る大規模な金鉱脈を発見したみたいなものである．

　これからはますます情報通信が付加価値を生む時代になる．本技術史の読者の皆さんも将来新たな金鉱，ダイヤモンド鉱を発見されんことを望む．

文　献

1) 松永真理：iモード事件，角川文庫 (2001)．
2) 夏野　剛：iモード・ストラテジー，日経BP企画 (2000)．
3) 夏野　剛：ア・ラ・iモード，日経BP企画 (2000)．
4) iモードサービス特集，NTTドコモ・テクニカル・ジャーナル，(1999-7)．
5) iモードと呼ばれる前，日経エレクトロニクス2002.8.26号〜2003.3.3号に連載．
6) 中野不二男：不器用な技術屋iモードを生む，NTT出版 (2005)．
7) 山崎潤一郎：叛骨の集団ケータイ端末の未来を創る，日経BP企画 (2005)．

4 光技術
——より大量の情報を扱うために——

4.1 光ファイバ通信の発展

4.1.1 はじめに

　長距離伝送の手段としては，大きく分けると無線と有線がある．伝送コストを下げるには，単純にいえば一つの伝送媒体で送れる情報量を増やすことで，これを大容量化という．情報化社会へ向けて年々情報トラヒックが増大するにつれて，大容量化がますます重要な研究課題となってきた．ところが，無線は使用可能な周波数帯域幅が限られており，特に 20 GHz あたりを境にしてそれより高い周波数では雨による減衰が顕著となり，長距離伝送には向かない．

　他方，有線伝送方式としては，同軸ケーブルが代表的であるが，1 ケーブル当り（最大 18 心）の伝送容量は DC-400 M 方式で最大 400 Mbit/s×9＝3.6 Gbit/s（予備システムなしとして）である．

　ミリ波導波管伝送方式は，実用化完成時（1975 年頃）で 800 Mbit/s×28＝22.4 Gbit/s（使用周波数 43〜87 GHz）である．DC-400 M 方式の 6.2 倍になる．

　雨による減衰を避けるため，内径 51 mm 円形導波管に電磁波を閉じ込めて伝送するのであるが，導波管の製造，接続，布設いずれに対しても要求条件が厳しく，低損失な光ファイバの出現によって，ミリ波伝送方式は過渡的な役割を果すだけで舞台を降りることとなった．しかし，光ファイバ伝送方式の研究促進に，伝送理論，超高速伝送技術，超高速デバイスなどが大いに役立ったことを忘れてはならない．基礎からきちんと詰めるという研究の姿勢が，"お手本のない"時代へ向けて，多くの創意あふれる活動的な研究者を育てたことは特筆されてよい[1]．

　さて，銅からガラスへの伝送媒体の大変革として，光ファイバ伝送方式の研究開発にしのぎを削っていた頃から早 30 年になる．いまでは光伝送は当たり前の技術である．

　図 4.1 に光伝送方式の研究実用化の経緯を示す[1]．1990 年代以降は技術の高度化，多分岐化，細

4.1 光ファイバ通信の発展

- 1960　ルビーレーザの発振 (ヒューズ社)

  半導体レーザの発振 (GE, IBM, MIT)

  低損失光ファイバの提案 (STL)

- 1970　20 dB/km 光ファイバ (コーニング社)
  　　　半導体レーザ室温連続発振 (ベル研究所)

  光伝送方式の実用化研究開始
  所内伝送実験

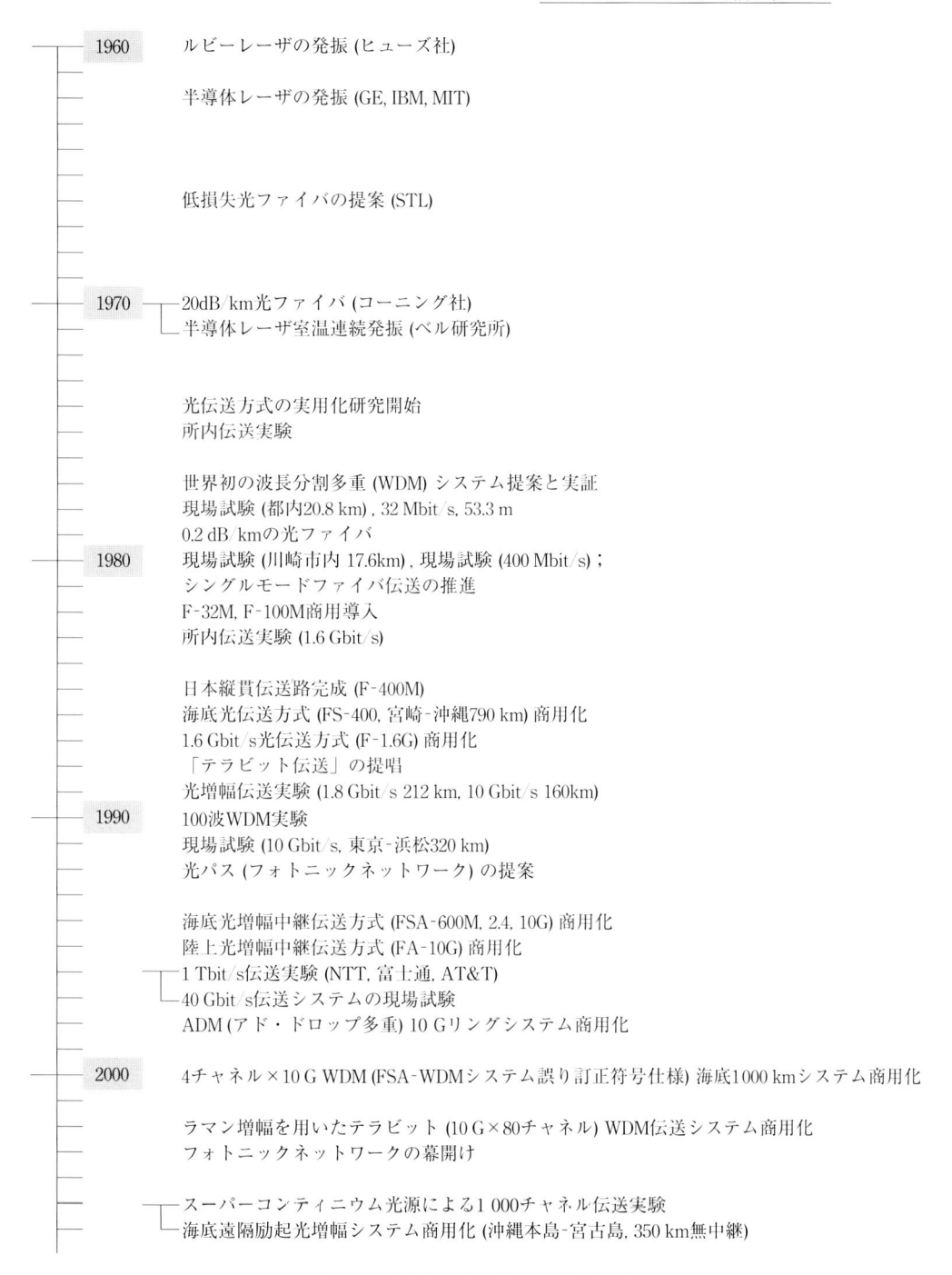

  世界初の波長分割多重 (WDM) システム提案と実証
  現場試験 (都内 20.8 km), 32 Mbit/s, 53.3 m
  0.2 dB/km の光ファイバ
- 1980　現場試験 (川崎市内 17.6 km), 現場試験 (400 Mbit/s)；
  シングルモードファイバ伝送の推進
  F-32M, F-100M 商用導入
  所内伝送実験 (1.6 Gbit/s)

  日本縦貫伝送路完成 (F-400M)
  海底光伝送方式 (FS-400, 宮崎-沖縄 790 km) 商用化
  1.6 Gbit/s 光伝送方式 (F-1.6G) 商用化
  「テラビット伝送」の提唱
  光増幅伝送実験 (1.8 Gbit/s 212 km, 10 Gbit/s 160km)
- 1990　100 波 WDM 実験
  現場試験 (10 Gbit/s, 東京-浜松 320 km)
  光パス (フォトニックネットワーク) の提案

  海底光増幅中継伝送方式 (FSA-600M, 2.4, 10G) 商用化
  陸上光増幅中継伝送方式 (FA-10G) 商用化
  1 Tbit/s 伝送実験 (NTT, 富士通, AT&T)
  40 Gbit/s 伝送システムの現場試験
  ADM (アド・ドロップ多重) 10 G リングシステム商用化
- 2000　4 チャネル×10 G WDM (FSA-WDM システム誤り訂正符号仕様) 海底 1000 km システム商用化

  ラマン増幅を用いたテラビット (10 G×80 チャネル) WDM 伝送システム商用化
  フォトニックネットワークの幕開け

  スーパーコンティニウム光源による 1 000 チャネル伝送実験
  海底遠隔励起光増幅システム商用化 (沖縄本島-宮古島, 350 km 無中継)

図 4.1　光伝送方式の研究実用化の経緯

分化があり，更に研究実用化の速度も加速されたので，年表は複雑に混み入ってくる．図は，1970年まではよく知られた世界的なエポックを示し，それ以降は伝送システムという観点から，筆者なりにまとめたもので，光ファイバ，半導体レーザ，光部品など各要素技術の観点から見れば違った

形になるであろう．

　光伝送方式が画期的な理由は，何といっても大容量・長中継間隔で伝送コストが安いという点である．同軸ケーブルを用いる DC-400 M 方式に比べると，伝送コストは2桁も3桁も，最近ではそれ以上に経済化が達成されている．市外通話料が安くなったこと，また通信料が従量制ではなく定額制にできるようになったのは，その恩恵による．

　インターネットがうまく機能しているのも，伝送システムの大容量化，伝送品質の向上が縁の下の力持ちになっている．最近は，データ伝送のみならず，IP電話（VoIP；Voice over IP）などリアルタイムサービスも可能になってきた．

　ネットワークの幹線系への光伝送システムの導入は，銅ケーブル方式から光ケーブル方式への"置換え"である．これに対し，加入者系への導入は，光ファイバにのせるサービスが関係し，電話のみなら銅のペアケーブルで十分である．映像などもっと広帯域な情報サービスが要求される時代に光ファイバの出番がやってくる．

　つまり，新サービスに付加価値ありということで，それに見合う通信料が受け入れられるようになれば，コスト面で引き合い，導入は容易となる．これは，"置換え"ではなく，"新サービスとの歩調合せ"である．"新サービス開拓"といってもよい．

　伝送技術の観点から光伝送システムの研究実用化の経緯を整理すると**表4.1**のようになる．「高速化」を目指して研究を進めていくと，何度も壁にぶつかる．その都度，隘路となる現象を評価分

表4.1　光伝送システムの研究実用化の経緯

ビットレート	光ファイバ	波長〔μm〕	中継間隔〔km〕	発光素子／変調器	受光素子	光回路	電子回路
32 Mbit/s 100 Mbit/s	GI	0.85	15	GaAl/As (FP-LD)	Si-APD	アイソレータ	Si
400 Mbit/s	広帯域化 ↓ SM (1.3μm零分散)	1.3	40	InGaAsP (FP-LD)	Ge-APD	――	Si
1.6 Gbit/s (2.4)	群速度分散 ↓ DSF (1.55μm零分散)	低損失化 ↓ 1.55	80	モード分配雑音 ↓ InGaAsP (DFB-LD)	InGaAs-APD	――	Si
10 Gbit/s	同上	同上	同上 (3R中継間隔；320 km)	チャープ現象 ↓ 電界吸収形光変調器／LN変調器	EDF増幅器＋PIN-PD (InGaAs)	インラインアイソレータ 分散補償器	GaAsFET Siバイポーラ HBT
40 Gbit/s	高次分散 偏波分散	――		電界吸収形光変調器／LN変調器＋帯域圧縮変調符号	EDF増幅器＋UTC-PD (InP/InGaAs)＋O/E IC	分散スロープ補償器 偏波分散補償器	InP HEMT
2.4/10/40G DWDM	4光波混合 XPM ↓ (NZ-DSF)	1.45 ～1.65	同上 (3R中継間隔；320 km)	多波長発振レーザ光周波数安定化	広帯域増幅器＋PIN-PD (InGaAs)	各種光フィルタ (PLC-AWG，FBGなど) 利得等化(サーキュレータ＋FBGなど)	――

析し，光ファイバや光デバイスに対する特性要求条件を明確にし，技術開拓を促した．

その成果をシステムに活用し，更に高速化へと歩を進めた（どのような壁があったかについては，4.1.2項で述べる）．

基幹伝送システムの究極の目的は，「大容量化と伝送コストの経済化」であり，そのための技術の四大柱が，超高速化，中継間隔の増大，波長多重（WDM），光ケーブルの多心化である．もちろん技術の可能性の追求だけでは経済化は達成されない．並行して端局装置，中継器，波長多重回路，光ファイバ，ケーブル化の経済化追求が必要である．更に，布設，実装，保守，運用，監視制御にも目を配らなければならない．システム全体の信頼度確保，伝送品質の向上はもちろん基本事項である．

以上が伝送システムとしての「線の高度化」とすれば，これからはネットワークとしての「面の展開」がますます重要になってくる．伝送路の多ルート化，ネットワークのトポロジ，光クロスコネクト，光ルータ，更に全光化について，実施あるいは検討が進行中である[2]．

さて，ここで光加入者システムについてもう少し述べると，筆者らは新サービスの出現をただ待つのではなく，光加入者システムのコストをどこまで下げられるかを検討した．例えば，システム構成として PDS（passive double star）を採用することにより，創設費をペアケーブルの場合の2倍弱にまで下げ得る見通しを持った．1990年頃のことである．PDSは，のちに PON（passive optical network）と呼ばれるようになった．

当時，筆者はこれはコストを説明するための一過程であって，技術的には single star が本命であると考えていたので，それを念頭に置いた上で PDS の実用化に踏み切った．

光加入者システムに少々こだわったのは，インフラストラクチャ，ユニバーサルサービスの立場から筆者なりの導入戦略の考えがあったのだが，大きな組織では"置換え"は理解されやすいが，リスクや先行投資を伴う"新サービス開拓"は小田原評定になり，うまくいかないものだなぁといったことを思い出したからである．早すぎたのかもしれないが，せっかく技術で先行していながら，サービス戦略で後手にまわるのは，宝の持ち腐れである．

4.1.2　技術開発の流れとエポックメーキング

1970年，コーニング社（Corning GlassWorks）による減衰量 20 dB/km の石英系光ファイバの発表は画期的で，正に光ファイバ元年である．カオ（Charles K. Kao）の先見の明（1966年発表）と試作をうながす具体的な行動がこれを生み出すきっかけとなったのであるが，その経緯は文献3)にカオ自身によって記述されている．

コーニング社の研究者がガラス工業の"るつぼ"から脱し，半導体工業の"気相成長"に着目したのは慧眼である．

現在，光ファイバの三大製造法は，先達のコーニング社の OVD（outside vapor-phase deposition），それに続くベル研究所の MCVD（modified chemical vapor deposition），更に日本の VAD（vapor-phase axial deposition）である．

材料としての大きなテーマは，光ファイバの抵損失化，つまり石英（ドーパントを含めて）の高純度化であった．これは材料屋さんの範疇であるが，システム屋の立場では，伝送路としての特性の解明，それに基づく伝送路の設計が肝要で，着目点は光ファイバの寸法や屈折率分布，伝送特性の定義と測定法などである．つまり，もち屋はもち屋でそれぞれ異なる視点に立って攻めることになるが，こういったことは大切で，思わぬ相乗効果を生むこともある．

一つの例を示そう．スプライシング（永久接続）や光コネクタ（着脱可能）の研究の出発点として当然のことながら，ファイバの外径がばらばらだと接続そのものができない．光が通るコアの直径，偏心度，真円率についても同様である．つまり，形状，寸法，寸法精度の規定が必要で，しかもそれらの標準化を急ぐ必要がある．

外径制御には，光ファイバの線引き（drawing）装置に，HeNeレーザを使った外径測定装置を設置し，その出力を線引き速度にフィードバックさせるという方法がとられていた．

筆者らの要求する±1μmといった，当時としては厳しい値を追求するうちに，コアとクラッドの境界面の微細な凹凸による損失分（構造不完全損失と呼ぶ）が減少し，これと材料の不純物除去（特にOH基）による低損失化が相まって，0.57 dB/km（波長1.2μm）という世界記録が生まれた[4]（1976年）．1970年以来光ファイバ製造技術に関して日本が後じんを拝してきたのだが，低損失化の面では追いつき追い越したのである．

構造不完全損失は約0.4 dB/kmで，正に霧が晴れるように石英ガラスの透明度が良くなった．

ここで協調しておきたいことは，光伝送システムの実現性を確認するため，早期に所内伝送実験（図4.1の1976年）を企画実施したことである．

ろくに部品もそろっていない段階で伝送実験を行うのは無謀であるとか，失敗したら支持者が減ってそのあと研究がやりにくくなるとか，などにより反対が多かった．

お手本のない，新しい研究テーマに挑戦しようとする場合は，適切な目標を設定して，この種の試みを思い切って行った方が，どこに問題があるかが早く分かり，研究を促進するのに役立つ．当時"問題点の抽出"という用語を使った．

目標の設定が大切で，バーが高すぎればどんなにジャンプしても手が届かない．低すぎては挑戦にならない．技術は日々進歩するので，実施時期の設定も重要なファクタである．

筆者は，GI形（graded index）マルチモードファイバは，屈折率分布制御技術が未熟な段階にあると判断し，原点に戻って，あえてステップ形を選び，低損失化と形状・寸法精度（上述）に的を絞り，仕様を決定した．

オーケストラを創設しようとする場合，必要な構成部品が楽器の種類，各部品の特性がバイオリンやチェロ奏者の技倆に相当し，システム実験の時期や仕様目標値が，演奏会の日時や曲目の選定に当たると考えれば妥当であろうか．

さて，上述した低損失化技術の優位性を駆使して，1978年に伊藤武（現千葉工業大学教授）らが，波長1.27μmで，32 Mbit/sの53.3 km無中継伝送に成功した[5]．この実証は，マイクロ波の中継間隔50 kmを超えたということで世界的に注目された．光伝送の潜在能力を検証した一大エポックメーキングである．使用した光ファイバはGI形マルチモードファイバであった．

筆者がこの実験を企画したとき，ある人は中継器利得は実験データが既にあるので，あとは何本かの光ファイバの損失の総和をとれば何十kmとぶというのは計算できる，つまり実験するまでもない，といった．筆者は何事も実証が大切で，実証すなわち説得力だと反論し，実行に移した．

ここで，システム側からみて大きな貢献を上げると次のようになる．

① シングルモードファイバ伝送方式の最初の実用化
② 1.5μm帯の早期実用化
③ 超高速技術の開拓（光半導体，電子回路）
④ 光増幅器の高性能の実証と応用の提案
⑤ 波長多重技術の応用の示唆と実証
⑥ Tbit/sレベルへの挑戦

4.1 光ファイバ通信の発展

　図4.1に示したように，電電公社（日本電信電話公社，現NTT）において1985年2月8日に旭川-鹿児島間ルート長3 400 kmの日本縦貫伝送路が完成した[6]．これには，波長1.3 μm，400 Mbit/sのシングルモードファイバ伝送システムが使われた．この時期に，延べ5万kmのシングルモードファイバを使って，大規模な商用システムを完成させたことは，通信インフラストラクチャを担う電電公社の責任感と意気込みによるもので，誇るべき大プロジェクトであった．この成功により，世界各国においてネットワークの幹線系（バックボーン）にシングルモード光伝送方式が何のためらいもなく導入されるようになった．1985年はシングルモード光伝送方式の本格導入の元年である．

　民営化，規制緩和の良い面は周知のとおりであるが，反面この種の国家的大プロジェクトという面では，計画が小振りになってきたように思う．くしくも，1985年は民営化の年（4月1日）で，移り変りの年である．

　日本縦貫伝送路の完成のほんの7，8年前に"その実用化への挑戦にあたっては大きな壁があって，無謀な挑戦とも見られていた"のである．このあたりの状況を説明しようと試みたが，時間の経過とは面白いもので，当事者であっても当時の雰囲気を再現するのに結構呻吟した．そのようなわけで熱気のあったころの文章を以下に引用する[7]．

　　この年（1975年）に研究計画を立てたのであるが，伝送媒体としての特徴を整理し，マルチモードファイバとシングルモードファイバの役割を技術の困難性と適用領域からみると，前者を片づけてから後者にとりかかるというシリーズのやり方よりは，両者パラレルに取り組み，できるだけ早く自家薬籠中の物にして，両者を適用領域によって使い分ける，という考えの方がよいと思った．つまり困難性の度合を悲観的にとるか楽観的にとるかで，とても手に届かないとみるか，何とかなると思うかの違いである．媒体としてはシングルモードファイバの方が単純で，広帯域で，断然スマートである．

　　その後，低損失のシングルモードファイバができるようになり，接続の方法も融着接続器のファイバ心合わせ微調整機構の目途がたち，光コネクタは高精度セラミックフェルールの開発に成功した．縦モード制御つきの高速半導体レーザの製作も軌道にのり，これとシングルモードファイバを結合する部分についても二つのレンズを使う実用的な結合機構を考案し，しかも温度特性向上のため支持体を回転対象にしてその中心軸上に半導体レーザ，レンズ，ファイバを配置する方法を考え，一体構造モジュール化を達成した．

　　このように要素技術を固めていくとともに，1978年に所内伝送実験を行い，1980〜1982年に武蔵野通研-厚木通研間76 kmで現場試験を行った．そして，全国縦貫伝送システムの構想にシングルモードファイバ伝送システムが間に合った．技術開発を一つの流れとしてとらえ，思想を貫くこと（技術先導）がいかに大切であるか．外国では，シングルモードはまだ大分先であろうと，実用化着手をこまねいていたのが実情ではないかと思う．

以上が引用である．

　シングルモードシステムの実用化に際し，いくつものブレークスルーがあるが，上記引用文にもあるが，何といっても光コネクタ，及び半導体レーザと光ファイバの結合部（LDモジュール）である．それぞれ故鈴木信雄（元オプトウェーブ研究所），猿渡正俊（現防衛大学教授）両氏の個人的発想と努力の賜物である．筆者は，実現に向けての創意工夫の記録を残すようO plus E編集長に特別のはからいをお願いした[8],[9]．なお，光になじみのない方のために付記しておくと，シングルモードファイバのコア径（光が通る主要部分）は約10 μm，マルチモードのそれは50 μm（62.5

μm のもある）である．光ファイバの外径は 125 μm である．

　VAD の研究者は，広帯域な GI 形マルチモードファイバを作製可能と固執していたが，筆者は VAD は GI 形に向かないと判断した．高度の屈折率分布制御には名人芸が必要で，500 MHz（1 km 当り）を超える広帯域なものは歩留りが悪く経済化が難しいとみた．シングルモードファイバにこそ向いている．シングルモード伝送システムの実用化を急いだことは，VAD 活用の方向とも合っていた．

　1.5 μm 帯については，1979 年に電電公社が波長 1.55 μm で 0.2 dB/km の低損失記録を出した．商用化も一番乗りしておこうと企画し，1988 年松山-大分間 120 km に無中継の海底伝送システム化（F-400 M）を導入した．

　光伝送システムの超高速化は光技術研究の本流であって，1.6 Gbit/s，2.4 Gbit/s，10 Gbit/s と進んできている．F-10 G 方式の実用化は超高速デバイスの開発もあって，技術史上やはり一つのエポックである．

　ここで，表 4.1 に戻り，高速化の技術の流れを概説する．

　光伝送システムの最初の実用化は，局間無中継伝送用として，100 Mbit/s，30 Mbit/s といった中小容量を目標に選んだ．使用波長は，発光素子の長寿命化に目途がついてきた 0.85 μm 帯である．

　高速化の次の段階としては，100 Mbit/s×4＝400 Mbit/s を目標にした．波長は低損失の波長帯（1.3 μm 帯）を使用することにした．光ファイバは 1.3 μm で零分散になるように設計されたシングルモードファイバを用いた．

　光ファイバの損失が最小となる 1.55 μm 帯を活用しようとすると，ファブリ・ペロー（Fabry-Perot）共振器形の半導体レーザでは，複数の波長で発振が可能で，これと光ファイバの分散に起因するモード分配雑音が問題となった．

　そこで，システム側としては，単一波長で発振する分布帰還形（distributed feed back，DFB）半導体レーザの開発を要望した．

　更に，より高速化（例えば 1.6 Gbit/s）を目指すとなると，群速度分散によるパルス波形広がりが問題となるので，1.55 μm 帯で零分散となるように設計した分散シフトファイバ（dispersion shift fiber，DSF）の実用化を課題に掲げた．

　1.6 Gbit/s の次は，電子回路の高速化も大きな課題であったので，とりあえず 5 Gbit/s を目標にして，システム開発をもくろんだ．

　ディジタルハイアラーキの国際標準化が整理されてきて，また光，電気ともに超高速技術に進歩があったので，結果的には 10 Gbit/s が次の目標となった．このくらいの高速になると，半導体レーザそのものの動的な波長変動（チャープ現象）が伝送特性に影響するようになるので，半導体レーザを固定波長発振源とし，別に外部光変調器を使用することにした．

　このように，高速化とともに，新しいファイバやデバイスを開発し，技術の壁を突破してきた．最近では，40 Gbit/s 伝送も可能となったが，複雑な分散補償が必要になるなど，実用上の課題も生ずるので，大容量化に当っては波長多重技術の利用も考慮しながら，システム構成上の自由度のなかで総合的な技術判断をすればよいと思う．

　いずれにしても，より一層の高速化，多値変調など，技術の極限を追求する姿勢は大切である．技術はより高度なものを追求し，困難度を経験したうえで，実用化は少し戻ったところで達成すればよい，というのが筆者の考えである．計器の針が少し行きすぎて戻り，正しい目盛を示すといった具合である．

1989年の1.8 Gbit/s，212 km伝送は光増幅器の実用性を顕示し，世界規模の爆発的な光増幅器研究の導火線となった[10]．筆者が国際会議OAA（Optical Amplifiers and their Applications）の創設を提案したこともあって思い出深い．これらについては文献11)に詳述してあるので参照されたい．さらに，波長多重技術（wavelength division multiplexing，WDM），Tbit/s伝送については，それぞれ文献12），13)を参照されたい．

4.1.3　光加入者システムへの道

情報通信関係の話題は，この20年間でニューメディア，通信の自由化・規制緩和，マルチメディア，携帯電話，インターネット，IT革命，ブロードバンドと移り変わってきた．

最近は大形の薄形テレビ（PDP：plasma display panelと液晶）がよく売れるようになり，これがきっかけで普通のテレビ（national TV standard committee，NTSC）よりもハイビジョン（high definition television，HDTV）へと画像品質への要求が高まってきている．これに伴い，DVD（digital video disk）レコーダの売行きも伸びている．

一方，インターネットにおいても数Mbit/s以上の高速伝送，いわゆるブロードバンドの需要が増え，2005年6月末で加入者数はおよその数字だが，DSL（digital subscriber line）1 408万，CATV 306万，FTTH（fiber to the home）341万と推定されている．まだまだ増加の傾向にある．いずれ，FTTHが大きなシェアを占めるようになるであろう．（ブロードバンドという用語はアナログ的で適切とはいい難いが，一応これに従う）．

こういった状況を各種ネットワークとのからみで概念的に描いたのが図4.2である．ずっと以前は，電話は電話網，データはインターネット，放送は放送網とすみ分けが比較的はっきりしていた．これに移動通信網が加わった．図ではサービスと網の関係を太線で示した．

これらの四つのネットワークは相互に接続されており，これを幹線系，アクセス系に分けて，詳しく描くと非常に複雑な図になる．光ファイバが各網内に，また相互接続にも使われている．

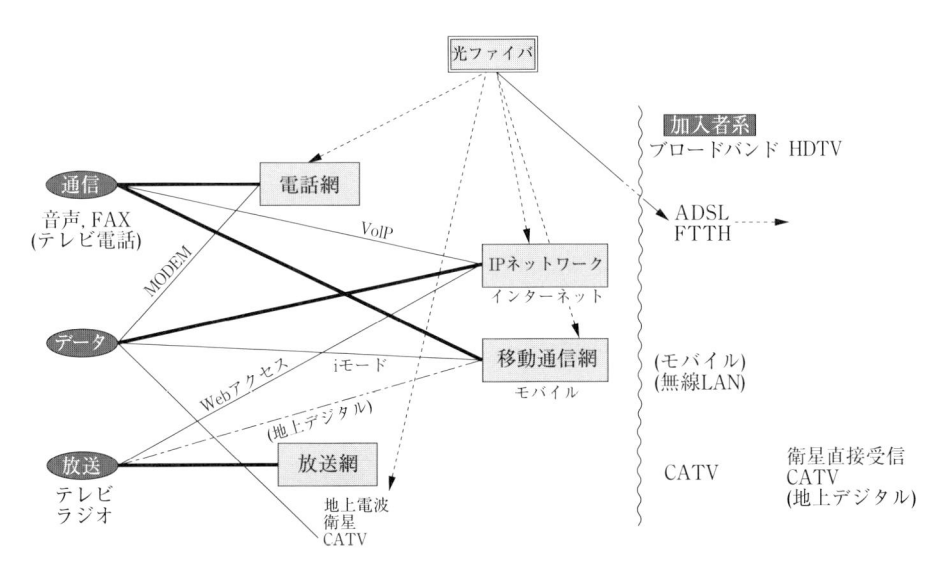

図4.2　情報通信・放送とネットワークの関係，及び加入者系サービスの動向

情報通信サービス面でも，iモードやIP電話が加わり，更にテレビまでもパソコンや携帯電話で見る時代となった．ますます複雑化の傾向にある．一方，セキュリティ，伝送品質，非常時災害時のトラヒック輻輳の問題が浮彫りにされてきているので，国家的な見地で早期に何らかの対策（別体系のネットワーク構築の検討も含めて）が必要だと思う．

このような状況を目のあたりにして，筆者としてはHDTVとFTTHがやっと表舞台に登場してきたなぁと，ある種の感慨がある．

光伝送の研究に携わったときに，HDTVと光ファイバの結びつきを直感し，NHK技術研究所の承諾を得て，当時かなり高価だった，まだ試作品の撮像カメラと受像機を購入した．光ファイバによるHDTV伝送実験を淺谷耕一（現工学院大学教授）に担当してもらった．淺谷らが，1980年に，波長$1.3\mu m$で17 kmの無中継伝送に成功した[14]．帯域30 MHzのアナログ伝送であったが，ハイビジョンの長距離伝送の嚆矢であった．すぐにHDTVの生みの親ともいうべき藤尾孝（NHK）に実験を見ていただいたのだが，藤尾は"これで鬼に金棒だ"といわれた．

4.1.4 おわりに

システムの視点から鳥瞰しながら，技術開発の過去を振り返り何らかの技術観とか教訓反省を整理しようと意気込んだが，執筆を進めるにつれて，その困難さを痛感した．何かの技術に的を絞らないと，短い文ではしょせん無理だったと反省している．

それでも，30年も前に真剣に考えたことが，川が上流から下流に流れるように，1本の流れが絶えることなく，何本かの支流も加わり，川幅も広がってこんにちに至っている．そのような雰囲気が少しでも伝えられたら，この上ない喜びである．

最後に古い図だが，図4.3は加入者といえどもシングルモードファイバを入れておいた方がよい，との判断に使ったものである．

例えば，局と加入者間の距離が7 kmある場合，100 Mbit/s伝送を行うには，約300 MHz（1 km当り）の帯域幅を必要とする．400 Mbit/s伝送ならば，1 GHzである．将来を考え数百Mbit/sあるいはそれ以上のニーズを想定すると，1 GHz以上の帯域幅が要求される．GI形マルチモードファイバでは，この要求値は厳しい．歩留りが悪くなり，高価なものになる．シングルモードでなければと思った根拠はここにある．

この図4.3は，文献15)の図6（ディジタル伝送の場合）を作成したころ，違った角度

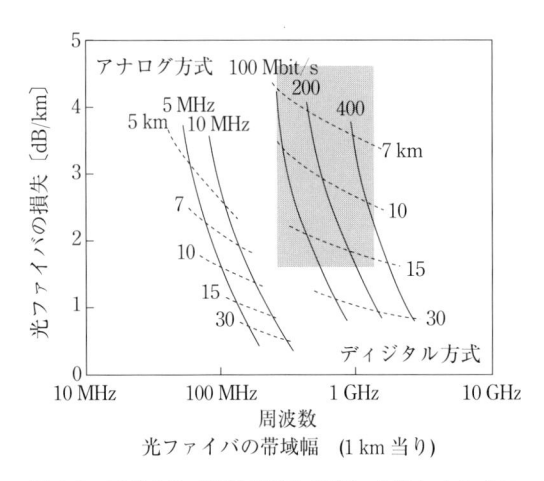

図4.3 要求条件（伝送容量と距離）を満たすために必要なGI形マルチモードファイバの特性

で整理し直したもので，1980年頃の作である．

文献16)のp.58に以下の文がある．

　　最後に，現在の加入者システムでは，技術進歩の経緯上簡便さ，経済性を理由に画像伝送にアナログ技術が主として使われているが，アナログ技術は光システムに馴染みが良くなく，適用に当たって個別設計が必要ですっきりしないという欠点がある．

これに対してディジタル技術は長中継間隔がとれ，大容量化にも柔軟に対処でき，高伝送品質で，かつ適用にあたって汎用性があるので，将来これが主流になることは間違いない．

(中略)

このような観点でみると，加入者系といえどもゆくゆくシングルモードファイバではないかと考える．

以上が引用文である．当時としては，思い切った発言ではなかったかと思う．それでもさすがに，「ではないかと考える」と結んだ．

これにはおまけがあって，1985年12月3日，光産業技術振興協会から，「光加入者系のディジタル化シングルモード化の唱導」で第1回櫻井健次郎氏記念賞を受賞した．筆者の尊敬する故櫻井さんの賞であるから，光栄この上なく，光協会の御配慮に衷心より感謝した．海のものとも山のものともわからない事柄に賞を出すのであるから，「唱導」なる言葉を思いついた知恵者（失礼！）がおられたのであろう．私はすぐに辞書を手にとった．もともと仏教用語で，「仏法をといて仏道に導くこと」だそうである．簡単に言えば「おとなえ」である．「理詰め」より「おとなえ」の方が研究者には響くことが多い．中味よりも人を見ているのだろうか．

光伝送システムの研究実用化は多くの研究者の創意工夫と努力によって達成されたものである．深く感謝する．本稿では，筆者が語り部の役を担ったにすぎない．研究者の寄与，文献の引用も紙数の都合もあって偏っている．筆者の至らぬ点は御容赦いただきたい．

なお，本稿は文献17)をもとにしている．

4.2 光ファイバ製造技術の研究開発，そして光回路へ

4.2.1 VAD法開発に至るまで

多モードファイバの最適屈折率分布の解析，イオン交換による多モードファイバの開発など日本で進められた光ファイバ関連研究は多岐にわたる．しかしながら，日本で光通信用ファイバの研究開発が本格的に始められたのは，1970年の秋にコーニング社が減衰量20 dB/kmの光ファイバ開発の成功を発表してからのことである．この発表によって光ファイバ低損失化の可能性が明らかにされ，通信関係技術者に強烈な影響を与えた．

筆者が大学院を終了してNTT研究所に入ったのは，その年の春であった．上司から指示された研究テーマとは別に光回路の研究を始め，少し経ってから光ファイバの研究も始めた．予備検討を進め実験に取り掛かろうとしていた頃，コーニング社の発表があり，目の前が真っ暗になったことを鮮明に覚えている．

気を取りなおして，追試をしてみることにした．発表された報告には製法に関する記述は一切なかったが，引用されていた特許などからおおよそのことが推定できた．筆者の推定は，コーニング社が1930年代に開発した低膨張ガラスをコアに，石英ガラスをクラッドにするというものであった．因みに，この低膨張ガラスは，酸化チタンを添加した合成石英ガラスで，天文台の大形反射望

遠鏡などに使われる材料である．

　材料の調達，ガラスの合成実験，廃物を利用した線引き装置の製作など準備に幾分時間を要したが，何とか光ファイバを完成させた．ところが，光を通してみると出口側にはほとんど出てこない．長さをどんどん短くしていくと，確かにコアに光が伝わってきているのが観測された．損失は 20 dB/km ではなくて 20 dB/m ぐらいでとても通信に使えるものではなかった．

　何か勘違いをしたかとガラスハンドブックを調べると，酸化チタンに酸素欠陥があると紫色に発色するが，酸素雰囲気中で熱処理すると無色透明になると書いてある．早速，直径 30 cm 程度の石英ドラムを用意して，線引きした光ファイバを巻き取って電気炉に入れてみた．一昼夜高温で熱処理したのちに測定してみると，発表どおりの 20 dB/km のファイバに変身していた．

　良いことばかりではなかった．熱処理したファイバは脆く折れやすかった．特に，皮脂などで汚染された石英ガラスを過熱すると，表面が結晶化して脆くなるのである．この実験を通じてコーニング社が開発した光ファイバは実用に耐えるものではなく，更なる研究開発が必要であることを確信し，自信を持って新しい開発に着手した．

　因みに，2001 年に開催された IEEE の技術史研究会でコーニング社における開発当初の史実についての講演があり，筆者の推定が正しかったことを知った．コーニング社の実験は，通信用光ファイバの開発という点では失敗だったが，合成石英ガラスで作られた光ファイバの可能性を示した点で高く評価される業績である．

4.2.2　材料探索

　実用に耐える強度と低損失性を備えた光ファイバ材料として最適なものは何かということが課題となったわけである．ベースになる材料としてどのような物質がよいか，屈折率を制御する添加物として何がよいかなど，さまざまな問題を総合的に解決できる材料を探索する必要があった．

　可視から赤外波長領域にわたって透明な物質ほとんどすべてを考察してみた．ガラス，プラスチック，結晶材料などである．プラスチックは，分子振動による赤外吸収が大きく低損失化が困難であった．結晶材料は，ガラスに比べて散乱損失が少なく理想的な材料であるが，形状制御が困難で製造速度が遅くなるという欠点があり不適当であった．ガラスも酸化物ガラスだけでなくカルコゲナイドガラスなども検討した．

　酸化物ガラスは，プラスチックに比べれば分子振動吸収が小さく，可視光から近赤外線領域で低損失であり形状制御も容易である．発色性の不純物を除去できれば，透明度の高い材料になることは，種々の実験からも推定できた．酸化物ガラスのなかでも，高純度化が容易で安価な四塩化シリコンを原料とする合成石英ガラス（シリカガラス）が基本となるガラスとして最適であることは，コーニングの追試を通じて分かっていた．当時は，軟化温度が低い多成分系形ガラスのほうが製造コストも低く有利だという意見も多かったが，筆者は材料の純化が困難でとても採算にあわないと考えてためらいもなく合成石英ガラスを選ぶことにした．

　屈折率を制御するための添加物を決めることも大きな課題であった．シリカガラスに添加して発色することなく屈折率を変えられる材料はたいへん限られている．周期律表を見ながらその酸化物の性質を検討してみると，多くの酸化物はガラス中で発色性を持っている．発色性のない酸化物も多くは，大量に混入しなければ屈折率が変わらない材料，大量に混入すると結晶化して散乱損失が増大してしまう材料などであった．可能性のある酸化物は，周期律表でシリコンの近傍にあるほう素，アルミニウム，ガリウム，インジウム，ゲルマニウム，りん，ひ素などの酸化物に限られるこ

とが分かった．なかでも少量の添加で屈折率を1％程度変えられる酸化ゲルマニウムは，最適な添加剤であると考えた．当時このような発表はなかったが，筆者が気づく3か月ほど前に特許出願がなされていたことが相当あとになって判明した．

早速，酸化ゲルマニウムを添加した合成石英を作ろうと実験を開始した．酸化チタンを添加したガラスの合成と同じ手法でやってみたが，出来上がったガラスの中に酸化ゲルマニウムは全く入っていなかった．何度やっても結果は同じであった．よくよく考えてみると高温の火炎中で酸化ゲルマニウムの蒸気圧は酸化シリコンの蒸気圧より高く，蒸発してしまうことに気がついた．

4.2.3　VAD法の開発

1974年の秋にベル研究所からMCVD法と呼ばれている製法が発表された．石英管をガラス旋盤にセットし，管の中にガラスの原料になる四塩化シリコン，四塩化ゲルマニウム，酸素を流しながら，石英管の外側を酸水素炎で加熱する方法で，加熱部の内側で化学反応が起こり，加熱部近傍に薄いガラス膜を堆積させる方法である．加熱部を軸方向に移動させると内面に一様なガラス膜が形成される．このような操作を100回程度繰り返すことにより石英管の内側に1μm程度の合成石英ガラスが積層される．初めの90層程度は四塩化シリコンのみでガラス膜を形成し，最後の10層程度は四塩化ゲルマニウムを添加することによりコアとなるガラス層を形成する．最後に石英管を2000℃以上の高温で加熱すると軟化して表面張力により収縮し中心の孔は消滅してしまう．そして合成したガラス膜は棒の中心部に同軸状に形成される．

MCVD法は，蒸気圧の高い酸化ゲルマニウムを含むガラスを効率良く作る方法としてたいへん優れている．また，製法が簡単なため市販のガラス旋盤があればだれでも作れる．あえて欠点を上げれば，大きな母材を作ることが困難であることと，コア中心部の酸化ゲルマニウムが母材製造工程で一部蒸発するためコアの中心部に屈折率のへこみができてしまうことぐらいである．

NTT研究所では，MCVD法で光ファイバを作り通信に使うための問題点の探索・改良を進めるグループと，新しい日本独自の製法を開発するグループをつくることになり，筆者は後者を担当することになった．

4.2.4　VAD法の概念

独自の製法を開発するに当たって，高性能で量産が容易な製法という目標を立てた．当時の技術ではMCVD法でできる母材から数kmの光ファイバしか作れなかったからである．同僚と種々の議論をして基本的な概念はできあがったが，多くの人は笑って概念は良いがとても実現できないといっていた．笑わなかった2人と議論を深め特許原稿を書き上げた．

光ファイバ母材は，二つの工程で作る．最初にガラス原料を低温の酸水素炎で反応させガラスの微粒子を作り，これを出発材の先端に堆積させ白墨のような多孔質母材を作る工程である．これを高温の炉で加熱して透明化するものである（図4.4）．

多孔質母材を作るとき，出発材を回転させ，中心部には酸化ゲルマニウムを含むガラスを堆積させ外周部には酸化シリコンのみのガラスを堆積させる．この多孔質母材を加熱するとガラス微粒子は軟化して接着し，表面張力によって気体を押し出しながら透明な塊になっていくというシナリオであった．多孔質母材を加熱したときに酸化ゲルマニウムは蒸発するが，外周部は酸化シリコンで覆われているため蒸発量を押さえることができると考えた．

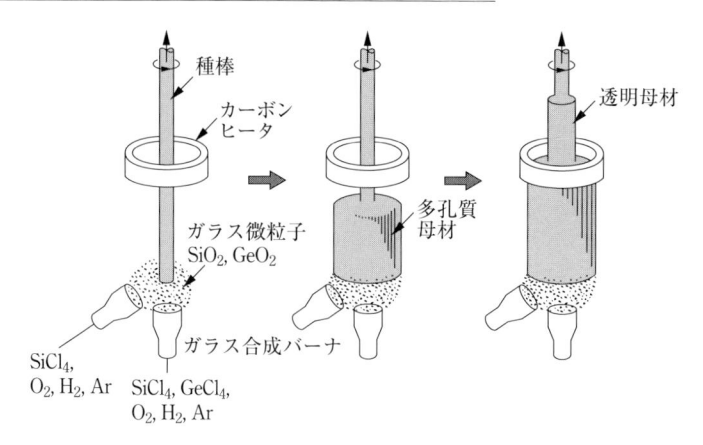

98   4. 光技術——より大量の情報を扱うために——

図4.4 VAD法の概念図

4.2.5 多孔質母材の製造

　最初に直面した問題は，ガラス微粒子を合成する酸水素バーナの構造であった．酸水素バーナの中に原料ガスを吹き込むと，水蒸気と反応してガラス微粒子が合成される．しかしながら，合成されたガラス微粒子がノズルの先端にも付着して成長していくために火炎が安定しない．バーナを何本も試作して原料ガスを不活性ガスで囲み，ノズル付近で反応が起こらないように工夫するなど試行錯誤を重ねた．

　多孔質母材は，最初上から下へ引き下げる方法を取っていた．逆に上方に引き上げるのと大きな違いはないように思えるが，引き上げると出発材に堆積せずに排出されるガラス微粒子が，出来上がった多孔質母材表面にに付着してしまい，形状が一定に保てない．逆に引き下げる方法だと余分の微粒子は加熱されたガスによって上方に運ばれる際に付着することはない．しかしながら，多孔質母材が長くなってくると先端部の中心が回転軸からずれ，不安定になってしまうなどの欠点もあった．大量生産を目的に開発していたので安定した製法でなければならない．当面の問題は何とか解決できるだろうと思い，あえて困難な引上げ法の改良に取りかかった（図4.5，図4.6）．

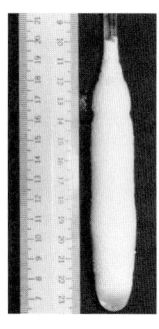

図4.5 寸法が制御されていない多孔質母材

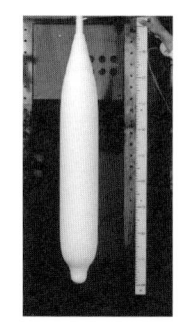

図4.6 寸法が制御された多孔質母材

　実験に使用した装置はすべて研究所内で開発したものであった．最初は，所内にあった結晶引上げ装置を活用して予備実験を行っていたが，本格的な実験を進めるためには装置の開発から手がけなければならなかった．大きなものでは1m以上の多孔質母材を引き上げるための引上げ装置から原料ガス供給装置，廃棄ガス処理装置，透明化に使用する電気炉，反応チャンバ，トーチなど実験装置はほとんどすべて自ら開発・改良したものであった．

4.2 光ファイバ製造技術の研究開発，そして光回路へ　　99

当然研究費の欠乏も大きな問題であった．一計を案じて光ファイバ母材の模型を作った．1億円の研究費をくれたらこんな光ファイバ母材を作って見せますと研究予算担当の責任者に掛け合いに行った．この模型は，直径10 mm程度の母材しか作れなかった時代に直径33 mmあった．10倍の長さの光ファイバが作れる太さである．この作戦は見事に成功した．この一件以来必要な研究費は継続的に出してもらえるようになった．

反応容器の構造，廃棄ガス処理装置の流量制御，多孔質母材の成長速度制御など多くの工夫を重ねることによって，形状が安定し，かつ原料利用効率が高い多孔質母材製法がとりあえず完成した（図4.7）．

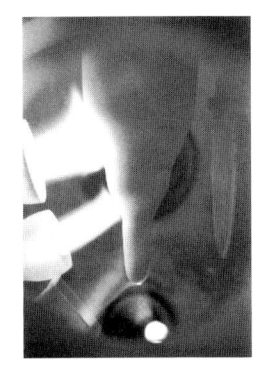

図4.7　多孔質母材の製造

4.2.6　透　明　化

多孔質母材を自作の電気炉に入れて透明化を試みたが，透明になるのは周囲だけで，中心部に気泡が残ってしまい，とても光ファイバ母材にはならなかった．当初描いたシナリオによれば，多孔質母材を高温領域の狭い炉に入れて，加熱領域を徐々に移動させれば気泡は抜けていくはずであった．多硬質ガラスの密度を変えたり，電気炉のヒータ構造を変えたり思いつくことは何でもやったがほとんど効果はなかった．この工程の解決には多くの日時を要し，試作した試料は200本近くになった．

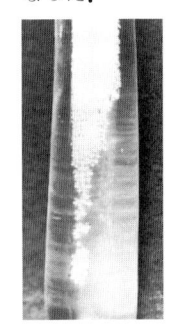

失敗を繰り返して半年経った頃，上司からそろそろ実験を中止しろという話も出てきてたいへんあせっていた．そんなある日，原理的には理想的であるが，あまりにも費用がかかりそうなのでやらなかった実験を実行してみることにした．それは電気炉の中に熱伝導の良いヘリウムを少量流すことであった．それは驚異的な効果であった．気泡は完全に消え透明な母材が再現性良くできるようになった．ごく少量のガスでも効果があることもわかってきた．早速光ファイバにしてみると最初から特性の良い光ファイバが出来上がった（図4.8）．

一度出来上がると，その後は大きな問題もなく，材料の収率の向上，母材の大形化，屈折率分布の精密制御，OH基の除去などの課題を一つずつ解決すればよかった．この製法は当初，気相ベルヌーイ法と名づけたが，外国人の名前をつけるとは何事かとしかられ，**VAD**（vapor phase axial deposition）**法**と改名した．

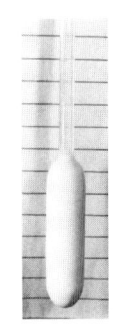

（a）気泡が残留　　（b）完全に透明化（上半分）

図4.8　透明母材の例

4.2.7　光　回　路

VAD法の基本技術が確立してしばらくすると，上司から異動の命令を受けた．光ファイバ以外の新しい技術の開発をせよとのことである．したがって，筆者はVAD法を産み出すことはやったが，一人前の産業技術として育て上げる場に参画することは許されなかった．

なんと勝手な命令だとしばらくはふてくされて何もせずにいたが，近くの研究室で素晴らしい

LSI加工技術が開発されたという話を聞きつけて光回路の着想を得た．入社当時始めた光回路は，ガラス中のアルカリイオンを電界中で移動させる方法で高屈折率部を形成するものであった．マスクを使って局所的にイオンを拡散させるため，精密な構造制御が困難で単一モードの導波路を作ることは容易ではなかった．単一モードの導波路はできても，機能性を加えるための更に微細な構造制御が難しかった．

新しい加工技術を使うと数μmの酸化膜を垂直な壁面を残して加工できるという．LSI技術に使われる酸化膜は1μm以下の薄い膜である．この薄膜を精密に加工する手段として開発されたものを8μm程度の厚膜加工に使おうとしたのである．厚い酸化膜はVAD法で開発した手法を改良して作ることにした．

光回路開発の経緯について詳述する紙面がないので結果だけを記すことにする．この開発は，発想は良かったが，またしても十分な時間がもらえず開発グループから異動することになってしまった．その後，多くの人の熱意に支えられて技術は完成され，長距離幹線網や海底ケーブル網，最近ではFTTHにもこの技術が広く使われている．

問題1 通信用光ファイバを製造する上で原料の不純物除去が大きな問題の一つであるが，そのような観点から，通信用光ファイバには窓ガラスのような多成分系ガラスでなく，石英系のガラスが使われる理由を述べよ．

問題2 現在の通信用光ファイバの損失を超える低損失光ファイバ実現の可能性について述べよ．

4.3 半導体レーザ ―面発光レーザによる変革―

4.3.1 はじめに――半導体レーザの壁

半導体レーザは，1962年に米国の四つのグループで作られて以来，光ファイバ通信や光ディスクなど情報基盤におけるキーデバイスとして，ますます重要性を増している．1976年頃になって光ファイバの伝送損失が1μmよりも長い波長で，しだいに小さくなるだろうということがいわれだしたが，長波長帯には半導体レーザがない．何とかしようということで，GaInAsP系[†]レーザの研究を始めた．恩師の末松安晴東京工業大学教授，国際電電研究所の人たちと材料の物性を調べた結果，可能性がありそうだという見通しを得たのだった．筆者の研究室では液相成長炉を縦形に作り変えた．ともかく波長1.3μmで何とか動作し，室温で連続動作もするというデータも出はじめて意気が上がった時期であった．

それから結晶成長とデバイスの研究をやりながら，それまでのレーザに不満を感じていた．それはなぜかというと，ほとんどのレーザがクリーブといって結晶をへき開して作るので，これでは大量に同じものをつくるわけにはいかない．モノリシックに製作できるレーザとしては，分布帰還形(DFB)レーザとエッチングレーザがある．この二つを研究し始めたのだが，自分で考え出したものでないのでしっくりこない．しかし，新しい形式が欲しかった．何かいい方法がないかと四六時

[†] Ga：ガリウム，In：インジウム，As：ひ素，P：りん

中考えていたわけだ．

4.3.2　アイデアのひらめき

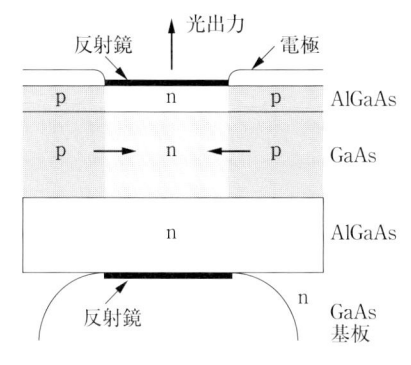

図 4.9　面発光レーザのアイデア

考えに考えた挙げ句，真夜中の夢うつつの中で思いついたのが図 4.9 のような面発光レーザである．当時，夜寝るときには研究ノートをいつも枕元に置いておいたので，すぐにノートに書き留めた[1]．そういえば，考えに夢中になるとなかなか寝られず，うつらうつらの状態が良いアイデアを生み出すようだ．そのアイデアを早速実現しようと，GaInAsP の材料を使って面発光レーザを作ろうと思い立ったわけである[2]．GaInAsP の材料を使って，はじめて面発光レーザができた[3]．その当時はやっとできたばかりであり，液体窒素の温度で冷やしながら，パルスでドライブする．レーザの表面を見ると急にピカリと光る．更にスペクトルを取ることができて，普通の発光ダイオード（LED）に比べて格段に細いということが分かり，レーザ発振に違いないということになった．

さて，1979 年の 4 月から文部省の在外研究員の資格でベル研究所に滞在することになった．面発光レーザの結果を発表しようと，末松教授にお願いして「surface emitting laser」つまり日本語で「面発光レーザ」と名づけてもらった．ボストンで開催された量子エレクトロニクス国際会議（IQEC）で発表した[4]．そのとき，ソビエトのポポフ（Popov）博士がやってきて非常に喜んでくれ，これは将来ものになるに違いないといってくれた．彼はノーベル賞受賞者のバソフ（Basov）博士らと，真空中で，電子ビームを半導体の膜に照射すると，膜と垂直にレーザ発振が得られるという研究をしていた．その他の人たちは，まあ面白いけどものになるかどうか分からない，まずはだめだろうと思っていた．

4.3.3　やっとレーザらしく

さて，1980 年秋に日本に帰ってきて，いよいよ本格的に面発光レーザの研究を始めた．やはり GaInAsP 面発光レーザはしだいにきちんとしたデバイスができるようになった．同時に光通信では長波長がしだいに実用化の方向にいったが，光ディスクが出始めて，短波長レーザをもう一度見直すべきだという気運になってきた．だから再び GaAs 系の結晶成長も始めることにした．本当は分子ビーム成長法（MBE）でやればいいのだろうが，その頃の研究室は小さく，予算もなかったので液相成長に頼らざるを得なかった．

いまでこそ当たり前になっているが，多層膜を使う…ヘテロ構造を何段も積み重ねて反射鏡にするのがよいだろうという考えを世界で初めて試みた．液相成長炉の縦形のカーボンボートを高速にまわして薄い層をつくるのだが，何とかその構造ができた．それを日本で開かれた固体素子コンファレンスで発表したが，分子ビーム成長法（MBE）などでやればすぐできるじゃないかと，プログラム委員会の席上でいわれたりして非常に悔しい思いをしたことがある．そんなことは百も承知だが，お金がなくてできない…それは悔しかった．

GaAs の面発光レーザだが，やってみると，GaInAsP より結晶成長とかプロセスとかやさしい部分があるし，半面難しい面もあるわけだ．また GaAs の方が面発光レーザの性能としては，早く良いものができるようになった．1986 年だが，半導体レーザ国際会議が再び日本で開かれた．その直前に GaAs の面発光レーザで，しきい値電流が室温で 6 mA という結果が出たので，ポストデッドラインペーパとして発表した．面発光レーザで，普通のレーザよりもむしろ低いしきい値のものができる．しかも特性もかなり良いということで，皆さん驚かれたようだ．そんなことで面発光レーザの位置づけがややできたような気がした．

しかし，そのレーザはパルス発振で連続動作はできない．やはり室温で連続動作ができないと，将来ものにはならない．それは自分が一番よく承知していたわけで，何とかクリアしたいと思っていた．そのとき先輩の方々から，文部省の特別推進研究に推薦をいただいて申請をしたら採択になった．3 年間，大学としては非常に大きなプロジェクトとして取り上げられた．

そのしばらく前から有機金属気相成長（MOCVD）装置を何とか導入しようとした．これもやはり自分たちで設計し，最初の予算が 650 万円でスタートして，研究費が入るたびに炉を造ったり，リアクターを作ったり，最終的には 1 500 万円ぐらいで完成していた．MOCVD は現在では 1 億円を超える装置であり，これからみてもいかに乏しい予算からスタートしたかというのが分かると思う．MOCVD が動きだしたので，前々から考えていた半導体多層膜をいよいよ試すことになり，初めて GaAs/GaAlAs の DBR 面発光レーザを作って，1988 年の半導体レーザ国際会議で発表した．ともかく，MOCVD で面発光レーザを作る試みが 1986〜7 年頃から本格的に始まったわけで，1988 年の 9 月に初めて室温連続動作を達成した[5],[6]．1989 から翌年にかけていろいろな国際会議で，面発光レーザの論文を発表してきたので，触発されて，多くの研究者が研究を始めるようになった．大きな国際会議では，面発光レーザのセッションが作られるという，そのくらい研究者が増えてきた[7]．そのように新しい分野ができたということは，大学の研究者として非常にうれしいことだ．1996 年に，ある賞をいただいた．その授賞式で，「いままでの普通のレーザはストライプレーザで，スターズアンドストライプスではないけれど，米国のレーザである．一方，我々のレーザは四角の中に丸があってそれが光る日の丸レーザだ…」，そのようなことを申し上げた．

4.3.4　面発光レーザのしくみ

レーザ発振には光を増幅する活性層と光共振器がよく使われる．図 4.10（a）はストライプ形レーザ，図（b）は面発光レーザである．いずれも 2 枚の反射鏡を向かい合わせてその間に光を共鳴させる．フランスの光学者の名前を付けてファブリ・ペロー（Fabry-Perot）共振器と呼ぶ．面発光レーザでは，ちょうど日光の鳴き龍のように天井と床の共振を使うがごときである．

（a）ストライプ形レーザ　　（b）面発光レーザ

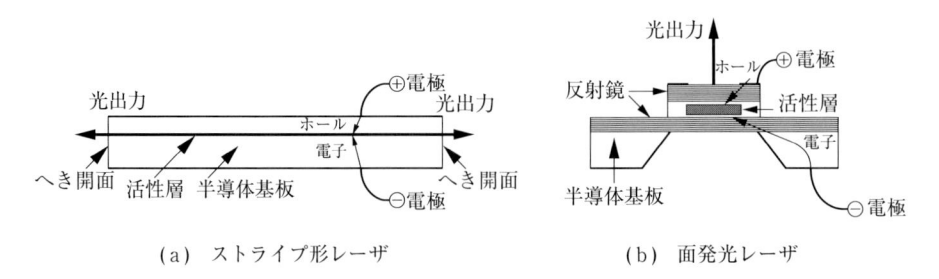

図 4.10　半導体レーザの共振器構造

さて，面発光レーザも半導体レーザの一つであるから，その発振条件などの基本の多くは通常のレーザとあまり変わらない．しかし，いくつか構造に起因する本質的な違いもある．おもな相違点としては，ストライプレーザでは共振器長が通常 300μm もあるのに対し，面発光レーザでは，ほぼ波長のオーダであり，横方向も波長の大きさまで小さくできる．これらがレーザ特性に表れる[8]~[12]．

半導体レーザのしきい値電流 I_{th} は

$$I_{th} \cong \frac{eB_{eff}}{\eta_i \eta_{spon}} N_{th}^2 V \tag{4.1}$$

で表される．ここで，e は電子の電荷，V は活性層体積，N_{th} は発振に必要なしきい値キャリヤ密度，B_{eff} は実効再結合係数（再結合の強さを2乗で近似したときの等価的係数），η_i は注入効率（キャリヤが活性層に注入される効率，キャリヤの漏れやオーバーフローがあると小さくなる），η_{spon} は自然放出の効率（再結合によって光放出する効率で，ほとんどの場合，100％に近い）．

半導体レーザのしきい値電流を低減するには，式(4.1)から分かるように，活性領域の体積 V を小さくすればよい．体積を小さくしたときにも，発振に必要な電子密度 N_{th} が変わらないとする．通常のストライプ形半導体レーザの活性領域として，厚さ 0.1μm，幅 2μm，長さ 300μm の板を考え，面発光レーザとして，直径 3μm，厚さ 0.01μm の円盤を想定すると，前者は $V=60 \mu m^3$ で，後者は $V=0.07 \mu m^3$ と約3桁も小さく，前者がミリアンペア（mA）オーダのしきい値電流とすると後者はμAとなる．しかし，レーザ共振器を小さくしていくと共振器の光損失が増大して，発振に必要な電子密度が増大してしまうため，同時に反射率を大きくしていかなければならない．したがって，いかにしてレーザ共振器の光損を小さくして，高い反射率のレーザ反射鏡を作れるかが技術的なポイントである．しかし，光出力を大きくするには最適な反射率が存在し，いくらでも反射率を高くすればよいというものでもない．

さて，このような垂直共振器形面発光レーザは世界中に広まって VCSEL (vertical cavity surface emitting laser) と呼ばれるようになり，次のような優れた特性が期待できる．

① モノリシックな共振器形成
② 素子分離前のウェーハ単位の検査
③ 1 mA 以下（μA に迫る）の極低しきい値動作
④ 動的単一波長動作
⑤ 大放射面積，狭出射円形ビーム
⑥ 高密度2次元レーザアレー
⑦ 積層による3次元アレーデバイスの集積化
⑧ 基板と垂直な光出射
⑨ LSI との整合性良好

4.3.5 その後の発展

これまで，図 4.11 に示すような赤外から青色にわたる半導体材料を用いて面発光レーザが作られている．すなわち，光通信用光源として重要な波長 1.3 から 1.5μm 帯の GaInAsP/InP 系，光インターコネクションへの応用が期待され優れたレーザ性能が発揮できる波長 0.9～1μm の GaInAs/GaAs 系，光情報処理に重要な波長 0.7～0.8μm 帯の GaAs/GaAlAs 系，GaInAlP の赤色，緑色の ZnSe 系，青から紫外域までをカバーする GaN 系である．

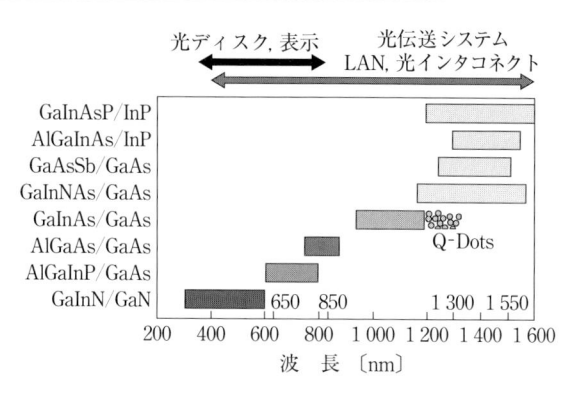

図 4.11 面発光レーザ用の半導体材料

　面発光レーザの心臓部である活性領域は通常のレーザに比べると非常に薄いので，レーザ発振させることが難しい．したがって，半導体デバイスとしての特性を損なわないように，いかにしてレーザ共振器の光損失を小さくして微小なレーザ反射鏡を作れるかが技術的なポイントである．

　また，2種類の異なる半導体を1/4波長の厚さで交互に重ね合わせると，その干渉作用により光が強く反射される．このような反射鏡は分布ブラッグ反射鏡（distributed bragg reflector，DBR）と呼ばれ，これを利用する面発光レーザでは，結晶成長中にレーザ共振器を作ることができるし，面発光レーザへ光スイッチなどの光機能素子を積み重ねることができる．この目的で，分子ビーム成長法（MBE）や有機金属気相成長法（MOCVD）により，GaAs/AlAs系多層膜の面発光レーザが作られている．**図 4.12** に示すように活性層の片側に20対以上のアルミニウムひ素（AlAs）とガリウムアルミニウムひ素（GaAlAs）からなる半導体多層膜 DBR を設ける．**図 4.13** に典型的な電流-光出力特性を示す．

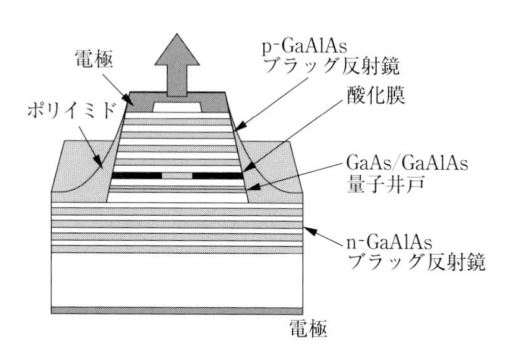

図 4.12　波長 850 nm 帯の GaAs 系面発光レーザの構造

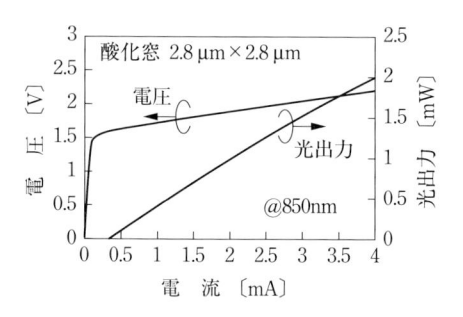

図 4.13　波長 850 nm 帯の GaAs 系面発光レーザの電流-光出力特性

　このデバイスには，AlAs の自然酸化膜による電流狭窄構造が使われている．設計をうまくすると，100 μA 以下の極めて低いしきい値や，電気-光変換効率 50 ％の面発光レーザが実現でき，実験的にもこれらが実証されている．また，面発光レーザの寿命はどのレーザより長い 10^7 時間であることが加速試験の結果から推定された．

　非常に小さい消費電力のレーザができれば，大規模な2次元並列レーザアレーの構成が可能で，面発光レーザを並べたアレーも作られている．将来は100万個から1 000万個もの大量レーザが一

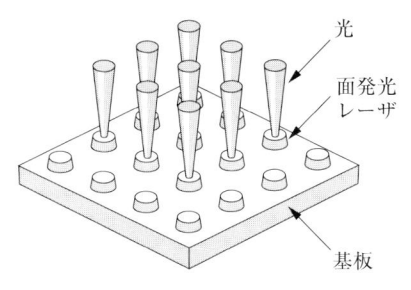

図4.14 面発光レーザアレーの概念図

度にできるであろう．更に，2次元に配置されたレーザ各素子の位相を制御できれば，出力光の空間的コヒーレンスを制御できる．全位相が同じになると，1本の鋭いビームをつくることができる．位相を少し変えると，そのビームの向きを変えられる．それぞれの位相をランダムにすると，等価的にインコヒーレントな光をつくることになる．図4.14に面発光レーザアレーの概念図を示す．

4.3.6　おわりに——やはりモノが先導する

マルチメディア情報ネットワークなど，将来の情報通信社会基盤を構築するために，光エレクトロニクスの重要性は増している．特に次世代の光通信ネットワークやコンピュータを光で接続する光インターコネクトなどの次世代光システムでは，ますますその情報伝送容量の増大や新しい光技術の開拓が重要になってくる．従来の光通信システムはおもに点から点への伝送が主であったが，今後は特にネットワーク化が進む．並列に光を用いて膨大な情報を送る面発光レーザによる並列光伝送が期待される．また，いろいろな波長の面発光レーザ，例えば3原色（R, G, B）の面発光レーザアレーができれば，新しい照明・表示，プリンタ，プロジェクタなどへの応用が面白い．

筆者の発想の根源は物をつくる立場だ．同じものをたくさんきちんと作ろう，しかも性能の一様なものを作るための手法を考え出そうという発想が原点だ．世界中の研究仲間から，お前は「面発光レーザのGrandfather（おじいさん）」だとよくいわれる．10年以上も日の目を見ないで，いきなり世界中が面発光レーザの研究を始めたものだから，一っ跳びにGrandfatherにされたのかもしれない．研究は，"一人一芸，楽しみながら"がモットーだが，アイデアのひらめきはモットーとか，思想とかを離れた，瞬間の出来事であるところが面白くもあり，また怖い．

調査課題　参考文献[8]〜[12]のどれかを参考にして下記を調べよ．
問題1　式(4.1)で示した面発光レーザの発振に必要な電流の値（しきい値）をどのようにして導いたかを調べよ．また，レーザに発振のしきい値がなぜ存在するかについて考えよ．
問題2　面発光レーザの特徴をいくつかあげた．通常のストライプレーザと比べて，なぜこれらの特徴が出てくるのかを述べよ．

☕ 談 話 室 ☕

1. レーザの研究

1979年から翌年にかけてベル研究所に滞在した．そこでは面発光レーザの研究ではなしに，毎日午前中半導体レーザに用いる結晶の質を調べることをやっていた．それは医者でいうと，内科的な手段で，外から特性を見ては中を想像する．同じことを繰り返しやっていると，お医者さんが顔色を見ただけで，お腹の中が分かるという具合に，外身を見ると半導体結晶の中身がどんな具合か，およそ見当がつくようになった．だから根気よく繰り返してやってみるということも必要であるということを，時々若い人にいっている．筆者は，学生のときに固体レーザ，助手になってからはガスレーザ，研究室ができてからは半導体レーザという風に，三つの代表的なレーザを自分で作った．これらの経験はレーザの研究者でも珍しいのではないかと思う．

2. 半導体はどうして光るか？

半導体でできた発光層をはさんでpn接合を作り，n側に負電極，p側に正電極を接続して電圧をかけると，半導体の禁制帯幅E_gに対応する電圧を超えるあたりから電流が流れ始める．すなわち，n極から電子が，p極から同じ数のホールが発光層へ注入され，正電荷と負電荷が共存するプラズマ状態を作る．約数10 nsの間に電子はホールと再結合して消滅する．ただし，電子のエネルギーはおよそ発光層の禁制帯幅E_gだけバイアスがかけられているので，この再結合により消滅したエネルギーは別のエネルギーに変換され，系全体のエネルギーは保存される．その大部分は光となって自然放出される．このように発光する半導体デバイスを発光ダイオード（light emitting diode，LED）という．ダイオードとは二つの極をもつデバイスを指す．このような電子とホール対の生成と再結合発光の考え方の提示は1954年頃，実証は1962年頃のことといわれている．再結合発光層としては，p層やn層よりも狭い禁制帯幅をもつ半導体，あるいはpn接合近傍領域が使われる．

では，なぜ直流の電流から交流である光の電磁波が発生できるのであろうか？ それは電子の固有状態間の干渉性による．自然放出（spontaneous emission）の厳密な表現には量子力学の助けを借りなければならない．ぜひ考えてみてほしい．

4.4 光ファイバの測定技術
―OTDRによる障害点探索技術―

　測定技術あるいは測定装置の開発は測定の対象となる技術分野と極めて深いかかわりがあることは論を待たない．最先端技術では，システムの開発に先だって測定技術の開発が必須であり，時には測定技術の開発がシステム開発に新たなブレークスルーをもたらすことも少なくない．光ファイバ伝送方式の分野での顕著な例の一つに，長波長帯1.3/1.55μm帯での低損失の実証[1]は，この波長帯の光電力測定の確立があって初めてなし得たものである[2]．

　次に，20世紀後半に目覚ましい発展をとげた光ファイバ伝送システムの開発を背景とした光ファイバ伝送方式用測定技術と測定器の開発経緯について述べる．

4.4.1 光伝送用測定器開発と光伝送システム開発の経緯

　図4.15に光伝送用測定器開発と光伝送システム開発の経緯を示す．

　1974年NTT横須賀/茨城電気通信研究所（以後NTT通研）実験室で光ファイバ，光部品の性能評価を目的として，光損失や伝送帯域などの可能性と限界測定ができる光部品評価用プロトタイプ測定装置を測定器メーカであるアンリツ，安藤電気がNTT通研の指導のもとに開発した．この装置によりシステム実現に必要なパラメータや構成要素に要求される性能などを把握した．

　その後，1975年にNTT通研が伝送実験を計画し，光ファイバケーブル（ステップ形多モードファイバ），光中継器，光部品など基本技術の把握のため，波長0.85μm帯で8 Mbit/s及び32 Mbit/sのディジタル伝送実験が行われた．この計画とタイアップし光伝送基礎パラメータ測定装置の開発として，脱定盤・脱微動台測定法の確立を目標にベースバンド伝送特性測定装置，簡易接続試験器，光ファイバ損失測定器，光源スペクトル測定器，波長分散測定器，汎用電力計，高感度電力計が開発された[3]．

　1977年から多モード光ファイバ伝送用測定装置の開発として光ケーブル布設・試験，伝送機器

4.4 光ファイバの測定技術——OTDRによる障害点探索技術——

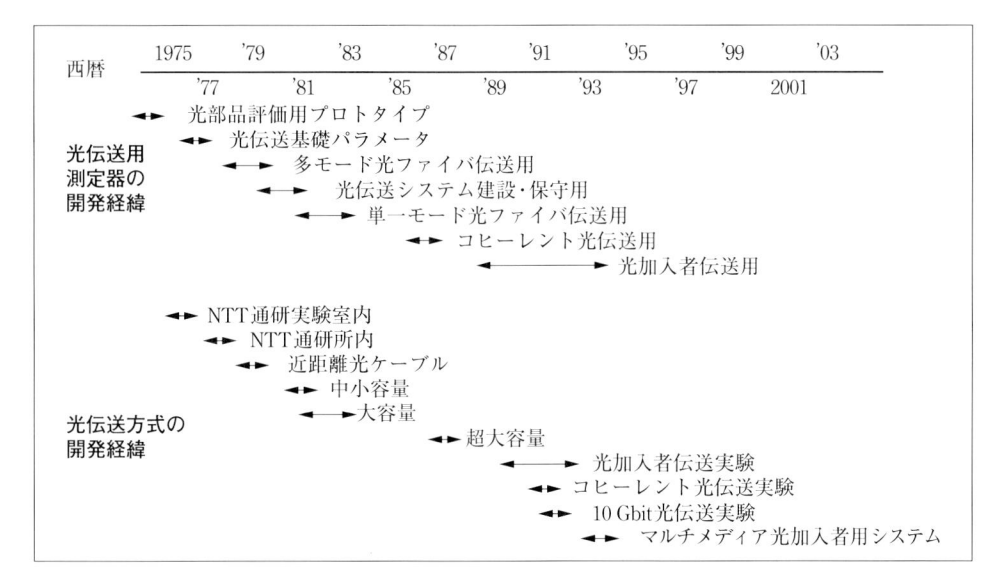

図 4.15 光伝送用測定器開発と光伝送システム開発の経緯

の試験，伝送実験などに用いる測定器を前回開発した測定装置の改良と新たに測定法を確立した測定器を含め試作を行い，光伝送関連測定システムの体系化を行った．これらは1978年に0.85μm帯マルチモードファイバを用いた近距離光ケーブル伝送方式の第1次現場試験に使用された．この段階では，光部品の不安定要因で測定精度及び再現性，各種光部品の性能向上に伴う測定器の構成，測定項目の見直しなどの課題を残した．

1979年からNTT通研の提案により光伝送システム建設・保守用測定装置の開発を開始し，多モード光ファイバ伝送用測定装置の開発を行ったが，回路構成技術の未熟さ，及び光部品の不安定要因のため，十分な測定精度，再現性が得られなかった．そこで，光電力計，安定化光源，伝送特性測定装置，光損失波長特性測定装置，OTDR（optical time domain reflectometer）などについて構成法を再検討し，長波長帯1.3μm帯の導入により機能を追加し，更に波長計，光源スペクトラム測定器など新規試作を行った．これら測定装置は1980年に0.85μm，1.3μm帯マルチモードファイバを用いた光中小容量伝送方式の第2次現場試験に使用され，同時に一般向けの多モードファイバ伝送方式の測定システムとして適用した．

1980年後半からスタートした単一モード光ファイバ伝送用測定装置の開発では，25kmの長尺単一モード光ファイバの試験用として，OTDR，安定化光源，光心線対照器，波長分散測定装置の開発を行い，1.3μm帯の単一モード光ファイバを用いた大容量光伝送方式の現場実験に使用された．

1984年に，コヒーレント光伝送用測定装置の開発で単一モード光ファイバの波長分散特性，単一縦モードLDの高速変調時に起こるチャーピング（光強度の高速変動に伴って波長が過渡的に変わる現象）の分析に波長分散測定装置や高分解能光スペクトラムアナライザ（スペクトル分析器ともいう）を試作し，1985年に1.3μm帯単一モード光ファイバを用いた1.6Gbit/s超大容量光伝送方式の現場実験に使用された．

一方，短距離光通信システムの代表は，光加入者方式である．我が国においては，高速ディジタル専用線サービスなどを主眼に大都市に導入が開始され，当初はマルチモードファイバを用いた方

式であったが，本格的な加入者網の構築を目指し，1988年から単一モードファイバへの全面切替えが始まった．この切替えにより測定装置も単一モードファイバ用に的が絞られ，測定技術の進歩に大きく貢献した．

　1996年，米国ではインターネットの普及で通信回路の伝送容量の不足が非常な勢いで迫っていた．これが光波長多重通信（WDM）の発展の端緒となった．

　光WDMシステムは光増幅器の登場により長距離伝送が実現したが，一方，多数の信号とノイズのため伝送品質の低下を招いた．このノイズの発生を正確に分離しシステムを評価できる測定器として，高性能スペクトラムアナライザが開発された．この測定器が光WDMの布設，製造に有効で広く使用され，光WDM通信の発展になくてはならないものになった．特に米国市場において大規模な市場となった．

　NTTをはじめ装置，電線，測定器メーカなど光関連企業が一丸となって全国同軸基幹回線の光化に取り組んだ，当時の過程はいま思うとすさまじいものがあった．例えば，伝送波長は短波長から長波長へ，ファイバは多モードから単一モードへ，受光器はシリコンからインジウムりん，装置用と線路用，研究/開発と商用化，更に計画の繰上げなど，加えて研究レベルの問題の未解決，新技術の導入などが輻輳した極めて活発な時期であった．このような諸問題を速やかに解決した結果，NTTは北海道から九州まで全国縦断基幹回線網を世界に先駆けていち早く完成させた．

　その過程で測定器メーカはNTT指導下に，各種光通信測定器の商品化を終えた．

　その後，日本を追うように，世界各国で光通信時代が始まるのである．

　各種光通信測定器はベル研究所をスタートに米国市場を征服し，欧州についてもイギリスをはじめドイツ，スウェーデン，イタリアへと順調に市場を確保していった．

　以上，光通信方式と光通信測定技術の深い関係について述べたが，文中にいろいろな測定器，装置が登場し，方式の進歩発展の中で方式上不必要になったもの，更に，必要性から性能向上をせまられたものの中から，こんにちでも重要な光電力計，OTDR，光スペクトラムアナライザについて次に詳細に述べる．

4.4.2　光電力計

　光電力計[4]は，光測定器の中で最も基本的な測定器である．可視光から近赤外までの光電力を広いダイナミックレンジで測定できる．各種発光素子あるいは光ファイバからの光出力を光-電気（O-E）変換器を通し，電気信号に変換して測定する．図4.16に光電力計の構成を，図4.17に外観を示す．

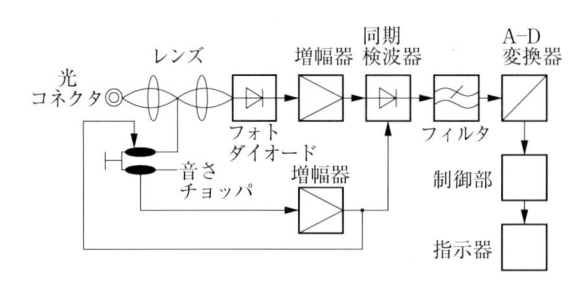

図4.16　光電力計の構成

図4.17　光電力計の外観

1974年頃は，光ファイバ伝送方式の実験，建設において，マルチモード光ファイバからの出射光，受光器の面感度分布や入射角依存性などの光電力の測定には感度-70〜$-90\,\mathrm{dBm}$の微弱な電力測定が必要になったため機械式光チョッパを用いた高感度光電力計[5]の研究開発が行われた．

1977年，近距離光ケーブル伝送方式の現場実験に先駆けて光電力計の更なる改良を行った．使用目的別に高感度光電力計に加え，新しく汎用形光電力計の二つのタイプを開発した．

高感度光電力計は，小形化と性能向上を目的に機械式光チョッパから音さチョッパを用いて光ビームを断続し同期検波を行うことにより，汎用形に比べ$20\,\mathrm{dB}$感度を向上した．汎用形光電力計は光ケーブル布設時に光ファイバ心線からの光を操作性よく測定する必要性から，センサ部の構造をセンサ受口と，光ファイバ心線にアダプタを挿入し容易に測定可能とした．

1980年，光中小容量伝送方式用に改良点として高感度，高安定，高確定をねらい，光電力測定システムの最終版をねらい試作を行った．

汎用形光電力計の測定上限はLD出力を直接測定できるよう$+10\,\mathrm{dBm}$必要になり，また光中小容量伝送方式の最小受光電力が短波長$-60\,\mathrm{dBm}$，長波長帯$-48\,\mathrm{dBm}$の感度の必要性から，光センサの受光径を再検討し短波長帯$+10$〜$-70\,\mathrm{dBm}$，長波長帯$+10$〜$-50\,\mathrm{dBm}$の測定範囲を実現した．高感度光電力計には光ケーブル中の光ファイバ間クロストークによる余裕度試験を行うため，短波長帯$-80\,\mathrm{dBm}$，長波長帯$-70\,\mathrm{dBm}$まで測定する必要性から，各センサのショット雑音と暗電流の低減のため平均化処理を行い，短波長帯$-90\,\mathrm{dBm}$，長波長帯$-80\,\mathrm{dBm}$まで測定範囲を拡大した．

その後，長距離通信分野では低損失光ファイバ，高出力レーザ，高感度フォトダイオードの利用による無中継区間の拡大のため光電力計には更なる高性能が要求され，高感度化，高安定化は暗電流の少ないInGaAs受光素子の使用や温度制御などの手法により$-100\,\mathrm{dBm}$の光電力を安定に測定できるようにした．また，高確度化は光検出器に対する温度制御技術の応用，入射角依存性，受光面感度分布，受光面反射などの誤差要因の解明及びトレーサビリティーを含む校正技術の進歩により，光電力確度$4.5\,\%$を保証した．

4.4.3　OTDR

OTDR[6]は光ファイバの一端から光パルス波を伝搬させ，入力端に破断点からの光反射パルスが戻ってくることから，光入射パルスと光反射パルスの時間差で破断点の位置を測定する．

おもな測定機能として以下の3点があげられる．

① 障害点探索，② 単位長当りの光損失，③ 接続点評価

図4.18にOTDRの構成を，図4.19に外観を示す．

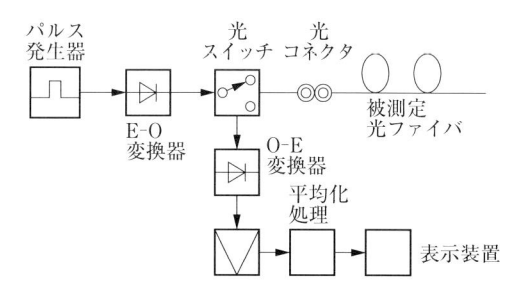

図4.18　OTDRの構成

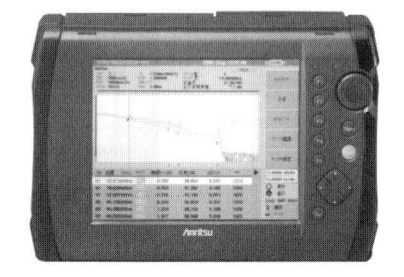

図4.19　OTDRの外観

OTDR の特長はこれらの測定を近端（測定端）で測定できることから，光通信回線の布設，保守のみならず，光ファイバケーブルの製造・検査，研究・開発と幅広く使用されている．

光ケーブルの場合，破断点の反射率は，理想的な破断状態（光ファイバの長さの方向に直角で鏡面状破断）の場合でも，約4％（$-14\,\mathrm{dB}$）にすぎない．この光反射パルスをフレネル反射と呼ぶが，これを観測することにより障害点の標定ができる．しかし，光ファイバの長さ方向の軸に対して破断面の確度が6°以上傾斜した場合，フレネル反射が全く生じない．このため破断の状態によっては，フレネル反射の生じない場合があり，フレネル反射のみを検出した障害点探索では十分でない．

一方，光ファイバに光パルスを挿入した場合，光ファイバ中に存在する屈折率の小さな揺らぎが散乱源になり，レイリー散乱と呼ばれる散乱光が生ずる．光ファイバの一端から光パルスを入力した場合，この長さ方向に分布する散乱光の一部が光ファイバの導波モードを伝搬し，入射端に戻る微弱な光を後方散乱光と呼び，フレネル反射と後方散乱光を観測することにより，光ファイバの障害点探索が完全にできる．

当初，OTDR は従来の同軸用パルス試験器の原理で試作し，1978年の近距離光ケーブル伝送方式の現場試験に使用された．当然，光ファイバの障害はおろか破断点さえも完全に標定できずに完全なものにならなかった．

1979年，中小容量光伝送方式の現場試験用として，当時ベル研究所の Stewart D. Personick[6]の発表などもあり，改良点はかなり明確になりその一つが後方散乱光の存在であった．更に大きな問題として OTDR と被測定光ファイバ間には必ず着脱可能な接続点が存在する．光コネクタの存在である．接触面と面の間に空気が存在し（現在使用している PC-PC 光コネクタの場合，必ずしも存在しない），フレネル反射が発生する．この反射と後方散乱光のレベル差が極めて大きいため受光器を含む電気回路が飽和する問題が起こり，なお検討が必要となった．解決策として受光器にゲート付きフォトマルチプライヤを用いることにより，電気回路では不可能であった ON/OFF 比を達成し，更に SN 比を改善するため平均化処理を行い，短波長帯で測定距離 $8\,\mathrm{km}$ を達成した．長波長帯については伝送損失が小さい（後方散乱光が小さい）ためフォトマルチプライヤの蛍光面の感度が長波長帯域で悪いなどの理由から，他の方法として複屈折結晶による方向性結合器と電気系にゲート回路などを用いたが，十分なものにならなくなお検討が必要になった．

1980年に，大容量伝送方式がスタートするに当たり，単一モード光ファイバの後方散乱光は多モード光ファイバに比べ，更に $10\,\mathrm{dB}$ 以上も低く，次のような解決策が検討された．

① 高出力光パルスを得るため，p 形 InP 基板を用いた BH（buried heterostructure）半導体レーザを使用

② 高結合効率 LD モジュールの開発は，LD と単一モード光ファイバとの結合を球レンズを用いた共焦点複合レンズ方式を採用

③ 光ファイバへの入射端面の反射光と後方散乱光とを分離するために，光学的に光信号を時間差でカットする方法を検討し，超音波光偏光器（acoustic optical swich，A/O スイッチ）を用いることを考案

1982年には，中小容量光伝送方式用と大容量伝送方式用の一本化の計画が打ち出され，その翌年からプラグイン方式により波長は短波長帯・長波長帯，光ファイバは多モード光ファイバ，単一モード光ファイバに対応し，同時に両方式対応の A/O スイッチ形方向性結合器を採用した．

1985年頃から，米国において光ファイバ伝送方式で $1.3\,\mu\mathrm{m}$ と $1.55\,\mu\mathrm{m}$ 帯が共存し，1.3/1.55 $\mu\mathrm{m}$ の波長切替え可能な，$0.1\,\mathrm{m}$ 程度の高分解能，簡易操作などの要求に対応した．

1993年に，幹線の伝送路が次々と光化するなかで加入者系の光化が話題となってきた．このため屋外用として，防塵防滴構造で，耐振動・耐衝撃性に優れたOTDRを開発し，小形（B5判サイズ），軽量（3.2 kg）で，かつ電池で5時間以上連続動作可能となった．波長帯1.55 μmでダイナミックレンジは35 dB（SNR＝1，PW＝10 μs）である．デッドゾーン（入力端で発生する反射パルスで電気回路が飽和し入力端近傍がマスクされる範囲）は8 mの性能が得られた．

4.4.4 光スペクトラムアナライザ

光ファイバ通信の基本構成要素である光ファイバ，発光素子などの光部品の波長特性を測定する測定器として光スペクトラムアナライザ[7]がある．従来は分光器を用いた測定が行われてきた．しかし，光スペクトラムアナライザは光通信用波長帯域を対象とし，光ファイバ系で構成された伝送系を考慮し，現場で取り扱いやすく（小形，可搬形），かつ光ファイバ接続可能（光コネクタで接続可能）で簡易に測定ができ，また白色光源などの，広帯域にスペクトラムをもつ光源と組み合わせることにより，光部品の損失波長特性が測定できる応用範囲の広い測定器でもある．これらの測定項目は光通信システムの性能を左右するため，高い精度での測定が要求される．

光スペクトラムアナライザは回折格子を用いた分光器を内蔵しており，入力は光コネクタとしている．波長測定は回転する回折格子からスリットを通した光を受光器（O/E）で受け出力を表示している．図4.20に光スペクトラムアナライザの構成を，図4.21に外観を示す．

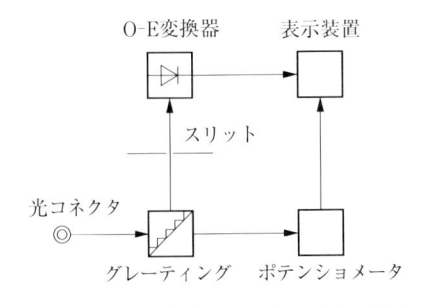

図4.20 光スペクトラムアナライザの構成 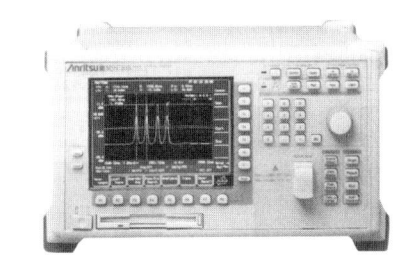　　図4.21 光スペクトラムアナライザの外観

1983年，光通信は波長帯が850 nm帯から1 300 nm帯への移行時期があり，長波長帯のみならず，短波長帯をも広帯域にカバーできる波長範囲600〜1 600 nmと広く，分解能0.1 nm，感度が−60 dBmの光スペクトラムアナライザを開発した．更に，光ファイバ通信分野だけでなく，可視光分野においても大幅な利便性をもたらした．

1996年，反射鏡を利用し1個のモノクロメータを2度通過させ分解能を上げたダブルパルスモノクロメータを心臓部とした光スペクトラムアナライザを開発し，性能は70 pmの分解能，100 GHzのチャンネルセパレーションで光WDMシステム用として十分な性能があり，光ファイバ増幅器の雑音指数（NF），偏波モード分散（PMD）の測定をも可能にした高機能な測定器である．その後，時代の要求である50 GHzのチャンネルセパレーションの光WDMシステムに対応させるため，1999年に波長分解能を50 pmに向上し改版した．

問題1　高感度電力計の設計に最も重要な手法は何か．
問題2　OTDRの破断の検出する場合2種類の反射光が必要になる．その反射光は何か．
問題3　高分解能光スペクトラムアナライザを得るためにの方法は何か．

4.5 光磁気ディスクの開発

4.5.1 光磁気ディスクの概説

それは磁性薄膜を生かした大容量光メモリ

　光磁気ディスクとは，電器店の店頭でよく目にするMO（magneto-optical disc，エムオー）のことである．MD（mini disc，エムディ）も同じ原理を生かしたもので，音楽メディアとして一般に知られている．これら光磁気ディスクの記録面に，磁性薄膜が使用されている．したがって光磁気ディスクは，磁性薄膜を生かした大容量光メモリといえる．

　磁性薄膜とは，文字どうりに解釈すると「うすっぺらな磁石」ということである．そのN，Sの性質がそのまま0，1の2進数となり，ディジタル記録媒体となる．密度を上げていけば，小さなメディアで大容量メモリを目指すことができる．筆者は，学生時代に研究していた磁性薄膜の，記憶素子としての有用性に注目し，卒業後は企業での研究に携わっていた．しかしわずか3年後の1973年に，かの有名な半導体の登場により，テーマ転換を余儀なくされるのだ．だが，この急場でふと目にした特殊な磁性薄膜を，筆者は後に紆余曲折を経ながら発展させていき，1980年には「磁性薄膜を生かした大容量メモリ」として完成させることになる．

　これ以前にも，研究者間で磁性薄膜を素子としたメモリの研究は，「磁気光学メモリ」として行われてきた．実現すれば世界初の，耐久性に優れた書換え可能な光メモリも夢ではなくなるからだ．だが結果はどれも実用性に欠け，関係者からは「もう無理だろう」とささやく声が聞かれていた．その長年にわたって困難とされてきた研究に，ようやく一つの答えが見いだせたのである．それは，普通の青年と変わりなく挫折や迷いを経験した筆者が，孤独に耐え抜いた成果でもあった．筆者はそのメモリに「光磁気ディスク」と名づけた．これは光技術によって記録・再生を行う，前述の「磁気光学メモリ」の完成品であるのと同時に，真新しく誕生した円盤（ディスク）形状のメディアであり，名称を簡易化するのも目的だった．

　この光磁気ディスクの有用性は，1980年代という時代背景から考察しても，うかがい知ることができるだろう．光磁気ディスクが一般販売されたのは1989年である．

　1982年に販売されたCD（compact disc）は，時代的に当然ではあるが，書換えができなかった．これに対してカセットテープやビデオテープは，書き換えられても周知のとおりにすり切れてしまうし，ハードディスクには，ヘッドクラッシュという難点がある．

　また，書換え可能で，比較的安定性が認められるものにはフロッピーディスクがあるが，1.44 MBと小容量である．販売時のパソコンには事足りていたとも考えられるが，動画やグラフィックなどを扱うようになると，無理が生じるように思える．そのようなメディアの中で，全条件を満たす光磁気ディスクは，1984年にリムーバブルの形態をとれるようになり，1989年に128 MBもの容量を持つMO，1992年にはMDとして一般に販売される運びとなった．

　以上，これら概説の事実と照らし合わせて，以降のトピックスを読み進めていただきたい．

4.5.2　最初の逆境から，発展可能なテーマの発見

筆者は，学生時代から磁性薄膜の研究に愛着を持ち，卒業した1970年春にKDD社に入社した．入社までの経緯は，後悔のない条件を求めて就職先の選択に悩み通しだった．

「会社の商業的都合や大学の予算的都合で，研究を振り回されたくない」と，東京大学物性研究所の近角総信先生に相談したところ，最適な企業としてKDD研究所を教えてもらった．この研究所で，FSM（磁性薄膜で作られた集積回路…集積形磁気メモリ）の性質をデータ化し，計算機シミュレートしていく作業を仕事とした．筆者は，KDD研究所初の博士として周囲からの期待をいただき，あっという間に3年が過ぎて，すべては順調に進んでいくかに思えた．

だが開発完了後すぐに，待望のFSMは実用化が断念されてしまった．半導体（集積回路）の勢いに負け，筆者は有無をいわさず新しいテーマ探しを余儀なくされてしまったのだ．しかも，半年以内という期限つきだった．筆者自身，生まれて初めての逆境だったように思える．考えてみれば世界的にも，磁性薄膜メモリの開発からは，続々と大企業や研究者達が離れていく最中だった．だが，自分は大学生・院生時代をこの研究に費やし，いまは愛着だけの話ではなくなっていた．無理といわれるからこそなお，実現化への強いこだわりが徐々に生まれ始めていたのだ．いまさら，方向転換などできるはずがなかった．悩み，考えあぐねた．

もう期限もまもなく迫ってくるという頃，「電子回路研究室」の渡辺昭治室長に，IBM社の論文を見せてもらうことになった．この論文は，室長が自身のために見ており，深い意味もなく渡されたものだった．だが，筆者はその中の"磁性薄膜"の文字を見逃すことはなかった．

内容は「アモルファス磁性薄膜」[†]という材料についてだったのだ．…実は，この論文の背景には，「磁気バブルメモリ」（図 4.22）という新技術がかかわっていた．

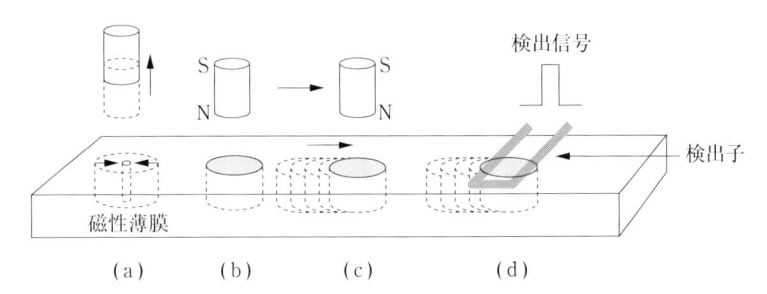

磁気バブルは，直径数μmの「超小形磁石」に相当し，円筒状の形をしている．これは，図(b)のように外部磁石によって存在し，図(a)のように磁石を遠ざけると消滅してしまう．一方で，図(c)のように磁石を動かせばそれにつれて動き，図(d)のようにバブルが検出子の下を通過すると，検出信号が得られる．そのバブル通過の有無を，2進法の1か0に対応させる．

図 4.22　磁気バブルメモリ

筆者の知る研究者たちも，その画期性にひかれ，続々と磁気バブルメモリ関連の開発に流れていた．アモルファス磁性薄膜というのは，磁気バブルメモリに好ましい材料になる可能性があったのだ．ただ，筆者はこの論文により，他の研究者たちのように磁気バブルメモリ技術に傾倒したわけではない．まず，これが「高密度メモリ」になる材料である点，その事実に，光技術と関連させた

[†] アモルファス磁性薄膜　大きさが極端に異なる原子を組み合わせて薄膜化すると，原子の配列に規則性がほとんどない状態（アモルファス＝非晶質）になりやすい．

未来図を描けるような気がしていたのだ．直感的に何かが生み出せそうだと考え，即座にテーマ化を検討した．そしてその提案は受け入れられて，1974年の春，筆者の新しい研究はスタートを切ったのである．

4.5.3　2度目の逆境と，実用化への悲願

新しい研究は，アモルファス磁性薄膜の材料探しから始まった．所属の「材料部品研究室」の小林俊彦室長に聞いたとおり，新人の三村栄紀も加わり，ともに研究にあたってくれた．IBM社の論文にあった材料は，GdCo（ガドリニウムコバルト）膜であった．だが既に，大阪大学の桜井良文先生のグループがその研究を進めていたため，CoではなくFe（鉄）を中心に希土類元素を組み合わせる「合金実験」から研究を着手していた．三村は膜の作成を，筆者は出来た膜の測定を順にしていった．互いに担当の仕事をこなし，絶妙の連携プレーであった．材料は「メモリ」になる目的から，より多くの情報がストックできて，度重なる記録再生に耐え得るものを探さなくてはならない．筆者は，記録方法としてはおもに「光技術」を目標に置いていたが，実験では他の方法も用い，より高密度となる材料の可能性を模索していた．

参考までに，実験での記録方法とは，光技術と関連して前述した光磁気記録（図4.23(a)），磁気転写記録（図(b)），筆者が考案した針磁気記録（図(c)）のことを指している．

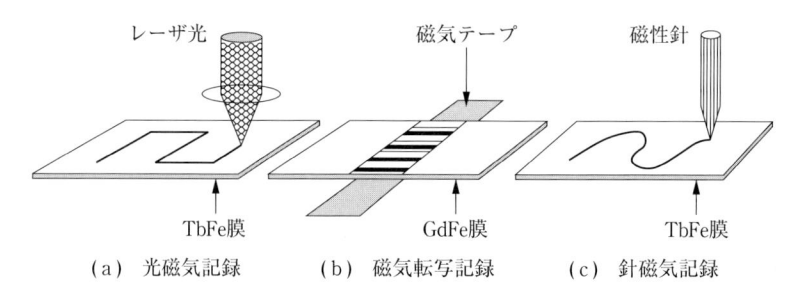

（a）光磁気記録　　（b）磁気転写記録　　（c）針磁気記録

光磁気記録では，順序としては①膜を磁場にさらす，②レーザ光線で膜の温度を上げる，③膜内の磁化（N-Sの方向）が逆転する．するとそこが記録され，0か1として読み取れる．磁気転写では，膜に磁気テープなどを接触させると，磁気テープの記録パターンがGdFe膜に写しとられる（磁気テープを読取り面の反対側にあて，磁化を逆転するので，読むときはパターンどおりとなる．すなわち"転写"されたようになる）．針磁気記録では，永久磁石に触れたのちの磁性針の先端（先端からは強い磁場が発生している）で，膜の上に書いた場所の磁化を逆転して記録する．

図4.23　実験での記録方法

筆者らはそれから，多くの2元合金膜の，高密度記録媒体としての可能性を見つけていった．これらの中で後にキーとなるのは，可能性としては中途半端にも見えた，2種類の2元合金膜であった．まずは針磁気記録で，針先の強い磁場で細かい記録ができる「Tb（テルビウム）Fe膜」である．強い磁場でなければ記録できないが，その分強固な材料ということになる．色々な課題はあるものの，光磁気記録にも使えそうなことも分かった．もう一つは，同時に開発された「GdFe膜」である．弱い磁場で記録が成される柔軟な材料であり，どちらかといえば「磁気転写記録」の材料として，筆者らに注目されていた．

年が明けても，2人ともさまざまな方向性から材料の探索を続けていった．そして，もうすぐ

丸々3年を迎える頃に，筆者は三村から驚くべき話を切り出された．「アモルファスの研究はだいたい終わったように思えるので，自分はこれでやめます．これからは光通信の時代になると思うので，光ファイバの研究を始めたいのです」．この三村の意向を聞き終わって，筆者は若干動揺していた．だが，すぐにそれを承知して「うん．でも筆者は最後まで，アモルファス研究を続けていくよ．光通信の時代になれば，ますます大容量メモリが必要になると思うからね．」といった．そしてただ一人，この研究に携わる意向を示したのだ．だが，しばらくすると，この一人の研究そのものが，本当の意味で外部から孤立しているという状況に，筆者は気がつくことになる．自分が大多数の行進から独りで方向を変え，果てしなく歩いていることも．

周囲を見渡せば，ここ数か月間「磁気デバイス」などを開発していた他の研究者たちもみな，光通信関連のテーマに方向転換していたのである．まるでFSMが半導体に負け，多くの人たちが磁気バブルメモリに移行したあのときの写し絵のようだ．この情勢はいま，間違いなく厳しいものなのだ．だが，自分でも何となく分かっていた．だから三村を，止めることができなかったのである．その将来を有望視される彼に，筆者は成功の保証もできるはずがなく，巻き込むようなことはしたくなかった．同時に自分一人くらいなら，世に多くの研究者がいるのだし，だめになっても迷惑はかからないと自身を許したりもした．そして，そんな覚悟で臨むのだから，きっとかなわないはずがない，とも．筆者は，悲願にも似た思いを新たにした．

そこで，筆者は実験での記録方法を絞り，テーマを「光磁気メモリ」1本に改めた．「光磁気記録」に最適な材料の開発に賭けたのだ．材料を，2元から3元合金に展開することにした．

1人になった分の穴埋めは，長期アルバイト学生や卒研生を割り当ててやってもらった．

やがて，三村との研究でかつてたどりついた「TbFe膜」「GdFe膜」の両極端な材料を，そのまま3元に組み合わせたような「GdTbFe膜」が，良い特性を示すと分かった．その後，材料探索は「TbFeCo膜」まで発展するのだが，それと前後して，筆者はガスレーザを用いた「記録再生システム」を試作し始めていた．いままで測定レベルだった記録・再生を，具体的にテストランニングさせる必要があったからだ．この際，筆者は，発売されたてのレーザディスク装置を，買ったばかりで解体してしまった思い出がある．再生のみであるこの装置は，筆者が考えたのと同じくガスレーザを使用していた．だが，筆者のシステムには記録という重要な役目がある．記録にはガスレーザでは大きすぎるのではないか，と筆者は思った．

これまでの磁気光学メモリの研究における失敗は，何も磁性薄膜材料（記録面）だけに原因があったわけではない．光源・機械系の記録再生システムにも，重大な問題があったのだ．

4.5.4 「紙」と「鉛筆」と「手」を探して

だからこのままでは，たとえガサガサだった"紙"を，上質な「GbTbFe膜」に変えても，"電柱のような大きさの鉛筆"（ガスレーザ）で，字を書くような状態になってしまう．しかもその鉛筆を持つ"手先"は，ふらふらで頼りない．筆者は機械系の問題に重点を置くために材料探索に一区切りをつけ，「光磁気ディスク試験装置」の試作を，本格的に検討し始めた．

案を練りだして間もなく，CD（光ディスク）が出まわりだした．そのキーの技術はまさに，筆者の求める"ミクロな情報に適した駆動機構"―「自動焦点機構（アクチュエータ）」というものだった．当然これにはすぐに目をつけ，まずはこの機構をシステム中の"器用な手先"とした．"鉛筆"の課題も，その後早急に解決している．小形の「半導体レーザ」を用いればいいと，筆者は考えに至ったのである．あとは"上質な紙"と，どう組み合わせるかだった（図4.24）．

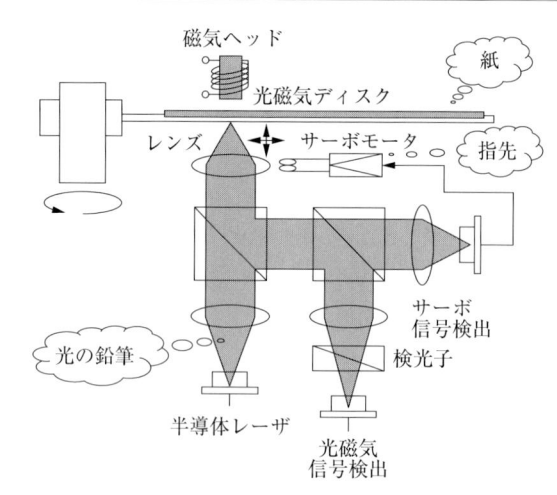

記録では，ディスクの任意の領域においた「磁気ヘッド」から磁場を発生させ，その領域に半導体レーザから出た数 mW の光を照射すると，照射部分（直径 1μW 以下）のみが，光磁気ディスクに記録ビットとして記録される．再生では 1 mW 程度の弱い光を記録領域に照射し，記録ビットの有る無しを検出する．原理は後述の偏光顕微鏡と同じである．また，ディスクは回転に伴って，上下左右に振動してしまうが，その振動は反射光の形に反映されるので，その変化を電気信号に変換してレンズをディスクの振動に追従させることが可能になった．その役割を果たすサーボモータが指先の役割を果たしている．良質の紙と光の鉛筆，それに巧妙な指先がそろって高密度の記録が可能となっている．

図 4.24　光磁気ディスク試験装置の概念図

おりしもこのとき，「タオス」というレンズ（光学ヘッド用の 2 次元サーボ機構を有する）を開発していたオリンパス社と接触する機会があり，「是非に」という話で，装置試作の依頼をした．1979 年末にその試験装置は完成し，年が明けると同時に，筆者は動作実験を開始した．それと並行して，ガラス円盤上に「GdTbFe 膜」を作り，試験ディスクを仮完成させ，春頃にはそれらを使い，「微小ビットの記録再生実験」を成功させた[1]．この読取りの原理を図 4.25 に示す．

ちょうどこのとき，室長になっていた太田忠一氏が，新聞のトピックスになる話題を探していた．研究所所長が役員になるので，就任発表のお土産話が欲しいらしいとの噂だった．いままで地

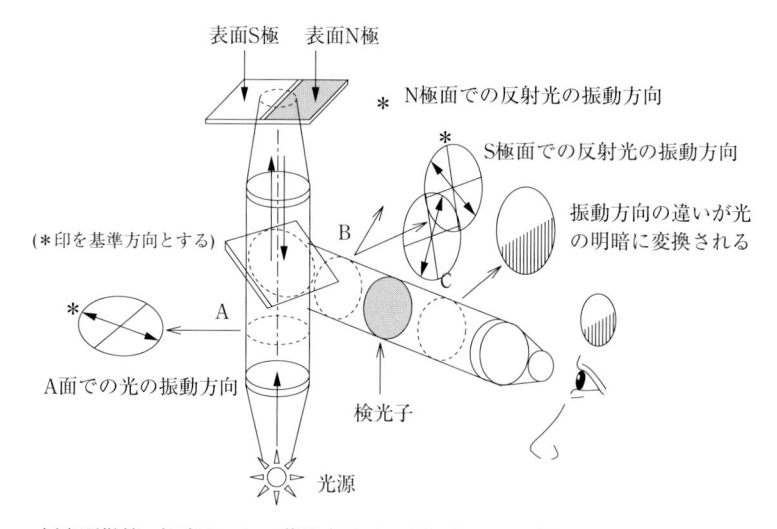

偏光顕微鏡で観察すると，薄膜表面が N 極であるか S 極であるかを見分けられる．光が N 極面と S 極面に当たると，極の違いによって，反射する光の振動方向が互いに逆に回転する．その差は検光子によって，光の強弱に変換することができる．その強弱を，記録パターン（S, N → 強, 弱 → 0, 1）として観察できる．なお，光磁気ディスク装置の光学ヘッドは，超小形の偏光顕微鏡に相当する．

図 4.25　読取りの原理

味に受け取られていた筆者の研究だったが，実験成果の聞こえがいいので，記者発表されることになったのだ．新聞発表の結果は，予想を大きく上回る反響をもたらした．筆者の研究室には，連日各方面の人々が見学に訪れ，国内での取組みがしだいに広がっていった．翌年には，太田室長の図らいで筆者に若手の研究者がつけられ，ディスク・光学ヘッド・システムを新たに，光磁気ディスク試験装置第2号が完成したのである．…長い間心の底によどんでいた空気が，不思議と光って消えていく感じがした．この後いろいろな企業とともに，実用・応用に向けての開発を始めていくことになるのだが，当時の筆者はその志を胸に，ただ前に邁進していくだけだった．

4.5.5　おわりに

現在 MO，MD に使われている磁性薄膜は TbFeCo 膜である．これも筆者が開発したもので，光磁気ディスク試験装置を試作中に，TbFe に Co を加えたデータを蓄積し，しばらくはファイリングした状態であった．その後，筆者の研究が新聞発表によって世間に注目され始めたので，それも特許にしておくべきであると思ったが，筆者は忙しい最中であった．…それならと"特許を書くコツを教える"のを兼ねて，当時仲間に加わった新人に，蓄積してあったそのデータを整理して渡し，特許として書いてもらうことにした．いま思えばこの行動は正解で，約半年後というわずか後に，国内から類似の特許が提出された．「特許は1日遅くても意味がない」とよくいわれるが，それを切実に感じたのである．

ここで，光磁気ディスクを開発した者として，終わりに一言付け加えておきたいことがある．光磁気ディスクの製品化には多くの企業の方々が携わり，現在まで，年を重ねるごとに記録密度・速度の向上が成されてきた．文殊の知恵という言葉のとおり，それは「自分一人の力」で完成したものではなく，かかわるすべての人の力によって，名実ともに日本の技術・製品として発展してきたものなのである[2]．

問題　情報を取り扱う5大技術として，情報の検出，処理，伝送，蓄積，表示が上げられる．光磁気ディスクは情報の蓄積技術に相当するが，情報を伝送する光通信システムと似ているところがある．情報を伝送する光通信と情報を記録する光磁気ディスクの類似点と相違点を述べよ．

■　**談　話　室**　■

光ファイバ融着技術（光ファイバ融着接続機開発の歴史）

　光ファイバは，軽い・伝送容量が大きい・損失が少ないなど多くの特長があるが，同時にメタル線と比較すると接続し難く，光ファイバ導入時の課題となっていた．筆者らも光ファイバ接続装置の開発当初は，精密なV溝上に光ファイバを置きマッチングオイルを垂らして上から押さえつける「V溝法」，光ファイバを空中に置きアーク放電で熱融着させる「融着法」（図4.26）の二つで実験を始めた．

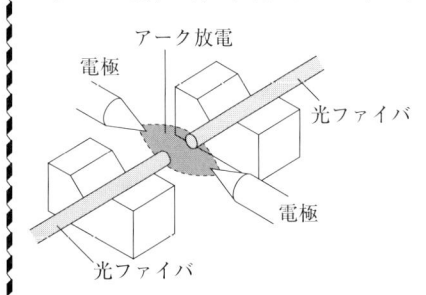

　その頃，NTT も融着法で実験を進めており，その技術が一部公開され，NTT とメーカ3社（フジクラ〔当時は藤倉電線〕，古河電工，住友電工）での共同開発が開始された．かくして1977年10月，実用形マルチモード用融着接続機の1号機が完成した．1978年3月の第1次現場試験では，フジクラ

図4.26　光ファイバ融着接続

を含めた3社の融着法とV溝法が採用された．当初，V溝法の方が実用化に有利とされたが，結果は融着接続機の方が特性がかなり良く，接続性も作業性も極めて良好なことが明らかになり，それ以後，開発の流れは一気に融着法へと進むことになった．開発の主流となった融着法では，非常に精密な制御が必要とされ，開発当初は，カムやリンクによるメカニカルな方法でいどんだが，細かなところで融通が効かず頓挫した．そこで発想の転換を図り，ほとんどの制御を電気で行うことに変更した．これが功を奏し，思いのほか開発は順調に進み，機械制御チームと電気制御チームの連携で，非常に優れた機械が誕生した．

そして，この機械を1979年，ワシントンで開かれた光シンポジウムの併設展示会に出展すると，展示場片隅のほんの小さなスペースだったが，黒山の人だかりで大きな脚光を浴びることになったのである．しかしながら，この時期はまだ需要がなく，本当のビジネスにはならなかったが，のちの快進撃につながる世界デビューとして，デファクトスタンダードへの先鞭をつけるエポックになった．ここまではマルチモード光ファイバが対象で，コア径も太く（50μm），比較的つなぎやすかった．シングルモード光ファイバ用（コア径10μm以下）に移行していくのは，1980年からで，ここから本当の意味での苦難が始まったのである．

シングルモード用は，コアが非常に小さいことから，偏心を1μm以下に調心する必要がある．機構としては金属を「たわませる」方式を採用した．しかしながら，ファイバのコアを合わせるのが非常に難しい．プロセスとしては，光ファイバの片側から光源からの光を通し，反対側に受光器を置き，受光器で受けた信号はメタル線で本体のコンピュータに送り返されて自動的に調心する……というものである．試行錯誤の末，1980年10月，なんとか試作機が完成した．融着接続機も陸上用は問題ないが，問題なのが海底ケーブル用である．ケーブルがかなり長く，片方の光を折り返して調心するのは不可能であり，また，ファイバを小径で曲げてしまうのもひずみを与えることになるから実用不可である．当初，「位相差顕微鏡」や「偏光顕微鏡」を使い，屈折率の違いから「見えるコア部」を目安にしようと考えていたが，いずれも装置が大掛かりで布設現場で使う融着接続機に導入するには難があり，ここで大きな壁にぶち当たった．

そんな折，当時NTT横須賀通信研究所にあった海洋通信研究室から，「普通の顕微鏡を使っているが，光ファイバのコアのようなものが見える．ちょっと調べて欲しい」という依頼が舞い込む．壁に直面して突破口を探していた矢先のことだったので，早速飛んでいってみると，当社の開発陣には「見えない」のであった．「確かに見える！」「いや見えない！」そんなやりとりが延々と続いた．これはいわば天体観察のようなもので，微かなものは最初なかなか見えないが，一度実体を捕らえると，よく見えてくるものである．そのうち，開発陣にも見えるようになり，急いで会社に戻り即座にコンピュータ解析にかかった．顕微鏡のピントのポイントを少しずらしてみると，確かにコア部と思われる影がおぼろげながら見える．そこで解析してみると，まさしくコアだったのである．普通のコンパクトな顕微鏡なら融着接続機にも組み込めるということで，研究室は興奮に包まれた．早速，この方式でモックアップをつくり，海洋研究室で試してもらったところ，「これは使える！」ということになった．この大発見こそが，最大のブレークスルーポイントだったのである．ただし，コアが見えるといっても影なので，実際は偏心していたりして，本当の位置ではなかった．この大発見も，その後の大々的な改良アプローチを余儀なくされ，コンピュータ制御のためのアルゴリズムも開発しなければならなかったのである．そして1985年2月，コア直視形光ファイバ融着接続機として世界初の実用化に成功した（図4.27）．

図4.27　光ファイバ融着接続機

5 放送とテレビジョン
―― リアルな臨場感を求めて ――

5.1 アナログ放送からデジタル放送へ

5.1.1 「イ」の字からの出発

"日本のテレビの父"といわれる高柳健次郎は，遠くの映像を無線で送って見ることができる「無線遠視法」を夢描いていた．1924年に助教授として赴任した浜松高等工業で一人だけで研究を始め，ついに1926年の暮れに走査線40本，送像数12枚/秒の「イ」の字の映像を初めてブラウン管に映し出すことに成功した（図5.1）[1]．ここに，日本のテレビの歴史が始まったのである．

しばらくして，高柳の夢を後押しする壮大な計画が持ち上がった．それは1940年に予定されていた"東京五輪のテレビ中継"という国家的プロジェクトである．高柳はNHK放送技術研究所（NHK技研）に移籍して，テレビの実用化という当時最先端の研究開発を欧米各国と肩を並べて進めることになる．そして，1938年には走査線441本，毎秒25フレーム，飛越し走査という現在の白黒テレビ方式に匹敵する暫定標準規格を決定した．東京五輪に使用する中継車も完成させ準備は順調であったが，日中戦争の拡大により東京五輪は中止となり，技術者たちは実現を目前にしてたいへん無念な思いをしたという．しかし，これらの蓄積した技術は受け継がれ，1953年のテレビ放送開始の基盤となった．

図5.1 「イ」の字を映し出した装置（復元）

ところで，テレビ放送は，2次元の映像を決まった走査線数で分けて描き，また時間方向には毎秒 n フレームというように離散的な信号で送る．したがって，アナログ方式のテレビでもサンプリングするという，ディジタル技術の基本の要素を最初から持っているのである．

5.1.2 ディジタル機器の登場

1948年に，有名なシャノンの"情報理論"が発表されると，音声や映像の信号処理にディジタル技術を応用する研究開発が始まる．

最初のエポックは図 5.2 に示す，1967 年に NHK 技研の林謙二が開発した，音声を録音する"ステレオ用 PCM (pulse code modulation) 録音機"[2]である．

当時，アナログ録音では SN 比，ダビングの劣化，ワウフラッターなどの改善は物理的に限界に達していた．それらの課題を PCM 録音が一挙に解決することが期待できる．しかし，PCM 録音にはアナログ音声の 100 倍以上の記録速度が必要であった．そのため，映像記録に用いていたヘリカル走査形 VTR のメカニズムを用いることで，初めてサンプリング周波数 30 kHz，量子化 12 bit の PCM 音声を記録することに成功した．この開発を部長として推進した中島平太郎はソニーに移り民生機器に継承し，土井利忠らにより CD プレーヤが製品化される．1980 年に CD が発売されると，従来のレコード盤が急速に市場から姿を消してしまった．このことからも，私たちはディジタル音声のすばらしさを実感しているのではないだろうか．

一方，映像では 1970 年代にはテレビ映像用の A–D 変換器の開発が進み，フレームメモリも使えるようになっ

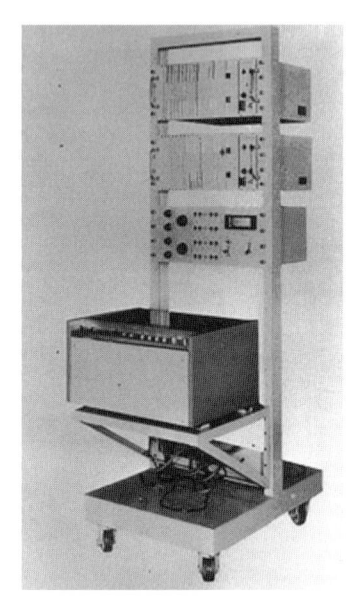

図 5.2 ステレオ用 PCM 録音機

た．これらを使って，品質の良い映像を得るためのスタジオ機器が続々と登場した．それらは NTSC 信号を生成するカラーエンコーダや，VTR 信号の変動を補正するタイムベースコレクタ，映像同期を変換するフレームシンクロナイザなどである．そして 1979 年，劣化がなく安定した品質を保つことのできるディジタル VTR が試作された．

このようなディジタル技術を用いた放送機器は，放送局においてまだ主役であったアナログ機器の周辺で単体機器として登場し，優れた性能を発揮し始めた．そして，ディジタル信号の標準インタフェースが規格化されると，ディジタル機器どうしが接続できるようになり，徐々に放送局内でディジタルシステムの基盤が育っていった．

5.1.3 多重形のデジタル放送の開始

日本のデジタル放送は，アナログ放送信号に 1，0 のディジタル信号を何らかの方法で付加する，"多重形"の方式により始まった．

〔1〕 **BS 放送の PCM 音声伝送**　最初のデジタル放送は，1984 年に開始された BS (broadcasting satellite) 放送と呼ぶ世界初の衛星放送のテレビ音声から始まった．この BS 放送のテレビ映像はアナログ信号であったが，音声は PCM によるディジタル信号を用いた[3]．この方式はテレビ映像信号の上側の周波数に副搬送波を多重し，それをディジタル変調して PCM 音声を伝送している．実は当初，BS 放送の音声はアナログの FM 変調による方式で設計されていた．しかし，CD が発売され家庭でもディジタル音声を聴くようになり，欧米でも衛星放送にディジタル音声を用いる計画があるとの情報が入った．1981 年の後半になり，日本でも高音質なディジタル音声を放送し BS 放送の魅力を高めよう，という考えが急に持ち上がった．

しかし，1984 年に予定される BS 放送開始まで，技術規格の制定や法制度の整備，放送設備や受信機の開発などに必要な時間を除くと，研究開発に残された時間はわずかしかなかった．NHK 技研の古野武彦らは，副搬送波やディジタル変調，音声信号圧縮符号化，誤り訂正など，そのときに使える最新技術を集めて検討し，1 年に満たない開発期間で方式を設計し，突貫工事で実験機器を製作して実証した．これで 1984 年の BS 放送の開始に間に合い，放送として，これまでにない高品質なディジタル音声を家庭で聴けるようになったのである．

この研究開発の過程で受信状態が悪くなった場合，アナログの映像とディジタル音声の劣化の様子に大きな違いがあることが明らかになる．アナログ信号は電波の劣化に比例するように雑音が増え徐々に品質が悪くなるが，ディジタル信号では電波の劣化があるレベルを超えると急激に品質が劣化して破綻してしまうという"クリフ効果"があることが分かった．そこで，受信劣化の際の映像と音声の品質のバランスさせるため，ディジタル音声には特別な制御ビットを設けて品質劣化を抑える方法を考案して乗り切った．このクリフ効果の経験は，その後の BS デジタル放送の研究開発でサービス限界を検討する上での重要な知見となった．

〔2〕 **文字多重放送**　文字多重放送は 1982 年からパターン伝送方式で開始するが，1985 年に文字を符号化して送るコード伝送方式による放送が始まった．文字多重放送はアナログ方式のテレビ映像走査信号の中で，映像として使われていない垂直帰線期間に文字や図形を符号化したディジタル信号を付加して放送している[4]．

文字多重放送を実現するには放送局から送った文字コードを，文字形状として発生する"文字 ROM (read only memory)"を受信機に備える必要があった．欧米のアルファベットに比べ，3 000 字程度の多数の文字を使う日本語の文字 ROM は，容量の大きい 1 Mbit のメモリが必要であった．1970 年代には，そのような文字 ROM は家庭用受信機の中で使うにはコストが高く，実現不可能と思われていた．しかし，その後の IC 技術の急速な進展により，1980 年代になると家庭の受信機でも使えるコストになり，研究者達はやっと実現の目処がついたと喜んだ．

まだ課題があった．それは，マルチパスなどでテレビの電波が劣化するとディジタル信号が誤り，全く異なる文字に変わってしまうことである．情報を正確に伝えられないことは，放送にとって重大な問題である．この課題を解決したのは，図らずもディジタル信号だからこそできる誤り訂正技術であった．NHK 技術研究所の山田宰らは，放送では縁のなかった誤り訂正技術が将来重要な技術になると予想し，日々研究を重ねていた．そしてついに，効率的でかつ強力な誤り訂正方式である BEST (burst and random error correction system for teletext) を開発し，文字多重放送の実施を可能としたのである．

5.1.4 放送の理想を求めたISDB

アナログ放送では，テレビの周波数でテレビ放送，ラジオの周波数でラジオを放送するというように，一つの周波数を一種類の放送サービスが占有してきた．しかし，放送に利用できる電波には限りがあり，新しい放送サービスを開発しても周波数を割り当てることが難しくなっていくという課題があった．そこで限られた周波数を有効に利用し，将来の放送の発展を見越した拡張性のある放送の在り方が求められていた．その課題を解決するため NHK 技研の吉野武彦や柳町昭夫らは1982年から新しい放送のコンセプトを描き始めた．それが ISDB (integrated services digital broadcasting，統合デジタル放送) の構想である[4]．欧米でも，テレビやラジオをそれぞれディジタル化して伝送する放送の考え方はあった．しかし，ISDB の構想はそれらとは最初から目標が異なっていた．ISDB の目標は一つの高速伝送路の中でテレビやラジオ，静止画，文字などのさまざまな放送サービスを区別なく柔軟に放送できるようにし，電波を有効に利用しようということであった．

ISDB の全体構想は徐々に膨らみ，図5.3のように描かれた．ISDB は，ネットワークを利用した情報の取材から放送局内のサーバを使った番組制作，ディジタル伝送したあと受信側で番組を蓄積し，視聴者が使いやすいヒューマンインタフェースを介して自在に利用する…という，放送システム全体を通しての理想の姿である．それは放送技術者の夢そのものであった．

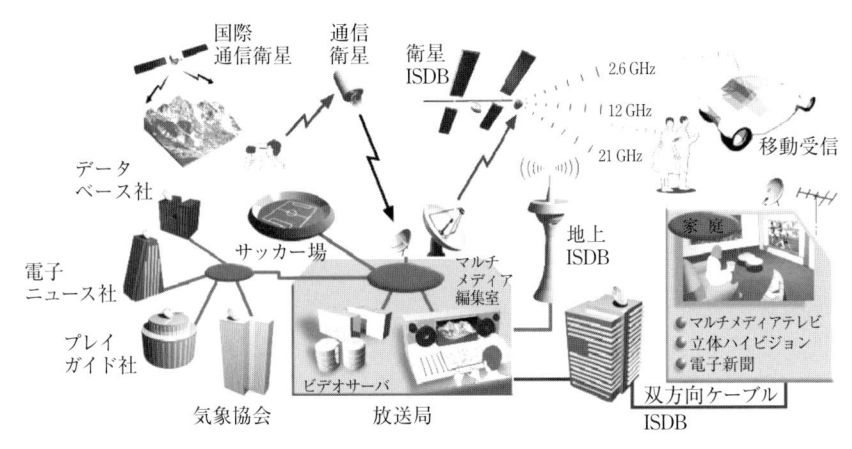

図 5.3　ISDB の全体構想

5.1.5 MPEG-2の登場

ISDB の構想は1982年からあったが，その実現には大きな壁があった．テレビの映像信号は情報量が多く，そのままディジタル信号にすると非常に大きな伝送量になってしまうのである．そのため，テレビをディジタル伝送するのは，放送のチャネル帯域幅では狭くて不可能とさえいわれてきた．テレビのディジタル伝送を実現するには，映像品質を保ちながら大幅な圧縮をしなければならなかったが，1980年代当時の技術では難しく，ISDB の構想を技術的に実現できない日々が続いた．

1980年後半になると，DCT (discrete cosine transform) の手法による高い圧縮率が得られる符号化技術が注目を集めるようになった．DCT は1974年に既に論文として登場していたが，高画

質なテレビ映像をリアルタイムで圧縮するには，信号処理に多くの計算を必要とし，かつ高速で行わなければならず，家庭用受信機に採用できる回路規模にはならなかった．しかし，LSI 技術の目覚ましい発達とともに，DCT を利用できる可能性が高まってきた．

1988 年から国際的な標準化組織である MPEG（Moving Picture Experts Group）が活動を開始し，DCT の符号化技術を中心に，動き補償予測や可変長符号化の技術，量子化係数の工夫などさまざまな圧縮技術を加えた画像符号化方式の策定を始めた．この MPEG には世界各国からさまざまな分野の技術者達が集まった．日本からは当時 NTT 研究所の安田浩やソニー，日本ビクターなどのメーカの研究者や技術者が参加し，標準化に大きな役割を果たした．

MPEG は，1992 年に CD-ROM に映像を記録することを目的とした映像符号化方式 MPEG-1 を標準化した．MPEG-1 は伝送速度 1.5 Mbit/s で，テレビに使用できる品質ではなかったが，技術者達はこの手法の延長線上に高画質な映像にも使えるものができると期待を膨らませた．直ちに MPEG は放送や通信，コンピュータの分野で汎用的に使える高画質の映像符号化方式に取り組み，1994 年に MPEG-2 を標準化した[6]．MPEG-2 により，標準テレビはおよそ 1/25 の圧縮率で 6 Mbit/s 程度，ハイビジョンはおよそ 1/50 の圧縮率で 20 Mbit/s 程度になった．世界の研究者や技術者が共通のディジタル映像の世界を構築しようと 2 か月に 1 回の会合に集まり，互いに協力し合った結果，不可能と長らくいわれてきたテレビのディジタル伝送が可能となった．そして，堰を切ったように各国からデジタル放送を実施する計画が出てきたのである．

5.1.6　衛星による本格的なデジタル放送

"本格的"とはアナログ放送への多重形でなく，すべてディジタルにより伝送するという意味であり，その初めての放送として，多チャネル PCM 音声放送が開発され，1992 年に CS（communication satellite）で放送が始まっている[7]．

テレビ含んだ全デジタルの放送は，1996 年に始まった CS デジタル放送である．CS デジタル放送は，MPEG-2 の映像と音声の符号化方式及び多重化方式を全面的に採用し，信号をディジタル変調して放送している．CS デジタル放送は専門的な内容の番組を多数提供し，テレビの多チャネル時代に突入したといわれた．

続いて，BS デジタル放送の実施が検討されたが，ハイビジョンで放送することを予定していた事業者は NHK や民放など 7 局あった．しかし，使用できる衛星の中継器は四つしかなく，CS と同じ方式では中継器 1 組につきハイビジョン 1 チャネルしか伝送できない．このままでは 4 局だけに放送免許を与えることになり，不満が生じてしまう．この政策的な課題を何とか技術で解決する方法はないのか，研究者の検討が進められた．

CS デジタル放送では 4 相位相変調を用いていたので伝送容量が少なかった．そこで，より大きな伝送容量を求めて，放送としては初めてのトレリス符号化 8 相位相変調方式を採用し，伝送帯域もぎりぎりまで広げることが提案された．しかし，そのままでは電波が劣化した場合に制御信号などの重要な情報が誤ってしまう．そこで，電波の劣化にも強い 4 相や 2 相の位相変調も同時に使い，誤り訂正の強さも変えられるように工夫した．そうしてできたのが，世界でも類を見ない 8 相，4 相，2 相と変調方式を瞬時に切換える伝送方式である．これで，一つの中継器で 2 チャネルの高画質なハイビジョンを伝送するとともに，重要な制御信号も安定して伝送できるようになった．このような技術者の工夫により，放送を予定していた事業者の希望はかなえられ，2000 年の BS デジタル放送の開始に至った．

BSデジタル放送は通信回線と接続することで，放送として初めて双方向サービスを可能とし，マルチメディア表現によるデータ放送ができるようになった（図5.4）．また，放送を使いやすくするための電子番組ガイド（electronic program guide，EPG）を本格的にサービスした．更に，多数の高品質の音声放送や独立したデータ放送も同時に行うなど，ISDBの理想を実現する第一歩となった．

図5.4　BSデジタル放送のオープニングセレモニー

5.1.7　アナログからデジタルへ地上放送の大転換

　地上デジタル放送を実現するためには，現在のアナログ放送と新しいデジタル放送の両方をしばらく並行して放送し，時間をかけて移行していくことになる．ところで，日本ではアナログ放送で多くの放送チャネルを使用しているため，デジタル放送を行う空きチャネルは少なく実施が困難と思われた．この課題を克服したのが，OFDM（orthogonal frequency division multiplexing）という伝送方式である．この方式を用いると，同じ周波数で隣どうしの放送所から放送しても，受信機に届いた電波に時間差が少なければ混信による劣化がない．そうすると，アナログ放送の場合より格段に少ない周波数で放送ネットワークを構築することができるようになる．OFDM方式という新しい技術を採用することで，地上デジタル放送を実現する見通しが得られたのである[4]．

　ところで，地上波のアナログ放送では車などの移動体でも，画像は乱れるが受信することができる．そこで地上デジタル放送ではハイビジョンを放送しながら，車の中や街角でも携帯端末でテレビを見ることができるようにしたいという要求があった．この課題をなんとか解決するため技術者たちは頭をひねったが，そこに一つのアイデアが生まれた．地上波テレビの帯域をセグメントと呼ぶ13個の小さな帯域に分けて，それぞれのセグメントで変調方式や誤り訂正の強さなど伝送の方式を変えて放送するのである．例えば12個のセグメントで伝送量の多いハイビジョンを放送し，1個のセグメントを使い電波の状態が良くない移動体でも簡易な動画を受信できるように，伝送劣化に強い方式で放送するのである．放送事業者はこのセグメントの使い方により，多様な放送サービスが行えるようになったのである．

5.1.8　更なる進化へ

　1925年に始まった放送の歴史のなかで，デジタル放送の開始は今後の情報社会に重要な基盤を与える大きなステップといえる．デジタル放送の開発に当たっては，行政，メーカ，放送局の多くの人々が知恵を出し合って放送開始に至った．デジタル放送の技術規格ではCS，BS，地上放送は電波産業会（ARIB），ケーブルテレビは日本CATV技術協会という民間の標準化団体に研究者や技術者達が集まり，専門分野に分かれて長年にわたり熱心に規格化作業を続けた．また，放送を管轄する行政担当者も，放送実施の基本となる法制度を整えた．更に，放送局と受信機メーカが一緒になって，技術規格の実際の使い方をさまざまな場合について検討し運用規定を策定した．そし

て，放送局においてはデジタル放送の設備を整備し，家電メーカは受信機を設計・生産してデジタル放送の世界を切り開いたのである．

このデジタル放送という社会基盤を十分に活用するのはこれからの課題であり，更なる進化を求めて技術者達の理想の追求は続いていく．

研究者たちはいまもなお，理想の放送を目指してISDBを高度化し進化させようと考えている．

問題 1 アナログ放送からデジタル放送へ向けて研究が行われ実用化されてきたが，デジタル放送にはアナログ放送と比べてどのような利点があったのか，具体的に三つの例を述べよ．

問題 2 デジタル放送には初期の時代から現在まで，どのような伝送方式が用いられてきたか，放送システムと伝送方式を対にして，その変遷をまとめよ．

5.2 東京オリンピック衛星中継から衛星放送の実用化・安定化への道

5.2.1 衛星放送の実用化・安定化における我が国の役割

人工衛星を放送に利用したいという願望は古く1940年代の半ばからあった．これが本当に実現されるかもしれないとの期待をもって語られ始めたのは，1950年代後半，人工衛星が実際に打ち上げられ，1960年代に入って衛星を経由した種々の試みがなされたことによって予見できるようになったからである．

衛星の本体製作技術と打上げ技術は，当時の米国とソ連が先導的な開発を行っていたが，衛星を利用する技術については，我が国は米国に劣らず先駆的に計画を進めていた．特に放送の分野では，衛星放送の実用化は世界に先駆けて実現したため，開発者が通る荊の道をいくこととなり，厳しい環境の中での開発作業であった．更に実用化のあと，衛星放送技術の安定化への取組みを地道に進めて成功した．このことがこんにち我が国の衛星放送普及が進んだ背景であり，先陣による忍耐と努力の賜物であろう．

5.2.2 東京オリンピック衛星中継を世界に先駆けて実現

人工衛星を放送へ利用する可能性と有用性を実証・検証したのは，1962年からテルスタ衛星やリレー衛星を使って始まった米国による大陸間テレビ番組中継の試みであった．しかし，これらの番組中継は，中高度軌道衛星を利用したため通信可能時間が日米間で軌道1周当り20から30分，1日3〜4回程度にすぎず，長時間の中継を可能とするためには，静止衛星の登場まで待つこととなった．1963年からのNASAによる静止衛星シンコムの打上げ計画が進むなか，これを利用して1964年に開催の東京オリンピックを米国へ生中継する計画が進められた．

NASAによるシンコム衛星計画は，静止衛星を打ち上げる技術を検証するための実験であり，当時の衛星技術からして大出力の中継器を期待できず，送信電力約2W，帯域幅5〜9MHz程度であった．1963年7月に打ち上げられたシンコム2号はブラジル上空で八字形を描いて飛翔する

同期軌道衛星であり，これを使って伝送実験が行われテレビ中継の可能性が示されたが，伝送品質は十分なものではなかった．これを背景に日本側から NASA に対し静止衛星シンコム 3 号の打上げを強く要請したのを受け，日米双方が実現に向けて努力することとなった．

シンコム 3 号を利用する場合の伝送技術上の問題は，低出力中継器でテレビ信号を利用可能な品質で伝送するための技術開発，すなわち，信号の SN 比の改善技術の開発が必要であった．これを NHK が行うこととなり，1964 年の初夏に開発体制が設置され，10 月に向けて日夜の開発作業が進められた．

SN 比改善技術として開発が進められたのは，同期信号の正極化，エンファシス特性の最適化，FM 変調時のクランプ化などに加えて 1/2 帯域圧縮方式であった．また，米国受信状況の不確定要素を考慮し，受信 CN 比が良好なときと不良な場合に備え，次の 2 方式の装置が開発された[1]．

① **正極同期ノンリニアエンファシス方式**　　標準テレビ信号の最高周波数を 2.5 MHz とし，同期信号を帰線期間にバースト状に正弦波を多重して約 3 dB の改善を見込むこと，エンファシスされた信号スペクトラムが伝送帯域幅でクリップされることによる画像ひずみを軽減するため，送信側で白ピークと黒ピークを振幅圧縮器を通して抑圧することで周波数偏移を大きくし，SN 比を改善すること，などを組み合わせた方式である．

② **1/2 帯域圧縮方式**　　走査変換に特殊 VTR を使用し，60 rpm で記録するヘリカルスキャンヘッドにより奇数フィールドのみを 1 ライン記録したトラックを別の 30 rpm で回転するヘッドで再生し，時間軸を 2 倍にして伝送信号の最高周波数を 1/2 に圧縮する方式である．

東京オリンピック番組の日米間衛星中継系統の概念を図 5.5 に示す．番組中継に先立ち，1964 年 9 月 18 日，日米間で伝送実験した結果，通常の伝送方式では米国における受信画像の評価が 2−程度であったが，上記①の方式では SN 比 37 dB，②の方式では 37〜39 dB が得られ画質評価が 3+ から 4 となり，実用可能なレベルであった．最終的には①の方式が中心に利用され，既報のとおり日本から米国とカナダへの生の衛星中継に成功した．なお，東京オリンピックは番組制作はカラーであったが，衛星中継は白黒で行われた．

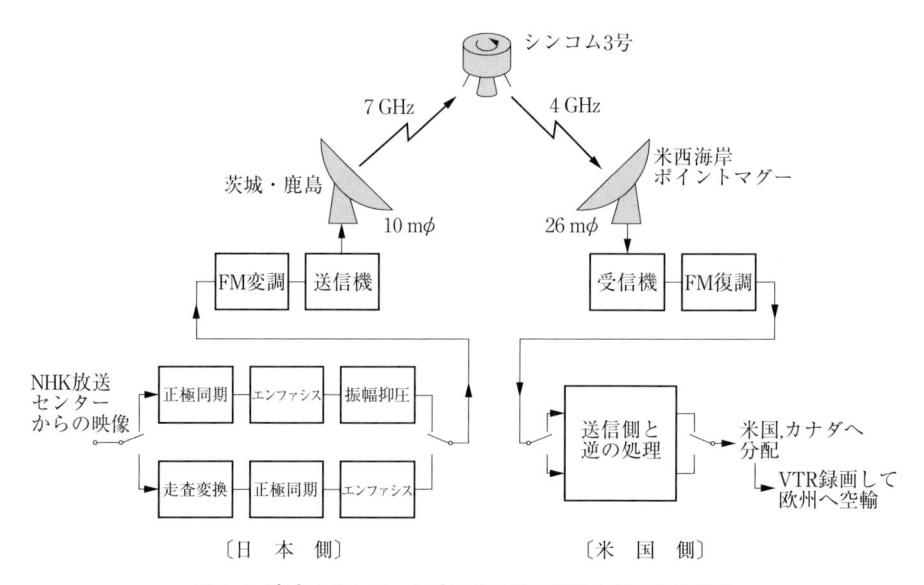

図 5.5　東京オリンピック番組の日米間衛星中継系統の概念

この成功はテレビ番組の国際間衛星中継の可能性を視聴者に直接植えつけるとともに，衛星利用の可能性が高まっていることを直感させ，期待を持たせる結果となった．

5.2.3 衛星放送実用化に導く努力

衛星を利用したテレビ番組中継が実証されている時期と並行して，米国では1963年にコムサット社（インテルサットの前身）が設立され，1965年には静止通信衛星アーリーバードが打ち上げられ，商用化が始まった．この時期と同じくして米国放送ネットワークのABCは静止通信衛星を利用したテレビ番組分配計画を発表し，連邦通信委員会に申請するなど通信衛星利用の具体化の動きは急なものがあった．

我が国でも東京オリンピック番組中継の成功を受け，NHKから放送衛星打上げ構想が発表され，関係機関での調査・研究がなされるようになった．しかし，当時の衛星技術レベルからすると，直接家庭での受信を対象とするシステムでは大形の大電力衛星の打上げが必要であり，難しいことから専ら番組中継用システムあるいは共同受信（直接受信に比べ送信電力は7～8 dB小さい）を対象としたものが中心であった．更に放送衛星システムを実現するためには周波数の確保，更には安定なサービスを実施するためには，国際間での周波数や軌道に関する取決めが重要事項であり，我が国も放送衛星システム実現のための環境作りのための研究を進め，国際間の協議で積極的に貢献した．例えば，1977年開催の12 GHz帯放送衛星業務の計画に関する世界無線通信主管庁会議（WARC-BS）においてチャネルと軌道位置などが各国に割り当てられたが，我が国は検討結果をフルに生かして8チャネルの割当てを受けることに成功し，より安定にかつ継続的に衛星放送を実施できる環境を構築することに貢献した[2]．

これらの調査・検討・研究を通して，家庭での直接受信を対象としたシステムでは受信機の高性能化が第一の課題になり，これが衛星規模を決定することから経済的なシステムを構築する上で欠かせないものであった．

5.2.4 高性能家庭用受信機の開発

1960年代後半のテレビ番組国際中継や共同受信を対象とした受信機開発では，常温パラメトリック増幅器やトンネルダイオード増幅器などが研究対象になっており，量産化のために技術開発が必要であった．また1971年の宇宙通信に関する世界無線通信主管庁会議（WARC-ST）において放送衛星業務の位置づけと周波数分配が行われ，12 GHz帯が世界的に直接受信用衛星放送として注目され始め，この周波数帯での低廉な低雑音受信機開発が最重要技術課題になった．

当時，マイクロ波集積回路（microwave integrated circuit，MIC）技術を使った受信コンバータの開発が進められたが，大量生産に向いているとはいえ，回路の小形化による回路損失が増加し，高性能化には無理があった．実現できる雑音指数が8～9 dBで衛星の送信電力が500 W級になり，経済的な衛星放送システムの構築は無理があり，共同受信を対象にせざるを得ない状況であった．

送信電力を100 W級にするためには，受信機の雑音指数を4～5 dB以下にする必要があった．これにこたえて，NHK技研が1972年に立体平面回路を用いた受信コンバータの試作に成功し，雑音指数4.5 dBが得られたと発表された．この技術は大量生産に向いたMIC（平面回路）と低損失である導波管技術の特徴を活用したもので，導波管内の電磁界と挿入した平面回路との間で相互

作用し各種の素子を形成することができる新しい立体平面回路であった[3]．この開発研究によって，1チャネル当りの衛星送信電力が100W級，家庭用受信アンテナも直径60cm程度で鍵となるパラメタがシステム的に実現可能な範囲となり，我が国おける衛星放送実用化に向けて大きく踏み出すトリガを与えたといえる．すなわち1972年の宇宙開発計画の見直しにおいてNHKは実験用放送衛星計画の推進を国に要望したが，この要望の背景となったのが，上記の低雑音受信機開発の成功であったことはいうまでもない．翌1973年の宇宙開発計画で実験用放送衛星計画（BSE）が研究開発として位置づけ決定されたのである．

立体平面回路の第1次試作は帯域幅が50MHz程度であったが，その後改良がなされるとともに，1976年には米国・カナダ共同の通信技術衛星CTSを使った受信実験及び長期フィールド実験により，我が国における衛星放送の実験衛星計画の確証と実用化への可能性を検証することができた．

1977年開催のWARC-BSにおいてチャネルと軌道位置などが各国に割り当てられたことにより衛星放送用家庭受信機の性能目標がより具体的になったため，開発研究が急速に加速された．この時期には上記の立体平面回路を用いた受信機については，メーカによる開発が進み，雑音指数3.5〜4dBの低雑音受信機の供給が可能な水準に達していた．

一方，これと並行して我が国内ではGaAsFETを用いた低雑音受信機も実用に向け着実に進行していた．1980年に雑音指数が4dB以上であったが，その後の半導体デバイスのプロセス技術の進歩によりFETゲート長の短小化が飛躍的に進み，著しい低雑音化がなされた．更に1987年には新しいデバイスとしてHEMTが民生用として登場し雑音指数1dB以下の低雑音受信機が家庭用として市販されるに至った[4]．

上記の動きをまとめる意味で，図5.6に1972年から約20年間の衛星放送受信用コンバータの雑音指数の推移を示す．この図から我が国おける衛星放送用受信機の性能改善状況が衛星放送システムの進展に合わせ飛躍的に改善され，そのことが衛星放送の普及に果たした役割は大きいことが理解できる．我が国における衛星放送用受信機の開発の成果は，世界における通信衛星を使った家庭向けテレビ放送の発展をリードしてきた重要な技術進歩であることはいうまでもない．

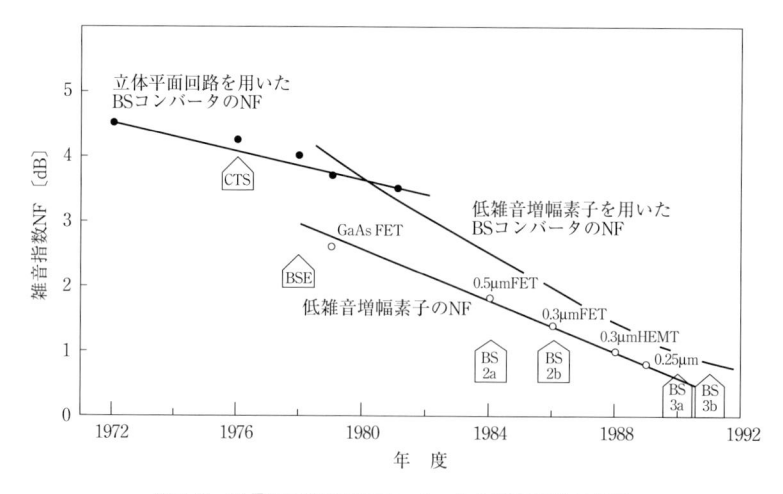

図5.6 衛星放送受信用コンバータの雑音指数の推移
（内海のまとめによる[3]）

5.2.5 放送衛星の心臓部・高出力送信管の開発

先にも述べたように1965年頃，相前後して，インテルサットによる国際間テレビ中継や米国における国内テレビ番組分配網，更には世界的にも静止衛星を開発途上国における教育目的に利用するなど，米国や欧州で多くの衛星計画が検討・提案されたが，実用化に至ったものはなかった．一方，前述のとおり我が国では放送事業者としてNHKから強い利用要望があり，これを背景として国レベルでの技術開発プロジェクトの一つとして，家庭に放送番組を直接放送する，いわゆる直接放送衛星を実現する試みがなされ，世界最初の計画として注目をあびていた．これが実験用中型放送衛星BSEであり，これに続いて放送衛星2号の打上げ計画として推進された．

我が国の関係者が期待を込めて見守るなか，実用放送衛星2号a（BS-2a）が1984年1月に打ち上げられ，5月放送開始に向け準備が着々と進められた．しかし，BS-2a搭載中継器3系統のうち，3月下旬と5月初旬に1系統ずつ合計2系統が故障し，正常に動作するのは1系統だけとなる事態が発生した．本放送として衛星放送2チャネルを開始する予定であったNHKは直ちに1チャネルの試験放送に切り替え開始せざるをえなかった．

この事態に宇宙開発委員会は放送衛星対策特別委員会を設置し，原因究明とその対策の検討を行った．この検討には，開発総責任者である宇宙開発事業団のほか，主契約者の東芝，衛星製作にあたった米国ゼネラル・エレクトリック社，進行波管の製造元の仏トムソン社に加え，我が国の大学，NTT，KDD，NHKなどの専門家，更にメーカで専門知識を有する日本電気の技術者などが参加した．

原因究明には予備衛星BS-2b号用として準備が進められていた機器を用い，軌道上食期間（約1か月半）相当の長期熱真空試験を実施した結果，BS-2a号の不具合と同等の現象を再現することができた．更に地上の大気中環境での追試験を行った結果，進行波管で電子ビームを発生する電子銃部の電極間に流れるリーク電流によることを突き止めた．電子銃部付近の温度を低くする対策を取り入れ，再試験の結果有効性が確認された[5]．この検討には約半年を要したが，直ちに予備衛星BS-2b号の中継器に取り入れられ，不具合発生から約1年後，中継器対策は終わり，打上げが遅らされていたBS-2b号は1986年2月無事打ち上げられ，予定の寿命の5年を過ぎても問題なく動作し続けた．

このBS-2a号の進行波管の不具合は，当時の放送・通信衛星における大電力送信機に関する技術レベルからして世界的に類をみないものであり，我が国がその対策に成功したことは，この分野での開発に世界を一歩リードしたといっても過言ではない．この経験とノウハウはその後の大送信電力衛星の開発に道を開き，安定な送信機の製作に貢献したといえる．

その例は，1990年に打ち上げた放送衛星BS-3a号では日本電気が製作した進行波管と中継器はすべて問題なく動作し，寿命を全うしたことが如実に示している[6],[7]（図5.7）．

図5.7　放送衛星3号用120W進行波管増幅器
（宇宙航空研究開発機構提供）

この時期以降，放送・通信衛星でこの種の不具合は見当たらないことから，世界に先駆けた不具合対策への関係者の努力が実ったもので，Ku帯衛星放送の安定で継続的な運用を可能にしたものということができる．

問題1 放送に使うメディアとして，衛星が地上放送やCATVに比べて有利な点と欠点の両面から比較せよ．

問題2 我が国で衛星放送が普及した要因をハード面から検討し，技術的なブレイクスルーがどこにあったかを考察せよ．

5.3 ハイビジョン

5.3.1 研究のスタート

わが国のカラーテレビ放送は，1964年の東京オリンピックを契機として本格化した．日本のテレビ技術の高さを世界にアピールし，放送関係者は大きな自信と誇りを持った．世の中がカラーテレビの爆発的な普及で新たなテレビ時代を迎えるなか，NHK技研では，更にその一歩先をめざした「未来のテレビ」の開発に着手した．これまでのカラーテレビより格段に高画質，大画面で臨場感を圧倒的に高めた夢のテレビといわれた高精細度テレビ（ハイビジョン），HDTV (high definition television) の研究である[1]．この研究は，世界のカラーテレビの方式が走査線数525本のNTSC方式（日・米など）と，625本のPAL，SECAM方式（欧州・中国など）に分かれている状況を，世界共通方式の次世代テレビで統一したいという挑戦でもあった．

5.3.2 未来のテレビへの期待

カラーテレビは白黒テレビより情報量は30％ほどの増加にすぎないが，その実用化は画期的なことで，我々に強い印象を与えた．一方，カラー化とは別の動きとして，走査線数を819本に増やして高精細化する試みがフランスで行われたが，625本の方式と走査線数の差が小さいこと，システムとして十分でなく，装置の性能を安定して維持することが困難であったことなどを理由に普及しなかった．

ハイビジョン開発の初期のころには，高精細度テレビを高品位テレビと呼んだが，高品位テレビとして立体テレビの可能性も調べた．立体画像では1964年ごろアメリカのミシガン大学でレーザ光線を使ったホログラフィーの実験が行われて注目されたが，リアルタイムでの撮像，表示が困難であり，立体テレビとしての実現することは無理であった．一方，両眼視差を用いる2眼方式の立体テレビは，実験の結果，目の疲労や自然な立体視の実現が難しいこが分かり，高品位テレビとしては立体テレビでなく大画面で精細度の高いテレビの研究に注力することになった．

ハイビジョンの開発をリードした元NHK技研所長の藤尾孝は，「これまでの研究で，人間の視覚は，感動とか情緒などと強い関係があることが分かっていた．そこで，感動を得るテレビ，情緒が表現できるテレビ，そういう心理効果をもっと引き出せるテレビをやろうということになった」と語っている．

こうした経緯から，未来のテレビシステムとして求められる諸条件を明らかにし，視覚特性や心理効果を十分考慮して新しいテレビシステムを作ろうというハイビジョンの研究が1970年代の前

半から本格的に開始された．走査線数や画面の縦横比，毎秒像数などのテレビ方式だけではなく，番組制作機器，伝送方式，表示装置など，ハイビジョン放送を実現するための要素技術の研究・開発も進められた．

5.3.3 テレビ方式を決める

現行の標準テレビ方式は50年ほど前に米国で開発された．カラー信号の伝送方式など当時の技術としては最新の高度な技術が使われたが，臨場感とか迫力といった心理効果や画像の先鋭度などの点で十分でない．そこでNHK技研では，これらの問題点を整理し，フィルムシミュレーションと実際のテレビを用いた手法で，画面の大きさ，画面の縦横比（アスペクト比は画面の横と縦の比），画面のきめ細かさ（精細度），画面を見る最適な距離（最適視距離）などについて視覚心理実験を始めた．

〔1〕 **臨場感と視距離** 視野の大きさを表す画角と臨場感の関係を調べるために図5.8のような広視野効果測定装置を開発した．この装置は半球ドーム形のスクリーンにさまざまなスライド画像を，いろいろな大きさ（画角）で投影，提示できる．スライド画像を傾けて投影すると，観察者は画面につられて無意識に体を傾けてしまう．これを広視野誘導効果と呼ぶ．この体の傾きの大きさを測定し，臨場感を表す一つの指標とした．臨場感は，画角が30°程度から明らかとなり始めることが分かった．

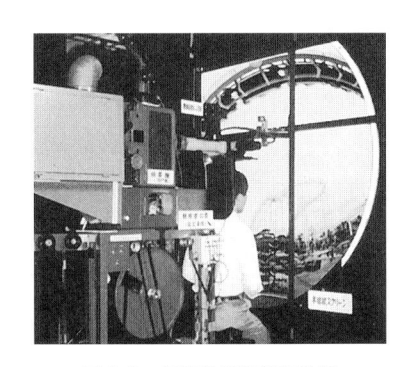

図5.8 広視野効果測定装置　　　　図5.9 視距離と画質の関係

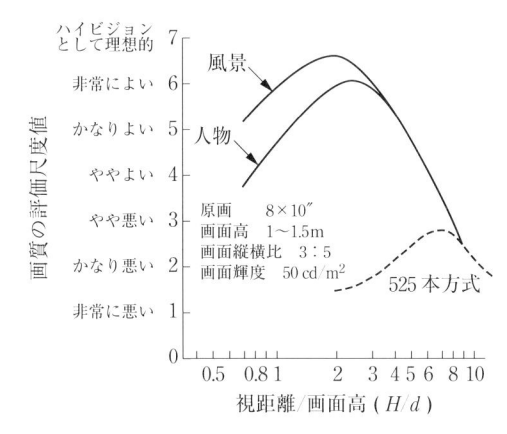

図5.9は視距離（実際に画像を見る距離を表示画面の高さで割った相対視距離）と観察者が主観的に感じる画質の良さとの関係について，静止画像を用いて調べた結果である．表示画面の高さ（画面高）の2～3倍の視距離が最も好まれ，これ以下では圧迫感や見切れのため好ましさは悪くなった．

一方，動画で同様の実験を行った結果，相対視距離が小さく，すなわち画角が大きくなりすぎると，めまぐるしさや船酔い感のため相対視距離をあまり短くすることができないことも分かった．

〔2〕 **画面の縦横比と大きさ** 図5.10は種々の縦横比のスライド画像を用いた主観評価実験の結果である．画像内容や画面の大きさに関係なく3:5が最も好まれ，次いで3:6となっている．ハイビジョンの目標とする標準的な画面の大きさは，家庭の部屋の大きさを考慮して設定し

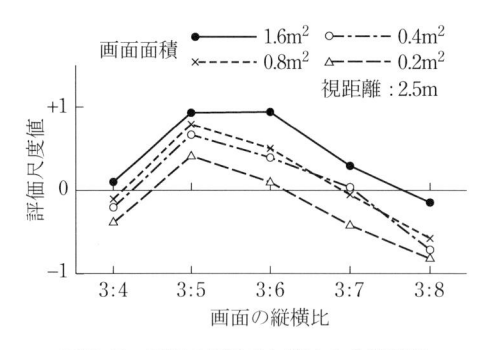

図 5.10 画面の縦横比に関する主観評価実験の結果

た．近距離で対象を見続けると目の疲労が生じるので，画像を見るとき視距離を 2 m 以上に取ることが望ましいとされている．一方，視距離の最大値は部屋の大きさで制限される．8～10 畳程度の広さを想定すると，3 m 程度が最大視距離となる．

これらのことから視距離として 2.5 m を一つの標準として設定すると水平画角 30°，縦横比 3：5 の標準画面サイズは 0.78×1.3 m となる．

〔3〕 **精細度**　走査線数や走査方式が可変できるテレビシステムとコンピュータによる画像処理を用いたフィルムシミュレーションシステムを開発し，飛越し走査と順次走査の得失や走査線数と画質の関係を明らかにした．視距離が画面高の 3 倍程度では，走査線数を増加したとき，1 000 本程度から改善の効果が小さくなり，1 600 本以上では改善効果がないことが分かった．これは標準の視力 1.0 の人は，視距離を画面高の 3 倍としたとき，約 1 000 本の走査線が漸く判別できることと対応している．

1973 年には，図 5.11 のような 26 形のカラー CRT を 3 本組み合わせた横 1 m，縦 50 cm の横長ディスプレイを開発した．このディスプレイで 70 mm 映画のテレシネ画像を見ると，従来のテレビに比べて格段の魅力が感じられた．このディスプレイで高品位テレビのデモンストレーションを広く行った結果，内外の放送関係者や一般の人々の反応から高品位テレビのニーズの大きさが実感できた．

図 5.11 高品位テレビ用ディスプレイ

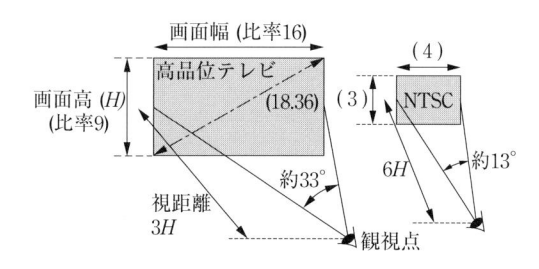

図 5.12 高品位テレビと NTSC 方式との相違

こうした試作機器による実験や視覚心理試験などを基に，NHK は 70 年代に，最適視距離を画面高の 3 倍として，縦横比 3：5，走査線数 1 125 本，2：1 飛越し走査などの高品位テレビの暫定規格を決めた．走査線数は NTSC 方式の 525 本と PAL，SECAM 方式の 625 本のいずれも変換が容易で 1 000 本以上の数として 1 125 本が選ばれた．また，縦横比は，あとに全米映画テレビジョン技術者協会（SMPTE）との検討の中で，映画との整合性を考慮して 9：16 に変更されることになった．図 5.12 に高品位テレビと NTSC 方式との相違を示す．

5.3.4　放送機器からディスプレイまで

NHK は高品位テレビの暫定規格を基にメーカの協力も得て，番組制作機器，ディスプレイの開

発を進めた．1977年に，NHK技研は，当時としては画期的な縦横比 3：5 の 30 inch 高精細ディスプレイを開発した．また，1980年には残像が少なく解像度の高い 1 inch のサチコン（Saticon）管を使ったカラーカメラを完成した．NHK技研の一般公開では，研究所の前の世田谷通りを通る自動車や通行人を撮影して，一般の人に動く高品位テレビ画像を展示し，大きなインパクトを与えた．1988年にはアバランシ効果を利用した HARP 管を使い，従来のサチコン管を使った高品位テレビに比べて約 10 倍高感度の高品位テレビカメラを開発した．

映画は高品位テレビの重要な素材であり，35 mm や 70 mm 映画フィルムと高品位テレビ間の変換を行うレーザテレシネやレーザ録画装置の開発も進められ，その後のディジタルシネマの先駆けともなった．1980年には，米国の映画監督コッポラが NHK 技研を訪れ，高品位テレビを見学した（図 5.13）．将来，映画にも大きな影響力を与える可能性に注目したコッポラは，研究用に最新作の 70 mm 映画「地獄の黙示録」のフイルムを NHK 技研に提供し，「これからは映画も高品位テレビだ！」といった．

図 5.13 コッポラ監督と藤尾元技研所長

NHK は米国の SMPTE からの強い要請と高品位テレビの世界的な普及のため，1981年にサンフランシスコでの SMPTE 冬季大会で，高品位テレビの実演展示を行った．高品位テレビの海外での初公開とあって，欧州諸国からもテレビ，映画関係者が多数集まり，大きな反響を呼んだ．また，翌年にはワシントンにおいて FCC（連邦通信委員会）など政府関係者にデモンストレーションを行った．

高精細度テレビではディスプレイの大画面化が必要であるが，ブラウン管ではせいぜい 40 inch 程度までのサイズしか実現できないため，ブラウン管に代わる大形化が可能な新しいディスプレイを目指して，1971年には放電形ディスプレイ（PDP）の研究が開始された．

それから約 30 年後の現在において，PDP は液晶テレビとともに家庭用フラットパネルディスプレイとしてハイビジョン用に実用化されている．記録装置としては 1981 年に 1 inch テープのアナログ VTR が試作され，実験番組の収録に使われた．更に，1989 年に 1/2 inch カセットテープを使うポータブル形アナログ VTR（UNIHI）や 1 inch のディジタル VTR が，1996 年には 1/2 inch カセットテープを使うディジタル方式の HD-D5 が実用化され，機動的な番組制作ができるようになった．

5.3.5 ハイビジョン放送

高品位テレビは，標準テレビと比べて 5 倍以上の映像信号の帯域幅をもっている．このためどのように家庭まですばらしい映像と音声を送るかという，いわゆる放送方式の開発が大きな課題であった．NHK 技研では，当初，輝度（Y）信号と色（C）信号を分離して，それぞれの信号を FM で送る YC 分離伝送方式と，この 2 信号を多重化する複合カラー信号伝送方式（HLO–PAL 方式）の 2 方式の開発を行い，1978 年には実験用放送衛星「ゆり」を用いて伝送実験を成功させた．

YC 分離伝送方式は，複合カラー信号伝送方式に比べると衛星の送信電力は少なくてすむが，それでも Y 信号の伝送に約 100 MHz，色信号の伝送に 25 MHz 程度の 2 チャネルが必要であり，標

準テレビの伝送が 27 MHz の 1 チャネルで可能なことに比べると家庭向けの放送を行うためには実用的でなかった．このため何とか 1 チャネルで放送できないかと研究を続けた．この難関を突破したのが，1984 年 1 月に発表された MUSE（multiple sub-Nyquist sampling encoding）方式である（図 5.14）．この方式は，高品位テレビの膨大なデータ量を間引いて送る方式である[2]．1 枚の高品位テレビ画像を間引いて 4 回に分けて送り，受信機のメモリで復元する方法により，静止しているところと動いているところを分離して，最適な画像処理を行うことで間引きによる大きな画質劣化が起きないようにしている．なお，1989 年には MUSE 方式を用いて放送衛星 BS-2 で実験放送が開始された．

図 5.14　MUSE エンコーダの内部

一方，1987 年に米国では 1 チャネル 6 MHz の帯域幅の地上アナログテレビ放送と同じチャネルを用いて HDTV を放送する目標が FCC で決められ，方式が募集された．各社は当初，アナログ方式のシステムを提案したが，その後，提案社の一社であるゼネラルインスツルメント社がディジタル方式を提案したことがきっかけとなり，結局 FCC はディジタル方式の採用を決定した．6 MHz のチャネルでディジタル方式の HDTV 放送が可能になったのは，映像信号のディジタル圧縮技術の進歩によることが大きい．放送へのディジタル圧縮技術の利用がクローズアップされるなかで，ISO/IEC，ITU はその標準化を進め，1994 年に MPEG-2 方式として制定された．このような状況を受け，我が国でも，まず衛星ハイビジョン放送をディジタル放送で行うこととなって方式開発と標準化が行われ，2000 年 12 月に放送衛星 BSAT-1b でディジタルハイビジョン放送が始まった．更に，地上テレビ放送もディジタル放送によりハイビジョン放送を行うことになり，方式の開発と標準化が行われた．2003 年 12 月にはハイビジョン地上ディジタル放送が始まった．

5.3.6　ハイビジョンの命名と最初のハイビジョン番組

1980 年代に入って高品位テレビに対する世の中の関心が高まっていくなかで，親しみやすい名前をつけようということになり，筑波国際科学技術博覧会（つくば科学万博）の開催直前の 1985 年 2 月に「ハイビジョン」と命名された．

つくば科学万博までには，野外中継を含めてハイビジョンの番組制作に必要な機材は一通り開発された．つくば万博は「映像の万博」とも呼ばれ，ハイビジョンはその一端を担い，会場内で MUSE 方式の放送が行われ，その信号は同時に日本各地に設置された MUSE 受信機でも展示された．また，会場に設置された 400 inch の高精細な大画面映像は来場者に大きな感動を与えた．

初めて制作されたハイビジョン番組は 1982 年の「日本の美」である．このときには現行テレビとハイビジョンでどのくらいの画質や迫力に違いがあるのか見ようということで，ハイビジョンカメラの上に現行テレビカメラをのせ同時に撮影された．一方，海外でも 1985 年にイタリア放送協会（RAI）が映画的な撮影手法によってハイビジョン短編ドラマ「オニリコン」を制作した．いずれも実験的な作品であったが，関係者の注目を集めた．

ハイビジョン機材の急速な発展はハイビジョンを地上から深海や宇宙へと飛躍させた．1998 年

10月に打ち上げられたスペースシャトル「ディスカバリー」にハイビジョンカメラが搭載され，向井宇宙飛行士がハイビジョン映像の撮影に成功した．これまでに見たことのないリアルな映像で宇宙から地球を見ることができ，新たなテレビの時代に突入した．

5.3.7 国際統一に向けて

　各国で制作された番組が国際間で複雑な方式変換を行わずに簡単に交換できれば，番組の交流が活発となり国際間の理解の促進，文化の交流に役立つ．また，同じ規格の機材を使うことができるので機器のコストダウンも行いやすい．このためにはテレビ方式の規格統一が重要であり，世界統一規格化は技術者の悲願であった．

　ハイビジョンの国際標準化は，1974年に国際電気通信連合（ITU）の国際無線通信諮問委員会（CCIR）で日本提案の「高精細度テレビジョン（HDTV）」が研究課題として採択されたことに始まる．その後の国際的な規格検討のなかで，日本は走査線数1125本，フィールド周波数60 Hzなど，その後のハイビジョン規格の基となる規格を提案した．米国は日本の提案に賛成したが，欧州はHDTVから現行テレビへの変換の点で納得しなかった．そこで，フィールド周波数50 HzのPALやSECAMでもハイビジョンから変換しても画質上問題はなく，日本提案の規格を採用しても欧州に不利でないことを示すために，NHKはHDTV/PAL方式変換装置を開発した．この装置は世界で初めての動き補正形のフィールド周波数変換方式を採用した変換器であり，動画像の変換画質が格段に向上したので，オリエンタルマジックといわれた．

　欧州放送連合（EBU）は技術的な検討の結果，日本提案を支持する方向でまとまったが，EC（現EU）では技術的な視点より経済的な観点，すなわち日本製品が市場を席巻するのではないかという危惧から，政策的な立場でフランスを中心として反対の動きが活発となった．その結果，1986年のCCIRのドブロフニク総会では，日本提案を基にした規格の勧告化は見送られた．ECはその後，欧州提案としてPAL，SECAM方式とフィールド周波数が同じ50 Hzで，2倍の走査線数となる1250/50方式を提案した．

　その後，3原色を規定する測色パラメータなどは合意がとれ，日本提案と欧州提案の規格を併記した形で，1990年，デュッセルドルフ総会でHDTV規格が勧告709として成立した．走査線数の統一の努力はその後，更に続いた．日本のハイビジョン放送の実績が評価され，走査線のうち，テレビ画面に見える部分に相当する有効走査線数については，1997年4月のITU-R（CCIRの後継標準化機関）で1080本の合意が得られた．更に，2000年3月に全走査線数が1125本に統一された．水平方向の有効画素数は1920画素である．HDTV放送は，日本以外では，アメリカと韓国の地上放送で既に行われているが，中国や欧州の一部の国でも放送が予定されている．テレビ方式の世界統一はITU始まって以来の快挙であり，世界への日本の貢献として誇れるものである．

問題1　従来のテレビ方式であるNTSC，PAL，SECAM方式とハイビジョン方式について，画面の縦横比，走査方式，水平画素数などのパラメータの比較を行い，表にまとめよ．

問題2　ハイビジョン方式（フィールド周波数60 Hz，水平有効画素数1920，水平有効走査率0.8727，有効走査線数1080本，垂直有効走査率0.96）の最高周波数帯域（ナイキスト帯域）を求めよ．ここで，有効走査率とは1画面の全画素のなかで画像の表示されている部分の割合をいう．

5.4 地上デジタル放送システム

5.4.1 OFDM伝送の研究と方式開発の助走

　1980年代の半ばにCCIR（現在のITU-R）帰りの担当者が，"EBUからDAB（digital audio broadcasting）の提案があったが，OFDM（orthogonal frequency division multiplexing）に関する記述が全く分からない，何とかならないか"と，FM多重放送の研究を進めていた主任研究員の山田宰のところに文書を持ち込んだのがNHK技研におけるOFDM研究の事始めであった．当時のヨーロッパではOFDM伝送を音声放送に利用するユーレカプロジェクトが戦略的に進められていて，域外への情報公開が厳しく制限されていた．数年後にフランスの放送通信研究所CCETTを訪問した山田は，何とかDAB実験車に乗せてもらったものの肝心の技術的な議論には一切応じてもらえず，実験車でそのままホテルに送り届けられた，と悔しい思い出を記している[1]．このような背景もありOFDM伝送の研究は，同期再生や周波数制御などいわば変復調のイロハについて計算機シミュレーションによる原理的な確認を一つひとつ積み上げながら進めざるを得なかった．ハードウェアを作って確認することが研究を加速すると考えた山田は，斉藤正典と森山繁樹にDAB仕様の変復調器の試作を命じた．1990年代の初めに，いよいよ装置の試作に取り掛かったものの，OFDM変調の心臓部であるFFT（fast fourier transform）はやっと1024サンプルの基板が出始めたばかりであり，仕様の解釈がはっきりしないことも少なくなく，全くの手探り状態が暫く続いた．シミュレーションに基づきDQPSK（differential quadrature phase shift keying）-OFDM変復調装置の詳細仕様をまとめた斉藤と森山は，装置の制作を担当した日本電気の佐藤亨や渡辺慎二とともに，キャリヤ再生・クロック再生技術，AFC（automatic frequency control）技術，A-D・D-A変換に最適なダイナミックレンジの設定など数々のハードルを乗り越え，1992年についに実験装置を動作させた．帯域幅3.5 MHzの中に448本のキャリヤを持つ装置の伝送容量は高々4 Mbit/sであったが，担当者はこの装置の実験によってマルチパス妨害やフェージングに対するOFDM伝送の強さを文字どおり体感し，あとの地上デジタル放送方式の開発に向けた確信を深めることとなった．1992年の後半，音声信号の符号化にMUSICAMを用いた室内伝送実験に没頭している最中に，部長の山田から，"映像信号の移動受信はまだできないの？"と檄が飛んだ．担当者一同はその性急さに大いに目を回したものだったが，"OFDMのメリットはテレビの移動受信だ"との主張は地上デジタル放送方式の開発における要求条件の一つとなった．翌1993年に技研鉄塔にアンテナを設けた"きぬたじっけん"局のエリアで行ったディジタル映像の世界初の移動受信は，10年後に，中原俊二のダイバーシチ等化技術によるハイビジョン移動受信に発展した．

　一方，放送方式開発については，ユーレカのDABが一部で注目されていたものの，地上波のデジタル化は研究レベルにおいても先行きが全くおぼつかない状態であった．デジタル放送はまだまだ先のことと受け止められていた全般的な雰囲気の中で，実現性への最たる疑問は，"地上デジタル放送のチャネルが確保できるのか？"であった．とにかく実情を把握するため，中原俊二ら担当者は関東エリアにおける各チャネルの電界測定を皮切りに空きチャネルの調査を進めた．この結

5.4 地上デジタル放送システム　　*137*

果，特に混み具合の厳しい瀬戸内地方などにおいては，地上デジタル放送に使えるチャネルを確保することは難しいことが明らかになった．当時盛んに議論されたように，あらかじめ受信機を配り一夜でデジタル放送に移行する，あるいは，現用チャネルを変更整理してデジタル用のチャネルをやりくりするなどいくつかの方策が考えられたが，実現には相当の時間と準備作業が想定された．そこで当面，OFDM伝送の応用は番組素材伝送のFPUに，放送方式の検討はFM帯域の地上デジタル音声放送にそれぞれの活路を求めることとなった．1993年に着手した800 MHz帯を用いるマラソン移動中継の技術は，森山繁樹らによって1996年に標準テレビ用FPUとして実用化され，更にその後，ハイビジョン放送用16 QAM FPUが実用化されている．

一方，地上デジタル音声放送の放送方式については，DABの帯域幅1.5 MHzを確保できるような周波数余裕は元々ないことから，現行FMチャネルのすき間に100 kHz程度の狭帯域OFDM波を分散させて配置し全体として必要な帯域幅を確保する，いわば，周波数の落ち穂拾いのような伝送方式の試作へと進んだ．放送波スペクトルの形状から，当時，BST (band split transmission) と名づけたこの伝送方式は，ある打合せでFM帯域の空き周波数はコミュニティFMへ割り当てるという国の施策が明らかになり，当てにした周波数領域を失って頓挫した．しかしながら，狭帯域なOFDM波ブロックとこれらを束ねる制御チャネルなどコンセプトの基本部分は，その後の本格的な方式開発の重要なベースとなった．

5.4.2　方式コンセプトの変遷——BSTからBSTへ

マラソンの移動中継用FPUの開発で多値OFDMのハードウェア技術の研究を進めたことは先に述べた．音声から始まった放送方式の研究はディジタル化や周波数にかかわるいろいろな議論を反映しながら徐々にテレビ放送へと重心を移し，最終的に，音声放送を含めた共通方式の開発に至る．この経過を，ISDB-T伝送方式を特徴づけるコンセプトであるBSTに焦点を絞り，NHK技研の一般公開資料を用いてたどってみる[2]．

図5.15は，先に述べたBSTで，テレビやFMの空き周波数を使うことを前提に，かつ，帯域幅を拡張することができる伝送方式の周波数スペクトルである．一つのOFDMブロックの帯域幅を100 kHzと狭く取り，800 kHzの間隔で配置されるFMチャネルのすき間の周波数を伝送状況に応じて柔軟に使いこなそうと考えたのである．また，これらのOFDMブロックの伝送パラメータを伝送し受信機を制御するため，1本のOFDMキャリヤを用いるTMCC (transmission mode control channel) が設けられている．

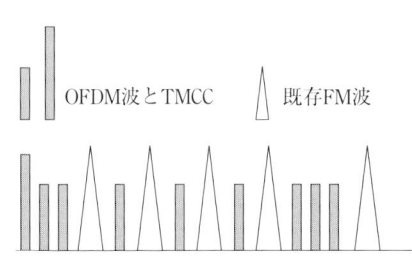

図5.15　BST方式の周波数スペクトル

当時の内外の動きに注目すると，1994年にMPEG-2の圧縮方式と多重方式が標準化され，衛星放送や地上波などを含めてメディア横断的な利用が可能になっている．欧州のOFDM方式のDVB-Tと米国の8-VSB方式のDTVがともにMPEG-2を採用し，ITU-R標準化における先陣争いに拍車がかかっていた．これらを背景として国内では，1995年，方式開発を目的とした次世代テレビ放送システム研究所（DTV-Lab.）が発足している．しかし，地上デジタル放送用の周波数をどのように確保するかについては依然として不透明であった．図5.16に示すBST OFDMを用いた伝送イメージはこのような状況のなかで考えられたものである．

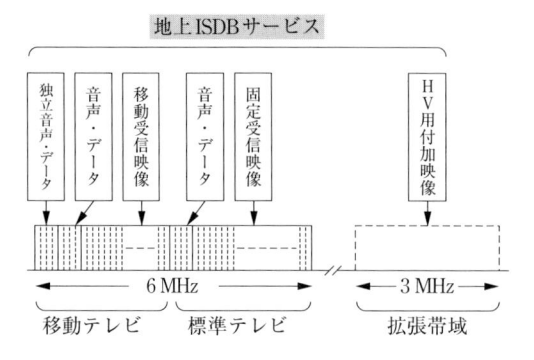

図 5.16 BST OFDM を用いた伝送イメージ

地上デジタルテレビの帯域幅を 3 MHz とし，現行の 6 MHz の帯域内に 2 チャネルを入れ込む方式である．BST の OFDM ブロックは先と同じく 100 kHz 幅であるが，まとまった伝送帯域を分けて使う意味で，これ以降 band segmented transmission と呼び改められた．この方式は，3 MHz を移動受信向けと固定受信向けに使い分け，独立音声・データ放送には 4 セグメントをあてて移動テレビ帯域にまとめている．移動受信は固定受信に比べて受信高が低くマルチパス妨害が厳しいので変調と誤り訂正などを共に強くする必要があり，セグメントで帯域を分けて伝送パラメータを設定している．また，将来の空き周波数を想定した拡張帯域では付加映像を伝送しハイビジョン放送に発展させることを想定している．

1997 年の地上 ISDB のサービスと受信イメージを示す**図 5.17** は，"地上デジタル放送にハイビジョンは必須である，また，伝送帯域は現行アナログ放送と同じ 6 MHz とする"など，電気通信技術審議会（電通技審）における要求条件の議論を反映している．ハイビジョンには独立のチャネルを想定し，家庭用の受信機は統合形受信機である．右端に示す 500 kHz の狭帯域 OFDM の携帯受信イメージは，音声放送の方式議論がテレビ方式とは独立に行われていた当時にあって，地上 ISDB のファミリーとして音声放送を共通方式とすることのメリットを明確に打ち出したものである．

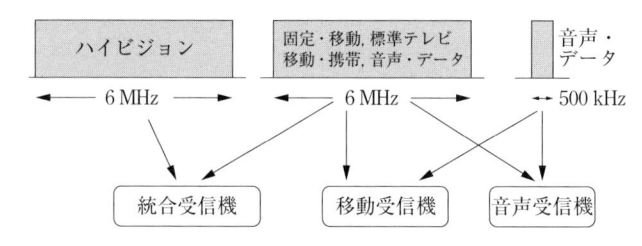

図 5.17 地上 ISDB のサービスと受信イメージ

5.4.3 共同研究による方式開発

放送局と放送機器の主要メーカ 5 社の技術力を結集して設立された DTV-Lab. は，1995 年から翌年にかけて，移動受信と固定受信を時分割伝送で両立させる技術，SFN（single frequency network）のサービスエリアを拡大する手法，OFDM の新たな同期技術などについて，その後の方式開発の基礎となる重要な研究成果を上げていた．国際的には欧州の DVB-T と米国の 8-VSB（8 値-残留側波帯）伝送の DTV の規格化が相次ぐなか，1997 年 1 月，荒削りながらセグメント幅を 500 kHz の BST-OFDM 方式案を何とかまとめた NHK 技研は，更に研究を加速するため DTV-Lab. と共同研究を開始した．これ以降日本の方式開発は，共同研究をエンジンとして数々の改善を加え，一気に規格化まで駆け抜けたのである．節目を上げると，半年後の 7 月に共同提案した ARIB 実験方式を皮切りに，9 月には電通技審の暫定方式原案（伝送部分）が成立し，試作機器に

よる伝送実験と数々の改善を経て1998年9月に暫定方式が固まっている．この暫定方式は，東京タワーを用いて同年11月に開始したARIB大規模実証実験の結果をもって，1999年5月に日本の標準方式となった．

一方，地上デジタル音声放送については，1998年4月，その時点では432 kHzだった1セグメントを帯域幅とする狭帯域ISDB-Tを音声放送事業者4者と共に電通技審の作業グループWG2に提案した．このほかに，DAB方式，DABの帯域幅を半分にしたSystem J方式，及び，テレビチャネルの13セグメントすべてを独立に音声放送とするなどの案が提案された．ARIBと電通技審WG2において，多重方式MPEG-2 Systemsの採用，帯域幅と伝送特性，テレビの方式との共通性などを巡って長い議論が行われ，1998年11月に，提案した1セグメント形式に3セグメント形式を加えて電通技審の暫定方式となった（図5.18）．この後，実証実験を行い，ガードバンドを設けずにチャネルを並べて送信する信号形式を追加して，1999年11月に標準方式が成立した．ハイビジョン，1セグメントサービス，移動受信，テレビとラジオに共通な受信機など，大きな可能性を秘めた地上デジタル放送システムISDB-Tの標準化が完成した．

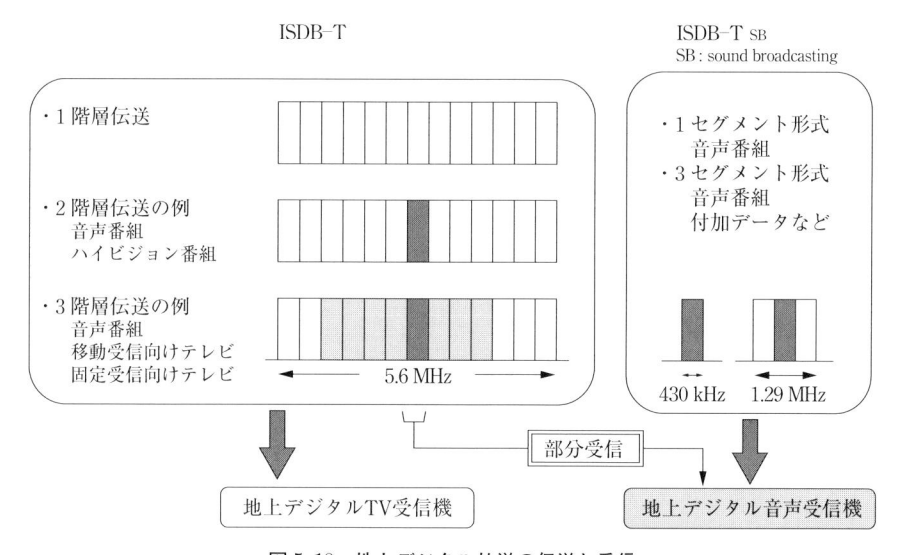

図5.18 地上デジタル放送の伝送と受信

5.4.4 BSTとMPEG-2 Systems

STRAWMAN Spec.の議論

ここで話はさかのぼる．図5.17のコンセプトと共同研究に持ち込んだ方式案の間には，実は，大きな谷間があった．6 MHzの帯域の中で何でもできる，つまり，BST-OFDMのセグメントを，図5.18の例に示すように，任意に使い分け，かつ，変更できるようにすることである．言い換えると，ディジタル信号の多重方式MPEG-2 Systemsで規定されるTS（transport stream）と伝送方式BST-OFDMとの間の完全なインタフェースである．

TSには音声信号と映像信号の識別や互いの時刻同期などさまざまな約束が設けられていて，一つの伝送路（一組の伝送パラメータ）で複数の番組を伝送することができる．因みにDVB-TやDTVの伝送方式がこれにあたる．一方，BST-OFDMの伝送では，複数のTSを任意の組合せで

伝送速度の異なる複数の伝送路に振り分けることになるので，一般にTSの規定を満たせなくなるのである．この任意の組合せは，伝送路のキャリヤ変調方式，誤り訂正の符号化率，時間インタリーブ，ガードインターバル比，及びセグメントの配分を変数とするので，場合の数は膨大なものとなる．完全なインタフェースなどとても無理と，最初は誰もが思っていた．

NHK技研の方式開発グループでは，1995年の半ばから，STRAWMAN Spec.の打合せと称したブレンストーミングをほぼ定期的に行っていた．先に示した方式のコンセプトを一貫して追求してきた黒田徹は，柔軟な伝送方式と多重方式MPEG-2 Systemsのシステム化が方式開発の基本問題と考えていた．あるとき，多重技術を担当する先輩の木村武史に，"移動からハイビジョンまで何でも有りのインタフェースはできないかな？"と相談を持ちかけた．何事にも慎重な木村の答えは，このとき，意外にも肯定的なものだった．多重と伝送が4つに組んだシステム化検討が加速した．ひょっとしたらトンネルを抜けられるのではないかと黒田は思った．チャネルの確保，新たなネットワークのコスト，移行期のサイマル放送の負担などディジタル化の困難さが多くいわれるなかで，放送事業者が自在にサービスを展開できる方式開発こそが突破口との想いに展望が開けたのである．

図5.19に示す送信側の系統図を用いてこのインタフェースの考え方を説明する．TVや音声番組として入力される複数のTSは，いったん，新たな単一のTSに変換される．その後，編成情報に従ってそれぞれの伝送路にTSP（TSパケット）ごとに振り分けられる．変調を終えた信号は図5.18に示すように6MHzのOFDM波として，最多で3並列に送信される．受信機ではこの逆の処理を行い，並列に伝送されたOFDM信号から単一のTSを復元する方式である[3]．課題は，約280 kbit/sから23 Mbit/sの範囲にある並列伝送のすべての場合について統一的なクロックで処理し，受信機側では簡単な回路で元の単一TSを再現することであった．前半は木村が，後半は若手の上原道宏が突破した．

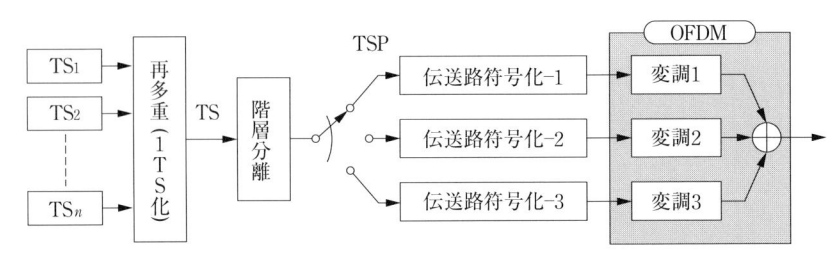

図5.19　送信側の系統図

TSパケットにいちいち名前をつけて識別するのでは能がない，受信機も重たくなると考えていた上原は，1996年12月13日，技研に隣接するNHK中央研修所の一室にかん詰めになったSTRAWMAN Spec.議論の最中，並列に伝送されたTSパケットを信号処理のタイミングだけで一つのTSに並べ直す"モデル受信機の概念[3]"を思いついた．単純なスイッチング動作の受信機回路を想定し，これが正しく動作するように送信側の信号処理を規定するアルゴリズムである．

このアルゴリズムは，概念自体は簡明ながら，具体的な動作を逐一説明することは非常に難しかったため，"誤動作を含まないか？"，"ハードウェアで実現可能か？"など，その後，多くの議論を呼んだ．これに対し共同研究のメンバーは，独立にシミュレーションを行い，その結果をつき合わせることでアルゴリズムの一義性と実現性を確認することにした．技研側は発案者の上原が，DTV-Lab.側は池田哲臣とテレビ朝日の岡村浩彰が担当し，見事に考え方の正しさを証明した．

5.4.5 方式の確定

最初の案では500 kHzだったセグメント帯域幅は，チャネル間の混信保護比や放送サービス面からの検討による変更を経て，最終的に6 MHzを14等分した約430 kHzに落ち着いた．"TV放送は13セグメントを使用し残りの1セグメントをガードバンドにあてる"ことで，チャネル配置など周波数の区画をセグメント単位で考えられるようにした．また，これらの検討に前後し，松下電器産業の影山定司らによるOFDMパイロットキャリアの配置や利用方法などについての改善，東芝の高橋泰雄，石川達也らによるOFDM同期方式と実験用変復調器の試作をもって方式が確定し，ARIBの大規模実証実験へと進んだのである．

問題1 地上波テレビがデジタル化することで何が変わるか，また，変化すると予想されるか述べよ．
問題2 テレビ放送と音声放送の方式を共通にすると，どのようなメリットが考えられるか述べよ．

5.5 高感度撮像デバイス

5.5.1 はじめに

図5.20は，1995年6月22日に放送された全日空機ハイジャック事件を伝えるNHKニュースの映像の1コマである．撮影時間は午前3時半すぎ，場所は函館空港である．暗くて肉眼ではほとんど見えないジャンボジェット機の下で，機内突入の準備を進める機動隊の姿がはっきりと映し出されている．これをとらえたのは，NHK技研の筆者らが日立製作所の研究チームとともに世界に先駆けて開発した超高感度で高画質なHARP（ハープ，high-gain avalanche rushing amorphous photoconductor）撮像管を内蔵したHARPハンディカメラ[1]である．事件解決直後に，新聞各社がこぞってこのHARPカメラを紹介したことから，筆者らによるアバランシ増倍形（電子雪崩増倍形）の超高感度HARP撮像管[2),3)]の発明が広く知られるようになった．

図5.20 全日空機ハイジャック事件を伝える映像の1コマ（函館空港，午前3時半すぎ）

テレビカメラの内部で入射光を電気信号に変換する役割を担う電子デバイスにはCCD（charge coupled device）や撮像管などがあり，これらは撮像デバイスと呼ばれる．テレビカメラは，この撮像デバイスの感度が高ければ高いほど，暗い被写体でも鮮明な映像としてとらえることができる．このためその高感度化は，内外での約80年に渡る研究史をひもといても分かるように，常に最も重要な課題として扱われてきた．

本節では，日本のオリジナル技術の一つとして知られるようになった超高感度 HARP 撮像管の発明の経緯，その動作原理，特徴などについて述べるが，HARP 撮像管も光導電形撮像管の一種であることから，このタイプの撮像管の歴史の概説から話を始める．

5.5.2 光導電形撮像管の歴史

内部光電効果を利用した光導電形撮像管の歴史は，1950 年にワイマー（P. K. Weimer）によって発表されたビジコン[4]に始まる．光導電形撮像管は，光電変換と信号蓄積の両作用を光導電ターゲット（光電変換膜）で行わせるもので，ビジコンでは三硫化アンチモン（Sb_2S_3）の蒸着膜がターゲットに用いられた．ビジコンは，構造が簡単で，外部光電効果を利用した当時主流のイメージ形撮像管と比べて，小形，軽量という特長を有したが，残像や暗電流が大きいなどの欠点があったため，高画質が求められる放送用テレビカメラに使用されることは少なかった．ビジコンのこれらの欠点は，Sb_2S_3 の蒸着膜では入射光で励起された電荷が膜内で捕獲されて光導電性残像を生じることや，外部の電極からターゲットに電荷が注入されること（注入形ターゲット）に起因している．

1963 年，オランダのフィリップス社のハン（De Hann）によって発表されたプランビコン[5]は，ターゲットを pin 構造の PbO 膜で形成することにより，外部電極からの電荷の注入を阻止し（阻止形ターゲット），光導電形撮像管で初めて低残像，低暗電流などの優れた特性を実現した．1970 年代に入るとプランビコンは，テレビ放送設備のカラー化の波に乗って，それまでの外部光電効果を利用したイメージオルシコンに代わって放送用カラーテレビカメラの主力撮像管となった．

日本においても光導電形撮像管の開発研究は活発に行われ，1970 年代にはターゲットに CdSe，$CdSeO_3$，As_2S_3 を用いたカルニコン[6]，SeAsTe のサチコン[7,8]，ZnSe，$Zn_xCd_{x-1}Te$ のニュービコン[9]などの阻止形の光導電形撮像管が次々と開発，実用化された．その中で，日立製作所中央研究所の丸山瑛一，平井忠明，NHK 技研の後藤直宏，設楽圭一らによって開発された，アモルファスセレン（a-Se）を主成分とするサチコンは，ターゲット自体の分解能が極めて高く，小形化しても良好な解像度特性が得られるという特徴を有していた．このためサチコンは，1975 年以降の十数年間，多数のハンディカメラに用いられ，それまで 16 mm フィルムが混用されていたテレビ放送の全電子映像化に大きく貢献した．

ところが 1980 年代の半ば近くになると，固体撮像デバイスである CCD の性能が向上し，放送用カメラでもそれが実用されるようになってきた．このため真空デバイスである光導電形撮像管の研究は次々と終止符が打たれようとしていた．このような風前の灯火ともいうべき状況下で，超高感度・高画質撮像デバイスとして新たに誕生したのが以下に述べる HARP 撮像管である．

5.5.3 HARP 撮像管の発明の経緯

1980 年代に入ると，次世代の撮像デバイスは CCD などの固体撮像デバイスと目されていたことから，世界的に見ても撮像管の研究は終息の方向に動いていた．NHK 技研においても同様の方針が示されていたが，撮像管グループの統括をしていた河村達郎主任研究員（当時）は，竹蔵和久，設楽の両主任研究員（当時）や，設楽の部下であった筆者らを集め，グループの存続は撮像管の大幅な高感度化の成否にかかっているとして，それに集中した研究取組みを指示した．その背景には，当時，サチコンを用いたハイビジョンカメラが感度不足の問題を抱えていたこと，また，放送

5.5 高感度撮像デバイス

における報道番組の比重が大きくなり，夜間の緊急テレビ中継などに対応できる超高感度撮像デバイスがそれまでにも増して求められていたことなどがあった．

超高感度撮像デバイスとしては，イメージインテンシファイア（イメージ増強管）を用いたものなどが当時より実用されていた．また，CCDも内部で発生するノイズを小さくすることができることから，高感度化では撮像管よりも有利と考えられていた．しかし筆者は光導電形撮像管での高感度化にこだわりを持っていた．それは自身が研究者として大事な30代をa-Seのターゲットの研究に寝食を忘れて取り組んでいたことのほか，このターゲットが，高感度で高画質な撮像デバイスの実現に必要な条件，すなわち高SN化のための要件を満たす可能性が最も高いと考えたためである．その要件とは以下の三つである．

① 入ってきた光子をすべて光電変換部に導きうること（開口率100％）
② 光電変換部で光子をすべて電子に変換しうること（光電変換効率100％）
③ 電子に変換された信号を付加雑音なしに増幅できること

このうち①と②は，入ってくる光子自体の揺らぎに起因して生じる光ショットノイズの低減に，また，③は増幅器で生じるアンプノイズの影響の抑制と関連している．光導電形撮像管においては，CCDなどの固体撮像デバイスでは困難な開口率100％の状態が元来実現されており，また，内部光電効果を利用していることから，外部光電効果のイメージインテンシファイアなどに比べて光電変換効率を高めることが容易である．したがって，もし③の事項が可能になれば，従来にない高感度で高画質な撮像デバイスが得られることになる．このような考えから，次に述べる増幅作用を有するターゲットの研究に着手した．

ターゲットには，外部電極から膜内に電荷が注入されるタイプの注入形と，電荷の注入が阻止される阻止形の二つがある．注入形では，入射光子数以上の電子を外部に取り出すことが可能，すなわち増幅作用が得られるが，一方の阻止形では，残像や暗電流が少なく画質はよいものの，増幅作用を生じさせることは不可能とされていた．このため筆者は，注入形の高感度ターゲットの研究に取り組んだ[10]．

注入形ターゲットでは，原理的に増幅の利得分だけ残像が増加することや，暗電流が大きくなりやすいなどの欠点があるが，このような選択をしたのは，当時はこれ以外にターゲットに増幅機能を持たせる方法はないと考えられていたためである．また筆者は，NHK高知放送局の現業技術者であった時代の1971年，技研に1年間国内留学し，a-Seを主成分とする注入形ターゲットの研究実習をしていたことから，その経験を生かせるとの思いもあった．

以上のような経緯で注入形のターゲットの研究を始めたが，1985年11月，後述の阻止形のターゲットに通常の10倍もの高い電圧をかけて注入形として動作させようとした非常識ともいえる実験で，電荷の注入では説明のつかないターゲット内での増幅現象を見いだした．これがHARP撮像管の発明の発端となった[2],[3]．

筆者がそれまでに取り組んでいたa-Seを用いた注入形のターゲットでは，比較的低い動作電界（5×10^6V/m）で増幅現象を生じる．動作電界が低いと，入射した光子から電子への変換効率が低下するため，光ショットノイズの影響が大きくなるなどの画質劣化の問題が生じる．これを改善するには，十分に強い電界が印加されたときに初めて外部電極からターゲットに電荷が注入されて増幅現象が生じるようにすればよいと考え，本来，電荷の注入を阻止する構造となっている阻止形のターゲットに強引に高電圧を印加して電子の注入を生じさせる実験を計画した．このための試作ターゲットの構造を図5.21に示す．真空蒸着法で形成したa-Se層の厚さは2μmである．この膜では，透明信号電極（ITO）及びCeO_2（酸化セリウム）と，a-Se層との接合により，信号電極側か

らの膜内への正孔の注入が阻止され，また，Sb_2S_3層によって電子ビーム走査側からの電子の注入が阻止されている．すなわちこの試作膜は阻止形に属する．なお，Sb_2S_3層は，ターゲット印加電圧が非常に高い場合でも2次電子の放出が抑制され，ビーム走査が安定に行われるよう，多孔質膜となっている．

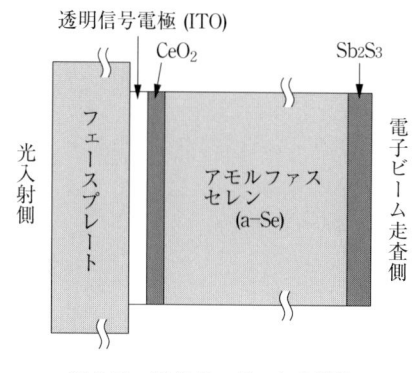

図5.21　試作ターゲットの構造　　　図5.22　印加電圧-信号電流の特性

この膜を撮像管に組み込み，青色光を入射させて印加電圧-信号電流の特性を調べた結果を図5.22に示す．電圧を0Vから上げていくと（信号電極側がビーム走査側に対して正電位となるよう電圧を加える），信号電流は急激に増加し，いったん飽和する．この飽和領域は，入射光で励起された電子・正孔対のほとんどが強くなった電界によって分離され，信号電荷になっている状態と考えられる．しかし，電圧を更に高くすると，信号電流は再び急激に増加する現象を生じる．

a-Se膜の青色光に対する量子効率η（単位入射光子数当りの出力電子数）は，電界が8×10^7V/mのとき0.9になるとされている[11]．試作膜の厚さは2μmであることから，この電界は図5.22では印加電圧160Vに相当する．したがって，ηは同図の右縦軸のように表すことができる．これより試作膜では，印加電圧180Vでηが1を超え，240Vではηが10となっていることが分かる（ηは，1以上の値となる領域では実効的な量子効率を意味する）．

試作ターゲットではηが1を超えたことから，予測どおりに阻止形のターゲットが注入形として動作して増幅作用を生じたと考えた．しかし，この膜には注入形に見られるはずの残像特性の印加電圧依存性がほとんど認められなかった．すなわち，注入形の動作理論に従えば，増幅の利得分だけ膜の実効的な蓄積容量が大きくなることから，印加電圧が180V以上になると残像が急激に増加するはずであるが，試作膜にはそのような現象は現れなかった．このため新たにいくつかの実験を行った．その結果，ηが1を超える感度増加現象には以下のような性質が伴っていることが明らかになった．

① ηが1を超えても膜の実効的な蓄積容量は一定で増加しない．
② 増幅作用には光入射方向依存性があり，フェースプレート側に比べ，ビーム走査側から光を入射させた場合には増幅作用が小さくなる．すなわち，ターゲット内の電子走行に対する増幅の利得は正孔走行の場合よりも小さい．
③ ターゲット内の電界の強さが一定の場合，a-Se層の厚さを増すほど増幅の利得が大きくなる．

これらのことから，試作ターゲットで得られた感度増加現象は，電荷の注入によるものではなく，それまで知られていなかった撮像デバイス用の阻止形ターゲットで生じる連続で安定なアバラ

5.5 高感度撮像デバイス

ンシ増倍現象によるとの結論に至った．

以上が，超高感度 HARP 撮像管の誕生につながる光導電ターゲットでの感度増加現象の発見の経緯である．このように HARP 撮像管は，それとは動作原理が全く異なる電荷注入形の光導電ターゲットの研究から生まれたのである．阻止形構造の a-Se のターゲットに高い電圧をかけたときに生じる感度増加現象には，過去に他の研究者も遭遇していたのではないかと思われる．しかしこれを有用な現象とは気づかずに見すごしていたのは，筆者の実験前の考えと同様に画質劣化を伴う電荷の注入現象と解釈したためではなかろうか．運良く筆者が前記の感度増加現象を，従来，撮像管のターゲットでは知られていなかった非注入よるものと気づくことができた理由としては，その14年前の国内留学時の研究実習や，1976年に技研に転勤してからのサチコンの特性改善という本来業務以外に，上司に隠れての暗室内での基礎実験に10年近くも熱中したことによって，a-Se ターゲットの振舞いや，注入形とはどういうものかを体で覚えていたことがあげられよう．

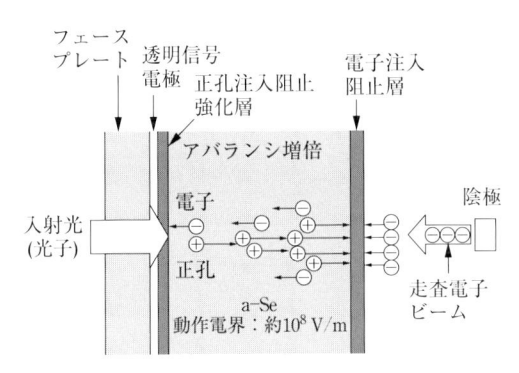

図 5.23 に HARP 撮像管のターゲットの動作原理を模式的に示す．入射光によって生成された電子と正孔は，約 10^8 V/m の強い電界が印加されたターゲット内で加速され，衝突イオン化によって次々と新たな電子・正孔対を発生させる．その結果，入射光子1個に対して多数の電子が信号電極から取り出される．HARP 撮像管のターゲットではこのようにアバランシ増倍による内部増幅作用があり，しかもこの増幅で付加されるノイズは極めて小さいことから高い感度を得ることができる．また，アバランシ増倍による残像の増加や解像度特性の劣化がないなど，HARP 撮像管は感度が高いのみならず，高画質撮像デバイスの要件も兼ね備えている．

図 5.23　HARP 撮像管のターゲットの動作原理

5.5.4　実用形HARP撮像管のターゲット構造と撮像例

実用形 HARP 撮像管のターゲットの基本構造を図 5.24 に示す．a-Se，CeO_2，Sb_2S_3 の層を用いている点では図 5.21 の試作ターゲットと同じであるが，実用形ターゲットでは，a-Se に As（ひ素），LiF（ふっ化リチウム），Te（テルル）を添加している．As は a-Se の結晶化を抑えて欠陥（画面傷）の発生などを防止している．また LiF は，ターゲット内の電界制御の役割を担い，a-Se 膜の CeO_2 との界面付近の電界を緩和させて欠陥の発生を防いでいる．Te については，赤色増感材として，赤チャネル用のターゲットに添加される．

ターゲットの膜厚を 25μm とした HARP 撮像管[1]では約 600 倍の電荷増倍率が得られる．この撮像管を実装したカラーカメラの感度は，11 lx，F 8 であり，CCD カメラの約 100 倍の高い値となる．HARP カメラと

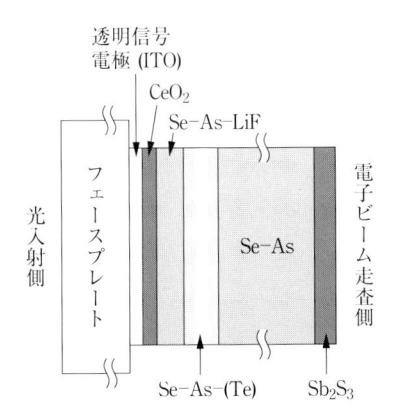

図 5.24　実用形 HARP 撮像管のターゲットの基本構造

CCDカメラで暗い被写体を撮影した感度比較実験の例を図5.25に示す（撮影条件：被写体照度 0.3 lx，レンズ絞り F 1.7）．CCDカメラでは 18 dB のゲインアップで実効感度を増しているが，その映像は不鮮明で，HARPカメラの感度の優位性が明確に認められる．

(a) HARPカメラ　　　　(b) CCDカメラ（+18 dB）

図5.25　感度比較実験の例（0.3 lx，F 1.7）

5.5.5　おわりに

HARP撮像管は，1985年にその動作原理が見いだされて以来，現在までその実用化と一層の高性能化がNHKの筆者，設楽圭一，山崎順一，久保田節，日立製作所の平井，辻和隆，浜松ホトニクスの河合敏昭，小林昭らが参加した共同研究で進められてきた．その結果，電荷増倍率は，発明当初は約 10 であったが，こんにちでは 600 以上の値が得られ，肉眼を上回る感度のハイビジョンHARPカメラが実現された．この技術は，夜間緊急報道やサイエンス番組などの放送での使用にとどまらず，深海探査[12]，癌の早期発見や心筋梗塞の高度な診断を目的としたX線医療診断の研究[13]，更にはバイオの研究などにも活用されている．このように日本で生まれた新たな超高感度・高画質撮像デバイスは，こんにちではさまざまな分野の研究に応用され，海外からも注目を集めている．

問題　撮像デバイスの変遷を調査し，それぞれのデバイスがテレビ放送の発展に果たした役割を述べよ．

5.6 液晶ディスプレイ

5.6.1　はじめに

エレクトロニクス並びにその産業化は，19世紀末1897年のトムソン（Joseph J. Thomson）による電子線の発見や，ブラウン（Karl F. Braun）による CRT（cathode ray tube）の発明が発端となって開始され，1906年のド・フォーレ（Lee de Forest）による3極真空管の発明を契機として一段と発展したこともあり，その結果として1960年代までの20世紀の前半は，電子管がその主役を担ってきた．それに対し，1947年末のショックレー（William B. Shockley）らによる接合形

トランジスタの発明[1]が増幅器，演算処理器などの固体電子素子への道を開き，1950年代の個別素子の実用化時代を経て，1958年のキルビー（Jack S. Kilby）による固体集積回路（IC）の発明[2]，そしてその発展系としての大規模集積回路がこんにちの情報通信社会の基盤となっている固体エレクトロニクス技術を支えてきた．

ところで，エレクトロニクス技術におけるディスプレイ（表示装置）の分野に限っては，これまで固体系を含め多数の技術が提案されてきたが，電子管であるCRTがこれらの競合技術を振り切り，20世紀後半においても圧倒的な優位性を保ってきた．

そして，21世紀に入ったこんにちに至ってようやく液晶ディスプレイ（liquid crystal display：LCD）[3]が，約1世紀の間王者であり続けたCRTの有力代替技術として本格的に登場してきたのである．ところで，CRTとLCDを比較するとき，その素子動作の元となる科学的な「原理」発見からすると，1888年のオーストリアのライニッツア（Friedrich Reinitzer）による「液晶」の発見が「電子線」より9年も早く，いわば「先輩」なのである．

「電子線」の応用素子は，3極真空管の発明によって，かなり早い時期から工学的開発も進展したが，一方の液晶は，当初は純科学的研究対象としては注目されたが，工学的には「不可解な材料」とみなされ，その後約70年間も，いわば「眠ってしまった」のである．しかしその中にあっても，液晶の化学並びに物理学的性質といった基本的な理論や実験の科学的検討は少数ではあったが，見識ある研究者により地道になされ，こんにちのLCD産業の原点ともなる1960年代の液晶ルネッサンスへと導く下地となったのである．

それらの例としては，化学的特性論のグレイ（George. W. Gray），液晶相転移論のマイアー（Wilhelm Maier）及び外場効果論のド・ジャンヌ（Pierre-Gilles De Gennes，液晶研究などで1991年ノーベル物理学賞を受賞）たちの業績があり，またこれらの貴重な基礎研究の下地があってこそこんにちの液晶産業がありえたのである[3]．

また，あわせてこれら過去の貴重な成果をエレクトロニクスの時代に目覚めさせた「仕掛け人」として米国のケント州立大学のブラウン（Glenn H. Braun）がいたことを忘れてはならないだろう．彼は，1957年に液晶の詳細解説[4]を発表するとともに1965年にケントで最初の液晶国際会議を開催し，後述のファーガソン（James L. Fergason）[5]やウイリアムス（Richard Williams）[8]を初めとするLCD創生期の研究者・技術者をして液晶を70年間の眠りから覚めさせ，液晶ルネッサンスの口火を切る役を担ったからである．ブラウンは，同大学に液晶研究所を1965年に創設した人物でもある．

「時代背景と人」，この言葉は，液晶ディスプレイの開発史においても重要なポイントである．

5.6.2 液晶の発見とその応用展開

上述のように，液晶は1888年の発見以来1960年代に入るまでは主として科学的対象としてのみ興味が持たれ研究が行われてきた．

もっとも，1934年にはイギリスのレビン（Barnett Levin）らにより液晶を用いた電気光学素子の特許が出願されていた[7]．しかし，結果としては時期が早すぎたのである．当時はまだ透明電極を初めとする周辺技術も開発されておらず，また発明を生かす応用システムも明確化されていなかった．真空管を用いたアナログ信号のエレクトロニクスの時代においては「表示装置」もアナログ表示のCRTや電磁気機械式メータがむしろシステム適合性が良かったからである．

しかしながら，1960年代に入り液晶が新しい工業材料として注目を浴び出した．そのきっかけ

を作ったのは，米国のエレクトロニクス会社の研究員であったファーガソン（Westinghouse 社）[5]やウイリアムス（RCA 社）[6]らであった．ファーガソンは，1950 年代の後半から液晶のエレクトロニクスへの応用を目指し研究を行い，コレステリック液晶の選択反射現象を応用したサーモセンサや赤外線像を可視化させる赤外線変換映像装置の発明を行った．当時は，米国とソ連との冷戦の最中でもあり，これらの発明は軍事応用面からの開発要請も背景にあったと推測される．

一方，ウイリアムスは，1962 年にネマチック液晶を用いたディスプレイを含む電気光学素子の特許出願を行った[6]．特に，この出願には，X-Y マトリックス電極構造を用いて TV 画像へも適用できる旨の記述が既に記載されていることは注目に値する．彼の液晶の電気光学効果に関する基礎的な研究結果は，その後，Nature などの学術誌にも発表され，世界中の多くの科学者，技術者から注目を受け，そして更に RCA 社内においても彼の研究は，同社のハイルマイアー（George H. Heilmeier）[8]らの研究開発グループに引き継がれるとともに社内の重要プロジェクトとして強化された．そして 1968 年の RCA によるディジタル時計の試作品展示を伴った世界初の液晶ディスプレイの開発に関する技術発表に至ったのであった．そして，この発表は，以後，世界中に LCD の実用化開発を誘起したことで液晶開発史の中で特筆される記念碑ともなった．

では，なぜ，この RCA の技術開発発表が，多くのエレクトロニクス企業や大学を初めとする研究機関に影響を与え注目されたのだろうか？

それは，背景としてディジタルエレクトロニクスの中核機能部品となる IC の発明[2]とその発展の兆しが明確化し始めた時代背景がある．

しかしながら，LCD は，結果としては当時の IC 大国であった米国では産業として成功しなかった．すなわち，IC の開発だけでは，LCD 産業発展の必要十分な条件とはならなかったのである．

RCA の技術者で LCD 開発のパイオニアでもあるハイルマイアーの回顧録[8]によれば，当時，液晶は研究開発成果の移管先である事業部から見れば，「それは薄汚くガレージビジネスのような物であり，半導体事業部の仕事にならない」と判断され，反古にされてしまったのである．もちろん，当時のこの会社特有の事情もあったのであろうが，他の多くの米国の有力会社でも成功しなかったことを考えるとき，その原因には何らかの共通性があったものと思われる．

すなわち LCD は，当時は技術として誕生したばかりであり，テレビへの応用可能性は予見されていたもののすぐに実行できる状態にはなく，一方，数字表示のみの単純な LCD を生産・応用する産業基盤は，ベンチャー企業を除いては米国にはなかったのである．そして，一方，ベンチャー企業にとって「不可解な材料」であった液晶は，あまりにも荷が重すぎたのである．

この点，日本は「幸い」であった．「電卓」や「時計」といった小形液晶ならではの応用製品市場が IC の民生品への応用ビジネスとして立ち上がりつつあったからである．

そして，それらの開発を資金力があり開発リスクに耐え得る会社が戦略的に事業化をねらったからである．

ところで，固体素子を用いた「電卓」は 1964 年に初めてシャープから商品化された．当初の電卓は，約 4 000 個以上のトランジスタなどの個別部品を用い，ディスプレイも Nixie 管と呼ばれる放電管を表示桁数分使用しており，大きさも机半分ぐらいはあり，また価格も小形乗用車並みと高く，まだ一般民生品と呼べるものではなかったのである．

しかし，この電卓を民生品へと発展させるべく，更に信頼性向上，小形化，低価格化をねらって回路部品をより集積化・低消費電力化させる動きとともに，低電圧駆動ができる平板の多桁表示装置の必要性が高まっていたのである．また，時計業界でも IC を用いた水晶時計用の小形低消費電力のディスプレイが強く要望されていた．

5.6 液晶ディスプレイ

このような状況下で，上述の1968年にRCA社が液晶の動的散乱モード（dynamic scattering mode：DSM）を応用したLCDの試作品の開発発表が行われたのであった．これをきっかけに多くのエレクトロニクスメーカがCRTに代わりうる可能性を有した夢のディスプレイとしてのLCDの研究開発を開始させたのであるが，とりわけ，シャープは「電卓」へ，諏訪精工舎は「ディジタル時計」へと応用を戦略的に明確化させ液晶の実用化開発を具体化させた．そして，このアプローチが実用化成功への鍵となったのである．

5.6.3 液晶ディスプレイの開発史

誕生期第1世代から本格実用期第2世代へ

応用商品像を明確化した集中的な研究開発のすえ，1973年5月に世界初の量産液晶実用製品である液晶電卓EL-805（図5.26）がシャープから商品化された．第1世代LCDの本格的な開幕である．そこではDSM[8]の特性・寿命を実用的レベルまでに改良した交流駆動DSM方式[9]が用いられた．その後，1975年以降では，より一層低電圧・低消費電力で駆動できるツイステッドネマチック（twisted nematic，TN）方式[10]のLCDへと移行していった．第1世代のLCDは，上述の電卓やディジタル時計用の小形の数字記号表示素子であることが特徴である．

図5.26 世界初の量産液晶実用製品である液晶電卓（1973年5月シャープ製）

一方，市場からは，数字・記号のみならずアルファベット，かな，漢字，更には図形・画像の表示要求が強くなり，LCDの研究開発は1970年代後半からは，それらの実現を目指す単純X-Yマトリックス方式を用いたLCDの開発・実用化が活発化した．そこでは，それまでのネマチック液晶の光散乱現象や旋光効果のみならず液晶の複屈折変調効果の活用を初め，コレステリック液晶やスメクチック液晶といった液晶相特有の記憶効果を応用したり，更には，熱や光によるアドレス方式を適用したものなど種々多様な方式への挑戦が行われ[3]，結果としては，基板間の液晶分子配向の角度を200°以上によじることによる旋光・複屈折変調効果[11]と光学補償フィルタを組み合わせたスーパーツイステッドネマチック（STN）形の表示方式が主流となり，ワードプロセッサやノート形のパーソナルコンピュータを初め多くの情報機器に実用化され，LCD第2世代の中核技術の一つとなった．この技術は，こんにちでもLCD事業分野の一角を形成している[3]．

また，研究開発レベルでは，単純X-Yマトリックス方式を用いたLCDにより白黒のテレビ画像表示の試作品も各所で開発されたが，動画像を実現し得るという可能性を示したものの，表示特性は不十分であり，実用化にはほど遠い状況であった[3]．

そのような状況から，全く異なるアプローチによる検討が並行して推進されていた．それが，LCDの第2世代を代表するもう一つの中核技術であるアクティブマトリックスLCD技術である．すなわちLCDを形成するX-Yマトリックス電極に各画素アドレス用の非線形スイッチング素子を付加し，それによって液晶表示モードの長所を生かして高性能の表示を行う方式である[12]．

そのアドレス用の非線形素子の代表例としては薄膜トランジスタ（thin film transistor，TFT）がある．このTFTは，研究開発史的に見るとその発明は20世紀の前半とかなり古いにもかかわ

らず，周辺技術環境の整備が整わなかったために科学技術的にも，また，実用的にもなかなか日の目を見なかったという液晶の場合と同様の共通点がある．

ところでこのTFTは，ショックレーの回顧録[1]に記載があるが，接合トランジスタの発明を生み出す半導体表面物性研究の背景となった「創造的失敗：creative failure」をもたらした歴史的寄与の点でも意義深い．すなわちショックレーの1945年の研究テーマが真空蒸着法を用いたSi-TFTであり，当時の実験装置などの問題からと推察される膜質や界面起因により特性が出ないという「失敗」がその後の界面物理の道をひらき，結果としてノーベル賞につながる1947年の接合トランジスタの発明に至ったのである．

1962年のCdS薄膜などを用いたTFTが集積素子となりうることを実証したワイマー（Paul K. Weimer）の研究成果に啓発され，TFTを付加したアクティブマトリックス形LCD技術がブローディ（Peter Brody[13]）やレヒナー（Bernard J. Lechner[12]）らによって1970年頃に提案された．そして，それらの研究発表に刺激され，各所で大容量表示を目指した研究開発活動が開始された[14]．しかしながら，素子性能や均一性などの面で実用化には多くの課題を残していた．このような状況下，1979年にダンディ（Dundee）大学のスペアー（Walter. E. Spear）のグループが低温プロセスのPCVD法でガラス基板上にa-Si（H）TFTが形成可能であることを実証するとともにLCDへの応用提案を行った[15]．また，諏訪精工舎からはSi-MOSプロセスを応用した高温ポリシリコンTFTを用いた2形カラーTV用LCDを試作発表[16]したことでこの分野の実用化開発が一気に加速された．

その結果，1986年から翌年にかけて，こんにちの主流となっているa-Si TFT-LCDの最初の実用化が松下電器及びシャープから小形カラーTVへの応用として行われた．

更に1988年には，液晶産業発展の明確な流れをつくるきっかけを作った大形の14型カラーa-Si TFT-LCD[17]（図5.27）がシャープより試作・発表が行われた．この発表は，「本格的ディスプレイは，CRTしかない」というそれまでの概念を覆す事件として業界に衝撃を与え，液晶産業史においての重要な記念碑となった．

ところで，1990年代における液晶産業は，特にa-Si TFT-LCDがパーソナルコンピュータ（PC）の発展とともに大きく進展し，とりわけノート形PCという新たな商品ジャンルを創出させ，また2000年以降では，省電力や省スペースなどのメリットを生かし，最近ではデスクトップモニタ市場の過半数をも置き換えるに至っている．また，中小形のLCDの分野では携帯電話への応用が本格化し，この分野の市場も大きく進展してきている．

図5.27 1988年に試作・発表された14型カラーa-Si TFT-LCD（シャープ製）

そして，最近ではついに大形テレビの分野までLCDが本格参入するに至り，LCDがいよいよ20世紀に君臨したCRTに変わって21世紀のディスプレイの王者になろうとしている．そして，また，LCD産業はいまや3兆円の規模の巨大なエレクトロニクス産業にまで成長し，LSIと同様にPC，放送・通信産業を初めとする情報通信（IT）産業にとってなくてはならない主要部品となってきている．そして，これらの動きは，第3世代への前兆でもある．

5.6.4 今後の方向性——第3世代の開始とともに

これまで第2世代までのLCDは，低電圧・低消費電力駆動性や薄形軽量といった液晶固有の特徴を生かし，CRTでは困難な用途に限定してその市場を開拓してきた．もちろん，この考え方は今後とも携帯（モバイル）形の高機能電子機器を実現化させる原動力となりユビキタス情報通信化社会での顧客需要にも合致し，一層発展していくことは言を待たない．

しかし，いまやLCDはこれまでの課題であった視野角や応答特性も解決されてきており，表示特性の点でもCRT，プラズマディスプレイパネルを凌駕するところまで到達してきており，大形テレビ用ディスプレイとしての地位を確立しつつある．そして，残された課題はCRT並みの高い生産性の確立とそれによる普及価格の実現に絞られつつある．

また，合わせて従来とは視点を変えた積極的観点からのCRTでは達し得なかった液晶ならではの応用分野の開拓も行われている．それらは例えば，より一層の超低消費電力化，超高精細ディスプレイ，超大形/超小形ディスプレイとともに新しい動向としての表示機能以外の機能性をも加えて，より一層の高付加価値形のシステム素子とした周辺回路内蔵形の高機能性LCDなどの実現である．

後者の高付加価値・高機能化への動きは，システムディスプレイの概念として開発が急進展しており，それを支えるTFTの高性能化が単結晶Si薄膜の実現などによるいくつかのイノベーションにより具現化してきている[18]．

これらの技術により，LCDは21世紀の高度な情報通信化社会におけるヒューマンマシンインタフェースとして人類相互の理解をはじめ，各種産業の基盤素子として更なる発展を遂げていくであろう．

問題 1 学際領域技術としての観点から液晶ディスプレイを調査し，技術者として参考になる点を述べよ．
問題 2 薄膜トランジスタの実用化過程を調査し，その背景，工学的及び産業的な位置づけにつき述べよ．

5.7 プラズマディスプレイ

5.7.1 はじめに

平面型テレビの夢はブラウン管初期の時代からあり，1960年代の半ばに米国でプラズマディスプレイ（plasma display panel，PDP）が発表されると，間もなくいくつかの研究機関でテレビ応用の研究が始まった．特に，日本では，1964年の東京オリンピック直後に次の新しいメディアとしてハイビジョンの研究がスタートし，これに対応する大画面壁掛けテレビへの夢が一層強い期待となった．ハイビジョンのきめこまやかで迫力ある映像を楽しむには大画面テレビが望ましく，大画面となれば従来のブラウン管方式では容積も重量も大きくなりすぎるからである．以来，PDPの30年以上に及ぶ研究開発の結果，画面サイズや画質も順調に向上し，現在では，デジタルハイビジョン放送受信端末用大画面テレビの中核として普及してきている．

PDPの研究は，初期の基礎研究，その後の開発・実用化研究フェーズを経て最近の高画質化・高効率化研究に至っているとみることができる（**図5.28**）．本節では，こんにちのPDP実現の原動力となったいくつかのブレークスルーを取り上げ，その背景やその後の研究開発に及ぼした効果などについて紹介する．

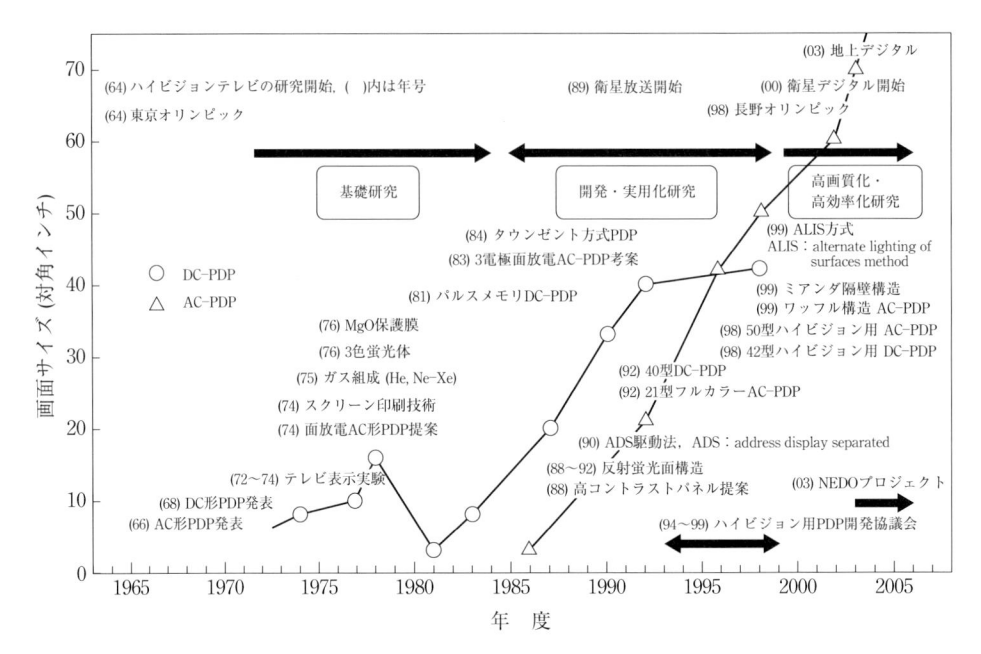

図5.28　放送用PDP研究のおもなブレークスルーと画面サイズの変遷

5.7.2　基礎研究（1972～1984年頃）

〔1〕**PDPによるテレビ表示**　現在のPDPの原型ともいえる電極間に交流の放電維持パルスを印加するAC型PDP（AC-PDPと略記）が米国のイリノイ大学から1966年に発表されたのに続いて，1968年には，フィリップスから直流パルスを印加するDC型PDP（DC-PDPと略記）が発表された．CRTの発明（1897年）からおよそ70年も経ってからで，ちょうど液晶方式による画像表示（1968）や無機の分散形ELのテレビ表示の発表（1969）とほぼ同時期である．この初期のPDPは，放電ガスとして封入されたネオンの発光によるオレンジ色モノクロであった．これらPDPの発表に続いてまもなく，1972年から翌年にかけて，NHK技研，米国ベル研，ゼニスなどでバローズ形パネルによるテレビ画像表示実験が行われ，DC-PDPで比較的良好な画像表示が可能であることがまず実証された．AC-PDPについても中間調表示方式が開発されて，テレビ表示の可能性が確認され，その後のカラー化の研究へ向かう一歩となった．

〔2〕**PDPのカラー化**　カラー化には，蛍光灯と同じように，紫外線で蛍光体を励起するという表示方式が選ばれた．このため，まず，放電ガスや蛍光体などの要素技術の開発が行われた．

放電ガスについては，初期のネオンのような可視発光を抑えて紫外線放射強度が大きいこと，放電電圧が低く安定な放電特性が得られること，また組成や放電特性の経時劣化がないことなど，PDPの微小なセル内での放電に適した特性が必要である．さまざまな希ガスについて研究した結果，ヘリウム・キセノン（He-Xe）やネオン・キセノン（Ne-Xe）などの混合ガスが適している

ことが見いだされた．現在の AC-PDP では，効率などの点で後者の混合ガスが用いられている．

蛍光体については，放電によって放射される紫外線で効率良く発光すること，色純度の良い R，G，B の 3 色の発光が得られること，パネル作製プロセスや動作時の紫外線照射による劣化が少ないなどの特性が求められる．これに対して，NHK 技研と化成オプトニクスの共同で蛍光体の探索と性能改善が行われ，表 5.1 のような PDP 用 3 色蛍光体が開発された[1]．これらの蛍光体もまた，現在の PDP に使用されているもので，カラー PDP 実現の大きなブレークスルーであった．

表 5.1 PDP 用 3 色蛍光体

赤	緑	青
Y_2O_3 : Eu	Zn_2SiO_4 : Mn	$SrMg(SiO_4)_2$: Eu^{2+}
YBO_3 : Eu	$BaMgAl_{14}O_{23}$: Mn	$BaMg_2Al_{14}O_{24}$: Eu^{2+}
$Y_{0.65}Gd_{0.35}BO_3$: Eu		

〔3〕 **パネル（セル）構造の研究**　パネルには，放電開始電圧や放電電圧が低いこと，高輝度で立上りの速い安定な放電が得られること，中間調を表示できること，また均一な微細セルを簡単なプロセスで大画面に製作できることなどが求められる．これらパネル（セル）構造の研究は，現在でも，高効率化や高画質化を目指して進められている．

AC-PDP の初期段階では，放電電極は放電空間をはさんだ対向配置（対向放電形）をとっていて，蛍光体や陰極材料が電界で加速された正イオンによるスパッタリングで損傷し，長寿命化に対する深刻な問題があったこと，また効率良く R，G，B を発光するガスを用いた方式が見いだされなかったことなどにより，AC-PDP のカラー化の動きは，富士通の篠田傳らが 1979 年に面放電カラー AC-PDP の開発をスタートさせるまで待つこととなった．ただし，前者については，1970 年の半ばに MgO 保護膜がスパッタリングの抑制と駆動電圧の低減に有効なことが内池平樹らや富士通のグループにより見いだされた[2]．この MgO 保護膜の発見は，その後の AC-PDP 実用化の鍵を握るブレークスルーで，この材料の 2 次電子放出係数の向上などは現在でも研究の中心課題の一つである．

また，1974 年頃から，蛍光体の塗布など部品の製作に将来の大型化への可能性を有するスクリーン印刷技術が応用され始めた．NHK 技研では，バローズ形 DC-PDP を基本にパネル構造の改良を行い，1973 年から翌年にかけて最初のカラーテレビ表示実験を行った．1978 年には，16 型カラーパネルを試作してテレビ受信機としての可能性をアピールした．しかし，輝度は 17〜25 cd/m² と CRT に比べて非常に暗く，PDP の抜本的な効率改善が大きな課題として改めて明らかになった．これらの結果，オレンジ色モノクロ PDP を別にしてカラー PDP の研究機関は 1970 年代後半には大幅に減少することとなった．

〔4〕 **高効率化・長寿命化**　カラー PDP の研究が減少した逆境の中にも，1970 年代後半から 1980 年代前半にかけて，DC-PDP 及び AC-PDP ともに，輝度や効率改善を目指した研究にたいへん大きな成果が生まれた．DC-PDP ではもともとメモリ機能がなく線順次駆動しかできなかったことが輝度改善において致命的であった．このため，各セルに抵抗を直列に接続してメモリ機能をつける方法が検討されたが，多数の抵抗をばらつき少なく形成するのが難しかった．また，補助セルと表示セルで一つの抵抗を共有する方式も試みられたが，消費電力が大きくなるなどの問題があった．これらの課題に対して，NHK 技研の村上宏らは，X-Y 電極からなる単純なパネル構造のままで，駆動パルスによりメモリ機能を持たせるパルスメモリ方式の開発に成功した．その原案は 1972 年頃に提案されていたが，提案当時は必要な 200 V，数 μs（ハイビジョン用 PDP では，

1行の書込みと消去はそれぞれ2〜4μsに行う必要がある)のパルスをつくるのは容易ではなかったので実現には至らなかった．しかし，村上らは，補助放電を利用し，階調再現に支障が出ないような新しい方式を開発した[3]．この駆動方式を用いて，1983年に8型PDPでカラーテレビ画像を表示した．従来に比べて格段に明るいテレビ画像が256階調で表示され，PDPによるハイビジョン表示に道をひらくこととなった．

一方，AC-PDPでは，前述のようにスパッタリングによる陰極材料の損傷の問題があったが，この時期，富士通の篠田らは，これを克服する面放電型PDPの開発に向かうことになる．この面放電型PDPのアイデアはベル研のグループにより1973年に発表されていたが，製造が難しく，良好な画質が実現できない問題があった．これに対して，篠田らの研究は，最初はベル研と類似で，片側の背面板ガラス上にX-Y電極を交差した2層構造で，その近傍領域のみで放電を起し，もう一方の前面板ガラス上に塗布した蛍光体へのイオンスパッタリングを抑制しようとするものであった．しかし，この2電極面放電型PDPは，蛍光体の劣化は改善できるものの，電極が交差した部分に強い電界が生じて，スパーク状の放電が起こるという問題があった．これを解決するために，1983年に，ついに3電極のPDPが考案された．すなわち，画素選択と表示のための放電維持領域を分離するため，もう1本の電極を追加したのである．この3電極面放電PDPの考案と開発はこんにちのAC-PDPの実現を導いたたいへん大きなブレークスルーであった．

5.7.3 開発・実用化研究（1985〜1999年頃）

[1] DC-PDPの大型化　　NHK技研では1985年にハイビジョン用大画面PDPを実際に試作・開発する方針が決められた．特に大画面用パネルとしてパルスメモリ方式の透過蛍光面を持つ構造を提案し，2枚のガラス基板の間の部品数を減らし，構造の簡素化を進めた．図5.29にパルスメモリDC-PDPの基本構造を示す．

これらのさまざまなパネル構造及び製作手法の改良により，20型（1987年），33型（1990年）へと画面サイズの大型化を図り，1992年には，ついに，40型カラーPDPによるハイビジョン表示に成功した[4]．

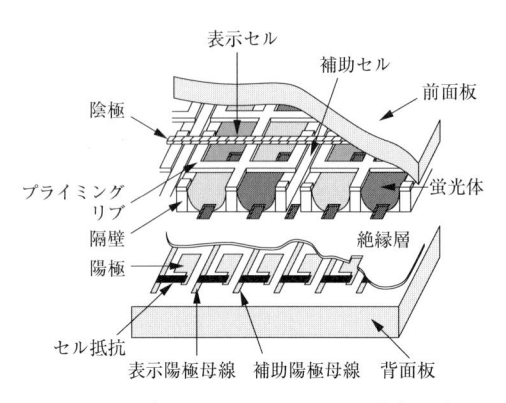

図5.29　パルスメモリDC-PDPの基本構造

これらの大型化は，スクリーン印刷機などそれまでに対応できる作製装置がなかったために，まず製作装置の開発やその精度の向上，あるいは材料の処理プロセスの改善などがポイントであった．更に，ハイビジョン用PDPでは回路関係も重要で，電極駆動回路用ハイブリッドICなどが開発された．いずれにしても，この40型の成功が大型PDPの実現性を強くアピールすることになった．

[2] AC-PDPの実用化　　AC-PDPでは，1992年に富士通のチームが前述の3電極面放電型をベースに21型フルカラーPDPを実用化したことが，PDP大画面壁掛けテレビの世界を具体的にひらいたといえる．現在，世界で製品化や開発が進められているPDPの基本形は一つの表示セルを三つの電極で制御するこの3電極面放電PDPである．1979年頃から，この方式の研究がスタートしたが，当初のパネル構造は，蛍光体の発光を蛍光体を通して見る透過型蛍光面であった．

しかし，この構造では，蛍光体層で一部の可視光は吸収・反射されてしまうため高輝度が得られなかった．これに対して，蛍光体を背面板側に塗布して発光部分を直視する反射型蛍光面構造が開発された（1988年）．この構造をとることにより透過型に比べて2倍の輝度向上が得られ，3電極面放電PDPの実用化にめどがたった．更に最適な駆動法としてアドレス・表示期間分離法のための回路開発なども含めて，21型PDPに集約された．このPDPには0.22 mmピッチという精度が必要で，直線の隔壁と蛍光体をもつ構造（ストライプ構造）を考案した（図5.30）[5]．これはつくりやすく量産性にも優れている．その製造プロセス技術も確立され，カラーPDPの基本技術が固まることとなった．これら成果は，カラーPDP実現の上で最も重要なものとして位置つけられる．

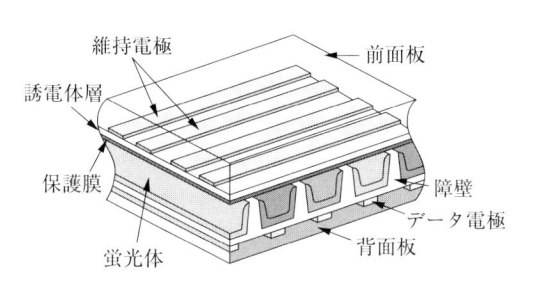

図5.30　3電極面放電AC-PDPの基本構造

〔3〕 **ハイビジョン用プラズマディスプレイ共同開発協議会**（1994～1999年頃）　前述の40型の開発成果などを受けて，1994年，NHKと関連メーカ26社で「ハイビジョン用プラズマディスプレイ共同開発協議会」が設立され，1998年の長野オリンピックに向けてハイビジョン用の大型PDPの実用化を目指すこととなった．この協議会では，パネル技術，蛍光体材料，駆動技術，及び放電の基礎過程などの要素技術，またガラス板などの部材の開発を総合的に進めた．その結果，42型PDPの実用化に成功し，長野オリンピック時に迫力あるハイビジョン映像を映し出すことができた．多くの視聴者に大画面映像の感動を伝えた．このハイビジョン用PDP実用化は，その後のメーカ各社のPDPの本格的な製品化に自信と弾みをつけたものと考えられる．

5.7.4　高画質化・高効率化研究（1999年頃～現在）

〔1〕 **高画質化**　PDPの階調は，輝度の重みづけの異なる2値の画像（サブフィールド）を連続して表示し，視覚の積分効果により1フィールドの画像を表示するサブフィールド法により行う．この方法では，観察者の視線が被写体に応じて動くと動画擬似輪郭という動画質劣化が起こることが明らかになった．このため，サブフィールドパルスの点灯時間を再配置する方法など，いくつかの解決方法が提案された．ピーク輝度を大きくとるために，明るい部分のみに最大維持パルス数を増加させる方法や，また黒レベルを低くするための駆動方法など新しい高画質駆動法が提案された．色純度改善のためのカラーフィルタ技術や非対称セル構造なども高画質化の一環である．

輝度向上と高解像度のために画期的な駆動方式（alternate lighting of surfaces method，ALIS）が富士通のグループにより開発された[6]．ハイビジョンでは約1 000本のラインに表示する必要があるが，ライン数が増えると表示電極が増え駆動回路数が増加する．また，セルサイズが小さくなり輝度が低下する．これまでの3電極面放電型PDPでは一つの表示セルを一対の表示電極間で放電することにより表示し，各表示電極対間は非発光領域としていた．これに対してALISでは，1本の表示電極が隣り合うセルをフィールドごとに交互に発光させるもので，開口率を大幅に向上（50 %以上）する効果をもたらすとともにディジタルハイビジョン対応の高精細度を従来法のほぼ半数の電極数で実現することができる．更に，飛越し走査方式であるので，信号をフォーマット変換せずに表示できる．この駆動方式は，現行の製造プロセス，設備でパネルの作製ができる大きなブレークスルーである．

一方，画面サイズについても，更に大型化が進み，最近では80型や102型が開発されるに至っている．21型AC-PDPで採用されたストライプ構造は最も簡単な構造であり，これらの大型化もこの構造をベースにしている．

〔2〕**高効率化**　前述のように，ハイビジョン用プラズマディスプレイ共同開発協議会の終了後，各メーカで，PDPの画質改善や大型化あるいは32型，37型というサイズレベルの開発が急速に進んだ．しかし，発光効率は1〜2 lm/W（1999年当時）で，42型PDPの消費電力は〜300 Wにも及び，高効率化，低消費電力化が改めて大きな課題として認識された．高効率化の目的で，それまでの単純なストライプ構造を改善して蛍光体の塗布面積や放電空間を大きくとるため，富士通のグループからはミアンダ構造パネル（DelTA構造と呼ばれる），パイオニアのグループからはワッフル形状（井桁状）の隔壁をもつパネルなどが開発された．

一方，従来は放電ガスとしてNe-数% Xeの混合ガスが用いられてきたが，Xe濃度の増加により発光効率改善を図る研究が最近活発になってきている．その場合，効率は改善されるものの放電電圧が上昇するという問題があるのでその解決がポイントである．また，放電ギャップ長を大きくとる新しいパネル構造もさまざまに考案されてきている．しかし，PDPセルのような微小空間での放電発光現象はまだはっきり分かっていない部分が多いので，シミュレーションや放電時の種々の粒子の挙動の測定など放電基礎過程の研究が続けられている．

5.7.5　おわりに

以上のように，PDPの開発は，パネル構造，放電ガス，蛍光体，あるいはガラス基板や電極材料などの部材，製造技術，駆動・回路技術，画質評価，放電基礎技術などさまざまな要素技術あるいは応用技術のブレークスルーによって成し遂げられてきた．PDP開発の原動力の一つとしては，PDPがハイビジョン用ディスプレイとしてハイビジョン放送の実現に直結した決定的な目的を有していたことも大きいが，研究縮小期の逆境においても研究者らが夢をもって忍耐強くブレークスルーを追求したことや，上記の多岐にわたる様々なブレークスルーを実に効果的にリンクさせてきたことなどがPDP成功のキーと考えている．一層の高画質化，低消費電力化（高効率化），低価格化などの今後のPDP課題についても，ディジタルハイビジョン放送と相乗的に発展していくことが期待される．

問題1　開発・実用化の段階でAC-PDP及びDC-PDPの実用化に最も大きく貢献したブレークスルーはそれぞれどのような技術であったのか述べよ．

問題2　今後のPDPの性能改善に向けての課題を述べよ．

5.8　家庭用VTR「VHS」

1970年代の半ばに家庭用VTR（video tape recorder）が普及し始め，放送番組の家庭内でのタイムシフト視聴並びにその保存が可能となった．

5.8 家庭用VTR「VHS」

家庭用VTRの方式としては，ソニーの「ベータ」と日本ビクターの「VHS」が，厳しい市場競争を経て，結果として「VHS」が世界的な標準となった．こんにちの「VHS」に使われている個々の技術の誕生は，以下のように放送用VTRとして早くに開発されたものから，まさに家庭用VTRのために開発された技術，更には市場競争の中で生まれた技術まで，約30年に及ぶ歴史である[1]．

5.8.1　VTRはFM変調記録

一見非常識だが，これが大発明

1956年にAmpex社が初めて放送用のVTRを作ったときから，アナログVTRではすべて，そのビデオ信号記録にFMすなわち周波数変調が使われている．しかも通過帯域は狭いので，残留側波帯伝送になっている．側波帯が上下で対称なAM変調の場合と違って，対称性のないFM変調で残留側波帯伝送は常識的には考えられないのだが，どのような状況で導入されたのだろうか．

話は1950年代の前半，米国ではすでにカラーテレビ方式を確立し，東海岸から西海岸までの時差に対応するため，放送用VTRの開発競争を繰り広げていた．当時力のあったRCAやGEの研究開発陣に対し，最初に成功したのはAmpex社のわずか6人の開発メンバ（**図5.31**）による4ヘッドVTRで，その後20年以上にわたり放送用の標準的VTRとして世界中で使われた．当時Ampex社では，そのVTR開発プロジェクトは見込みなしとしていったん解散されたのち，熱心なメンバの要請で開発予算は認められたものの，正規の就業時間外に開発することを条件に再スタートしたものだった．

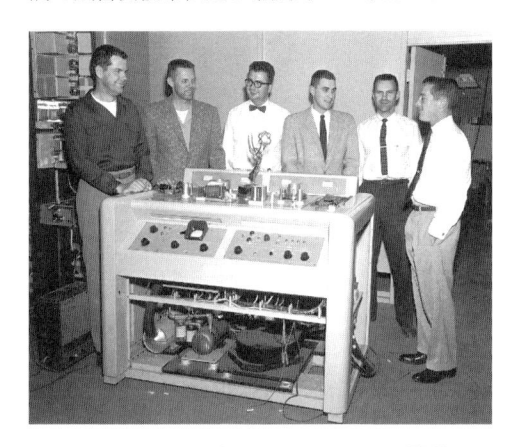

図5.31 Ampex社最初のVTRと6人の開発メンバ（左から順番にCharles Anderson, Shelby Henderson, Alex Maxey, Ray Dolby, Fred Phost, Charles Ginsburg）

彼ら成功のポイントの一つは，テレビの一画面（1フィールド）を16分割し，直径2インチの回転ドラム上に配した4個のヘッドで，順次に2インチ幅の磁気テープの長手方向に対し直角に横切って走査記録するユニークなその機構システムにあった．

このチームの中でその信号記録方式を担当したアンダーソン（Charles Anderson）は，初めは当然のこととしてAM変調方式を試み，高速AGC回路でレベル変動に対処しようとしたが，実用レベルに達しない．その苦しまぎれの中で，他のメンバが疑念を持つFM記録方式を実験し，これがSN比の改善効果を有し，リミタ（limiter）でレベル変動を取り除ける，ビデオ信号記録に最適の方法であることを発見する．このFM記録特許はAmpex社の重要特許となった[2]．アンダーソンはその後Ampex社の副社長になったが，関係者には「FM録画の父」として知られた．また，この6人のメンバの一人には，その後オーディオの世界で有名なドルビー方式を作ったドルビー（Ray Dolby）がいた．

また，このFM記録方式は伝送されない上側波帯の問題のほかにも，磁気記録としてバイアスなしでひずみはどうなるなどの疑問があるのだが，これを解明したのがNHK技研の横山克哉の学位論文であった[3]．

5.8.2　2ヘッドヘリカルスキャンVTR

小形化はフェライトヘッドで

　Ampex社のVTR成功は日本にも大きな刺激を与えた．東芝の澤崎憲一は1ヘッドヘリカルスキャン方式を発明し，試作機を1959年に発表した．ヘリカルスキャン方式はテープが円筒にらせん状に巻き付いて走行し，1フィールドを1走査で書く方式で，特にこの1ヘッド方式は1970年代に入り，放送用1インチCフォーマットとして活躍した．

　一方，日本ではテレビの父として知られる高柳健次郎が，当時60歳で，日本ビクターの技術担当役員として，「家庭用VTR開発こそは我々日本の仕事」と信じ，日夜研究と工夫を重ねた．自宅で日曜日に，長男の高柳俊との論議から，家庭用VTRは2ヘッドヘリカルスキャン方式との結論に達し，その特許出願に至った[4]．その後，多くの家庭用VTRは，この2ヘッドヘリカルスキャン方式の延長線上で追求されたが，後のカセット方式やアジマス記録方式も，この2ヘッド方式であったがゆえに実現し成功したといえるその基本発明である．

　しかし，高柳が最初にこの試作機を作ったとき，当時のヘッドとテープでは，2ヘッド回転ドラムの直径は40 cmも必要で，この大きさから家庭用になるとはとても普通の人には信じられなかった．高柳は早速，小形化のために磁気ヘッドの研究を進めた．このときのことが高柳の自伝「テレビ事始」に紹介されている．「干天に慈雨という言葉そのままに，横浜国立大学の船渡川善哉教授が，世界で初めてフェライトの結晶を作ったが利用できないかといってこられた．これは磁気ヘッドとして最適の，いままで求めて得られなかった材料なのである．私は本当にうれしく有難かった」とある．

　このVTR用フェライト単結晶ヘッドの実用化に取り組み，最初に成功したのは入社間もない25歳の筆者であったが，硬くて耐摩耗性に富むフェライトもそのエッジはもろくて，性能上大切な鋭いギャップが当初はどうしても実現しなかった．この問題を見事に解決できたのは，ガラス溶着によるギャップ形成法のおかげであるが，この手法はPhilips社Duinkerの文献に学んだ[5]．

図5.32　2ヘッドVTR（KV-200，日本ビクター，1963年）

　1963年日本ビクターはこのフェライトヘッドを使った2ヘッドVTR（図5.32）を発表・発売した．このとき回転ヘッドドラムの直径は16.5 cmまで小さくなっていて，新聞も「家庭で使える」と初めて書いた．

5.8.3　家庭用VTRの標準化とカラー化

カラー化はカラーアンダー方式に

　1960年代の後半になると，電器メーカ各社は競って家庭用VTRを発売した．それらは1/2 inch幅テープを使った2ヘッドヘリカルスキャン方式の白黒VTRであった．価格は20万円前後になっていたが，用途はまだ学校教育用などに限られていた．回転ドラム径は各社それぞれで，11～15 cmの範囲，当然各社のVTR相互間の互換性はなかった．日本電子機械工業会は，この互換

性維持のためVTR委員会を設け審議し，1969年に統一形EIAJ規格を発表した．

しかし，白黒VTRのEIAJ規格が発表されたあとも，テレビの急速なカラー化進展に伴い，各社はそれぞれのカラー化方式を開発し，結果として別々の方式のカラーVTRを発売することになった．日本電子機械工業会では再度，各社の方式を比較検討した結果，日本ビクター提案のカラーアンダー方式が最善として，これを統一規格とした．その後多くの家庭用VTRが発表・発売されたが，カラー信号の記録には，ベータ，VHS，8ミリビデオなどすべて，このカラーアンダー方式が使われている．

家庭用VTRの場合，NTSC映像信号の色信号は帯域1MHzのAM波である．この色信号を，白黒信号のFM変調波に対し，低域に配置することからカラーアンダーの名称はきている．技術的問題はこの色信号と白黒FM信号の二つの大きなエネルギー成分を持つ信号を，ひずみの多い磁気テープを通すと，干渉によって許容しがたい妨害波が発生することである．カラーアンダーでは色信号の記録周波数を特別な条件に選ぶことで，その妨害波がインタリーブ効果，すなわちテレビ水平ライン間の逆位相信号が視覚的に打消す効果により見えなくなることが特長である．この周波数選択法は日本ビクターの藤田光男の大発明である[6]．藤田は当時，音響研究からVTRカラー化研究に移って間もなくの28歳だった．

5.8.4 アジマス記録方式

この技術で実現した「ベータ」と「VHS」

日本電子機械工業会が家庭用VTRの規格を発表したあと，更に家庭用はカラー化とカセット化が必要条件であるとして，ソニー，日本ビクター，松下電器の3社は協同開発の結果1971年からU方式ビデオを発売した．しかしこの方式は業務用として発展し，放送用にまで広く使われたが，家庭に普及するには至らなかった．その後も家庭用カセット・カラーVTRとしては，東芝・三洋協同開発のVコード方式，松下電器のEIAJ規格1リールカートリッジ方式並びにVX-2000形1ヘッド方式などの開発が続き，海外でもPhilips，RCA，Ampex，Cartridgevisionなどの各社が家庭用市場に挑戦したがいずれも成功しなかった．真の家庭用VTRとしては1975年にソニーの「ベータ」，1976年に日本ビクターの「VHS」が登場して，初めて世界的に普及が始まったといえる（図5.33）．

この二つの方式のVTR「ベータ」と「VHS」は，その他のVTRと記録密度の点で大きな違いを有していた．テープやヘッドも改良され2ヘッド回転ドラムの直径はベータで75mm，VHSでは62mmまで小さくなっていた．またビデオヘッドの記録幅はともに58μmまで狭くなっていた．更にここで一挙に記録密度の向上を可能にした技術は，アジマス記録方式で，二つのヘッドの

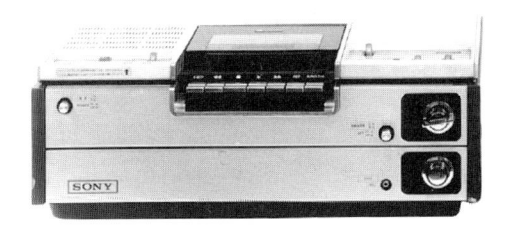

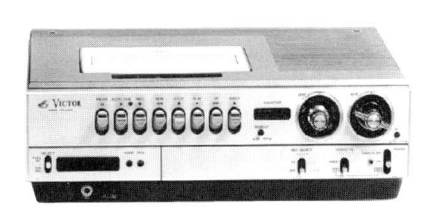

図5.33 当時のベータ（左）とVHS（右）

ギャップを互いに逆方向に傾けることで，隣接トラックからのクロストークを避け，よって従来存在していたトラック間のスペースをなくした点である．アジマス角度はベータで7°，VHSで6°の傾きがある．

このアジマス方式の発明はたいへんに早く，1959年電気通信大学の岡村史郎による[7]．当初オーディオ用に発明されたと思われる出願図面であるが，VTRとしても検討されるようになり，日本電子機械工業会の場でも松下電器の実験が紹介された．しかしこの方式も白黒FM信号には有効であるが，カラーアンダーの低域色信号にはその効果が少なく，アジマス方式実用化のためには，色信号の隣接トラックからのクロストーク除去に別途工夫が必要だった．

この色信号クロストーク問題を最初に解決したのはソニーの甘利真次である．PI（phase invert）方式と称し，テープ上のビデオトラック2本ごとの1方のみ，色信号極性をテレビジョン信号の1水平期間ごとに切り替えて記録する．すると，再生時にクロストークを櫛形フィルタで除去できる[8]．ソニーのベータ計画は当初「チェッカード方式」（1水平期間おきに色信号を記録せず，また記録した色信号の隣接トラックにも色信号が存在しない方式）でスタートした．しかし問題が残り，時間がなくなり追いつめられた中で，甘利が深夜に，会社からの帰途，歩行中にひらめいた素晴らしい発明である．

一方，VHSの方は，開発グループの筆者の発明したPS（phase shift）方式でこの色信号クロストーク問題に対処した[9]．PS方式は色信号の位相を90°ずつ1水平期間ごとに切り替えて記録するが，トラックごとに切り替えの方向を右回りと左回りと変えることで，クロストークを櫛形フィルタで除去できる．PS方式はPI方式に遅れての発明であるが，日米のNTSCテレビ信号だけでなく，欧州のPALテレビ信号にも対処できる世界方式であった．

5.8.5　VHSの誕生

世界的標準となる家庭用VTR「VHS」の開発は，1971年に日本ビクターにおいて，ビデオ開発部長の白石勇磨が，2人の担当者・大田善彦と梅田弘幸を決めたときに始まる．開発グループはその後10名に達するが，まず白石が機械担当の梅田に要求したことは，「きわめて簡単なメカニズム」だった．当時入社6年目，24歳の梅田はこの要求によくこたえ，1976年の発売までには5年の歳月を要したが，実に単純なVHSメカニズムを完成させた．それまでのヘリカルスキャン方式ではテープ走行系の部品（キャプスタンや固定ヘッド）が傾斜して取り付けられていた．しかし，VHSでは回転ドラムとテープ引出しポールに付随する2本の傾斜ポール以外は，すべて平面上に垂直に配置され，しかも小さくシンプルだったので，高精度を要する大量生産も容易だった．

またこのとき，VHSは初めて連続2時間の記録再生を実現した．これは1本の映画が一つのカセットに納まる大きさとしての必要条件だった．またVHSには当初からタイマが付属していて留守中の記録ができるタイムシフト機能を自ら備えていたが，そのためにもこの連続2時間の記録は家庭用としての大切な条件だった．

この2時間記録は技術的進歩の結果であるが，マーケティング上の問題でもある．特にVHSは家庭用VTRとしてのマーケティング上の課題に留意したシステムであった．小形軽量，2時間記録，タイマ付き，カラー方式の世界対応，等々の点である．VHSはこの当初からのマーケティング上の配慮が，その後の標準化に大きくプラスすることとなった．

5.8.6 長時間記録——キャリヤインタリーブ

アジマス記録技術などによって飛躍的に向上した記録密度の結果を，ベータでは小形テープカセット（文庫本大で1時間記録）に生かし，VHSでは若干大形のテープカセット（新書版大）になったが2時間の記録再生時間に生かしてのスタートだった．これに対し市場は，映画が入り，スポーツなどの長時間記録ができる，2時間記録を高く評価した．

これに対して，わずか1～2年の間に記録密度を更に2倍～3倍に上げる技術が開発され，導入された．ベータは2～3時間記録が，VHSは4～6時間記録が可能となった．特に松下電器は4時間VHSを米国市場に導入し，アメリカンフットボールも記録できるとして歓迎された．

この長時間化を可能にした技術は，一つにはオーディオのノイズリダクションに相当する非線形回路の導入であるが，最も効果的に使われた技術はキャリヤインタリーブである．キャリヤインタリーブとはビデオトラックの1と2の間で記録周波数に若干の差をつける．その差をインタリーブ周波数，すなわちテレビ水平同期周波数（15.7 kHz）の1/2またはその奇数倍に選ぶ．この簡単な回路追加で，長時間化で発生する隣接トラックからのクロストーク問題を見事に視覚的に解決した．この長時間化は，H並びと呼ばれる隣接トラック信号の相関性が崩れ，そのクロストークが大きく目立つという問題への対処だったが，それをこのキャリヤインタリーブ技術が解決している．原理的にはテレビ信号のフィールド間相関性を使った高度な技術であるが，その回路はシンプルである．方式競争の中で生まれたこの技術の市場導入はソニーが最初であるが，特許上はVHSを最初から担当した大田善彦の記録密度向上策としての発明である[10]．

5.8.7 ハイファイオーディオ——深層記録

記録時間の長時間化は必然的にテープ速度の低下を招き，テープ端に固定ヘッドで記録するリニアオーディオは質的劣化が問題とされた．

この問題に対し，まずソニーは1983年にベータハイファイと称して，回転ビデオヘッドにFMオーディオ信号も加えて記録するシステムを導入した．このとき回転ドラム径に相対的に余裕のあったベータは，FMオーディオ信号帯域確保のために，FMビデオ信号記録周波数を800 kHz高い方にシフトした．

このときVHSとしては，回転ドラム径に同じ余裕が存在しないことも事実であったが，互換性維持に対する強力な方針が存在し，ビデオ信号の周波数シフトができず，一時その対応に窮した．このVHSの窮状を救ったのは，松下電器の一ッ町修三の発明「深層記録」である[11]．深層記録は，テープの表面のどこにも行き場のなかったオーディオ信号を，3次元的にビデオ信号の下にもぐりこませた画期的手法である．実際には回転ドラム上のビデオヘッドに先行する位置にFMオーディオ信号のためのヘッドを取り付ける．記録はFMオーディオ信号が書かれたその上からビデオ信号が上書きされる．FMオーディオ信号に対しビデオ信号はその周波数が高いので，記録波長が短い分だけ記録深さが浅く，上書きしてもその下のFMオーディオ信号は一部消されるものの，十分使えるレベルで奥に残るのである．ビデオ信号とのクロストークはギャップの異なるアジマス角（30°）で避けている．

この一ッ町の発明のおかげでVHSはビデオ信号の規格を変更することなくハイファイオーディオの導入が可能となった．

5.8.8　VHSデファクトスタンダードと高野鎮雄

　VHSは市場競争を通じて完成したデファクトスタンダードの代表のようにいわれる．そしてその過程を終始リードしたのは，日本ビクターにおいてビデオ事業部長から副社長をした高野鎮雄である．高野については「VHSの父」として，佐藤正明著「陽はまた昇る」（文春文庫）に詳しいが，高野は「VHSを自分の責任で市場に導入した以上，命にかけてもその規格を変えずに守る」との信念だった．標準としての4時間VHSに反対した話は有名であるが，ハイファイVHSの技術「深層記録」などは高野方針下で標準を維持するために生まれた技術と考えられる．

　その後，ビデオムービー（カメラ一体形ビデオ）の市場競争があったが，ソニーが次世代としての8ミリビデオを推進したのに対し，高野はVHSと互換性のあるシステムを指示し，技術はこれにVHS-Cシステムでこたえた[12]．8ミリビデオはメタルテープの導入で小形カセットと小回転ドラム・40 mm径を実現した新規格である．これに対しVHS-Cのカセットは小形であるが，VHSカセットと同じ大きさのアダプタに入れれば，VHS機で記録再生できる．またVHS-Cムービーでは，その回転ドラムをVHSの回転ドラム62 mm径の2/3に相当する41.4 mm径の4ヘッドのドラムとし，ただしテープを従来の180°ではなく270°巻きつけることで，VHSと全く同じ記録フォーマットを維持した．かくしてVHS規格をベースに8ミリビデオに匹敵する小形ビデオVHS-Cムービーが誕生した．

　以上のように，VHSとしては，ハイファイオーディオやビデオムービーなどの，新機能導入に当たっても，原記録方式は変えずに守り通した．長時間記録もフィーチャーとして追加したが，標準の記録方式は変えなかった．この間にレンタルビデオの普及が急激に進み，方式的に安定しているVHSが映画供給サイドからも歓迎され，一挙にVHS化が進み世界的な標準となった．

　DVDが浸透しつつある現在でも，VHSのデッキはDVDとのダブルデッキをも含めると，依然として年間数千万台の需要があり，世界中で使われている．そしてその中には30年にわたる技術開発の結果とデファクトスタンダードへの高野鎮雄の思いが込められている．

問題 1　VTRの記録にはなぜFM変調が使われるか．また失われる上側波帯はどうなっているか．

問題 2　家庭用VTRの白黒信号FM波とカラー信号とは，記録過程で相互に干渉し，ビートを発生するが，この問題はいかにして解決されているか．

談 話 室

情報バリアフリー放送

　情報バリアフリーの放送，特に聴覚障害者の方々から，字幕放送の更なる拡充が求められている．1995年に発生した阪神・淡路大震災をきっかけとして，ニュース番組の字幕放送の実現が強く求められた．しかし当時は，技術的な理由から生放送番組に字幕を付加することは不可能とされていた．

　ニュース番組の字幕放送は，欧米では特殊なキーボードを利用した，人手によるリアルタイムの入力で既に実現されていた．ところが日本語の場合には，仮名漢字変換に時間がかかり，人手によるキーボード入力ではアナウンサーの話すスピードに追いつかなかった．そのため，人間の声を自動的に文字に変換する，音声認識技術の実用化がおおいに期待された．音声認識の技術は1990年代に入って米国を中心に飛躍的に進展し，新聞の原稿を読み上げた音声の認識は，かなり高い精度で行うことができるようになってきた．しかし，ニュース音声の認識は更に難しい課題であった．

NHK放送技術研究所（NHK技研）は字幕放送のための音声認識の研究に取り組んだ．過去に放送されたニュース番組や，記者が作成したニュース原稿を利用しながら，音声認識システムを開発していた．ところが，どんなに精度が上がっても，音声認識の誤りを完全になくすことはできなかった．ニュースは誤りをの許されない番組である．音声認識の誤りを効率的に修正する方法を見つけださなければニュースの音声認識は実現できなかった．

　同研究所では，人間によるリアルタイムの誤り修正実験を繰り返した．その結果，誤りの修正を"誤りの発見"と，発見された"誤りの修正"という二つの作業に分けることにより，認識率が95％以上であれば修正できることを発見する．おりしも，1999年の夏には，アナウンサーが原稿を読んでいる場合について，認識率95％を達成していた．この結果を受け，NHKは，同年12月の段階で，音声認識と認識誤り修正システムを利用したニュース字幕放送の開始を決断する．そしてついに，音声認識を用いた世界初のニュース字幕放送が2000年3月27日から開始された．最初にニュース字幕放送が開始された番組は，NHKの「ニュース7」である．2001年4月2日からは，「ニュース9」の字幕放送も始まり，現在，昼のニュースでも毎日字幕放送が行われている．

　次に課題となったのは，2002年に開催されたワールドカップサッカーの字幕放送である．この大会は日韓共同開催となったが，韓国のハングル文字は英語などと同じく，文字入力の際に仮名漢字変換のような複雑な処理が必要ないため，キーボード入力による字幕放送が可能であった．韓国で字幕放送が行われるのに，日本ではやらなくてよいのだろうか．しかし，サッカー番組の音声を認識できる見通しは立っていなかった．

　NHK技研はこのような状況を打開するため，"リスピーク方式"の導入を検討する．リスピークとは，番組中の音をそのまま音声認識するのではなく，字幕専用キャスターが静かなスタジオの中で，番組の音を聞きながら言い直し，その声を音声認識する方式である．この方式を用いることにより，番組中の雑音が音声認識に与える影響を回避できた．イギリスのBBCでは，アナウンサーの話す速さが遅く，話す量も少ないスポーツ番組を対象としてこの方式を導入していた．ところが，サッカーではゲームが急展開するため，アナウンサーも早口となり，解説者の発話も文法的に正しくない場合が多い．そこで検討されたのが，リスピークの際に言い換えを積極的に用いる方法である．同研究所で，字幕用キャスターを養成して実験したところ，番組音声をある程度なら言い換えが可能であることと，言い換えにより音声認識性能も向上することが確認された．NHKはこの方式を利用して，2001年の大晦日の「紅白歌合戦」の字幕放送を決断する．リスピーク方式による音声認識の実験システムが構築されてから，たった2か月での実用化であった（図5.34）．この字幕放送の成功を受け，2002年2月のソルトレークシティオリンピックの生中継でも，スケートやジャンプなど一部の種目で字幕放送を実施した．このときには，聴覚障害者からNHKに対して，「生きていてよかった」という感動的なファクシミリも寄せられた．

聴覚障害者は家族とともに「紅白」を楽しむことができるようになった．

図5.34　紅白歌合戦初の字幕放送（2001年）

　いまでも，音声認識率100％の実現は見通しが立っていない．結局は，人間側が技術をどう利用していくかがキーとなる．ニュース番組の場合には，人間による誤り修正，スポーツや紅白歌合戦の場合には，字幕キャスターの言い換え技術が実用化を導いた．音声認識を利用する人間側の工夫や努力により，生放送番組の字幕放送は，阪神・淡路大震災の頃では考えられなかったほどに充実していったのである．

6 情報技術
——コンピュータは世界を変える——

6.1 コンピュータの誕生と発展

6.1.1 コンピュータの誕生

〔1〕 **ENIAC**　世界初の実用のコンピュータ ENIAC が 1946 年にペンシルベニア大学で誕生した．このマシンは 140 kW の電力を消費し続けて 1955 年暮れに電源が落とされるまで 10 年間使われた．ENIAC を開発したエッカート (J. P. Eckert) とマーキュリー (J. W. Mauchly) は有名であるが，ゴールドスタイン (Goldstine) もこの開発関係者の一人である．筆者は同博士と京都で会った．世の中に新しいものが誕生する瞬間のことを直接聞けて興味がつきなかった．

ENIAC 誕生 50 周年を記念して，1996 年に学生と大学スタッフが，シリコンの大規模集積回路を用いて，この歴史的なマシンを再現した．重量が 30 t で 18 800 本の真空管のあのマシンが，174 000 個のトランジスタで 7.4×5.3 mm^2 のチップとなった．

〔2〕 **プログラム内蔵方式のマシン**　現在のコンピュータはプログラム内蔵方式である．その発案者ノイマン (J. von Neumann) に因んでノイマンコンピュータともいわれる．ゴールドスタインはノイマンがコンピュータの分野に入るきっかけとなった人物である．その話を直接聞けて興味深かった．ENIAC はパッチボードでプログラムを外部から与える方式であった．ノイマンは開発中の ENIAC を見学した．そこで，これよりはるかに汎用性の高いプログラム内蔵方式を創発した．筆者はゴールドスタインよりこの歴史的なレポートをいただいた[1]．

ノイマンらはそのアイデアのマシン EDVAC や IAS マシンを作ろうとした．しかし，これらはなかなか稼動しなかった．

〔3〕 **ウィルケスの EDSAC**　世界初のプログラム内蔵式のマシンは 1949 年稼動の EDSAC である．ケンブリッジ大学のウィルケス (M. V. Wilkes, ウィルクスともいう) らによるものである．タンクに入れた水銀の中を伝わる超音波の遅延を利用してメモリを実現した．

ウィルケスとは数度会った．京都大学で講演もしていただき，筆者の自宅にも立ち寄られたことがあり，直接，種々の話を聞いた．すばらしい創発力に加え，卓越した技術的センスの持ち主と感じた．同博士は，休日は大英博物館で，自動計算機の始祖バベッジ（Babbage）の Unpublished Notes を調べるのが趣味だとのことであった．EDSAC をノイマン式と呼ばれるのは賛成できないとのことであった．万能 Turing マシンや暗号解読マシン Colosus などのことがあったのであろう．

図 6.1 京都賞を受賞したウィルケス，（右は矢島脩三），京都国際会館にて，1992 年

同博士は 1992 年に京都賞を受賞した．そのときの写真を図 6.1 に掲げる．手にしているのは，EDSAC のプログラムについての本で，世界初のコンピュータプログラミングの本である[2]．我が国初期のマシンはほとんどがこの本を参考にしている．

〔4〕 **ABC と BINAC** 歴史は難しい．そう思っていると，エッカートが 1944 年にプログラム内蔵のアイデアを述べた報告書を出していたと聞こえてきた．エッカートとマーキュリー社は 1949 年にそのタイプのマシン BINAC を開発していた．しばらくして，アタナソフ（Atanasoff）のことが聞こえてきた．ENIAC より以前にアイオア州立大学で独創的なマシン ABC を実験していた．

なお，歴史書のならいで，氏名は敬称なしで，また，富士通(株)(旧：富士通信機製造(株))，(株)日立製作所，日本電気(株)はそれぞれ F，H，N 社と書かせていただく．また，東北大学，東京大学，京都大学，大阪大学も，それぞれ，東北大，東大，京大，阪大と書く．

6.1.2 国産マシンの誕生

戦後すぐの我が国には輝かしいリレー計算機の歴史があった．電気試験所の後藤以紀や駒宮安男らの ETL Mark-I，II，F 社の池田敏雄や山本卓眞らの FACOM 100，128 などである．次に真空管式マシンについて述べる

〔1〕 **阪大マシン** 阪大では城憲三や牧之内三郎が 1950 年に ENIAC の演算器の追試に成功している．彼らと安井裕は，続いて，EDSAC タイプの開発を試みた．しかし，1959 年，阪大にトランジスタマシンが導入されることになり，開発は残念ながら中止となった．

〔2〕 **岡崎の FUJIC** 1956 年，我が国初のプログラム内蔵式のマシン，真空管式の FUJIC が誕生した．富士写真フィルムの岡崎文次が完成させた．民間企業の個人が独力で開発したというのが世間に大衝撃を与えた．

〔3〕 **東大マシン TAC** TAC は東大が開発した真空管式マシンである．東大の山下英男らの計画したもので 1951 年スタートである．当時は内外ともマシンの開発は困難を極めたもので，ノイマンのマシンと同様にすぐには稼動しなかった．1959 年になって TAC がようやく稼動した．すぐさま見学した．その立役者の村田健朗と中沢喜三郎に，最後に動かす決め手になったのは何かと聞いた．幅 1 m ほどある大きな銅板を指差して，このアースだよといわれた．TAC はメモリに CRT の一種のウィリアムスチューブを使用した．

世界的には，1951 年の世界初の商用マシン UNIVAC は水銀タンクであったが，1952 年のノイ

マンの IAS，1953 年の IBM 701 などはこの CRT であった．ドイツの MPI のマシン G 1 では 1952 年に磁気ドラムで遅延線メモリを実現した．マシンの輸入も相次いだ．例えば，三和銀行は 1955 年に磁気ドラム式メモリの世界のヒット商品 IBM 650 を導入，住友銀行は 1956 年にイギリス National Elliot のマシンを導入した．このマシンの内部を見せてもらった．水銀タンクに代わり，磁気ひずみ現象を活用する強磁性体の針金でメモリが作られていた．以上はいずれも真空管式である．

〔4〕 **パラメトロン計算機**　1956 年，東大修士の後藤英一が磁気コアを利用した論理演算素子を発明した．ぶらんこの原理であるパラメトリック発振を使うものである．これをパラメトロンと命名した．

NTT 電気通信研究所では，喜安善一，室賀三郎，高島健助らが，パラメトロン計算機 MUSASINO-1 を 1957 年 3 月に開発した．早速に見学したが，手作りでない堅牢なもので，さすがプロの世界は違うなと思った．企業のパラメトロンマシン開発が始まった．H 社は高田昇平と萱島興三らが HIPAC-1 を 1957 年暮れに稼動させた．翌年に筆者は利用させてもらった．

パラメトロンの本家の東大理学部高橋研では，1958 年に手作りのパラメトロン計算機 PC-1 が誕生した．ここでは開発者の高橋秀俊，後藤英一，和田英一らに会った．みな，才気煥発で天才的な閃きタイプの面々であった．

その少しあと，猪瀬博が東大工学部電気系を案内してくださった．こちらは，トランジスタのコンピュータに賭けていた．あとに電子交換を可能にする独創的なアイデアを出した．

〔5〕 **東北大マシン SENAC-1**　東北大の大泉充郎，本多波雄，野口正一らは N 社と共同でパラメトロンのマシン SENAC-1 の開発に取り組んだ．いきなりの大形機であった．開発に壮絶な苦労をしているのが聞こえてきて，自身の明日の命運が心配になった．このマシンは 1959 年に稼動した．

〔6〕 **磁気コアのマシン**　磁気増幅器形の磁気コア論理素子のコンピュータも存在した．UNIVAC の USSC である．これは，1959 年に東芝，1960 年暮れには京都市役所，1961 年には大阪市役所などに輸入された．同社のファイル重視のマシン UFC も輸入された．USSC は高い信頼性を誇った実戦マシンであった．

6.1.3　トランジスタコンピュータの誕生

1947 年，ベル研究所で固体増幅器が発明されトランジスタと命名された．これが翌 1948 年に公開された．ベースとなるゲルマニウム結晶の小片に，タングステンの針金 2 本を接触させた点接触形のものである．これで 20 世紀前半を支配した真空管は影を潜めた．20 世紀後半よりの世界はトランジスタという石の時代となり，IT の大革命を起こした．同所では，このタイプのもので，1952 年に Felker が空軍機用のマシン TRADIC 作った．1954 年にこれを学会報告している．

さて，トランジスタは 1949 年が接合形，1951 年が MOS 形の発明である．現在のマシンは大略この後者の 2 種で作られている．1954 年，MIT のリンカーンラボは Philco 社の石で実験マシン TX-0 を作っている．この会社も米国の国家安全局用に汎用マシン SOLO を 1956 年に作っている．石の性能は，最初は補聴器用の性能くらいであった．因みに，世界を驚かせた東通工（現ソニー）のトランジスタラジオは 1955 年，同テレビは 1960 年の製品である．

1956 年 7 月，電気試験所では，高橋茂，西野博二らが，東通工の点接触トランジスタを使って ETL Mark III の開発に成功した．我が国初はもちろん世界初の仲間に入る素晴らしい出来事であ

った．メモリは，光の多反射の伝搬によるガラス遅延線で実現した．グラスファイバの光通信の時代となった現在，感慨深いものがある．

同所では，その後に出現したゲルマニウム接合トランジスタで，次のETL Mark IVの開発に1957年11月に成功した．

その翌年に両マシンを見学した．開発者の高橋茂，西野博二，相磯秀夫らは元気溌剌で多弁であった．高橋茂は非常に親切に説明してくれてありがたかった．そのときはまだラックと机上にあるバラックセットの両マシンを見て，これなら筆者でも作れると思った．

このマシンはトランジスタが使い物になることを示した我が国の記念碑的マシンである．結構な数の企業や大学がいっせいにマシンの開発や研究を始めた．マシンの開発が，研究所や大学から，急速にメーカの手に移っていった．しかし，猛烈なハードの進歩とソフトの恐ろしさが分かるにつれて，次々と撤退組や優柔不断組も出た．

1958年には早々とN社がこの流れをくむマシンNEAC 2201を製作した．国産マシンの振興が叫ばれた．1958年に電子工業振興協会が設立されて電子計算機センターを設けることになった．1959年5月，トランジスタマシンNEAC 2203，HITAC 301，TOSBAC 2103，パラメトロンマシンFACOM 212がこのセンターにそろいぶみした．調整段階のとき駆けつけた．各社とも徹夜につぐ徹夜の調整の猛烈時代であった．

1959年6月には，パリで開催の世界情報処理連合IFIPの展示会Automathに，トランジスタのNEAC 2201，パラメトロンのHIPAC 101が出品されて，グランプリを獲得し世界を驚かせた．

6.1.4　マシンKDC-IとIBM 704

〔1〕産学協同のマシンKDC-I　マシンも実験機から実用機の時代になりつつあった．この時期の産学協同の実用マシン開発状況の一例を現場中継するということで，京大とH社の産学協同のマシンKDC-Iについて述べる．正式名は「京都大学ディジタル形万能電子計算機第1号」である．

1958年初頭，真空管の東大と阪大，パラメトロンの東北大に続いて，京大の番となった．いずれの大学も稼動させるのに苦戦中であったので，実績のあるリレー式にせよという強い意見もあったが，H社と産学協同でトランジスタマシンを開発することとなった．

H社から同社のコンピュータ事業の始祖である岩間喜吉が来学して，設計する人がいない，誰かいないか，ということになった．計算機の論理設計を研究していた筆者がH社に派遣されることになった．1958年，筆者がドクターコース1年生のときである．電離層についての計算を計算尺でしていた恩師の前田憲一より「動くコンピュータを作ってくれ」といいつかり筆者は企業に赴いた．

H社の戸塚工場では岩間喜吉，波多野泰吉，伊与部真一などが，同社初のトランジスタ計算機HITAC 301の開発途中であった．論理設計のデバッグをさせてもらった．乗除算を稼動させるのを手伝った．これで，見習い，手伝いを経て，京大マシンの設計者に昇格した．

KDC-Iは独自仕様にさせてもらった．企業のマシンの名称もBが付加されたHITAC 102 Bとなった．このマシンでは，擬似インデックス命令や，10進の機械であるがビット処理を可能にする命令，パタンマッチにかかわるマスク付きの非同値論理演算命令などを設けた．磁気テープのシステム設計も手探りであった．

浮動小数点命令の論理設計をすませたころ，孤立無援で先行きの不安にかられていた．このと

き，HITAC 301 の立役者の伊与部真一と工場をしきる達人の太田栄一が KDC-I の担当となり，先がぱっと明るくなった．更に多くの方のパイオニア的努力で開発が急ピッチで進んだ．京大からも多大の支援があった．

KDC-I 自体の配線問題を研究しプログラムしていたが，マシン最初の稼動テストでこれが計算できた．人手設計と比較できて感激した．1960 年春，マシンはついに稼動した．京大の萩原宏が工場に駆けつけ，e と π をそれぞれ 100 桁計算した．数表の値との答え合わせに合格した．

KDC-I のゲルマニウムトランジスタ 1 粒の価格は大卒 1 月分の給与だといわれた．クロックは 230 kHz である．主メモリは磁気ドラム 4 200 語と磁気コアメモリ 50 語である．磁気テープドライブ 2 台も開発した．

これは大部屋を占有する大形の筐体のマシンであった．岩間喜吉もさすがにたまりかね「この図体はどこまで小さくできるか」と問うた．その上，「将来は小さい個人用のマシンを作りたい」と述べた．真空管の小形化のアナロジーで推定して，将来は小荷物 1 個くらいになる」と答えた．もちろん大失敗の予想であった．トランジスタの寸法や価格が百万分の 1 以下になるとはとても予測できなかった．この 1959 年，コンピュータをミクロ化することになるキルビー（Kilby）の IC 特許が申請されていた．1949 年の雑誌 Popular Mechanics の記事「ENIAC は，云々で 30 t であるが，未来のコンピュータはたった 1 000 本の真空管で 1.5 t となるであろう」というのはあとで知った．

1961 年，計算センターの形で，KDC-I の大学全体の共同利用が開始された．MIT の電気探査の分野に留学していた清野武が帰国して，MIT の計算センターを参考にしてこれを実現した．コンピュータ誕生に続き，大学に計算センターが誕生した．清野武はアセンブラを作成した．設置時すぐに全学よりの 200 人強が連日連夜利用した．同年，南海地震を想定しての大阪湾津波に関する，磁気テープを徹底駆使する数か月にわたる大規模な計算もあった．KDC-I は 15 年間近くも営々と使われたのは奇特なことであった．

1960 年，この HITAC 102 B は中央官庁の経済企画庁の第 1 号機ともなった．日本国経済にどれだけプラスだったかマイナスだったかまでは分からないが，たいへん名誉なことであった．

〔2〕 **世界のトップ IBM 704**　　KDC-I が大学センターでの実用機となってほっとしたとき，ノーベル賞の湯川研究室の知人から「私の問題は IBM 704 では解けるが，KDC-I では遅すぎて解けない，この機械はだめだ」といわれた．工学部の筆者は「真空管ではなくトランジスタに進歩したマシンである．人の夢や意志と創造で，世にないものを発明して具現化する」といったが，理学部の彼は「道具のマシンの中身は何でもよい．宇宙の神秘を知る，発見する，サイエンスするのだ．解けないと困る」といった．ユーザの声は厳しかった．

IBM 704 は 1954 年に IBM が発表した真空管式の頂点を極めた科学技術用のマシンである．1959 年に気象庁がこれを輸入した．このマシンを直ぐに見学した．ぎっしり林立しているミニチュア真空管の明かりでマシンは黄金色に輝いていた．コストは KDC-I の 20 倍以上もした．これと比較されたのはつらかった．このマシンは，1952 年にバッカス（Backus）が創発した世界初の高級言語 FORTRAN を実用していた．因みに，このマシンは 1957 年には真空管式 IBM 709 に進展し，1958 年から IBM マシンはすべてトランジスタマシンとなり，これは同年既に IBM 7090 へと進展していた．

ノーベル賞研究室との付き合いで，学者の仕事は本邦初ではだめと思い知らされた．

6.1.5 コンピュータの進歩発展

我が国コンピュータ誕生の1950年代を実況中継的に述べた．この誕生に立ち合った何人かが登場する写真を図6.2に掲載しておこう．

1960年代半ばになると，ゲルマニウムからシリコンの時代になった．更に，コンピュータネットワークも誕生した．マシンのIC化が進み，その集積規模は指数関数的に増大した．ついに1971年には嶋正人やインテル社のホッフ（T. Hoff）などによってマイクロプロセッサが誕生した．パーソナルコンピュータも誕生した．1980年代には，社会もコンピュータ社会となり，インターネットが生まれて地球をおおいつくすことになった．2002年にはN社が製造した超並列スーパーコンピュータの「地球シミュレータ」が40

図6.2 左より計算機工学の先達の元岡達，パラメトロンの後藤英一，MUSASINO-1の喜安善一，ETL MARK-IIIとIVの西野博二，KDC-Iの矢島脩三，蔵王にて，1964年

テラFLOPS（浮動小数点演算/秒）の世界最高性能を誇った．コンピュータもユビキタスの時代になろうとしている．

コンピュータは誕生以来その性能が指数的に上昇した．計算とテキスト処理から始まって，音声処理さらに画像処理ができるようになった．これはついに映像処理が可能となり，テレビや映画の世界に到達した．ここに至り，実世界のほかに，人類がかって経験したことのないサイバースペースが誕生しつつある．

指数関数的な進歩は続いている．それどころか，更に超新星爆発のような進展が予想されている．未来は若人のもの，未来については若人が語る番である．

ここでは，最も古い話で締めくくる．世界で初めて自動計算機を作ろうとしたのはバベッジ（1791～1871年）である．その蒸気機関駆動の歯車マシンAnalytical Engine用に，詩人バイロン（Byron）の娘アダー（Ada）がプログラムを書いた．和暦では天保14年であるが，アダーの1843年の言葉を記しておく．

「この発明が将来にもたらす影響を誰が予見しうるというのであろうか」[3]．

6.2 符号技術

6.2.1 はじめに

どのような通信（コンピュータ間のデータ通信から電話の通話まで）においても，雑音などの影響

で伝送誤りが起こる．伝送誤りを検出・訂正して通信の高信頼性を確保するための重要な基盤技術の一つが符号技術である．ハードディスクやコンパクトディスクなどの記憶媒体へのデータの書込みと読出しも通信とみなすことができ，符号技術が用いられている．また，携帯電話などの移動無線では，基地局と多数の端末の間で同時に通信が行われるが，CDMA 方式の場合，多数の通信を分離するために拡散符号が用いられる．拡散符号の設計は誤り訂正符号の設計と密接な関係がある．

まず，6.2.2，6.2.3 項では誤り訂正符号の基礎概念とその歴史を簡単に振り返る．符号の誤り制御特性（誤り見逃し確率など）と効率（単位時間に伝送できる情報の量），更に機構化のコストの間にはトレードオフの関係があり，それらを理解することは重要である．6.2.2 項で説明する符号の重み分布に関する知識は，誤り制御特性の評価に中心的な役割を果たす．著者による重み分布公式導出の研究（1965～1966 年）をその歴史的背景とエピソードを交えて 6.2.4 項で，その拡散符号導出への応用を 6.2.5 項で紹介する．導出された一つの拡散符号は第 3 世代の携帯電話で使われている．

6.2.2　線形符号とその重み分布

成分が 0 か 1 であるベクトルを **2 元ベクトル**と呼び，長さ n の 2 元ベクトル全体の集合を V^n と書く．空でない V^n の部分集合 C を**符号長 n のブロック符号**という．$u, v \in V^n$ について，u, v の各成分を比べて，異なる成分の個数を u, v の**ハミング距離**と呼び，$d(u, v)$ と書く．C の異なる符号ベクトル間のハミング距離の最小値を C の**最小距離**といい，$d_{\min}(C)$ または単に $d_{\min}$ と書く．2 元ブロック符号 C において，任意の $u, v \in C$ について，$u + v \in C$ が成り立つとき，C を **2 元線形符号**（喜安；1954 年，スレピアン（D. Slepian）；1956 年）と呼ぶ．零ベクトル $\mathbf{0} \in C$ である．実用化されている大部分のブロック符号は線形符号かその簡単な変形である．

符号長 n の 2 元線形符号 C において，k ビットが**情報ビット**として指定され，残りの $n - k$ ビット（**冗長ビット**）の各ビットが k 情報ビットの線形和であるとき，2 元 (n, k) **線形符号**という．情報ビットから冗長ビットを求めて，長さ n の符号ベクトルを作る操作を**符号化**，それを実行する装置を**符号器**と呼ぶ．符号器から送信された符号ベクトル u の成分は通信路[1]で雑音などの影響を受け，受信ベクトル z として復号器へ入力される．硬判定復調の場合，$e \triangleq z + u$ を誤りベクトルと呼び，$d(z, u)$ 個の誤りが起こったという．復号器は z に基づき，送信された符号ベクトルを推定し，復号ベクトル v として出力する．$v = u$ のとき正しい復号と呼び，$v \neq u$ のとき**誤って復号**した（復号誤り）という．

誤り制御機能の確率的評価のため，通信路の近似数学モデルが用いられる．標準的なモデルである **2 元対称通信路**では，ビット成分 $a \in \{0, 1\}$ を送信したとき，復号器への受信入力が $b \in \{0, 1\}$ である条件付き確率 $g(b|a)$ が，ビット位置とその前の送受に全く無関係に，$g(1|0) = g(0|1) = p$ と定まる．この $p(0 \leq p \leq 1/2)$ を通信路の**ビット誤り率**という．t を $(d_{\min} - 1)/2$ 以下の非負整数とする．$u \in V^n$ について $S_t(u) \triangleq \{v \in V^n : d(v, u) \leq t\}$ に含まれる符号語は高々一つであることを利用したのが次の復号法である[1]．

限界距離 t 復号法：受信ベクトル $z \in V^n$ について，$S_t(z)$ が符号ベクトル v を含むなら v を復号ベクトルとし，含まなければ誤り検出とする．

ビット誤り率 p の 2 元対称通信路では，誤って復号する確率 P_e（$t = 0$ のときは，誤りを見逃す確率）は

$$P_e \leq 1 - \sum_{i=0}^{d_{\min}-t-1} {}_nC_i p^i (1-p)^{n-i} \tag{6.1}$$

を満たす．代表的な符号のクラス，例えば，リード・マラー（Reed–Muller, RM）符号，ボーズ・チャウドリ・ホッケンゲム（Bose–Chaudhuri–Hocquenghem, BCH）符号などの効率的な限界距離復号法（代数的復号法と総称される）が開発され，実用化されている．

$u \in V^n$ の成分の中の 1 の個数を u の**重み**と呼び，$w(u)$ と書く．0 以外の C の符号ベクトルの重みの最小値を C の**最小重み**と呼び，$w_{\min}(C)$ または単に $w_{\min}$ と書く．C が線形なら，$d_{\min} = w_{\min}$ である．n 以下の非負整数 i について，重みが i である符号ベクトル数を A_i と書くと，$A_0 = 1$, $A_i = 0$ $(0 < i < w_{\min})$, $A_{w_{\min}} > 0$ である．$\{A_i : 0 \leq i \leq n\}$ を C の**重み分布**という．$A_i > 0$ である添字 i を小さい方から $w_0 = 0$, $w_1 = w_{\min}$, w_2, $\cdots$, w_s とする．$\{w_i : 0 \leq i \leq s\}$ を C の**重みプロファイル** $WF(C)$ と呼ぶ．$u, v \in V^n$ について，u, v の内積を (u, v) と表す．2 元 (n, k) 線形符号 C の**双対符号** C_D は $C_D \triangleq \{u \in V^n : \forall v \in C, (u, v) = 0\}$ と定義される．C_D は 2 元 $(n, n-k)$ 線形符号である．C_D の双対符号は C 自身である．マックウィリアムズ（MacWilliams, 1963 年）は C と C_D の重み分布の間に 1 次恒等式が成り立つことを示した．この MW 恒等式により，式(6.2)のプレス（Pless, 1963 年）の条件が成り立つとき，C の重み分布が計算できる．

$$|WF(C)| \leq w_{\min}(C_D) \tag{6.2}$$

例 1 ビット誤り率 p の 2 元対称通信路を考える．線形符号 C の限界距離 0 復号法（誤り検出のみの場合）の誤りを見逃す条件は，受信ベクトル z が送信ベクトル u 以外の符号ベクトルに等しいことである．C が線形なので，誤りベクトル e について，$e = z + u \in C \setminus \{0\}$ が条件となる．$w(e) > 0$ より，$n \geq w(e) \geq w_{\min}$ が成り立つ．e の生起確率は $p^{w(e)}(1-p)^{n-w(e)}$ であるから，式(6.3)が導かれる．

$$P_e = \sum_{i=w_{\min}}^{n} A_i p^i (1-p)^{n-i} = 2^{-n+k} \sum_{i=0}^{n} B_i (1-2p)^i - (1-p)^n \tag{6.3}$$

ここで，B_i は C_D の重み分布で，右の式は真中の式を MS 恒等式で変換した式である．一般の限界距離 t 復号法の P_e を重み分布により計算する公式も知られている[2]．

6.2.3 巡回符号

V^n のベクトルの成分位置 $\{1, 2, \cdots, n\}$ の置換 π を考え，$u = (u_1, u_2, \cdots, u_n)$ に対して，$\pi(u) = (u_{\pi(1)}, u_{\pi(2)}, \cdots, u_{\pi(n)})$ と定義する．$w(u) = w(\pi(u))$ である．任意の $u \in C$ について，$\pi(u)$ も符号ベクトルであるとき，π を C の不変置換と呼ぶ．C の不変置換 π_1, π_2 を引き続いて実行したときの置換 $\pi_1 \cdot \pi_2$ も C の不変置換となる．この演算 "$\cdot$" で閉じた C の不変置換の集合を C の**不変置換群**と呼ぶ．Π を C の不変置換群の一つとする．C は Π で不変ともいう．Π の置換によって，互いに移りうる符号ベクトルの集合を一つのブロックとしてまとめると，C 全体はいくつかのブロックに分割される．このとき式(6.4)が成り立つ．

$$|WF(C)| \leq \Pi \text{ のブロック数} \tag{6.4}$$

右巡回シフト $\{i \to i+1 (1 \leq i < n), n \to 1\}$ を π_c，その i 回の繰返しを π_c^i，巡回置換群 $\{\pi_c^i : 0 \leq i < n\}$ を Π_c と書く．Π_c で不変な線形符号 C を**巡回**（cyclic）**符号**（プランジ，Prange, 1957 年）という．巡回符号の双対符号 C_D も巡回符号である．機構化のうえで有利であり，BCH符号などすぐれた巡回符号が考案されているため，巡回符号かその短縮符号が広く使われている．

$\boldsymbol{u} = (u_1, u_2, \cdots, u_n) \in V^n$ の**多項式表現** $u(x) = u_1 + u_2 x + \cdots + u_n x^{n-1}$ を考える．$\pi_c(\boldsymbol{u})$ の多項式表現は $xu(x)$ である．ただし，$x^n \equiv 1$ と規約する．2元線形 (n, k) 符号 C が巡回符号であるための条件は[1]，$x^n + 1$ を割り切る $(n-k)$ 次の2元多項式 $g(x)$（**生成多項式**という）があって

$$\boldsymbol{u} \in C \iff g(x) | u(x) \quad (u(x) \text{ が } g(x) \text{ で割り切れる}) \tag{6.5}$$

である．n' を $n \geq n' > n - k$ を満たす整数とする．(n, k) 巡回符号 C について，最後の $n - n'$ ビットがすべて0である符号ベクトル全体の集合において，それらの $n - n'$ ビットを削除して得られる $(n', k-(n-n'))$ 符号 C' を**短縮巡回符号**という．C' は C と同じ生成多項式 $g(x)$ をもち，$\boldsymbol{u} \in C' \iff g(x) | u(x)$ が成り立つ．$w_{\min}(C') \geq w_{\min}(C)$ である．

例 2[2]　国際電信電話諮問委員会の勧告による，単一誤り訂正，2重誤り検出 $(2^{15}-1, 2^{15}-17)$ 巡回ハミング（Hamming）符号（最小重み4）の短縮符号が誤り検出用によく用いられる．図6.3は短縮符号の誤りを見逃す確率 P_e を，双対符号の重み分布を 2^{16} 個の符号ベクトルを順次生成して求め，式(6.3)と式(6.1)の値（ただし $t = 0$）を比較している．10進で4桁以上の違いがある．

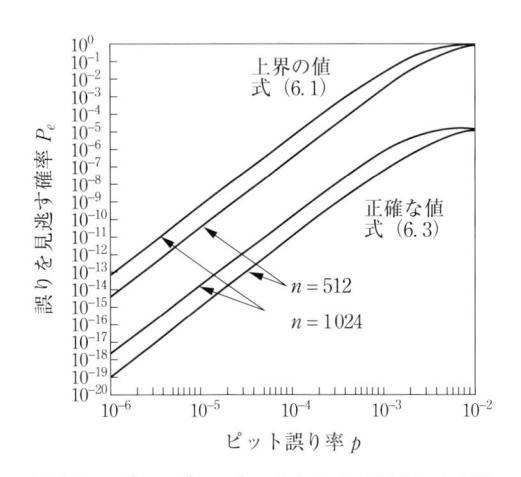

図 6.3 $x^{16} + x^{12} + x^5 + 1$ を生成多項式とする符号長 $n = 512$ 及び 1024 の短縮巡回符号の誤りを見逃す確率

元の数が 2^m である有限体[1]を $GF(2^m)$ と書く．$GF(2^m)$ には，原始元と呼ばれる元 α があって，0以外の元は $\alpha^i (0 \leq i < 2^m - 1)$ と表され，i を指数という．符号長 n が $2^m - 1$ かその約数であるとき，2元 (n, k) 巡回符号の生成多項式 $g(x)$ の根は $GF(2^m)$ に属する単根のみからなる．$g(x)$ の定数項は1であるから 0 は根ではない．原始元 α を一つ決めて根の指数の集合 E で $g(x)$ が指定される．$g(\alpha^i) = 0$ なら $2i \equiv j \pmod{2^m - 1}$ である $j (0 \leq j < 2^m - 1)$ について $g(\alpha^j) = 0$ となる．この i, j は互いに共役という．長さ $2^m - 1$，設計距離 $2t + 1$（最小重みのBCH下界）の狭義BCH符号（$BCH_{t,m}$ と略記）の生成多項式の根の指数集合 $E_{BCH-t,m}$ は式(6.6)のように求まる．

$$E_{BCH-t,m} = \{1 \text{ から } 2t \text{ までの整数及びそれらと共役な整数}\} \tag{6.6}$$

6.2.4　重み分布公式の導出を目指して（1965〜1966年）

1964年11月から1966年2月まで筆者はハワイ大学のピーターソン（Peterson）のもとで，研究する幸運に恵まれた．ピーターソンは，当時の符号理論の第一人者で，1981年シャノン賞，1999年日本国際賞を受賞された．研究課題として，ピーターソンから重み分布問題をすすめられた．最初は難しいとためらったところ，安定した職に就いており挑戦すべきではないかとたしなめられ，じっくり作戦を考えることにした．

符号のクラス（関連する無限の符号を含む）についての分布公式の導出を目標にした．1965年当時，重み分布公式が知られていた重要な符号のクラスは，巡回ハミング符号 $C_H(= BCH_{1,m})$ と

その双対符号 $C_{H,D}$ のみであった．$C_{H,D}$ は二つの Π_c ブロック $\{\mathbf{0}\}$ と $\{$非零符号語全体$\}$ をもち，$w_{\min}(C_H) = 3$ であるので，式(6.4)から式(6.5)が成り立ち，MW 恒等式を解いて，マックウィリアムズ自身が導出した．仮に，次元が $2m$ の巡回符号のクラスを考えると，Π_c によるブロック数は，$2^{2m}/(2^m - 1) > 2^m + 1$ 以上であり，式(6.4)は無意味になる．不変置換群の大きさが 2^{2m} に近い符号のクラスを探す必要があった．

長さ $2^m - 1$ の符号 C に 1 ビットを新たに付け足し，そのビットの値を，すべての符号ベクトルの重みが偶数になるように決めて得られる長さ 2^m の符号を C の**拡大符号**という．$\mathrm{BCH}_{t,m}$ の拡大符号を $\mathrm{EBCH}_{t,m}$ と書く．符号長 $2^m - 1$ の巡回符号の拡大符号では，ビット位置 $\{0, 1, 2, \cdots, 2^m - 1\}$ を，原始元 α を一つ選んで，$(0, \alpha^0, \alpha^1, \cdots, \alpha^{2^m-2})$ と表すと便利である．パラメータ $a, b \in GF(2^m)$，$a \neq 0$ をもつアフィン置換は，ビット位置 $X \in GF(2^m)$ を $aX + b \in GF(2^m)$ へ移す．ピーターソンとプランジは，$\mathrm{EBCH}_{t,m}$ がアフィン置換群 G_A を不変置換群としてもつことを示した (1964)[4]．$|G_A| = 2^m(2^m - 1)$ である．

筆者は符号ベクトル数が 2^{2m} 以下の巡回符号で，その拡大符号がアフィン群で不変な符号 C の $|WF(C)|$ は小さいと推定した．まず，長さ $2^m - 1$ の一般の巡回符号の拡大符号がアフィン群で不変であるための必要十分条件を導出した．これを出発点として，符号長 $2^m - 1$，次元 $m < k \leq 2m$（$k = m$ は $C_{H,D}$）で拡大符号がアフィン群で不変であるすべての巡回符号の拡大符号とその双対符号の重み分布公式の導出に成功した[5]．このクラスは，2 重誤りを訂正する（狭義）BCH 符号 $\mathrm{BCH}_{2,m}$ を含んでいる．しかし，k または $n - k$ が $2m$ より大きくなると，アフィン群不変性だけでは不十分であった．

大きな不変置換群（一般アフィン群）をつ符号のクラスに RM 符号（三谷 1951 年，Muller 1954 年）がある．符号長が 2^m であるが，最初のビットを削除して得られる符号 p-RM の拡大符号と考えると便利である．$Q_r (0 \leq r < m)$ を m 変数 r 次 2 値多項式全体の集合とする．ビット位置 $0 \leq i < 2^m$ の i を 2 進数 $x_1 + 2x_2 + \cdots + 2^{m-1}x_m$ で表し，$f \in Q_r$ に対応して第 i 成分の値が $f(x_1, x_2, \cdots, x_m)$ である長さ 2^m の 2 元ベクトルを $\boldsymbol{v}(f)$ と書く．長さ 2^m，r 次の RM 符号，$\mathrm{RM}_{r,m}$ を $\{\boldsymbol{v}(f) : f \in Q_r\}$ と定義する．$\mathrm{RM}_{r,m}$ は p-$\mathrm{RM}_{r,m}$ の拡大符号，最小重みは 2^{m-r} で，その双対符号は $\mathrm{RM}_{m-r+1,m}$ である．p-$\mathrm{RM}_{r,m}$ の成分を適当に置換すると巡回符号になる．この巡回形を c-$\mathrm{RM}_{r,m}$ と書く．この事実に最初に気づいたのは，1965 年夏ピーターソンのもとで研究すべく着任されたリン（Lin）博士である．

ピーターソンが，一般の巡回符号の指数集合を求めるプログラムを書き，初秋のある夕方に，c-RM 符号の例についての計算結果を持って筆者らの部屋に入ってこられた．非常にきれいな結果で，$0 \leq i < 2^m - 1$ を 2 進数表示したときの 1 の個数を $w_2(i)$ と書くと，c-$\mathrm{RM}_{r,m}$（$0 \leq r < m$）符号の生成多項式の根の指数集合 $E_{\mathrm{RM}-r,m}$ について式(6.7)の予想が立てられた．

$$E_{\mathrm{RM}-r,m} = \{i : 1 \leq w_2(i) \leq m - r - 1\} \tag{6.7}$$

翌朝，ピーターソンとリンにこの予想の証明を示すことができた．その結果，c-RM 符号と BCH 符号の関連が明確となり，構造の簡明な RM 符号の知識が，より複雑な BCH 符号の構造分析に利用できるようになった[3],[4]．例えば，$t = 2^{m-r-1}$ について

$$WF((\mathrm{EBCH}_{t,m})_D) \subseteq WF((\mathrm{RM}_{r,m})_D) \tag{6.8}$$

が導かれる．これが，一群の重み分布公式の導出につながった．

1966 年 2 月から 9 月まで，筆者はイリノイ大学コオーデネイト研究所に滞在し研究を続けた．一般アフィン群の変換を Q_2 の多項式に適用することから式(6.9)を得た．

$$WF(\mathrm{RM}_{2,m}) = \left\{2^{m-1},\ 2^{m-1} \pm 2^{m-h-1}\,;\, 0 \leq h \leq \frac{m}{2}\right\} \tag{6.9}$$

$\mathrm{RM}_{2,m}$ の部分符号かつアフィン群 G_A に不変である符号 C を考えると，$WF(C)$ は $WF(\mathrm{RM}_{2,m})$ のかなり小さな部分集合となり，条件式(6.2)が満たされる可能性がある．事実，いくつかのクラスの $(2^m-1,\ k)$ 巡回符号 $(k>2)$ の拡大符号とそれらの双対符号の重み分布式の導出に成功した[5]．拡大符号の重み分布から簡単に元の符号の重み分布公式も求まる[4]．そのクラスの中には，念願の符号長 2^m-1，$t=3$ 重誤り訂正 BCH 符号，$\mathrm{BCH}_{3,m}$（ただし，m が奇数か m が 10 以下の偶数の制限があったが，あとにこの制限は不要と判明）が含まれていた．

6.2.5　符号分割多元接続における拡散符号への応用

移動無線の基地局と端末との通信方式に**符号分割多元接続**（CDMA）方式[6]がある．同時にランダムに行われ得る通信を**拡散符号**（spreading code）を使って分離する．拡散符号は，周期 N をもつ無限長の2元系列の集合である．左（右）の位置にシフトする操作で互いに移り得ないパルス系列（その集合を S とする）を一つひとつの端末に割り当て，基地局と各端末間の通報の変調に使う．$\boldsymbol{u} \in S$ の1周期分 N を取り出して $\boldsymbol{u}_c$ と書く．異なる $\boldsymbol{u},\ \boldsymbol{v} \in S$ 間の周期 N の相互相関関数のピーク値 $pcr_{\max} = \max\{N - w(\boldsymbol{u}_c + \pi_c^i \boldsymbol{v}_c) : \boldsymbol{u},\ \boldsymbol{v} \in S,\ \boldsymbol{u} \neq \boldsymbol{v},\ 0 \leq i < N\}$ が小さいほど S の分離能力は大きい．与えられた周期と $|S|$ について，$pcr_{\max}$ が最小のとき最適という．

次に，巡回符号に基づく拡散符号の一構成法を示す．C を符号長 2^m-1 の2元巡回符号とする．C の符号ベクトルの周期は 2^m-1 かその約数に等しい．Π_c のブロック化において，ブロックの大きさが 2^m-1 である各ブロックからの代表全体の集合を C_0 とする．C に関連した拡散符号 $S(C)$ を各 $\boldsymbol{u}_c \in C_0$ を無限に繰返した系列全体の集合と定義すると，$S(C)$ のピーク相互相関値は，$N - 2d_{\min}(C_0)$ である．

筆者の当時の興味は，2元巡回符号の重み分布公式を新しく導出することであったが，それらの符号のクラスの中から，同じ k，$|WF(C)|$ をもち，$d_{\min}(C_0)(=w_{\min}(C))$ が最大の符号 C に関連した $S(C)$ として定式化できる拡散符号が逐次導入されていた．サルワテ・パースリィ（Sarwate-Pursley）は，展望論文[7]で新たに2クラスに着目し，"the small set of Kasami sequences" と "the large set of Kasami sequences" と命名した．表6.1 に，k，$M \triangleq |S(C)|$，**ピーク相互相関値**，拡散符号名を示す．第3世代の **WCDMA** の国際基準において，uplink（端末→基地局）用の短い方の拡散符号に長さ 256 の L-**Kasami codes** の拡大符号が採用されている[9],[10]．

表6.1　2元 $(2^m-1,\ k)$ 巡回符号に関連する周期 2^m-1 の拡散符号のパラメータ[6]

m	k	$M \triangleq |S(C)|$	ピーク相互相関値	拡散符号名
奇	$2m$	2^m+1	$2^{(m+1)/2}+1$（最適）	Original Gold, Dual 5-BCH
偶	$2m$	2^m	$2^{(m+2)/2}+1$	Gold-like$(m \equiv 0 (\bmod 4))$, Dual 5-BCH
偶	$3m/2$	$2^{m/2}$	$2^{m/2}+1$（最適）	small Kasami
2 (mod 4) 0 (mod 4)	$5m/2$	$2^{m/2}(2^m+1)$ $2^{m/2}(2^m+1)-1$	$2^{(m+2)/2}+1$	large Kasami

問題1　正しく復号される条件は誤りの個数が t 個以下であること，また誤りが $t+1$ 個から $d_{\min}-t-1$ までの誤りを検出できることを示し，式(6.1)を説明せよ．

問題2　文献10)を参照して，CDMA 方式における拡散符号の役割をまとめよ．

6.3 暗号技術

6.3.1 現代暗号前史

コンピュータが暗号を変え，暗号が世界の歴史を変えた

　暗号の歴史は，人類の歴史と重なるほどに古く，暗号アルゴリズムは数千年にわたってゆっくりと，そして20世紀に入って長足の進歩を遂げてきた．その歴史を振り返ると，暗号アルゴリズムもその実現手段と表裏一体となって高度化しているように思われる．紙の時代から，近代に入って機械と電信が用いられ，第1次世界大戦を経て，1920年前後から，世界各国は暗号強度の向上に腐心するようになった．

　ナチスドイツはエニグマ（Enigma）暗号を開発し，イギリスのアラン・チューリングなどその解読に精力を傾け，また，イギリスの諜報組織は世界初のコンピュータ「コロッサス」を開発し，ドイツの暗号を次々に解読して，イギリスを勝利に導いた．歴史のif「もし」は意味がないともいわれるが，もしチューリングなかりせば，そしてコロッサスが実現されていなければ，イギリスはドイツに敗れ，第2次世界大戦後の世界は米国とソ連ではなく，米国とナチスドイツの2大陣営の対立になっていたであろう．

　我が国の歴史にも少し触れておこう．1924年（大正13年），宇垣一成陸軍大臣のもとで進められた軍縮により浮いた予算で，暗号研究が始められた．1935年以降に入って，釜賀一夫などにより乱数暗号が発展し，米国の暗号も解読できるようになった．

　1943年には，釜賀が推進役となって，数学者の高木貞治博士をリーダとし，戦後，世界の舞台で活躍することになる小平邦彦，岩澤健吉博士らをメンバとする暗号の研究組織が陸軍で組織されている．

6.3.2 現代暗号の誕生

〔1〕**公開鍵暗号の出現**　送信者と受信者の間で鍵を秘密に共有する．これが古来，暗号の常識であった．共有するためには暗号通信に先立って，鍵を秘密裡に配送する必要がある．1941年12月の対英米戦に勝ち誇っていた太平洋戦争の舞台は，翌年6月初旬のミッドウェイ海戦における日本海軍の壊滅的敗北によって暗転した．敗北の大きな要因は暗号の解読であったが，鍵の配送を頻繁に，かつ安全に行うことができていたら，解読されずに済んだかもしれず，その後の戦局も変わっていたであろう．

　鍵も秘密でなく，敵に知られてもかまわないという状況の中で，配送できないだろうか．鍵配送は，情報化社会においても大きな課題であることはいうまでもない．

　1976年，公開鍵暗号の概念がディフィー（W. Diffie）とヘルマン（M. E. Hellman）によって発想された．

　暗号の天才たちが始めた議論の場をのぞいてみよう（もちろん筆者の創作である）．

D氏：鍵の配送に苦労しなくて済む方法はないだろうか．いっそのこと，鍵を秘密にせずに，公

開してしまってはどうだろうか．

H 氏：まさか．それでは暗号にならないではないか．

D 氏：確かに，これまでのように，送信者と受信者が同じ鍵を共有する方式ならそのとおりだ．送信者の鍵と受信者の鍵を違うものにしたらどうだろう．

H 氏：暗号化の鍵と異なる鍵で復号しても元の平文（plaintext）に戻らないではないか．

D 氏：二つの鍵が無関係ならそのとおりだ．鍵を二重構造にしてはどうだろうか．暗号化鍵の中に，復号用の鍵を埋め込み，暗号化鍵を公開して皆に使わせ，復号鍵は自分だけの秘密にするのだ．もっとも，そんな数学的な構造が作れるかどうか分からないが．

S 氏：なるほど，こんなのはどうだろうか．受信者を仮にXとしよう．Xは自分で秘密の鍵を決める．例えば7と11というように．7と11を掛け合わせた77を，X宛に暗号文を送ろうとする人々すべてに公開する．つまり77が公開鍵で，これを暗号化鍵として用い，7と11だけをXだけの秘密鍵として，送られてきた暗号文を平文に戻すための復号鍵として使うのだ．もちろん，これは説明のために，小さな数を例に使っているが，7とか11とかではなく途方もなく大きな素数にしておく．二つの数の掛け算はできても，逆に掛け合わされた数を元の二つの素数に分解することはコンピュータをいくらまわしても不可能なようにすればよいのではないか．

H 氏：議論を振出しに戻して申しわけないが，そもそも，暗号化鍵を公開するなんてことができるのかな．敵（解読者）も公開鍵が手に入るのだから，いろいろな平文に対して，その公開鍵で，おのおのの平文に対する暗号文をあらかじめ計算して，平文と暗号表の対応表をつくられて，待ち受けられたらおしまいじゃないのかね．

R 氏：それは大丈夫だ．音声も映像もデータもあらゆる平文はディジタル化されてから暗号化されるわけだが，100ビットを一つのブロックとして暗号化するとしよう．100ビットというと，2^{100}だけの系列があり得るから，1ピコ秒（ps）（10^{-12}s）で一つの系列に対して暗号文を計算できたとして，300億年くらいかかってしまう．表を作って待ち受けることは不可能だ．

S 氏：そういうことか．それなら，話を戻して二つの素数を秘密にするということは，オイラーが1761年に導いた公式を使って，数の世界を秘密にすることだと考えると何とかうまい数学的構造がつくれるかもしれないね．日本の江戸時代の和算家，久留島義太はオイラーより早くその公式を発見していたそうだが．

R 氏：情報の秘匿も大事だが，これからの情報化社会では，手書き署名に代えて，コンピュータやネットワークの中でのディジタル署名が基本技術となるから，そういうことにも使える暗号ができるとよいね．

S 氏：秘匿の場合は，先に誰彼を問わず任意の相手（例えばB氏）から自分（A氏）の公開鍵を使って暗号化したものを送ってもらい，自分だけが復号する．認証の場合は，自分（A氏）がまず，秘密鍵で署名し，やはり任意の相手（B氏）に，自分（A氏）の公開鍵で検証してもらうという具合に，鍵の使用順を変えるだけで，秘匿にも認証にも共用できる暗号をつくりたいものだ．

要するに公開鍵暗号のコンセプトは鍵を二重構造にし，外側の鍵を公開して不特定多数の人々に使わせ，内側の鍵は自分だけの秘密とする方式で，公開鍵から秘密鍵を割り出せないようにするというものであった．

しかし，そのような数学的構造の実現法についてはディフィーとヘルマンは具体的には示していなかった．

リベスト（R. L. Rivest）とシャミア（A. Shamir）は，初めはそのような虫の良い構造は存在し得ないと予想し，作れないことを証明しようとしたらしい．そのうち，いろいろなアイディアを出し合って実現法を模索し始めたが，その中で生まれたのが，先の会話に出ている素因数分解の難しさに基くRSA暗号であった．RSA暗号を生み出すまでに100を超える方式を半年間にわたって試行錯誤したという．その間に，計算量理論の立場からエーデルマン（L. Adleman）が仲間に加わったので，3人の頭文字に因んで，彼らの方式はRSA暗号と呼ばれるようになった．

1970年代後半に，情報化社会を志向した暗号の実現に向けて新しい動きが，米国の大学を中心に公開の場で進んでいたが，先に述べたように，大西洋をはさんでイギリスでは，その数年前の1970年代前半に，国防組織の中で秘密裡に公開鍵暗号が発明されていたようだ．

こうして，発明された公開鍵暗号の用途は大きく，秘匿と認証に大別される．秘匿とは平文を暗号化して送信（あるいは記憶）することを指すが，公開鍵暗号による暗号化・復号の処理速度は共通鍵暗号に比べて3桁程度小さいので，公開鍵暗号を秘匿に用いるのは，平文自体ではなく，共通鍵方式により平文を暗号化する際に，その共通鍵を公開鍵により暗号化するのに利用されている．

一方，認証は公開鍵暗号の主要な用途である．サイバー世界は目に見えない世界であり，そこでの人，物，文書，金などの真正性の保証がなされなければIT社会は成立し得ず発展できない．このような真正性保証が，認証という機能であり，公開鍵暗号によるディジタル署名によって実現されている．

〔2〕 **現代暗号の発展──ユビキタス化する暗号** 1970年代に入って暗号の世界に二つの革命が起こった．一つは奇想天外な公開鍵暗号の発明であり，他の一つは方式的には数千年来，人類が使用してきた共通鍵方式であるが，アルゴリズムを公開するという発想である．これらは住民基本台帳ネットワークや電子ビジネスなどの基盤技術となっている．

両者に共通するのは公開という理念であるともいえる．それは，IT社会が，自己と多数の他を結ぶと放送形ネットワークの社会であることに基くものと考えられる．

図6.4に暗号小史を示す．

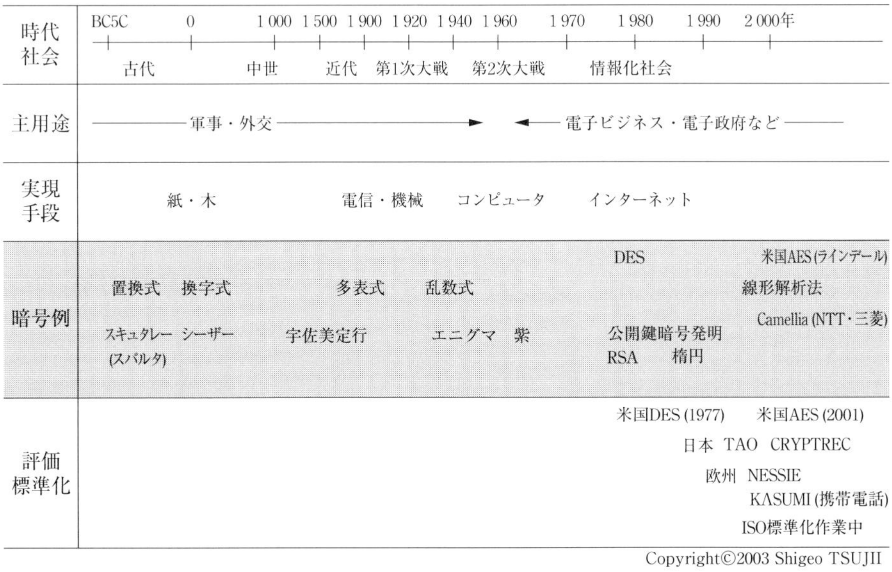

時代社会	BC5C　0　　1000　1500　1900　1920　1940　1960　　1970　　1980　　1990　2000年 　　　古代　　　　　中世　　　　近代　第1次大戦　第2次大戦　　情報化社会
主用途	────── 軍事・外交 ──────→　　←────── 電子ビジネス・電子政府など ──────
実現手段	紙・木　　　　　　　電信・機械　　コンピュータ　　インターネット
暗号例	置換式　　換字式　　　　多表式　　　乱数式　　　　　　　　　DES　　　　　米国AES（ラインデール） 　　　　　　　　　　　　　　　　　　　　　　　　　　　　　　　　　　　線形解析法 スキュタレー　シーザー　宇佐美定行　エニグマ　紫　　　公開鍵暗号発明　　Camellia（NTT・三菱） （スパルタ）　　　　　　　　　　　　　　　　　　　　　　RSA　　楕円
評価標準化	米国DES(1977)　　米国AES(2001) 　　　　　　　　　　　　　　　　　　　　　　　　　　　　　日本　TAO　CRYPTREC 　　　　　　　　　　　　　　　　　　　　　　　　　　　　　欧州　NESSIE 　　　　　　　　　　　　　　　　　　　　　　　　　　　　　　　KASUMI（携帯電話） 　　　　　　　　　　　　　　　　　　　　　　　　　　　　　　　ISO標準化作業中

Copyright©2003 Shigeo TSUJII

図6.4 暗号小史

〔3〕 アルゴリズムを公開する共通鍵暗号——DES（米国政府標準暗号）の制定　1973年，米国の商務省標準局（現NIST）は，情報化時代の到来に対応して米国政府の標準化暗号を公募した．

情報化時代の暗号は，これまでの軍事・外交用の暗号と異なり，不特定多数の間で利用される．

不特定多数の人々の間で暗号通信を行うためには，暗号方式を標準化しておくことは有効である．暗号方式を標準化しては，秘密がなくなって暗号にならないのではと思われるかもしれない．正確には，計算手順，つまり，アルゴリズムを標準化するのであり，暗号の強度，すなわち，解読されることに対する安全性は鍵によって保つのである．

アルゴリズムを公開することのもう一つの利点は，その暗号方式が学会などの公開の場で議論されることになり，透明性と信頼感が高まり，暗号のもつ秘密めいた暗さがなくなり，明るい暗号に変貌することである．

商務省の公募に対し，IBMが以前より開発していた暗号に手を加えて応募した．

商務省は，この応募を検討し，修正を加えた上で，1977年，米国政府の標準暗号方式として採用することを決定し，DES（Data Encryption Standard：データ暗号化規格）と命名した．

これによりDESは，実質的には米国の，更には世界的市場における標準的な暗号方式となった．

DESは1977年以来20年あまりにわたって，世界市場を制覇してきたが，56ビットという鍵長ではコンピュータの指数関数的ともいえる進歩に対応し得なくなり，また解読アルゴリズムも進歩して，その歴史的役割を終えようとしている．

DESに代わる米国政府標準暗号として，NISTはAES（Advanced Encryption Standard, 先進暗号化規格）を世界に向けて公募し，2000年10月，ベルギーの研究者らの提案したラインドール（Rijndael）の採用を決定した．

6.3.3　我が国における現代暗号の研究開発

現代暗号の誕生には立ち会えなかったが，その後の発展には我が国の研究者も大きく貢献してきた．

1980年前後から，横浜国立大学の今井（当時，現東京大学），松本，東京工業大学の辻井，黒澤，大阪大学の笠原（当時，その後，京都工芸繊維大学，現大阪学院大）などの大学グループと，NTT及びNEC，富士通，日立，東芝，三菱電機，松下電器などの企業グループにおいて，公開鍵暗号の研究が開始された．

1984年には，宮川（故，当時東京大学），今井らが中心となってSCIS（symposium on cryptography and information security, 当初CIS）が設立され，年々参加者が増え，現在数百名が4日間一堂に会し，熱気溢れる議論を展開している．2006年1月には電子情報通信学会主催の下に，広島で第23回のシンポジウムが開催された．また，1988年には，情報セキュリティ研究会（ISEC）が電子情報通信学会研究会として設置され，活発な研究発表・交流が行われている．

当時，電子・情報通信分野の人々にすら，暗号研究の必要性など理解されず，筆者も先輩教授から「暗号なんかやってもだめだよ．人工知能でもやれよ」などといわれたものである．

しかし，多くの大学研究者らは，一方向性関数に落とし戸を仕込むという公開鍵暗号の数学的構造の魅力にひかれ，研究の自由を楽しむことができた．これに対し，企業の研究者らの多くは「いつになったらもうかるのだ」といわれる状況の中で雌伏十年を過ごしたのでないかと想像してい

る．企業の暗号研究に陽が当たり始めたのは，インターネット元年といわれた1995年頃からであった．

〔1〕 **松井の線形解析法** そのような中で，1993年には三菱電機の松井は共通鍵暗号に対し，線形解析法というホームランをはなって，世界を驚かせた．暗号に対する攻撃法には，総当り法とアルゴリズム攻撃法がある．なお，平文と暗号文の対(つい)が与えられた状況の下で鍵を割り出せれば，解読に成功ということにする．

総当り法の場合，DESの鍵の長さは56ビットであるから，鍵の総数は2^{56}（10^{17}（10京(けい)））個である．1日は約10^{17}psであるから，ある56ビット列を1psでチェックできれば，1日で鍵を探り当てることができる．1977年当時，2 000億円程度かければそのような専用プロセッサは実現できるといわれたりしていたが，1999年には現実に1日弱で総当り法による解読に成功している．

アルゴリズム攻撃の場合，2^{56}より少ない平文と暗号文の対が与えられた状況下で鍵の割り出しに成功すれば，解読に成功したということにする．一般に暗号文は平文の非線形関数である（線形なら簡単に解かれてしまう）．松井は，本来非線形な関係式をある確率で線形と仮定できることに着目し，2^{43}個の既知平文・暗号文対を用いて，膨大な線形連立方程式を解いて，世界で初めてDESの解読に成功した．同僚達に頼み込んで借用した12台のワークステーションを用い，50日を要している．

このような安全性評価に対する経験を積んだ上で三菱グループは山岸のリーダシップのもとに松井ら5名によりMISTYと名づける共通鍵暗号を設計した．MISTYはその後，W-CDMA方式による第3世代携帯電話用の国際標準暗号となり，KASUMIと呼ばれている．

〔2〕 **TAOプロジェクト** 郵政省（当時）は1995年，通信・放送機構（TAO, Telecommunication Advancement Organization, 現NICT）において，企業の暗号研究者らによる「情報通信プロジェクト」を推進することを決め，筆者もその企画に参画し，2000年までリーダを務めた．

1995年といえば，先に述べたようにインターネット元年であり，企業は一様に暗号や情報セキュリティの重要性を認識し始めた年でもある．各企業とも暗号研究者は貴重であったが，そんな中で，協力的な企業も少なくなかった．

NTTの研究所からは京都大学情報工学科を卒業して3年目の女性研究者，盛合志帆が参加してくれた．富士通の持田取締役は「暗号のベテラン研究者がよいか，それとも，暗号研究には未経験だが，数式処理の若い研究者を出そうか」と相談にこられた．筆者は，大いに迷ったが，暗号研究者拡底の折，会社に迷惑をかけたくないという気持ちもあり，また，未知数だが異分野の人を暗号研究者に育てる本プロジェクトの使命とも思い，「数式処理の方をお願いします」と答えた．こうして参加してくれたのが，下山武司である．このかけは大成功であった．

NEC研究所も好意的に第一線の暗号研究者である宮野浩を参加させて，プロジェクトを盛り上げてくれた．その穴埋めにNECに移った角尾が特異な才能を大いに発揮して，NECの共通鍵暗号CIPHERUNICORNを完成させたのは予期せぬ副次効果であった．

日立，東芝，三菱電機からも他分野で活躍していた研究者が参加して活発な研究活動を展開した．

大学からのサブリーダとして，第一線の研究者たちが参画し，企業からの研究者を指導・助言して研究員らを元気づけた．

主テーマについて，郵政省の担当課長は「日の丸暗号（日本としての標準共通鍵暗号）を設計して欲しい」と要望されたが，優秀な人材が集ったとはいえ，暗号には未経験な研究者が多い上，日本の企業風土として，5年間出向は難しく，2，3年で帰社するという状況を考えるとこれは無理

な注文であった．各社も安全性評価手法を研究して欲しいという意見であった．こうして，共通鍵暗号の安全性評価に関するプロジェクト研究が始められた．そのおもな成果や効果をまとめておこう．

（1）**研究成果**　下山研究員らは金子敏信教授（東京理科大学）らと共同で，線形解析法に代数的手法を加えた解析法を考案して，DES を解読し，米国の暗号学会 CRYPTO で発表し「DES に対する最も優れた解析法」との折り紙を付けられた．その他，多くの研究成果を挙げ，暗号技術の発展に貢献できた．

（2）**人材育成とその効果**　盛合，下山，大熊（東芝からの出向）研究員らは，2，3 年の滞在期間を終えて，それぞれの企業に帰ったあと，プロジェクト参加中に蓄えた安全性評価手法に関する実力を活かし，"我が社の暗号"の設計・開発に貢献している．盛合は，AES の公募に NTT から応募した E2 を神田雅透らとともに設計した．

E2 は AES 応募暗号中上位に入り，のちに三菱の研究グループとの共同研究による共通鍵暗号 Camellia を生むことになる．Camellia（椿）は盛合の命名であり，近く ISO の標準暗号に選定されるものと期待されている．

下山は富士通に戻ったのち，SC 2000 暗号を，また大熊も東芝の暗号，HieroCrypt を設計した．

（3）**共通鍵暗号設計ガイドブックの発行**　システム系技術者に暗号を適切に利用してもらうことをねらいとして，関春樹（松下通信からの出向）が暗号の安全性評価手法を集大成し，ガイドブックとして発行した．これは，次に述べる国家的事業 CRYPTREC での参考資料として有効に活用された．

〔3〕**CRYPTREC の活動**　IT 社会の基礎としての暗号に関し，安全性評価機関が必要であるとの声を受けて，電子政府の利用に供し得る暗号をリストアップするための暗号評価委員会が，2000 年度総務省・通信放送機構（現情報通信研究機構），経済産業省・情報処理事業振興協会（現情報処理振興機構）のもとに設置され，大学，NTT，企業の研究者が多数参加し，3 年間にわたって，昼夜を分かたぬ精力的活動を続けてきた．

2003 年度末，公開鍵暗号，共通鍵暗号，ハッシュ関数，擬似乱数の 4 種類について，厳密な評価を行い，計 29 方式をリストアップした．我が国の歴史始まって以来の暗号に関する大事業であり，国際的にも高く評価されている．

今後，行政，ビジネスの諸分野において CRYPTREC でリストアップされた諸方式が活用されるものと思われる．

なお，欧州連合においても NESSIE (New European Scheme for Signature, Integration, and Encryption) という暗号評価組織が 2000 年以来，活動を続け，2003 年 3 月，優れた暗号として 12 方式を選定した．その中には，先に述べた MISTY，Camellia，そして，公開鍵暗号分野では，国際的リーダである NTT の岡本龍明らによる PSEC-KEM が選ばれ，世界的にも我が国のレベルの高さが認められた．

また，ISO の定める暗号アルゴリズムの標準には，14 方式のうち 5 方式のアルゴリズムが日本生まれとなる見込みである．

問題 1　公開鍵暗号の数学的構造について説明せよ（文献 2)参照）．
問題 2　住民基本台帳ネットワークシステムにおいて，公開鍵暗号がどのように用いられているか説明せよ（総務省のホームページ参照）．
問題 3　暗号情報から見た日本近代史と IT 社会の課題について述べよ（文献 1），2)参照）．

6.4 TRON OS

6.4.1 はじめに

トランジスタが生まれた1947年以来,急速な半導体技術の進歩により,1970年初頭にコンピュータの中央処理装置を集積回路(IC)1個に集積したマイクロプロセッサが誕生した.単体のコンピュータとして存在するのでなく,いろいろなモノやシステムの中に入る組込みコンピュータとしての新しい可能性がマイクロプロセッサの誕生とともに生まれた.組込みコンピュータは,フライトシミュレーション用にMITで1951年に開発されたWhirlwindあたりに始まるが,モノの中に入るほど小さい組込みコンピュータの概念が明確に現れたのはマイクロプロセッサが誕生してから以降であろう.

マイクロプロセッサが誕生した1971年に筆者は20歳だった.筆者は非常に大きいインパクトを受け,無限の可能性に胸が躍った.コンピュータが集積回路1個に納まり,本当にモノの中に入る可能性が出てきた.最初のマイクロプロセッサ4004を見てその可能性にかけようと思った.「どこでもコンピュータの時代」が必ずくる.

我が国は敗戦により終戦直後はGHQに研究開発を禁じられた研究分野も多く,コンピュータへの取組みも遅れて,純電子式コンピュータの完成は1956年というように,米国のENIACの10年後となった.草創期にはさまざまな独自技術も開発されたが,商用機の時代になると結局,米国メーカから技術を導入して開発する流れが主流となった.10年の差はあまりにも大きかったのである.1964年には汎用コンピュータとしてIBM System/360が発表されて一世を風靡し,1970年に後継機のIBM System/370が発表される.各社はさまざまなアーキテクチャのコンピュータを追求していたが,1971年には我が国でコンピュータの自由化が決定される.そこで通商産業省(現経済産業省)が中心となりメーカを3グループに再編成し,特にIBM互換機の開発に力を入れる産業政策を推し進めた.手本があれば,短期間で改善を行い,たちまち本家に追いつき,そのうち追い越すようになる.IBM System/370互換機の開発にも成功し,たちまち本家の性能を超え,高信頼性を提供できるようになった.業界の業績は好調に推移し,技術では米国を追い越したかのように有頂天になっていた.そこに,1982年夏にFBIの囮捜査により,国産メーカ2社の技術者が米国で産業スパイ容疑で逮捕されるIBM産業スパイ事件が起こる.これは若い研究者にとってみればたいへんなショックであり,当時日本でコンピュータ開発に携わっていた者であの事件をショックと思わなかった人はいないであろう.

6.4.2 TRONプロジェクトの始まり

1982年春になると日本政府は,「知的情報処理」を目指し,商用コンピュータとは直接関係のない,第5世代コンピュータ計画を開始し,人工知能の研究を始めた.人工知能分野の人材が育ったとはいえ,いまから思えば,コンピュータ技術の進歩の本流からははずれた計画であった.

たまたま筆者は第5世代コンピュータ計画の正式発足前に計画の準備を手伝うという立場にあっ

た．一方，1981年のISSCC（International Solid-State Circuits Conference）では，32ビットマイクロプロセッサ（MPU）の発表が4件もあり，新しいMPUに対しての開発気運が高まっていた．人工知能は，産業的に主流になり得ないから，それよりもマイクロコンピュータに力を入れて開発するべきだというのが筆者の考えであり，そうすべきだと説いた．

マイクロプロセッサは日本の電卓メーカの要望で開発され，1971年に発売されたIntel 4004から始まった（Intelの共同創始者のノイスは生きていればキルビー（2000年物理学賞）とともに集積回路の発明でノーベル賞を受賞したであろう）．処理単位は4ビットで素子数は2300，目的は電卓などのシステムを作るためのプログラマブル部品であった．しかし，集積度が上がれば，間違いなく世の中のコンピュータは皆1チップに納まると思われた．

我が国は，80年代初頭の時点で4，8ビットマイクロプロセッサの開発はなんとかこなし，家電製品にも制御用にも組み込まれていたが，ハイエンドのマイクロプロセッサとなると開発実績がなく，ゼロから始める必要があった．しかし周辺の反応は，「マイクロコンピュータのようなオモチャに国家が投資することはない」というもので，このような意見の食い違いから，筆者は国家プロジェクトである第5世代コンピュータの研究開発メンバからはずされてしまった．

IBM事件を目の前にしたときも，非常にショックではあるが，だからといって主流となるコンピュータを手掛けないのはどうだろうかと思った．もはや未来はメインフレームの時代でない．やるなら高性能マイクロプロセッサだ，近いうちにコンピュータ全体の命運を決めるほど重要なものになると強く思った．人工知能でなく，マイクロプロセッサに投資すべきだと強く主張した．しかも，米国の半導体メーカは高性能マイクプロセッサに関しては，セカンドソースや互換プロセッサを排除しはじめていたので，独自開発は必然であった．一刻の猶予もないと思った．

そこで，国がやらないマイクロプロセッサの開発は，産学共同のプロジェクトとして新たに始めるしかないと考えたのである．幸いなことに産業界からの反応は非常に良く，高性能マイクロプロセッサの必要性と独自アーキテクチャの重要性が理解され，1984年にTRONプロジェクトが始まった．

プロジェクトを進めるに当たって，単に高速プロセッサを開発するのでなく，標準を握ることが重要だということが筆者の認識だった．そしてその標準となる技術はすべて詳細にわたるまで公開，オープンにされるべきだ．1970年代には日本政府はIBM System 360/370シリーズが業界標準だから，その互換機を開発しようという政策をとった．これは最初のうちはうまくいった．というのは，当初は大形コンピュータと一緒に回路図やOSの設計図まで入手可能だったからだ．米国ではいち早く1960年代にPCM（プラグコンパチブルマシン）と呼ばれる互換機が現れて，IBMは知的所有権の重要性に気がつき始め，設計情報を開示しないようになっていった．しかし，互換機メーカはなんとか情報を入手しようとして，それがIBM産業スパイ事件の遠因ともなるわけである．

技術開発の歴史からいえば，ある技術で産業化されるためには，細かな改良が必要なのだからブラックボックスなしで中身がすべて分かる必要がある．更にその産業が国を支えるためには，他に依存せず自立できなければならない．

将来，コンピュータはすべてマイクロプロセッサになり，マイクロプロセッサはあらゆるモノの中に入る．つまりどこにでもいたるところコンピュータがある社会になると当初から主張していた．いまでこそユビキタスコンピューティングとして皆が認識するようになったが，長い間この考えは理解されず，認められるようになるのはその後20年も経ってからのことだ．

6.4.3 パソコンとTRON

誤解している人も多いが，TRONはもともとパソコンを目指していた計画ではない．あらゆるものにコンピュータが組み込まれる時代を目指したものである．人とのユーザインタフェースを担当するOSとしてBTRONのコンセプトを発表していたが，当初は既存OS上で走るエミュレータでもかまわないといった程度のものであった．

それが，1986年に通商産業省（当時）と文部省（当時）共管の財団法人CEC（コンピュータ教育開発センター）が設立され，中高校教育用に標準となる教育コンピュータを必要とした．当時，パソコン向けOSはまだまだ幼年期でMS-DOS全盛の時代であった．日本ではNECのPC 9800シリーズが市場を制し，Macintoshは高価なオモチャと思われていた時代である．そこに1987年に教育用コンピュータ標準化基本モデルの試作公募が行われ，CECの要請にこたえる形でパソコン向けOSの開発が本格的になった．

CECは，「教育用コンピュータの標準化と普及」を目的として設立された．これからコンピュータが重要になることから中学や高校で教育をしよう，そのためには教育用コンピュータを標準化して普及させようという考え方であった．先見の明はあったと思う．そして，筆者らのプロジェクトで進めていたBTRONが，特定のメーカにかたよらない中立な仕様として認められ，国の計画で特定のメーカにかたよる仕様採用はよくないという考えに合致し，CECから声がかかった．そしてCECはCECが主導権をとって求めるコンピュータの仕様をBTRONベースで規定し，それに応じる形で松下電器や日本IBMなど11社が共同でBTRONをベースにしたCEC-OS†を搭載した試作機を提案した．NECだけは，売れ筋のPC 9800シリーズを持っていたために大反対した．最後は，NECもしぶしぶ賛同して，共同開発ということになった．

だが，1980年代末のある夏の日，始まったばかりの衛星放送は，いきなり「米国通商代表部（USTR）が包括貿易法のスーパー301条でトロンが不公正貿易の候補にした」というニュースを流したのである．まさに青天の霹靂である．実際に米国通商代表部は1989年春に不公正貿易の疑いがあるということで，スーパー301条の候補品目リストにTRONを挙げたのである．製品化は最も早いITRONで1987年，BTRONはまだ商品にもなっていないときである．

あとから聞くと教育用コンピュータ市場が目的であったらしい．とにかく国の教育用標準コンピュータの開発に米国がいきなり介入してきたのである．圧力が加えられてCEC教育用標準コンピュータを選定するのはあきらめ，実質的にはどの機種でもよくなった．また，当時コンピュータ各社は米国に対する輸出を第一に考えていたので，米国ににらまれるのはマズイとばかりに，多くはTRONから手を引いていった．誰がこれを画策したかの真相はいまでも分からない[9]．

6.4.4 なぜ，TRONプロジェクトを始めたか

日本は世界で最も強い国ではなく，ナンバーワンの経済力を持っているわけでもないので，できることには限界がある．志を高く持つことは大事だが，自分の実力を考えなければならない．

コンピュータの開発プロジェクトを新しく始める場合，独自アーキテクチャでいくなら，性能が

---

† この点も大きく誤解されているが，CEC-OSはBTRONをベースにしたが，BTRONと異なるものである．例えば，CEC-OSは要求仕様がフロッピーディスクのみのシステムで動作する必要があるなど，ハードディスクを前提に設計されたBTRONとは前提条件が異なる．

優れた互換機を開発する戦略とは違い，ソフトウェアやアプリケーションも独自に考えなければならない．

ソフトウェアは初めの思想や設計哲学が決め手となる．全体のわく組みがいかに良く考えられているかというのが重要だ．初めの設計が悪いと，得意の改善をしようとしてもうまくいかない．また，日本人どうしは，同質の文化を持っているため，以心伝心で細かいことを伝えなくとも済む．ところがソフトウェアは明文化が核となる．仕様はなんとなくは決まらないので，インタフェースを明確に規定しておき，誰にでもはっきり分かるようにドキュメント化して，明示する必要がある．これは日本ではなじみの薄かった文化である．

このようなどうしてよいか分からないときに，筆者も何でもできるわけではないので，小規模なソフトウェアを考えたのである．まず，制御用のマイクロプロセッサに特化したオペレーティングシステムをきちんとやることから始めようと思った．当時（1980年頃）の制御用のソフトウェアは規模が小さいため各社がバラバラに開発していた．OSを使わない開発も多く，使ってもOSは各社バラバラでこの部分を標準化すれば，「ソフトウェア開発効率の改善になり，産業力向上につながる」．この主張は産業界の人に受け入れられプロジェクトは開始された．

もちろん，マイクロプロセッサはハードウェアがないとソフトは動かない．どうせやるならチップのアーキテクチャから開発したいという産業界からの強い要請により，TRONチップというTRON OSを動かすのに最適な32ビットマイクロプロセッサのアーキテクチャの開発も同時に始めたのである．コンピュータ・アーキテクトの筆者としては願ったりかなったりである．

プロジェクトは，チップを開発するプロジェクトと，OSを開発するプロジェクトに分け，まずOSを作り上げて，OSを中間インタフェースとして，更にその上で動くミドルウェアに展開させようというのが筆者の戦略だった．マイクロプロセッサを開発するCHIPプロジェクトは，ここでは多くは触れないが，32ビットマイクロプロセッサをゼロから開発して，多くの人材を育てた[3]．一方，OSはモノの中に組み込むのだから実時間に対応するリアルタイムOSでないとならない．この考え方をもとにITRONサブプロジェクトが始まる．当時主流の16ビットマイクロプロセッサi286や68000を使いながら，コンパクトで応答速度の速いOSの設計に着手した．基本的考え方はオープンアーキテクチャである．競争原理の導入が発展につながるので，まず仕様を作って公開し，インプリメントを促進させて多くのベンダーを輩出させることをねらった．また，組込み分野はハードウェアの差異が大きく，またリアルタイムOS導入の恩恵が広く知られていなかったので，「弱い標準」という考えを持ち出し，細かな差異は問わず，まず教育効果と普及をねらった．

当時，既に情報処理分野で一般に使われていたOSは，ラウンドロビン方式スケジュールのOSであった．それに対してTRONのようなリアルタイムOSは極めて速い応答速度が求められ，LinuxやWindowsとはスケジューリング方式が異なる優先度方式スケジュールのイベントドリブン方式と呼ばれるOSである（図6.5）．

いまだにこの区別をせずに「組込みOSは

図6.5 イベントドリブン方式のOS

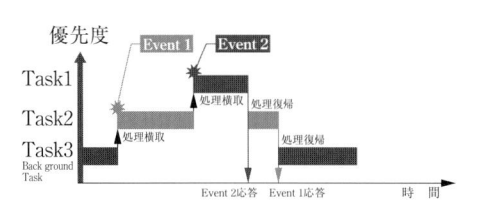

(a) RT OS (イベントの発生と優先度に応じてタスクスケジューリング)

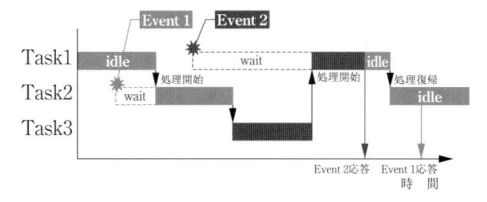

(b) TSS OS (優先度がなく一定時間ごとにタスクスケジューリング)

TRON から Linux に変わる」などレベルの低い議論がなされることがあるが，残念なことである．

また，この分野では，日本から発信されたプロジェクトが少なかったためか，メディアも「日の丸対米国」というような対立構造で扱うものが多かったのも残念であった．コンピュータの 50 年間以上の歴史のうち米国の技術を基礎にして日本は技術を発展させてきた．だが，それだけではいけない．日本も貢献しなければいけないという強い意志，そして日本はコンピュータのインフラとなるわく組みに十分貢献できるという信念，このように志は非常に高いプロジェクトであったが，完全にビジネスベースのプロジェクトと思われることもあり妨害も多かった．

CHIP, ITRON, BTRON に続いて，更にいくつかのサブプロジェクトがスタートすることになるが，ページ数の制限があるので，文献 1), 4) を参照してほしい．

6.4.5　1990 年代

マスメディアの多くは TRON を 80 年代後半から 90 年代初頭にかけてパソコン OS の側面を強調して報道し，USTR の介入により失敗したと烙印を押した．国のプロジェクトでないにもかかわらず，第 5 世代コンピュータ計画やシグマ計画のような国家が巨額の資金を投入したプロジェクトと同一視する報道も多かった．

だが，90 年代に入り時代が変わった．電話が携帯電話になり，銀塩カメラがディジタルカメラになり，自動車のエンジン制御が機械制御からマイクロコンピュータ制御になるなど，筆者が当初に思い描いたとおり，いままでコンピュータが使われていなかったものの中に高性能マイクロプロセッサが入り始めたのである．90 年代の半ばには，ITRON は我が国の組込み分野では業界標準の地位を占めるようになった．それはオープンアーキテクチャで，仕様が公開されており，誰もが自由に使えてライセンス料は無料という考え方が受けて着実に広まったためであろう．ディジタルカメラ，自動車のエンジン制御，レーザプリンタ，カーナビゲーション，ディジタルビデオ，携帯電話をはじめとして，あらゆる用途に使われるようになった．

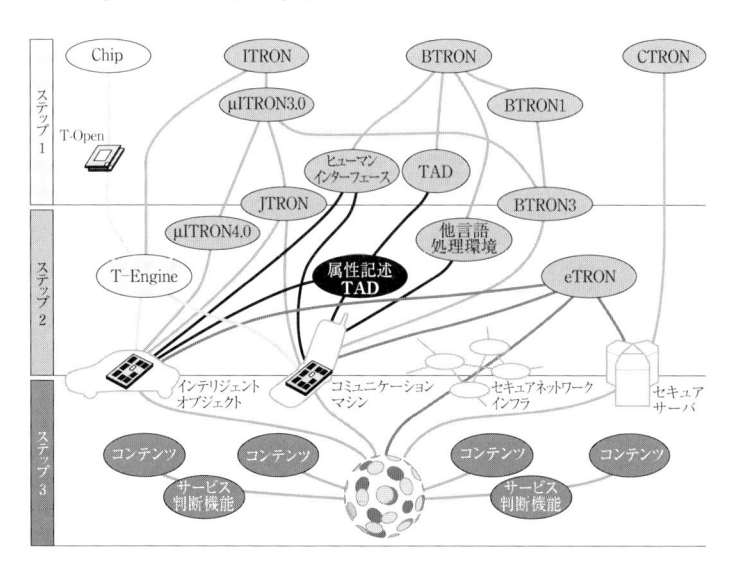

図 6.6　ユビキタスコンピュータ（どこでもコンピュータ）環境

6. 情報技術——コンピュータは世界を変える——

TRONプロジェクトは，当初から21世紀のあるべき組込みコンピュータ，いまでいうユビキタスコンピュータを目指してさまざまなサブプロジェクトを立ち上げてきた（**図6.6**）．常に思っていたことは，超機能分散システム（highly functionally distributed system, HFDS）を構築することであったが，何を標準化して，何をしない方がよいかと考えてきた．その結果，得られたことは標準化すべきはプロトコルであり，TAD（TRON application databus）のようなデータ形式（これも広い意味でのプロトコル）であるということだ．プロトコルとデータ形式だけを決めておいて，分散システムの各ノードどうしが相互通信ができるようにしておけば，技術が時代により変化しても対応が可能となる．

6.4.6 おわりに

全世界で生産されるマイクロプロセッサのうち，パソコン向けは2％にすぎず，残りは組込み向けである．μITRONはコンパクトさを目指したので，8，16ビットプロセッサでも動くほど軽く，16ビット以上の組込みコンピュータの6割を占めるまでに全世界で認識されるようになった．

表6.2 TRONの歴史年表

年	事項
1984-6	TRONプロジェクト発足
1986	トロン協議会発足
1987	ITRON 1仕様書
	初のTRONプロジェクト国際シンポジウム
1988	TRON仕様チップ製品化
	社団法人トロン協会発足，トロン協議会から業務受継ぎ
1989	BTRON 1仕様書
	米国商務省，貿易障壁候補リストにTRONを挙げるが，その後取下げ
1990	ITRON 2仕様書，μITRON仕様書
	トロン電脳住宅公開（～1993）
1991	TRON仕様キーボード製品化
	BTRON仕様パソコン「1 B/note」製品化
1992	CTRON仕様書 Vol.1
	TRON電脳生活HMI仕様書
1993	μITRON 3.0仕様書，CTRON仕様書 Vol.2
1995	東京大学多国語コンピュータプロジェクト開始
	電脳強化環境の基盤ソフトウェアの研究・開発事業開始
1997	JTRON 1.0仕様
	東京大学ディジタルミュージアムプロジェクト開始
	携帯電話にITRON採用始まる
1998	JTRON 2.0仕様，TOXBUSがISO/IEC標準
1999	BTRON仕様「超漢字」OS製品化
	ITRON 4.0仕様
	トヨタ自動車，ITRONでエンジン制御を公表
2000	IECでTRONベースのHMI仕様が国際標準に（IEC PT 61997 TR）
2001	T-Engineプラットホーム発表
	eTRON発表
	BTRON仕様「超漢字3」OS製品化
2002	T-Engineフォーラム発足
2003	ユビキタスIDセンター発足
	ユビキタスコミュニケータ開発
	UC-Phone開発
2004	T-Kernel一般公開

更にユビキタスコンピューティングの時代になり，超小形チップや RFID（IC タグ），メモリなどをあらゆるモノに入れ，それらが相互に通信しあうという，人々の日常生活の向上を目指す分散システムは，現在ではコンピュータサイエンスの主流の考えとなり，21 世紀に大きく期待される技術となった．

2002 年 6 月には ITRON からの経験で，OS をシングルソースにし，細かいアーキテクチャまで規定し，ミドルウェアの流通が期待できる組込みプラットフォーム T-Engine を推進する T-Engine フォーラムを立ち上げた．会員は当初 22 社だったのが，2005 年末には 500 社を超えるまでになり，2003 年 9 月にはマイクロソフトまでもが加入するまでになった．

20 年前から未来のインフラはマイクロコンピュータをベースとした「どこでもコンピュータ」だと提唱し続けてリアルタイム OS の重要性を説き，一つのマイルストーンを築くことになった．

時代はさらに動いており，超分散処理が主流の時代に突入しようとしている．

表 6.2 に TRON の歴史年表を示す．

6.5 JRの座席予約システム

6.5.1 はじめに

〔1〕 **座席予約とシステムの発展の経過** 鉄道における座席予約業務の高速自動化は，旅客に大きな便宜を与えるだけでなく，鉄道経営側においても，座席と列車の利用率向上と事務の合理化により，収益の増加に大きく寄与する．こんにち「緑の窓口」と呼ばれている JR 座席予約システムの源流は 1954 年にさかのぼれるが，実現の第一歩は，1960 年 1 月，東京-大阪間のビジネス特急 4 列車，3 600 席の 15 日分を対象とし，中央装置は東京駅構内に，窓口装置は東京地区の 10 か所に配置して営業を開始した MARS-1 である．そのシステムの高性能と高信頼性が実証されたため，国鉄は同年全国の多数の列車を対象とし，単に座席指定だけではなく，予約業務全般のコンピュータ化を決定した．

新システム MARS-101 は，1964 年 2 月，MARS-1 に代わって営業を開始し，続いて同形の MARS-102 の追加によって，152 駅に「緑の窓口」が開設され，翌年末には 238 列車，12 万 7 千座席の 8 日分が自動化の対象となった．MARS-1，MARS-101 の開発着手当時，オンラインリアルタイムのコンピュータ利用は我が国で前例がなく，鉄道を対象とした座席予約システムは世界で最初であった．ことに MARS-101 は全国に散在する多くの端末と通信線で結合し，予約業務全般を取り扱う総合化されたオンラインシステムであった．その開発は，要求分析から始まって，CPU，通信回線制御，作業分担の副コンピュータや窓口装置まで含めた多数の機器と，それら全体を制御する現在の OS に相当するソフトウェアの設計製作，システムの運用保全に至るまですべて新しい試みであった．また大規模なリアルタイムの仕事が対象であるため，性能と信頼性の確保に最重点がおかれ，システム製作とともに多数の要員の訓練，現場における十分なテストののちに営業開始となったのである．

このシステムは，その発想時から当時我が国の数か所で開発されつつあった数値計算用や事務処

理用のコンピュータとは異なる独自の方式をとった．これが正解であってコンピュータシステム発展の本筋を進んでいたことは，歴史を振り返ると明確になる．その後ハードウェアとソフトウェアの進歩でMARSシステムは世代を重ねて発展し，2003年の時点では，9代目のMARS-501になり，6千列車，1日当り100万座席を対象とし，端末も8000か所を超え，取扱う業務の拡大だけでなくJR部内や部外の関連するシステムとも接続する総合予約システムとなった．その座席予約業務に関してはMARS-101で確立した考え方が基礎になっている．

〔2〕 **国鉄におけるコンピュータ制御構想の芽ばえ**　初期においてこのシステム開発に深くかかわった国鉄の技術研究所の一員であった筆者は，1951年の中頃，米国でのディジタルコンピュータの発明を知り，大きな関心をもち，本務である車輛運動の研究のかたわら，その勉強を始めた．1953年後半，我が国にはまだ存在しないコンピュータの将来の利用を考えているうちに，鉄道本来の業務である旅客，貨物の輸送，列車運行制御にコンピュータが利用できることに気づいた．

1954年に筆者は鉄道業務の各種の制御にコンピュータ利用の可能性を考える自発的な勉強グループを研究所内につくり，コンピュータの勉強とともに，研究所の上層部へのPRや一般への啓蒙を行った．その結果，翌年度には「電子計算機の調査研究」が正式に認められ，また国鉄本社審議室や本社電気局通信課にも意見を述べる機会が持てるようになり，本社電気局通信課の主催する委員会で1955〜1958年にわたり貨車情報の集計，分類や座席予約のコンピュータ化，更に列車運行制御，貨車配車管理の総合化の可能性などの提案を行った[1]．

〔3〕 **コンピュータ技術の獲得**　1955年度の「電子計算機の調査研究」により，筆者は国内のコンピュータ開発の状況を調べた結果，国鉄自身がこの分野で独自の力を持たなければ，目的は達成できないことを痛感した．そのため適切なコンピュータを輸入し，その利用と技術の獲得を早急に行うべきことを上申し，それが認められ，Bendix-G 15コンピュータの輸入が1957年5月に実現した．当時の研究所長の大塚誠之は「単なる使用ではなく，骨までしゃぶれ」と激励した．

この機械の通常の利用では，1アドレスの普通の命令セットでプログラムを書くのであるが，それは解釈されて，複雑なマイクロプログラム的な機械語命令に落とされて働く．メモリや各種レジスタは磁気ドラムを循環遅延線として使う巧妙な論理設計の小形の機械である．筆者は，その変換プログラムとともに内部論理やハードウェアの設計を徹底的に分析した．これは次に述べるMARS-1の実現に非常に役立った．これをよく理解した大野豊に座席予約機への適用を依頼した．

6.5.2　MARS-1

〔1〕 **構想と試作決定まで**　座席予約や貨車配車の問題は当初より念頭にあったが，座席予約を具体的に考え始めたのは，1955年7月16日の土曜日である．当時，筆者の所属していた車輛運動研究室の軽井沢旅行の日に，早く仕事を切りあげて上野駅で並んだ筆者らには座席がなく，定時まで仕事をした組には座席があった．この不合理を解決すべきであると，筆者は満員列車の中で立ち続けながら，座席割当て方式を具体的に考え始めた．それから当時の予約事務の調査や，旅客の1人として駅の窓口で係員の動きを観察し，現状の把握につとめた．

当時の国鉄の座席予約は各駅における事前割当か，窓口係員とセンター係員との電話通信で各列車ごとの座席台帳を参照しての座席位置の指定であった．当時の航空機の座席予約は1機に乗る人数を制限以下にするためのもので，座席の位置を問題にしていない．国鉄では列車数が多く，1列車は10輛以上で各種の型式の車輛が混在する．乗降車駅や取扱い窓口が多いこともコンピュータ化の難しいところであった．更に誤動作やシステム停止による混乱発生とその防止対策を考える

と，このコンピュータ化は列車単位予約か，せめて車輛単位の予約にする誘惑にかられたが，それはいわず，座席指定のコンピュータ化実現の可能性を本社審議室や電気局通信課に伝えた．

研究所の動きに対応して国鉄本社電気局通信課は座席予約機の試作を取り上げ，1957年6月，「事務近代化通信網に関する調査研究委員会」を設置し[2)]，東京-大阪間のビジネス特急4列車，3 600席の15日分を対象として，座席指定に関する国鉄内の諸要求を整理してシステム仕様を作り，試作機の案を研究所や複数のメーカから提出させた．大野豊がまとめた国鉄研究所案は問題点の把握とその技術的解決が含まれており，他とは質的な差があった．これらの結果から，研究所案が1958年の試作に決定した．

〔2〕 **MARS-1の開発**　この試作機では記憶装置である磁気ドラムと論理回路の信頼性確保をはかり，各列車の停車駅間ごとの空席パターンの記憶には磁気ドラムを用い，データ転送，検索の高速化及び独立の入出力等はドラム上に多数の循環レジスタを設けることで実現した．制御のシーケンス信号はハードウェアで発生させ，回答は2重系での一致を取ったうえで返信した．

機器の製作は日立製作所神奈川工場の谷恭彦が中心になって行い，当初磁気ドラム製作に苦労はあったが目標とした性能と信頼性をもったシステムが完成した．これは，MARS-1と名づけられた．図6.7にその中央装置の前の端末部を示す．座席占有状況を表示するCRTも設置されている．MARSはMagnetic Automatic Reservation Systemの略称であるが，電子化の尖兵としての軍神をも意味させた．これは後にMulti-Access Reservation Systemの略称に読み替えられた．

図6.7　MARS-1の端末部（前面の箱はコンピュータ）

〔3〕 **運用実績とその効果**　MARS-1は1960年1月18日に営業運転に入った．初期10か月の稼動率は99.86％，以後は99.95％以上を確保している．これは当時の国内のコンピュータの専門家には信じられない数字であった．このシステムの成功は独自の開発に対して，使用者，製作者に自信を与え，また国鉄内部ではコンピュータへの理解が広まった．MARS-1は旅客と乗務員からも好評であった．その結果，総合予約システムへの発展が望まれ，60年6月には鉄道通信協会の中に「座席予約通信系の研究」委員会が発足し，国鉄は重要技術課題として全国系予約装置の開発を取り上げた[3)]．

6.5.3　MARS-101

〔1〕 **MARS-101への要求とその対応**　前記の委員会では，総合予約システムの条件，予約制度のあり方，回線網，通信方式などについて審議され，全国系予約装置として

① 指定された日，列車，区間，等級の座席，寝台を1回に最大4人分予約し，料金計算と発券を行う．位置指定の予約，解約，及び照会もできること．各窓口の毎日の収入の報告と装置の試験ができること．
② 座席ファイルの管理には予約業務の正常な維持のための各種の操作をすべて含むこと．
③ 料金の審査や営業実績の把握に必要な各種の報告の作成ができること．

190　　6. 情報技術——コンピュータは世界を変える——

④1日当り3万座席（ファイルドラム増設で7万座席），8日分を取扱えること．毎分最大1200件の処理が行えること．

のような要求仕様が与えられた．このような要求を詳細に検討した筆者は，MARS-1 の拡張や複数化では要求に対処できないことを指摘した．MARS-1 で許された単純化はもはや通用せず，その上，多数，多種の列車，客車，停車駅，はるかに多い通信量と窓口の数，大規模，複雑化に対する対処とその障害時対策をシステムに含ませる必要があった．この解決のため筆者は多品種多量の製造ラインを思い浮かべた．これでは各種の専用加工機械が遊びなく最高能力を発揮できるように，資材や部品の流れを制御すれば，単位時間当りの生産量は増加する．この方式を情報処理に適用する．従来との大きな違いはコンピュータにシステムの管理の機能を含めることであった．

〔2〕 **MARS-101 の構造**　筆者は次のようなシステムの構成を提案した[4)~6)]．

① 多数の窓口装置から来る要求と，それへ送る回答の送受信を取り扱うコンピュータ的装置（送受信制御装置：バッファの磁気ひずみ遅延線を介し，主メモリに直結する）．

② 多数，多種の列車，停車駅，料金算定，列車運行ダイアなどの表を参照したのちに，座席ファイルにアクセスする仕事が極めて多い．そのため変換表や関連表を高速に検索することのできる装置（索表コンピュータ：高速磁気ドラムを用いる）．

③ 日付，列車の編成，車輌の型式，停車駅は多様なので，それに対応する各車両の停車駅区間ごとの空座席パターンを座席ファイルに蓄え，空席パターンの探索と更新を行う装置（座席ファイルコンピュータ：大形磁気ドラムを用いる）．

④ 上記の3種の副コンピュータでの仕事の流れを管理し，データの変換，指令の作製，情報の授受，特殊取扱いの処理，及び2重系の協調，誤り処理などを受け持つコンピュータ．更に，まれにおこる列車のダイヤや編成の変更，取扱い規定の変更に対処するだけでなく，日常の業務の報告類の作成，保守管理やテストの機能を持たせる装置（統制管理の主コンピュータ：磁気コアメモリを用いる）．

⑤ 漢字を用いた座席指定券，乗車券の印刷発行機能をもつ窓口入出力装置を考案する．

以上の提案は1960年当時，OS の概念も，マルチプログラム，マルチプロセス，マルチプレクサチャネル，高速チャネルの考えも用語もなく，少量の磁気コアメモリがやっと使えるようになった時期であり，端末で使える漢字印刷機はまだなかった．だが国鉄は既に東京大学に移籍していた筆者の提案を受け入れ，その原案に従って国鉄と日立製作所の協力で開発が開始された．

〔3〕 **MARS-101 のシステム構成と主コンピュータの役割**　前述の機能を実現する MARS-101 のシステム構成を図 6.8 に示す．主コンピュータの主メモリを送受信制御，索表，座席ファイルの各副コンピュータと共用する形で（現在のマルチプレクサ及び高速チャネルに相当），各副コンピュータとの交換データ，各副コンピュータの状態情報，副コンピュータへの制御命令を保持する．主コンピュータは副コンピュータの状態情報をもとに，最大処理率を達成するように各副コンピュータへデータと指令を与える．

このため主コンピュータは，当時のコンピュータの命令セットを真似すればよいという

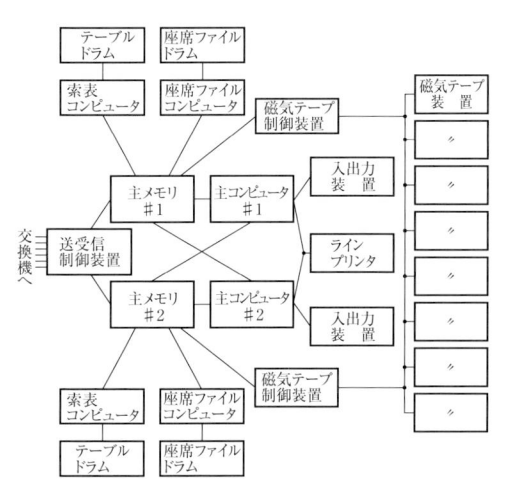

図 6.8　**MARS-101 のシステム構成**

わけにはいかず，多様なデータ形式の取扱い，多数の通信回線との結合，高速索表の機能，多重プロセスおよび複数の副コンピュータとの高速通信機能を実現できるように，当時のハードウェアの制約はあったが，日立の谷恭彦らとともに徹底的に考えた．MARS-101 の稼動 2 か月後に，IBM 社は従来の同社のコンピュータ系列をすべて放棄し革新的なシステム 360 に置き換えることを発表し，世界を驚かせた．これには上記の我々の主コンピュータの考察と同様なことが含まれており，これが分かったとき筆者は内心ほっとした[8]．

〔4〕**MARS-101 の実時間の動作の概略**　多数の窓口からのランダムに入る要求は送受信制御装置を経て，主メモリの中の待ち行列に入り，主コンピュータの制御を受けて，索表コンピュータ，座席ファイルコンピュータで順次に処理される．主コンピュータは副コンピュータ間の情報の変換，編集，指令の作成と待ち行列管理と実行指示を行い，得られた結果から作成した最終回答を送受信装置を介して端末に送る．

〔5〕**MARS-101 のソフトウェア**　システムの中には複数の上記の処理の流れが存在するから，それら進行を効率よく制御するのがリアルタイム制御プログラムであり[7]，その開発には東京大学の大須賀節雄が努力した．主コンピュータの仕事は，これ以外に，システムの内部情報やパラメータの変更，人の判断を必要とする特殊操作，管理用のデータ，保守を援助する操作等多く存在し，リアルタイムの仕事と共存して仕事をする．更に座席予約の発券業務に関して発生する料金収入日報，月報など，営業に関係する情報の作成業務を取り扱う．

〔6〕**窓口装置**　係員が窓口で乗客と応対して発券作業を行うのに，キーボード的な入力方法は係員に拒否される時代であり，出力の座席指定券の駅名，列車名などは漢字印刷の必要があった．そのため従来の人が行う発券業務を大きく変えず，切符片を取出す操作の代わりに扁平な木片を選択する．それらには駅名あるいは列車名を印刷する活字が端面に，木片の種類の自動読み取りのためのコードが側面に付いている．それを機器に挿入することで入力と予約乗車券印刷を行う装置を開発した．図 6.9 に MARS-101 の窓口入力と出力発券装置の一例を示す．

図 6.9　MARS-101 の窓口入力と出力発券装置

〔7〕**実　績**　1964 年 2 月 MARS-101 は運用に入った．信頼性が高く，国鉄では同形の MARS-102 の建設の検討が行われ，翌年 10 月には MARS-101，MARS-102 をもって「緑の窓口」が 152 駅に開設され，1965 年末では 238 列車，12 万 7 千座席の 8 日分が自動化の対象となった．稼動率は 99.99％以上を確保した．

6.5.4　おわりに

その後，第 3 世代のコンピュータの時代になり，素子の IC 化と高速化，メモリの大容量化，OS はコンピュータシステムの主要な要素となった．IBM System/360 以降の各メーカの汎用コンピュータの論理構造はむしろ，MARS-101 のそれと似てきたのでメーカの汎用機への移行が可能となった．以後 40 年以上にわたって MARS システムの規模の拡大，サービスの向上は続き，他システムとも結合され，2003 年では 9 代目 MARS-501 になっている．MARS-101 の主コンピュータは，使用素子では第 2 世代初期のコンピュータであったにもかかわらず，システムとしては時代を

192   6. 情報技術——コンピュータは世界を変える——

先取りしていた．その数年後，大規模なオンラインシステムは金融，証券取引その他に広がっていった．MARSシステムの開発とその成功は，大勢の関係者の努力によるものであるが，前例のない開発を決定した当時の国鉄の決断は，その時期，環境を考えると特筆すべきであろう．

問題1　文献5)を参照して，MARS-101で複数のプロセスが並行して処理されていく状況を説明せよ．MARS-1を複数台おいた場合との相違について考察せよ．
問題2　文献7)を参照して，MARS-101のリアルタイムプログラムの役割と特徴，またシステムの信頼性を上げるための配慮を考察せよ．
問題3　インターネットでマルスシステムを検索し，最近のそのシステムの規模とそれが現在行っているサービスを調べ，将来の可能な発展について考察せよ．
問題4　文献8)を読み，IBM Systen/360が革新的であったことを調べよ．
問題5　「匠たちの挑戦」第2巻（2002，オーム社）の「緑の窓口の実現」を読み，技術者として参考になる点があればそれを述べよ．

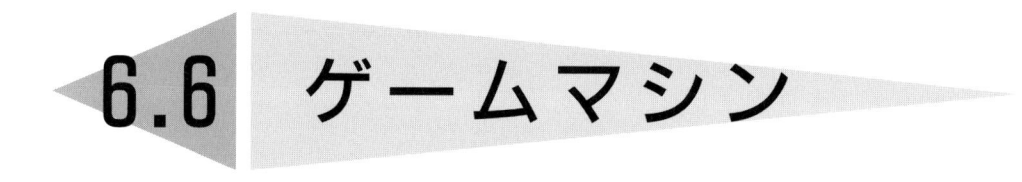

6.6　ゲームマシン

家庭用ゲーム機は，最も身近なコンピュータの一つである．ハードウェアは販売価格とは不釣合いな

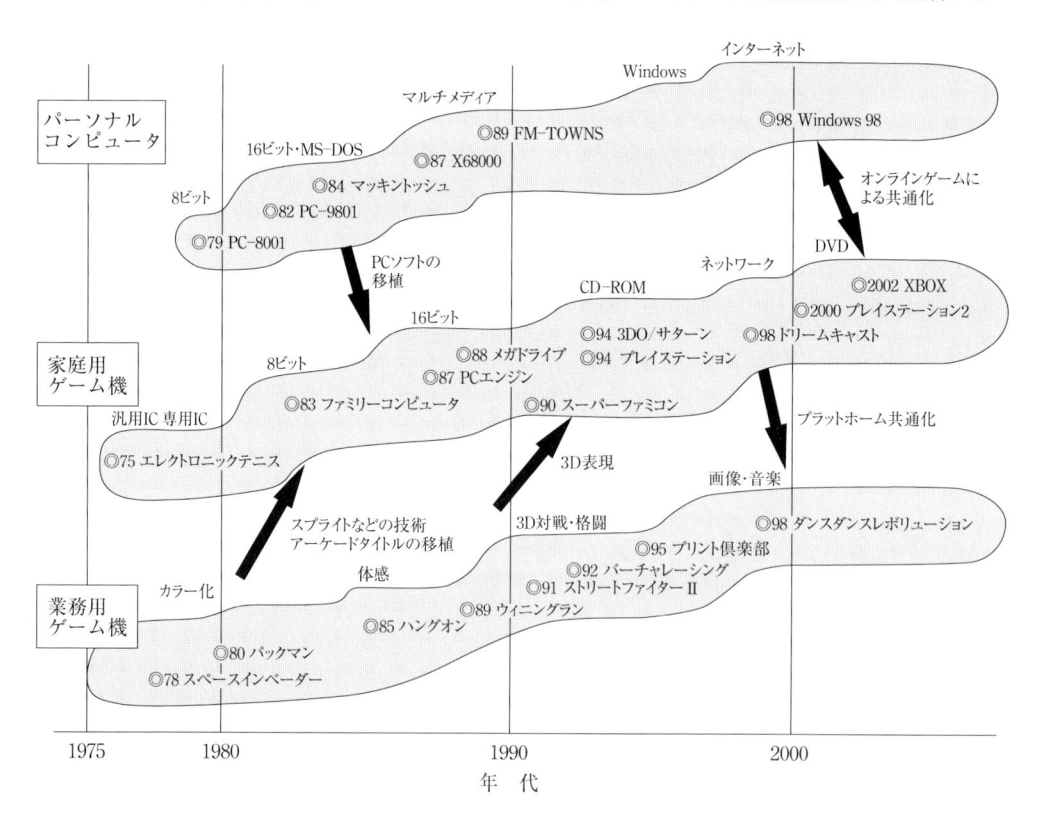

図6.10　プラットホームによるゲームの進化とその関係

リアルタイム性や描画性能を求められ，ソフトウェアは高いエンターテインメント性を求められる．本節では，ゲームマシンの成り立ちから，世界市場を制することになった日本の家庭用ゲーム機の技術と歩みについて述べる．図6.10はプラットホームによるゲームの進化とその関係を示したものである．

6.6.1　ゲームマシンの誕生

〔1〕　ビデオゲーム産業　　ブラウン管ディスプレイに画像を映し出して遊ぶゲームを，米国ではビデオゲーム（video game）と呼んでいる．日本でいうTVゲームとほぼ同じ意味で，更に，業務用をアーケードゲーム（arcade game），家庭用ゲーム機をゲームコンソール（game console）と呼ぶことが多い．

1960年代にミニコンピュータが登場すると，そのディスプレイ装置を使ったゲームが大学や企業の研究室で作られるようになった．これをビジネスに発展させた最初の人がブッシュネル（Nolan Bushnell）である．1971年，ブッシュネルは会社員のかたわら自宅で「コンピュータスペース」（Computer Space）というアーケードゲーム機を完成した．その後，世界最初のビデオゲーム会社となるアタリ（Atari）社を設立して，「ポン」（Pong）をヒットさせた．アーケード機を中心にした現在に至るビデオゲーム産業が誕生する．

〔2〕　初期のハードウェア　　コンピュータ上のゲームから発展したビデオゲームだが，初期のアーケード機のほとんどは，コストの関係からアナログ回路または汎用のロジックICのみを使用して作られた．図6.11は，最初の家庭用ゲーム機の内部を示したものである．1975年，ミッドウェイ（Midway）の「ガン・ファイト」（Gun Fight）で，初めてインテル社の8080，2 MHzが搭載された．

ゲームマシンのハードウェア上の特徴は，画面描画を最優先している点にある．特に初期のものは，ブラウン管の走査線1本分の「ラインバッファ」（描画用データ領域）しかなく，画面走査に合わせて相応の処理をしていた．また，グラフィック表示もビットマップではなく，あらかじめ一定数のキャラタを登録，プログラマブルキャラクタジェネレータを使用した擬似グラフィックのものが多い．

図6.11　1972年に米マグナボックス社から発売された最初の家庭用ゲーム機「ODYSSEY」の内部（40個のトランジスタで回路を構成）

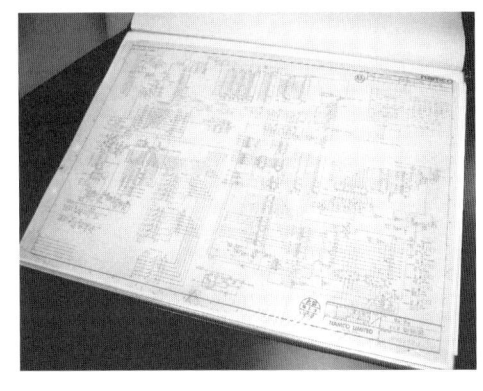

図6.12　初期のアーケードゲーム機「ジービー」（ナムコ）の回路図はこの1枚に収まっている（インテル8080を採用．資料提供：ナムコ）

〔3〕　国産メーカの取組み　　1970年代半ば，米国でポンがヒットすると日本にも輸入され始める．タイトー，中村製作所（1977年にナムコ），セガ（2000年までセガ・エンタープライゼズ）

などの遊戯機械メーカが，自社開発を開始した（図6.12）．初期には汎用ICで組まれたが，1978年に，タイトーが国産初といわれるマイクロプロセッサ搭載の「スペースインベーダー」を発売．これが爆発的ヒットとなり，いわゆる「インベーダーブーム」を引き起こす．また，1980年にナムコの「パックマン」が米国で空前のヒットとなる．以降，アーケードゲーム機の技術革新は，日本の半導体メーカとの協力関係がうまくいったこともあり，米国メーカを凌駕した．3次元コンピュータグラフィックスやネットワーク対戦などへと進化しながら，例外的に韓国メーカがあるほかは，日本メーカが世界市場を占有することになる．

6.6.2　ファミリーコンピュータ

〔1〕　カルタからエレクトロニクスへ　　ゲームマシンの歴史において，任天堂とファミリーコンピュータほど重要な役割をはたしたものはない．任天堂は，1889年「任天堂骨牌」として創業した京都に本社を置く花札製造の会社である．同社は，社名を現在の任天堂に変更した1969年頃以降にアイデア玩具を多数発売するようになる．その中には「光線銃シリーズ」などのエレクトロニクス技術を使った製品が多く，いち早くマイクロプロセッサを使用した家庭用ゲーム機「テレビゲーム15」を三菱電機と共同開発する．

1970年代は，マイクロエレクトロニクスが民生品市場で花開き始め時代である．その代表例が電子式卓上計算機（電卓），ディジタル式腕時計，そして家庭用ゲーム機である．1975年9月には，エポック社が米国マグナボックス（Magnavox）社と提携して日本最初の家庭用ゲーム機「テレビテニス」を発売した（図6.13の後方）．やがて，数種類のゲームができる専用チップが数ドルで提供されるようになり，多数のメーカがゲーム機に参入した．この時期にマイクロプロセッサを搭載したゲームマシンも登場する．

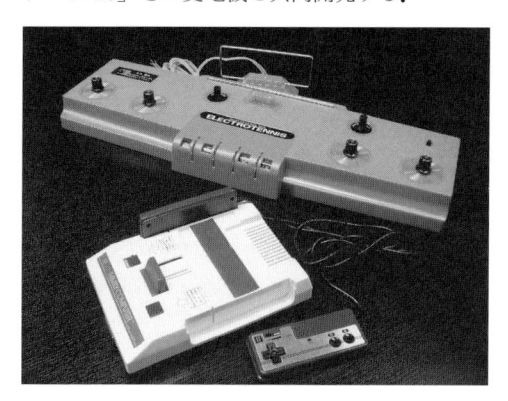

図6.13　日本最初の家庭用ゲーム機「テレビテニス」（後方．エポック社．発売時の価格は19 500円）と任天堂のファミリーコンピュータ（前方）

〔2〕　ずば抜けた性能と価格設定　　1983年7月，任天堂は「ファミリーコンピュータ」（以下，ファミコン）を発売する（図6.13の前方）．
- ROMカセット方式：エポック社の「カセットビジョン」（1981年），トミーの「ぴゅう太」（1982年）が既にROMによるソフト提供をしていたが，よりソフト重視の路線を展開した．
- 処理速度の高さ：CPUに8ビットでは比較的高速な「6502」（リコー製カスタム，1.789 7725 MHz），PPU（専用描画IC）をリコーと共同開発．52色中16色表示，8×8ピクセルの「タイル」を使った背景グラフィックスながら，垂直及び水平のスクロール，最大64個同時表示可能なスプライトの滑らかな動きは，他のゲーム機やパソコンをもよせつけなかった．
- 操作性の良さ：同社のLSIゲーム機「ゲーム＆ウォッチ」で実績のある「十字ボタン」を採用．操作性や親しみやすさを含めて，あくまで"玩具として"作り込まれた．
- 低価格：当時，3〜5万円が相場の家庭用ゲーム機の中で1万4 800円で発売．山内博社長（当時）が最もこだわったのも価格といわれる．

これらの特徴により，発売後1年でエポック社，セガ，任天堂以外のほぼすべてのメーカが撤退

6.6 ゲームマシン

し，"もう一つの電卓戦争"ともいうべき淘汰が行われた．

〔3〕**ソフトウェア至上主義**　任天堂に，これだけ野心的なマシンを出させた背景には，米国でのアーケード機のヒットがあった．同社は，良質なソフトこそが大切であることを認識し，そうしたソフトを動作させるプラットホームとしてファミコンを計画した．同社は，発売前に取引問屋を集めて「ハードではなく，ソフトが利益を出す」と戦略を説明したといわれる．

それを証明するように，「スーパーマリオブラザーズ」（任天堂），「ゼビウス」（ナムコ），「ドラゴンクエスト」（エニックス）など，自社製，サードパーティ製とも，多数のミリオンセラーが登場．"ファミコンブーム"の到来となる．

同社が，米国での粗悪ソフトの氾濫を見て，品質を保つためのライセンス契約を定めたことは有名である．その内容は，事前のゲーム内容の審査，1社が年間の製造タイトル数を1～5本とする，ROMの製造は任天堂に委託という厳しい内容だった．

〔4〕**ゲームビジネスを作った**　ファミコンの成功は，優れたハードウェアや"キラーソフト"の登場もさることながら，経営者が長期的な視点と信念を持っていたこと，それに応じる人材に支えられたという条件がそろった結果といえる．ソフトウェアの宮本茂，同社のアイデア玩具のシリーズや「十字ボタン」を生み出した横井軍平などだ．また，IT分野で"ビジネスモデル"ということがいわれて久しいが，1980年代前半にゲームビジネスの方向性を明確に示した点も注目すべきである．

2003年9月に生産終了となるまでに，ファミコンが，世界中で6 200万台，同時に生産終了となった「スーパーファミコン」と合わせると，1億1 000万台が出荷されている．

談話室

アタリショック

米国で1982年のクリスマス商戦に「ATARI VCS」（ATARI 2600）が予期しない売れ行き不振となり，結果的に家庭用ゲーム機市場を崩壊させたこととされる．ゲーム機で収益を出せると判断した他業種メーカがゲーム事業に参入，品質の低いソフトウェアが市場にあふれたために，ユーザのゲーム機離れを招いたからだという．

ただし，米国では，アタリショックという呼び方はない（1984年のアタリの経営不振を"The Crash"と呼んだりする）．また，そのとらえ方も，日本とはやや異なる部分があるようだ．同じ家庭で使われるマシンとして，Apple II をはじめとするパーソナルコンピュータが急速に普及した点も理由としてあげられる．また，ATARI VCSの発売は，1977年で，1982年にはシステムそのものが陳腐化していた．元々ない市場に強気の販売計画を立てた結果とも指摘される．

いずれにしろ，低品質のソフトウェアをユーザがきらったことが直接の原因であり，ゲーム機とソフトウェアの関係を考える意味で興味深い事柄といえる．

6.6.3　プレイステーション2

〔1〕**CD-ROM搭載スーパーファミコン**　ソニーの家庭用ゲーム機への取組みは，CD-ROM搭載のスーパーファミコン開発を計画したことから始まる．ところが，任天堂との契約は紆余曲折を経て決裂．この幻のハードウェアのために用意された名前が，同社の家庭用ゲーム機で使われる「プレイステーション」だといわれる．「ワークステーション」が"仕事"のためなら"遊び"のための高性能マシンの意味だという．

表6.3 おもな家庭用ゲーム機の一覧

年	ゲーム機（メーカ）	特徴	ソフト・周辺機器	業務用，その他
1975	エレクトロニックテニス（エポック社）	日本初の家庭用ゲーム機，19 500円		テニス形ゲーム機が各社から発売（1976〜1978）
1980	ゲーム&ウォッチ（任天堂）	LSIゲーム機		「パックマン」（ナムコ）
1981	カセットビジョン（エポック社）	国産カートリッジ式，13 500円		PC-8801（NEC）
1982	ぴゅう太（トミー）	16ビットCPU搭載，59 800円		PC-9801（NEC）
1983	ファミリーコンピュータ（任天堂）	8ビット，14 800円	「ドンキーコング」（FC・任天堂），「マリオブラザーズ」（FC・任天堂）	MSX規格（アスキー/マイクロソフト）
	SG-1000（セガ）	8ビット，15 000円		
1984			「ゼビウス」（FC・ナムコ）	Macintosh（アップル）
1985	セガマークIII（セガ）	SG-1000上位互換，15 000円	「スーパーマリオブラザーズ」（FC・任天堂）	「ハングオン」（セガ），パソコン通信アスキーネット（アスキー）
1986			「ドラゴンクエスト」（FC・エニックス），ファミコンディスクシステム	「アウトラン」（セガ）
1987	PCエンジン（NEC HE）	PCメーカのゲーム機参入，24 800円	「ファイナルファンタジー」（FC・スクエア）	×68000（シャープ）
1988	メガドライブ（セガ）	16機，21 000円	「ドラゴンクエストIII」社会現象的ヒット（FC・エニックス），「テトリス」（FC・PBS） PCエンジンCD-ROM²（NEC HE）	
1989	ゲームボーイ（任天堂）	携帯形カートリッジ式，12 800円		「ウィニングラン」（ナムコ），FM TOWNS（富士通）
1990	スーパーファミコン（任天堂）	16ビット，25 000円	「F-ZERO」（SFC・任天堂），メガドライブ用モデム（セガ）	インターネット商用化
1991	ネオジオ（SNK）	アーケードクラスの性能，58 000円	「ダービースタリオン」（FC・アスキー），「ソニック・ザ・ヘッジホッグ」（MD・セガ）メガCD（セガ）	「ストリートファイターII」（カプコン）
1992			「スーパーマリオカート」（SFC・任天堂），「ストリートファイターII」（SFC・カプコン）	「バーチャレーシング」（セガ）
1993			レーザーアクティブ（パイオニア・PCエンジン・メガドライブと連携）	
1994	3 DO REAL（松下）	マルチメディア指向32ビット，54 800円	「バーチャレーシング」（MD・セガ），「リッジレーサー」（PS・ナムコ）	
	サターン（セガ）	32ビット，44 800円		
	プレイステーション（SCEI）	CD-ROM搭載32ビット，39 800円		
	PC-FX（NEC HE）	32ビット，49 800円		
1995	バーチャルボーイ（任天堂）	立体表示，15 000円	「Dの食卓」（3 DO・三栄書房），Windows 95（マイクロソフト）	プリント倶楽部（アトラス），QV-10（カシオ）
1996	ニンテンドウ64（任天堂）	64ビット，24 800円	「ポケットモンスター」（GB・任天堂），「ファイナルファンタジーVII」（PS・スクエア）	
1998	ドリームキャスト（セガ）	GDドライブ搭載，インターネット対応，29 800円		iMac（アップル），「ダンスダンスレボリューション」（コナミ）
1999	ワンダースワン（バンダイ）	携帯形カートリッジ式，4 800円	「シーマン 禁断のペット」（DS・セガ）	iモード開始（NTTドコモ），AIBO（ソニー）
2000	プレイステーション2（SCEI）	128ビット・DVDドライブ搭載，39 800円	国産初のオンラインゲーム「ファンタシースターオンライン」（DC・セガ）	
2001	ゲームボーイアドバンス（任天堂）	携帯形32ビット，9 800円		
	ゲームキューブ（任天堂）	独自光ディスクドライブ搭載，25 000円		
2002	XBOX（マイクロソフト）	PC用OS覇者の参入，34 800円		

NEC HE：NECホームエレクトロニクス
SCEI：ソニーコンピュータエンタテインメント

FC：ファミリーコンピュータ
MD：メガドライブ
PS：プレイステーション
SS：セガサターン
GB：ゲームボーイ
SFC：スーパーファミコン
PS 2：プレイステーション2
DC：ドリームキャスト

この独自フォーマットによる家庭用ゲーム機開発を推し進めたのが久夛良木健（現 SCEI 社長）である．当時，社内に「ソニーがゲームの事業をやるのか」と反対する声が多かったが，大賀典雄社長（当時）がゲーム産業への参入を決定．1993 年には，SCEI（ソニー・コンピュータ・エンターテインメント）が設立され，1994 年 12 月「プレイステーション」（初代プレイステーション）が発売される．

〔2〕 **プレイステーション**　1980 年代の家庭用ゲーム機市場は，任天堂の 1 強＋セガという構図だった．1988 年のセガ「メガドライブ」の米国版「GENESIS」が出荷 2 500 万台のヒット．1990 年，遅れに遅れていた任天堂の「スーパーファミコン」が登場する．ところが，SCEI がプレイステーションを発売した 1994 年は，3 月に松下電器が「3 DO REAL」，11 月にセガが「セガサターン」，同じ 12 月に NEC ホームエレクトロニクスが「PC-FX」と "次世代ゲーム機" ラッシュとなった．**表 6.3** におもな家庭用ゲーム機の一覧を示す．

- CD-ROM の採用：任天堂を除く次世代機がいずれも CD-ROM を採用．大容量で安価で安定した流通環境を提供．ただし，CD-ROM を搭載しても，決してマルチメディアなどゲーム以外の方向は目指さなかった．
- 3 次元グラフィックス用プロセッサの搭載：リアルタイム画像を 3 次元図形にマッピングする専用チップを開発．同時期，セガの『バーチャファイター』などアーケード機でも 3 次元 CG がブームとなっていたが，同社は，放送用ビデオエフェクタ「システム G」で，こうした 3 次元コンピュータグラフィックス技術で実績があったという．
- 開発環境の低廉化：専用の開発システムではなく，パソコンでの開発を容易にしたことでソフトメーカの参入障壁を低くした．

こうした特徴の結果，しだいに対応ソフトが増加．『バイオハザード』（カプコン），『アクアノートの休日』（アートディンク）など，新しいタイプのソフトも登場．更に任天堂から発売されると目されていたスクエアの『ファイナルファンタジー』シリーズが発売され，牽引役となっていく．

〔3〕 **スパコンなみの家庭用ゲーム機**　2000 年 3 月，SCEI は図 **6.14** に示すプレイステーションの後継機「プレイステーション 2」（以下 PS 2）を発売する．1999 年 2 月の IEEE の国際固体物理学会での東芝との技術発表，3 月の開発発表でのおおかたの予想をはるかに上回る演算処理性能が話題となった．それは，同社が「エモーション・シンセシス」（情緒生成）と呼ぶ言葉に集約されている．従来の 3 次元によるモデリングと再生から，物理シミュレーションをリアルタイムで行うような世界，従来の CG の限界を超えた "肌触り感" のある世界を目指すものだという．

図 6.14　プレイステーション 2 の本体とコントローラ（開発ステーションは同じデザイン基調のインテルアーキテクチャで，Linux で動作．写真提供：月刊アスキー）

　PS 2 のコアとなる二つのチップは，いわばこれに極端に特化するべく，従来のどのマシン仕様にもしばられずに設計されたものといえる．

- エモーションエンジン：128 ビット CPU（MIPS 系，294.912 MHz）で浮動小数点演算性能は 6.2 GFLOPS．1 秒間に最高 7 500 万ポリゴンの描画，1 秒間に最高 6 600 万ポリゴンの座標変換の 3 次元グラフィックス処理を可能にする．当時，最新鋭のスーパーコンピュータは 3 桁上の TFLOPS を出していたが，スーパーコンピュータなみといってよい数字だった．

- グラフィックシンセサイザ：データ幅 2 560 ビットはパーソナルコンピュータ用のグラフィックカードの 20 倍．また，4 MB のキャッシュメモリを DRAM 混載プロセスとしたことで毎秒 48 GB というメモリバンド幅を実現．描画性能は 2 桁上となる．

また，I/O プロセッサにはプレイステーションの CPU コア（3.8688/36.864 MHz）を内蔵することで，下位互換を実現（プレイステーション対応ソフトの動作保証）．標準で DVD-Video 再生をサポートしたことも話題となった．

PS 2 は，2005 年 11 月 30 日に世界での出荷累計が 1 億台に達したという．これに要した期間は約 5 年 9 か月であり，プレイステーションが 1 億台に達するまでの約 9 年 6 か月よりも極めて短くなっている．

〔4〕**ブロードバンドエンターテインメント**　PS 2 は，プレイステーションがゲーム機であることにこだわったのに対してネットワークを意識している．1999 年 9 月の発表時には，ソフトの流通手段とともに「ネットワークドディジタルエンターテインメント」の世界を作り出すとした．2002 年 4 月には PS 2 を端末としたネットワークサービス「プレイステーション BB」を開始している．また，2003 年末には，PS 2 の優れたユーザインタフェースを生かしたネットワーク対応の DVD レコーダ「PSX」を発売した．

SCEI は，IBM，東芝と協力してブロードバンドネットワークを前提とした高付加価値 CPU である「CELL」（開発コード）を開発，これを，PS 2 後継機やソニーの家電製品に搭載していくとした．CELL は「グリッドコンピューティング」のための新しい CPU といえるが，その先も積極的に新領域に取り組んでいくという．ソニーの今後を占ううえでも最も注目される部分である．

2005 年 5 月，PS 2 の後継機である「PlayStation 3」の詳細が発表され，2006 年春に発売されることがアナウンスされた．2005 年暮れから 2006 年にかけて，マイクロソフトの「XBOX」後継機である「XBOX 360」，任天堂の「Revolution」（開発コード）とともに，激しいシェア争いを展開することになる．

問題 1　任天堂のファミリーコンピュータが成功した理由を三つ述べよ．
問題 2　ソニー・コンピュータ・エンターテインメントのプレイステーションとプレイステーション 2 の違いを述べよ．

6.7　ベクトル形スーパーコンピュータ

6.7.1　ベクトル計算機とは

1〜3 個の 1 次元配列データ（ベクトルと呼ぶ．配列の断面の場合も多い）の各要素に対する同一の演算（対応する要素ごとの和，積，定数倍，内積など）を，パイプライン処理で高速に実行することをベクトル処理といい，ベクトル処理に基づく高速計算機をベクトル計算機と呼ぶ．1990 年代の半ばまではスーパーコンピュータといえばベクトル計算機を指した．

パイプライン処理とはデータ処理装置における処理の高速化手法の一つであり，一つの処理を複

数の独立な処理（ステージ）に分割してパイプラインを構成し，多数の処理（ベクトル処理の場合は加算など同一の処理）を流れ作業により高速に実行する手法のことをいう．

命令の読出し，デコード，アドレス計算，オペランドフェッチ，演算，結果の格納など命令処理のステージでパイプラインを構成したものを命令パイプラインといい，メインフレームでも，最近のすべての汎用プロセッサでも普通に用いられているが，ベクトル計算機では，数値演算をステージ（浮動小数加算なら，指数部比較，仮数部シフト，仮数部加算，正規化など）に分割した演算パイプラインが用いられる．ベクトル処理では，多数のデータに対して同一の演算が行われるので，演算パイプラインが有効に働く．演算それ自体は何クロックかかかるが，演算パイプライン当りクロックごとに1演算（乗算と加算の組合せのこともある）が実行されるのが普通である．演算パイプラインによってベクトル演算を高速に実行するというアイデアは，筆者の知る限り，1965 年に IBM 社の Senzig らによって最初に提案された[1]．彼らは，パイプライン方式と並列方式の比較を行っている．

更に 1980 年代には，複数の演算パイプラインを装備した多重ベクトル計算機が登場した．最多のもの（SX-5 や VPP 5000）では 16 本あり，各パイプラインは乗算器と加算器を持っているので，クロックごとに最大 32 演算が実行できる．複数のパイプラインの利用法としては

① 要素並列　　例えば 2 本のパイプラインがあったとき，偶数番目のデータと奇数番目のデータとに手分けして処理する方式である．この場合は複数のパイプラインが同一の処理を行うことになる．

② チェイニング　　ベクトルに対する一続きの演算を一つのパイプラインから次へと渡しながら切れ目なく処理する．

③ 独立な処理　　並列に実行可能な複数のベクトル演算を別のパイプライン（群）で同時に実行する．

後述するように，米国ではパイプラインの本数を増やすことよりも，ベクトル計算機を演算要素として，メモリを共有する対称形マルチプロセッサ（SMP）を構成する技術が先に発達した．日本では，共有メモリ形だけでなく分散メモリ形のベクトル計算機も開発された．

このような高速の演算を実行するには，それに見合ったデータを供給するメモリバンド幅が必要である．レイテンシを隠ぺいするため，メモリシステムは多くの（例えば 512）バンクからなる構成をとり，十分なキューを用意する．黎明期の ASC，Star-100，75 APU，IAP，及び Cyber 203/205，ETA 10 などを除くほとんどのベクトル計算機では，レイテンシを隠ぺいするために，多数のベクトルレジスタを設置してレジスタ間で演算を行う構造になっている．

科学技術計算では入れ子になったループが多く，通常，最内側のループをベクトル演算として実行する．ユーザがベクトル計算機を使う際にはベクトル処理をどう記述するかが重要である．記述方法としては以下のものが考えられる．

① アセンブリ言語　　ベクトル機械命令をユーザが書く．プロ以外は非現実的である．

② 専用言語　　ベクトル処理に特化した言語で書く．他の計算機でデバックができず，既存のソフトウェア資産の利用が困難である．

③ 拡張言語　　Fortran などの言語を拡張してベクトル演算を記述する．Fortran 90 は結果的にベクトル演算を付加した形になっている．

④ ライブラリ方式　　ベクトル演算をサブルーチンとして記述し，ライブラリを呼ぶ．

⑤ 自動ベクトル化方式　　Fortran などの文法には手を加えず，プログラムからコンパイラがベクトル命令に変換する．

ベクトル計算機の登場後ほどなく自動ベクトル化方式が一般的となった．コンパイラがあるループをベクトル演算命令に変換することをベクトル化という（ベクトル化されやすいようにプログラムを修正することもベクトル化と呼ぶことがある）．プログラム中のループがベクトル化可能であるかどうかの判断には，演算中の各配列要素の関係を分析しなければならない．条件分岐がある場合のベクトル化，添字が配列であるような間接参照のベクトル化などは，ベクトル演算器やコンパイラの大きな課題である．

6.7.2　ベクトル計算機の歩み

ベクトル計算機製品はほぼ5年を単位に新しい機種が登場しているので，便宜上5年を1世代として時代を区分することにする．概説的な文献を2)〜9)に上げた．日本のベクトル計算機に関する文献は9)を参照のこと．

〔1〕**黎明期**（1970年代）　科学技術用の高速計算機を作ろうという動きは1950年代末からあったが，決定的な転機は米国原子力委員会が1964年に各社に根源的に新しいアーキテクチャの計算機の製作を要請したことにある．この頃に石油探査のため IBM 2983 Array Processor（1965年）が IBM 360 の I/O チャネルに接続する付加プロセッサとして開発された[10]．乗算と加算の組合せを四つのステージに分けて実行している．恐らく最初のベクトル計算機ではないかと思われる．

1970年代に入ると，ASC（1972年，Texas Instruments 社，30 MFlops，7機製作）と Star-100（1973年，CDC 社，50 MFlops，4機製作），及び並列計算機 ILLIAC IV（1973年，Burroughs 社，並列度64，50 MFlops，1機製作），BSP（1974年に設計開始，1980年に開発中止，Burroughs 社，並列度16，50 MFlops）などの計算機が作られた．計算機の性能は64ビット浮動小数演算最大ピーク性能（推定）で示す．年号は原則として完成または出荷年である．

ベクトル計算機の歴史は天才的技術者であるクレイ（Seymour Cray）なしには語ることができない．クレイは，CDC（Control Data Corporation）社において，CDC 6600（1964年，1 MFlops）及び CDC 7600（1969年，5 MFlops）の設計者であったが，1972年に CDC 8600計画が社内で拒否されると同社を退社し，CRI 社（Cray Research Inc.）を設立した．CRI 社は1976年 160 MFlops の性能をもつ Cray-1 を出荷し，ロスアラモス研究所などに納入した．ベクトルレジスタを持つ初めてのベクトル計算機であった．わずか4ゲートの IC を高密度に実装するという画期的技術でこのような性能を実現したことは驚異に値する．ソフトとしては自動ベクトル化方式を採用したが，コンパイラの性能は十分でなく，使いこなすには技能が必要であったといわれる．当時，「このように高速な計算機は，世界に数台もあればよい」などといわれていたが，たちどころに世界中に普及した．日本にも2台納入された．

日本ではどうだったかというと，Cray-1 が出荷された翌年に富士通は FACOM 230-75 APU（1977年，22 MFlops，2機製作）を航空技術研究所に納入した．Star-100 などと同じくベクトルレジスタを持たない主記憶直結のベクトル計算機であった．間接参照のベクトル演算をサポートしていた点は注目される．ベクトル記述としては AP-FORTRAN という拡張言語方式を用いている．商業的には成功とはいえないが，日本の最初のベクトル計算機であった．

他方，日立は，IAP（integrated array processor）というメインフレームに対する付加プロセッサとしてベクトル演算器を製造した．HITAC M-180 IAP（1978年），M-200 H IAP（1979年，48 MFlops）及び M-280 H IAP（1982年，67 MFlops）である．これらはベクトルレジスタを持

たず，仮想空間上のデータに対してベクトル演算を行うもので，親のメインフレームに対する性能向上はほどほど（数倍程度）であったが，高度な自動ベクトル化コンパイラを装備し，TSS でも使えるなど使い勝手がよく，多数販売された．筆者が最初に利用したベクトル計算機は M-200 H IAP であった．間接参照はもちろんのこと，総和，内積，1 次漸化式など当時の Cray-1 がまだ完全にはサポートしていなかった機能を有していたことが特徴である．M-280 HIAP は，世界で初めて条件付き do loop を自動ベクトル化できた．しかしキャッシュに頼ったベクトル演算には限界があり，メインフレーム自体の高速化とともに姿を消した．日本電気は ACOS-1000 IAP（1982 年，28 Mflops）を製作し，三菱電機も MELCOM COSMO の IAP を製造した．

〔2〕 **第 1 世代のベクトル計算機**（1980 年代前半）　本格的なベクトル計算機が登場したのは 1980 年に入ってからである．米国では CDC 社が Cyber 203（1980 年，200 MFlops）と Cyber 205（1981 年，400 MFlops）を，CRI 社が Steve Chen の設計により，Cray XMP-2（1982 年，630 Mflops）及び XMP-4（1984 年，1260 MFlops）を出荷した．Cyber 203/205，XMP-2/4 はそれぞれ 2/4 並列の並列ベクトル計算機である．Cyber はこの世代で唯一の主記憶直結のベクトル計算機である．性能は最大構成の理論ピークである．

他方，日本では，日立が HITAC S-810/20（1983 年，630 MFlops），富士通が FACOM VP-200（1983 年，570 MF），日本電気が NEC SX-2（1985 年，1300 MF）を出荷した．これらはいずれもベクトルレジスタを持つ本格的なベクトル計算機であるが，詳しくみるとアーキテクチャには種々の違いがみられる．S-810 は，複数のベクトル演算器が，データ駆動計算機のように非同期に動作しチェイニングを行う．逆に VP-200 は複数のパイプラインが論理的には 1 本のパイプラインに見えるように動作する．また SX-2 は，独立なスカラ演算器を持っている．

米国のベクトル計算機に対して，当時の日本のベクトル計算機は以下の特徴を持つ．

① メインフレームとの互換性　メインフレームのメーカがメインフレームの発展としてベクトル計算機を設計したので，制御部は互換性を持つ．

② 単一プロセッサ　単一プロセッサに多くのパイプライン（6〜8）を装備するアーキテクチャである．米国はパイプラインは少ない（1〜2）が，並列機（並列度 2〜4）である．

③ 大容量メモリ　例えば XMP は最大 32 MB なのに対し，日本機は最大 256 MB である．メモリへのバンド幅を大きくするためのインタリーブ技術も重要である．

④ 大ベクトルレジスタ　例えば XMP は CPU 当り 2 kB であるのに対し，S 810/20 や VP-200 は 64 kB，SX-2 は 80 kB である．

⑤ 間接アドレスベクトル演算が可能　XMP では途中からサポートする．上記の ③ と ④ の特徴は，日本のメーカが半導体の大メーカであり，自社で高度なチップを製造できたことで実現した．その反面，主記憶が高速であるが容量の小さい XMP などと比較してベクトル演算の立上がりが遅くなり，短いベクトルでは性能が出ないという弱点を持っていた．しかし，ベクトルレジスタも大きかったので，ループ当りの命令数の多い複雑なループ（アンローリングしたループなど）ではチェイニングが活躍した．半導体技術の面からは，この頃は，各社ともメインフレーム製造のために開発した半導体技術を使ってベクトル計算機を製造していた．あとにはその順序が逆転する．

なおこのほか，CRI 社はクレイの設計により Cray-2（1985 年，1952 年 MFlops）を，また，富士通は VP-400（1985 年，1140 MFlops）を出荷した．Convex 社は，廉価版のベクトル計算機 C 1（1985 年）を出荷し，IBM 社はメインフレーム 3090 への付加形ベクトル演算機 VF（vector facility，1985 年，108 MFlops）を製造し始めた．特筆すべきことは，この頃から米国で多くのベンチャーが並列計算機の製造を始めたことである．日本ではほとんど皆無であった．

〔3〕**第2世代**（1980年代後半）　1983年にCDC社はベクトル計算機部門をETA社として独立させ，ETA社は液体窒素冷却のベクトル計算機ETA-10（1987年，10 GFlops，並列度8）を開発した．画期的な技術であったが，ほとんど安定には動作しなかったようで1989年にETA社は閉鎖された．CRI社はXMPの後継にあたるCray YMP（1988年，4 GFlops，並列度8）を製造した．なお，1989年に，クレイはCRI社を離れ，少数の技術者とともにCCC（Cray Computer Corporation）社を設立し，Cray-3, 4の開発に臨んだ．新聞では，"Seymour leaves Cray."と騒がれた．

日本では，日立がHITAC S-820（1987年，3 GFlops）を，富士通がFACOM VP 2600（1989年，5 GFlops，並列度2）を，日本電気がNEC SX-3（1990年，22 GFlops，並列度4）を出荷した．これらはそれぞれ前の世代のアーキテクチャを継承しつつ，半導体テクノロジーの発展により高速化したものである．なお，S-820はメインフレームM-680 Hのベクトル版であるが，VP-2600やSX-3のために開発されたテクノロジーはメインフレームであるM-1800（1990年）やACOS-3800（1990年）に逆に移転されている．なお，富士通と日本電気はアメリカと同様に共有メモリ並列ベクトル機に進出したが，並列度は比較的小規模にとどまっている．

〔4〕**第3世代**（1990年代前半）　CRI社は，Cray YMP C 90（1991年，16 GFlops，並列度16）を出荷した．CRI社は同時に，Alpha chipを使った超並列機T 3 D（1993年）や，FPS（Floating Point Systems）社の遺産を引き継ぐSparcベースのサーバ機CS 6400（1993年）をも出荷した．CCC社は1993年，GaAs技術に基づく4プロセッサのCray-3をNCARに納入し作動させた．また1994年にCray-4を発表したが，いずれも商品としては完成せず，1995年に破産した．なお，クレイは1996年9月自動車事故に遭い，翌月初めこの世を去った．

この時代の大きな出来事は，並列計算機を製造していた多くのベンチャー企業が倒産するなかで，1993年，IBM社が並列計算機SP-1を発表し，この分野を席捲し始めたことである．

さて日本では，日立がS-3800（1993年，32 GFlops，並列度4）を，富士通が，分散メモリ並列ベクトル機VPP-500（1993年，1.6 GFlop/proc.，最大並列度222）を，日本電気は32まで共有メモリ可能な並列ベクトル機SX-4（1995年，2 GFlops/proc.，最大並列度512）を出荷した．100を超える並列度では，最大構成はカタログの上だけで，実際には出荷されていないことが多くなるので，プロセッサごとまたはノードごとの性能を示す．半導体テクノロジーとしては，S-3800はバイポーラ，VPP-500はCMOSとGaAsの混合，SX-4はCMOSである．この時代に日本のベクトル機は大きく変貌した．日立は共有メモリ並列ベクトル機を製造する一方，富士通は航空技術研究所とともに開発したNWT（数値風洞）の技術を用いて分散メモリ高並列ベクトル計算機を商品化した．日本電気は，32プロセッサまでは共有メモリであり，それを相互接続するアーキテクチャを実現した．またOSとしてunixを採用した．

〔5〕**第4世代**（1990年代後半）　CRI社はベクトル計算機としてはC 90の後継機T 90（1995年，57.6 GFlops，並列度32）を出荷し，超並列としてはT 3 E（1996年，並列度2 048）を出荷したが，1996年にSGI（SiliconGraphics Inc.）社に吸収され，そのCray部門となった．吸収後にCMOSのベクトル計算機Cray SV 1（1998年，38 GFlops，並列度8）を出荷した．また，いわばT 3 Eの後継機として，1996年MIPSプロセッサを用いたccNUMAの超並列機Origin 2000を出荷した．この頃，米国では，原水爆の貯蔵，爆発のシミュレーションを目的にASCI計画が発足し，一連の超並列機が製造され始めた．Intel社はSandia国立研究所にPentium Proを用いた超並列機ASCI Redを納入した（1997年，1.8 TFlops）．続いてIBM社はLivermore国立研究所にPowerPC 604 eを用いたASCI Blue Pacific（1998年，3.8 TFlops，並列度

5 808）を，SGI 社は Los Alamos 国立研究所に ASCI Blue Mountain（1998 年，3.0 TFLops，並列度 6 144）を納入した．

他方，日本では，富士通は VPP 500 を CMOS 化した VPP 300（1995 年，2.2 GFlops/proc.，並列度 16）及び VPP 700（1996 年，2.2 GFlops，並列度 256）を出荷した．更にその上位機 VPP 5000（1999 年，9.6 GFlops/proc.，並列度 512）を出荷した．日本電気は，SX-5（1998 年，8 GFlops/proc.，並列度 512）を出荷した．これらは伝統的なベクトル計算機であるが，日立はこれを離れ，筑波大学と CP-PACS を共同開発した技術を基に，RISC-base の分散メモリ pseudovector 計算機 SR 2201（1996 年，0.3 GFlops/proc.，並列度 2 048）及び後継機 SR 8000（1998 年，8 GFlops/node，最大 128 node），上位機 SR 8000 F 1（2000 年，12 GFlops/node）を出荷した．なお，SR 8000 のノードは 8 個のプロセッサ（制御用を入れると 9 個）の SMP である．

この時代，米国が Cray を除き汎用プロセッサの超並列機の方向に開発を進めていくのに対し，日本では日立は超並列に移行したものの，富士通と日本電気は並列ベクトルの路線を堅持した．Cray が SGI 社の一部門としてベクトル路線を継続できるのか心配する声もあった．

〔6〕 **第 5 世代**（2000 年代前半）　米国では ASCI 計画が進行した．IBM 社が Livermore 国立研究所に Power 3 に基づく ASCI White（2000 年，12.3 TFlops，並列度 8 192）を，DEC 社を吸収した Compaq 社を吸収した HP（Hewlett-Packard）社が，Los Alamos 国立研究所に Alpha チップに基づく ASCI Q（2002 年，20 TFlops，並列度 8 192）を納入した．SGI は 2000 年，Cray 部門を Burton Smith の Tera 社に売却し，Tera 社は Cray Inc. となった．Cray Inc. は SV 1 の後継機として，X 1（2002 年，12.8 GFlops/proc.，並列度 4 096）を出荷した．

日本での最大のニュースは日本電気製の地球シミュレータ（2002 年，40 TFlops，並列度 5 120）が稼働し，世界最高速の計算機となったことである．日本電気は，この技術を基にベクトル計算機 SX-6（2002 年，8 GFlops/proc.，並列度 1 024）および SX-7（2003 年，8.83 GFlops/proc.，並列度 2 048）を出荷した．一方，これまで分散メモリ形ベクトル計算機 VPP シリーズを製造してきた富士通はベクトル機を離れ，Sparc 64 V に基づく超並列計算機に移行した．最上位機種は，PRIMEPOWER HPC 2500（2002 年，5.2 GFlops/proc.，並列度 16 384）である．日立は SR の路線を継続し，SR 11000（6.8 GFlops/proc.，並列度 4 098）を発表した．

結局，21 世紀に入って，ベクトル計算機を製造しているのは，米国の Cray Inc. と日本電気だけになった．

6.7.3　おわりに

ベクトル処理は，メモリレイテンシを隠ぺいし定形演算を高速に実行する優れた技術であり，多くの科学技術計算に適している．一時は，スーパーコンピュータといえばベクトル計算機を指した時代があった．しかし，専用のプロセッサと高バンド幅のメモリシステムを製造する必要があり，高価につく．他方，1990 年代から登場した汎用プロセッサを用いた超並列処理は，プロセッサが大量生産品であるため安価であり，演算性能も驚くほど向上してきた．ネックと思われていたバンド幅も，ベクトル計算機に近づきつつある．したがって，ベクトル計算機の活躍する場は狭まりつつあるのが現状である．

問題 1　参考文献 1) または 10) を読み，そこで提案されている種々の技術が，その後のスーパーコンピュー

タの発展のなかでどう展開したか，またなぜ無視されたかを論じよ．（文献10)はインターネットでも入手可能）．

問題2 参考文献3)と5)を比較し，時代とともに技術の重点がどう移ってきたかを論じよ．

■ 談 話 室 ■

パルテノン

ハードウェアの設計といえば，目標仕様に合わせて部品の接続関係を確定することであり，従来，論理回路図（部品の接続構造記述）を作成しつつ進めるものであったが，本当は，方式設計者は，まず，並列処理動作，すなわち，ソフトウェアと同様にアルゴリズム（計算の手続き）を考えるのが普通である．そこで，部品の接続構造を記述する設計が全盛であった1981年，ハードウェアの動作記述言語 SFL (structured function description language) と動作記述から回路図を自動合成するCADシステム「パルテノン (PARTHENON：parallel architecture refiner theorized by NTT original concept)」のプロトタイプを研究試作し，国内学会において発表した．電電公社電気通信研究所において開発したものであるが，ハードウェア動作をプログラム記述し，回路図は自動で合成する技術は，逆説的であるが，製造工場を持たず，仕様/方式構成に責任を負っている電電公社/NTTにいた研究者であるからこそ発想したといえる．実用性を向上させたものを，1985年，IFIP CHDL 85 国際会議において世界に向け発表した[1]．ハードウェアの動作アルゴリズムをプログラム記述し，論理回路図を自動生成する実用技術は，当時，米国にも前例のない革新技術であったから，「論理合成 (logic synthesis)」という用語も普及しておらず，我々は，ゲート展開 (gate expander) という用語を用いた．VerilogやVHDLの言語仕様が発表されたのがこの年である．すなわち，SFL/PARTHENONは，その後，ハードウェア/LSIの設計文化を革命的に変えていく「ハードウェア記述言語と論理合成」なる技術分野において，5年間のリードを持って世界の先頭を走っていたのである．SFL/パルテノンの提唱する方式の実用性を万民に納得してもらうには，百聞は一見にしかず，ということで，パルテノン

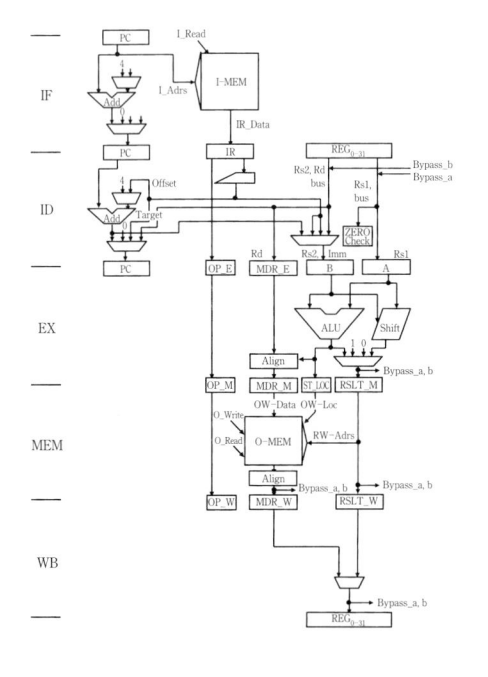

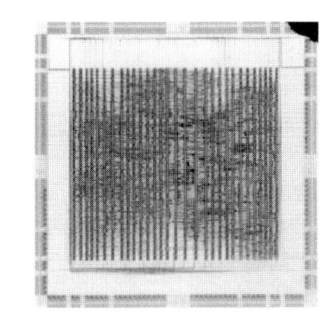

命令数	47(DLXのサブセット)
パイプライン	5段パイプライン
ゲート数	13 933ゲート
性　能	10 MIPS以上
ピン数	172/223
チップサイズ	8.76 mm×8.79 mm
プロセス	1.0 μm CMOS
設計工数	4人×4日間
試作メーカ	VLSI Technology, Inc.

図 6.15　32 bit RISC プロセッサ（FDDP）

の開発者自身の手で，1990年9月に，32 bit RISCプロセッサを試作してみせた（図6.15）．これは，全体を動作記述して自動合成により開発に成功した世界最初のプロセッサであり，当時，6か月は要した機能・論理設計を4人×4日間という極めて短期間に完了したことから，FDDP（four-day-designed processor）と名づけた．製造は，米国のシリコンファンドリ VLSI Technology, Inc.が実施した．

SFL/PARTHENONによる世界に先駆けての提唱，すなわち，ハードウェアの設計といえども，そのアーキテクチャレベルの設計において設計者が本当に考えている「本質的な部分」は，ソフトウェアの「プログラミング」と何ら変わらない思考作業であるとの見方は当時のハードウェア設計の常識からは全く異端であったが，100万ゲートを超えるASICの開発が本格化する20年以上経った現在，制限つきC言語であるSpec C, System Cなどというものまでもてはやされ始めている．1990年のNTT内部向け資料[2]に，既に，SFLとCについての対応づけを解説しているとおり，Spec Cなどの言語は，本質的にはSFLを超えるものではない．

パルテノンは，NTTにおいて400万画素の動画像を実現する超高精細画像処理システムをはじめ先端技術の開発に使用される一方，1987年より教育現場への支援提供を行っており，現在，大学や高専を中心に，北は北海道大学から南は琉球大学まで，大学・高専併せておよそ50校において，約800システムが研究・教育用に使用されている．また，青梅佐藤財団の支援により1992年11月にパルテノン研究会を設立し，毎年，春秋2回の研究会，各1回の講習会とデザインコンテストを開催している．2005年現在，パルテノン研究会は27回，講習会は13回，デザインコンテストは11回の延べ開催数を数えている．このように，パルテノンは，新しい計算機アーキテクチャの研究や若い設計者の育成を含め，学術分野においても大きな貢献を果たしている．また，2000年より，AMF（Asian multimedia forum）の一環として，アジアの大学を対象として，パルテノンを用いたLSI設計の遠隔教育システムを提供し，台湾，韓国，タイ，マレーシア，フィリピンなどの大学が遠隔学習を開始している．以上，学術的活動・貢献により，2001年8月に，パルテノン研究会は，特許法第30条の規定に基づく学術団体としての指定を受け，更に，2002年8月，NTTよりパルテノン研究会へソース開示を受けたのを機に，特定非営利活動法人（NPO）として東京都に申請を行い，2004年2月に承認された．これにより，国内・国外のパルテノン研究会会員へ広くソース開示を行い，より多くの人知を結集することにより，パルテノンの一層の高度化，LSI設計者の人材育成，システムLSI分野の研究教育への更なる貢献を進めている．

文献

1) Y. Nakamura, K. Oguri, H. Nakanishi and R. Nomura：An RTL Behaviaoral Description Based Logic Design CAD System with Synthesis Capability, Proc. of IFIP 7th International Conference on Computer Hardware Description Languages and their Applications (CHDL85), pp. 64～78, (1985-8).
2) 中村行宏：研究成果の自立　研究者の心の自立，NTT情報通信処理研究所，機関紙コミュニケーションプラザ V, 7, (1990-7).

7 エレクトロニクス
——電子の運動を理解し活用する——

7.1 真空デバイスから固体・半導体デバイスへ

　20世紀初頭に真空電子デバイスすなわち電子管が生まれ，以後半世紀にわたり種々の電子管が開発され，これを利用してラジオを初め，通信を柱とするアナログシステムの世界が作られた[1,2]．更に20世紀中頃に半導体デバイスが開発され電子管を置き換える一方，集積化半導体を利用して，ディジタル技術が誕生し，大きく発展して情報化社会が作られた．本節では電子管の誕生から半導体に至るデバイス技術の流れを追う．

7.1.1 真空電子デバイス（電子管）

〔1〕**電子デバイス**　エレクトロニクスという用語は広く電子的な機器や現象に関する科学技術を指すことが多いが，狭義には電子デバイスとその応用に関する科学技術を指す．**電子デバイス** (electron device) は電子など荷電粒子が電界や磁界による力を受けて動く現象を直接利用する素子である．デバイスはシステム中で種々のブロックや回路の重要な機能を果たしてシステムの基礎を支えており，その特性がシステムの性能を定めることが多い．電子デバイスには真空中の電子を利用する真空電子デバイス（電子管），トランジスタなど固体電子デバイス（半導体デバイス），電離気体を利用する気体電子デバイスがある．

　電子デバイスの歴史は20世紀初頭の2極管の発明に始まった．この頃の日本は明治中期を過ぎた頃である．モールス信号を利用した電信網が世界を結んで文字情報の送受を行い，市民は電報を利用した．電話は発展のごく初期に当たり，大都市の市内通話が主で加入者は極めて少数であり，遠距離通信は電話，電信とも信号の減衰に悩む状況にあった．無線電信は1895年の発明（マルコーニ，G. Marconi）の直後で，実用試験の時期にあった[2]．

　なお，この頃は1800年に電池が発明されてちょうど1世紀，電気工学分野ではマクロな電磁気

現象がほぼ解明され，電灯や電車などで市民が電気の恩恵を受け始めた時期，物理学では古典物理学が行き詰まり，トムソン（J. J. Thomson）が電子の存在を証明し（1897），プランク（M. Plank）が量子論を提案（1900），近代物理学がミクロの世界をひらき始めた時期に当たる．通信の状況とも併せて電子管スタートのお膳立てができた時期といえよう．

〔2〕 2極管の誕生　　電磁気学の左手の法則などで知られるフレミング（J. A. Fleming）は，無線電信の高感度受信を目的として1904年に**2極管**（diode）を発明した．これは初の**電子管**（electron tube）であり，この年は半世紀続く電子管時代の元年であると同時に，最初の電子デバイス開発の年であり，電子情報通信時代の幕を開けた記念すべき年である．

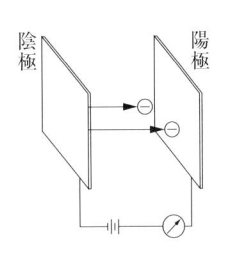

2極管の構造は図7.1(a)のように二つの電極を対向してガラス球に封じ真空としたものである．一方の電極は電子放出材料で作られ陰極と呼ばれ，他方は電子収集用の金属板で陽極と呼ばれる．電子の電荷は負のため，陰極に対し陽極に正の電圧を加えたときは，放出された電子は陽極へ走って陽極電流が流れるが，陽極電圧が負の場合は流れない．

(a) 2極管；陽極電圧が正のときのみ電流が流れる．→⊖は電子の運動
(b) 3極管；陽極への電子流を格子電圧で制御

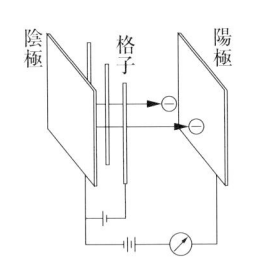

図7.1　真空管の原理構造

2極管は上記の性質を利用して無線電信の受信信号からモールス符号を取り出し，またラジオやテレビ実用後には受信信号から音声信号や映像信号を取り出す検波回路に多く使われた．更に，電子機器に必要な直流電源を交流から作り出す整流回路にも使われた．

〔3〕 3極管の誕生　　続いて1907年にド・フォーレ（Lee de Forest）が**3極管**（triode）を発明した．これは図(b)のように2極管の陰極と陽極の中間に格子と呼ぶ細い金属の平行線群（または網目）電極を備え，格子の電圧で陰極から陽極へ流れる電子流を制御するものである．図のように陰極を0Vとし，格子に負の電圧（例えば−10V），陽極に正の電圧（同100V）をかけたとする．電子は電位の高い所を求めて動くため負電位の格子近傍を避け，格子のすき間の正の電位の部分を通って陽極に達し，陽極電流が流れる．格子電圧が＋側に動けば格子のすき間の電位も＋側に動き，電子の通路となる正の電位の部分の幅も広がって陽極電流が増える．格子電圧が−側に動けば陽極電流が減る．

そこで，図7.2(a)のように格子に例えばマイクロホンをつないで音声信号を入力すると，格子電圧が交流的に微弱変化し，それにつれて陽極電流も交流的に変化する．この電流は負荷抵抗を流

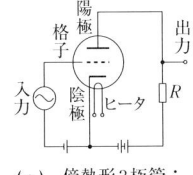

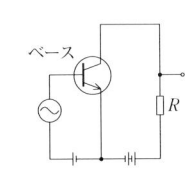

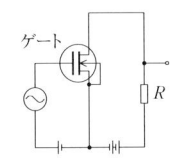

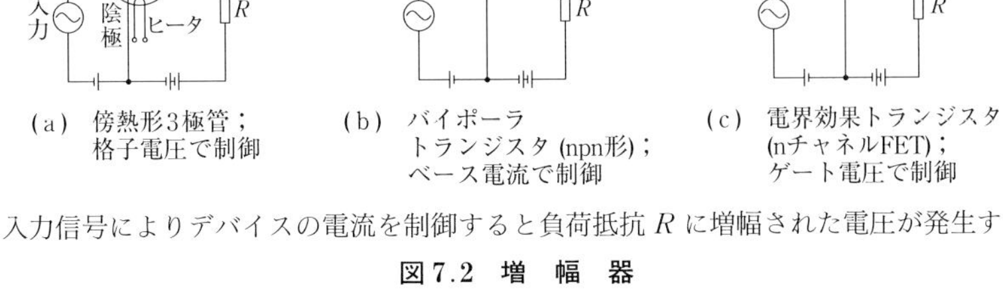

(a) 傍熱形3極管；格子電圧で制御
(b) バイポーラトランジスタ(npn形)；ベース電流で制御
(c) 電界効果トランジスタ(nチャネルFET)；ゲート電圧で制御

入力信号によりデバイスの電流を制御すると負荷抵抗 R に増幅された電圧が発生する

図7.2　増　幅　器

れその両端に交流電圧が発生する．この出力交流電圧は3極管や回路の設計に応じて格子の入力交流電圧の数倍～数十倍となり，回路は**増幅器**（amplifier）となる．また，3極管は負荷として接続したスピーカを鳴らすなど電力増幅器ともなるが，格子電流が0のため入力回路は3極管に対して仕事をしない．種々の目的に合う3極管が作られた．

3極管の発明により電子工学は増幅作用を手に入れた．3極管は直ちに電話中継に利用されたが，その成果は遠距離通信で減衰した信号の補償にとどまらない．増幅回路と帰還回路を組み合わせて**発振器**が作られ（マイスナー，A. Meissner，1913年），これで得た非減衰正弦波を搬送波として音声や画像の信号で変調して送信し，受信者は信号を検波して元の情報を得るという通信の基本技術が作られた．それ以前の電信には火花放電に伴って発生する電波が使われたが，これは不規則な振動のため記号通信にしか使えなかったのである．

3極管の性能は当初不安定で短寿命であったが，新しい真空ポンプの開発により改善され，また酸化バリウムを塗った金属をヒータで赤熱する構造の陰極を採用して性能が向上した．これらの改善と発振・変調などの回路開発は3極管の発明から数年の間に行われ，それを利用して米国で初めてのラジオ放送局が1920年に誕生，2年後には500局を超え，以後ラジオは全世界に爆発的に普及した．日本では1925年にNHKの放送が開始された．

筆者がブラウン管や撮像管の研究開発に携わった経験では，電子管の技術問題の多くは電磁気学や電子物性，電子回路学など現在としては基礎的な知識で解決できた．しかし，上記の3極管関係の研究者には当時既知の科学技術や自然現象は全く参考にならず，昔日の研究者の独創や努力，成果が社会に与えた衝撃は想像に余ると思われる．

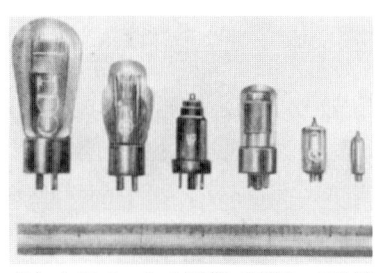

左から見て，ナス形管（1925），ST管（1932），金属管（1935），GT管（1937），MT管（1939），サブMT管．（数字）は製造初年（前田一郎：ラジオの原理と作り方，コロナ社（1959）より転載）

図7.3 真空管の形状変化

〔4〕 **真空管の発展**　3極管の実用後，更に格子を追加して高周波まで高利得で使えるよう改善した4極管や5極管，ヘテロダイン受信用の周波数変換機能を持つ7極管など**多極管**が開発された．受信機などに使う小形電子管は普通，**真空管**（vacuum tube）と呼ばれ，図7.3に見るようにしだいに小形化された．ラジオ受信機1台に3～6本使われるため真空管工業が発展し，また放送局や通信用として大出力の大形電子管が作られた．

更に，1950～1960年には多くの国で白黒テレビ放送が開始され（日本では1953年），数年後にはカラー放送が実施された（1960年）．テレビ受像機1台には20本以上の機能の異なる真空管が必要で，この頃世界一となった日本の真空管産業はその需要に応じた．一方，トランジスタの追い上げを意識しながら次のような技術開発，改善が行われた．

① 真空管2～3本の内容を1個のガラス管に封じ込んだ複合管の製造．受信機小形化が目的
② 真空管の寿命3 000時間から20 000時間に改善．工場の品質管理の成果
③ 携帯ラジオ・携帯機器用真空管の開発．消費電力を極力抑えた設計

こうしてデバイスが半導体に置き換わる1970年頃まで真空管産業は多忙であった．

7.1.2 半導体デバイスへの交替

1947年，ショックレー（W. B. Shockley）により**接合トランジスタ**（junction transistor）が誕生した．当時の家庭の電子通信機器としては電話は少なく，真空管式ラジオが普及していた．テレビは実施待ちの時期で，実績のある電子管を使ってシステムが作られた．これより先，1946年には18 000本の真空管を使ったコンピュータENIACが米国で誕生（J. W.モークリ，ほか）し，数年後には第1世代機（真空管使用コンピュータの通称）が販売され，使用された．因みにENIACの性能はパソコン初期の8ビット機にほぼ対応するが，重量30 t，消費電力は140 kWに達した．真空管寿命の短い当時のことで真空管がしばしばダウンし，それを見つけ出しては差し替え修理する合間に，目的の計算を実行したという伝説も伝えられる．

トランジスタなど**半導体**（semiconductor）製品は，後述のように性能が優れているため工業化が進み，これを用いて1955年には携帯ラジオ，58年にはコンピュータ（第2世代），59年にはテレビ受像機が誕生した．いずれもベース電流の数十倍のコレクタ電流が流れるという電流制御形の**バイポーラトランジスタ**（bipolar transistor）が使われた．更に1960年に開発された**電界効果トランジスタ**（field effect transistor，FET）は電圧制御形で，真空管と同様，入力回路に電流が流れない．基本回路を図7.2（b），（c）に示す．

この時代にトランジスタや抵抗など素子と配線を含めた回路全体を1個の半導体素子に作り込む**集積回路**（integrated circuit，IC）が発明された（キルビー，J. Kilby，1958年）．ICは回路が極めて小さくできるうえ，従来の個別素子をはんだ付けして回路を組む際の手数と，はんだ付け不良がなくなるため，コンピュータ初めシステムの大規模化の基礎を支える重要なデバイスとなった．通常の真空管，トランジスタ，ICを構成する1個の素子の性質を比較すると，**表7.1**に示すように，半導体は圧倒的に優れている．特にディジタルICは構成素子数が極めて多いため個々の素子の消費電力を極端に小さくする必要があり，MOS形FETを**CMOS**（complementary metal-oxide-semiconductor）という回路構成としたものが好んで使われている．

表7.1 真空管と半導体デバイスとの比較

項　目	真空管	トランジスタ	ICの1素子
大きさ	手指大	数 mm 角	数 μm 角
電源電圧	300 V	数 V	数 V
寿　命	10 000 時間	無限大	無限大
消費電力	数 W	数十 mW	0 に近い
立上り時間[注]	10 s	0 に近い	0 に近い
ディジタル化へ対応	×	△	○
耐震性	×	○	○

真空管，トランジスタは，テレビ用個別素子を想定している．
注）立上り時間は，電源を入れてから動作開始までの時間である．

こうしてラジオ，レコード再生・録音などの音響機器，テレビ受像機，その他，放送局内機器，通信機器，計測器などが真空管を使用したアナログ機器として出発したが，半導体の成熟（特に周波数特性，耐圧，コストなどの改善）を待ってこれを使用し，更にIC，情報技術の進展に伴って多くの機器がICを多用しディジタル化されて現在に至っている．国内では1970年に，外国では数年遅れて新製品はすべて半導体に移行し，真空管工場は閉鎖された．

7.1.3　特殊なデバイス

前項の経過で増幅などを扱う真空管が終了したのちも，特殊な機能を持つデバイスには電子管の方が有利で半導体への置き換えが遅れたもの，半導体に置き換えられないものもある．以下これについて考える．

〔1〕**大電力増幅デバイス**[4]　図7.2から推測できるように増幅器では負荷への供給電力と同程度の電力がデバイス中で費やされて熱となる．このため大電力増幅器には**電力管**（power tube）と呼ぶ特殊な構造の3極管や4極管などが使われる．電力管は真空の容器を銅管でつくって内部に陰極，格子を設け，陽極兼用の銅管を水冷して温度上昇を防ぐ．放送機など特に大電力の用途に使われる．

1 000 MHzを超す高周波を3極管で増幅を試みても，格子で制御された電子が陽極に到達する以前に位相が変わるため増幅できない．この用途に数種の**マイクロ波管**が1930年頃から開発され利用されている．真空中の電子の走行速度と電磁波の位相進行の速度を近づけ，電子集団の走行と電磁波の位相進行や共振器の動作を巧みに組み合わせて高周波エネルギーを増幅するもので，衛星放送や電子レンジ，レーダなどに欠かせない．

〔2〕**光センサデバイス**　光電子放出は光を照射された物質が電子を放出する現象で，これに関する20世紀初頭の研究が量子論の出発点となった（アインシュタイン，A. Einstein，1905年）．**光電管**はこの現象を応用した2極管で，光電物質と称する材料でできた陰極に光を当てたとき流れる陽極電流の値を計測し，その値から陰極の照度を知るものである．1910年頃実用化され，映画フィルムのサウンドトラックから音響信号を再生する光計測装置，理化学機器などに多数用いられたが，1960年代に半導体の**フォトダイオード**に交替した．

光電子増倍管（photomultiplier）は光電管の陰極-陽極間に電子数を10^6倍程度増倍する機構を内蔵したもので，超低照度の測光に欠かせない．2002年にノーベル物理学賞を受けた小柴昌俊の宇宙線計測にも使われた．

〔3〕**画像表示デバイス**[3]　ブラウン管（cathode-ray tube，CRT）は20世紀後半の映像・情報化社会を支えた電子デバイスであり，基本の発明は1897年にさかのぼる（ブラウン，K. F. Braun）．ブラウン管後部の電子銃で細い電子ビームを作ると，ビームが蛍光面に衝突し輝点を作る．管外に装着したコイルで電子ビームに垂直な磁界を作り，輝点が平行線を描いて四角い画面を作るようビームを偏向し（走査という），電子銃の格子電極により映像信号に従って電子流を制御すると画像が表示される．ブラウン管は長期間使われたが，大画面装置の製作困難，奥行き，重量，画像ひずみなどに欠点があり，1990年前後からしだいに液晶やプラズマ表示装置など行列形の平板表示装置に交替した．

プラズマ表示装置（plasma display panel，PDP）は原理的にネオンサインの豆ランプ数百万個の行列であり，行・列の導線を切り替えて交点の豆ランプを順次異なる輝度で光らせて画像を作る．**液晶表示装置**（liquid crystal display，LCD）は電圧により光透過率の変わる液晶物質層を行・列の導線群にはさんだもので，導線を切り替えて交点部分の液晶に順次異なる透過率を与え画像を作る．

ほかに電圧波形計測用のブラウン管も使われた．電子ビームをはさんで1組の偏向板を置き，その間に電圧をかけると電子ビームが偏向する．偏向板を水平・垂直の2組設け，ブラウン管頭部の蛍光体に電圧の時間的変化を波形として表示するようにした装置はオシログラフと呼ばれ，広く使われた．単発現象は表示波形がすぐ消える欠点があり，90年代からデータメモリに変化情報を記

憶したのち液晶画面に波形として表示する方法に変わった．

〔4〕 **撮像デバイス**[3]　小さいブラウン管の蛍光面の代わりに透明電極と光導電面（入射光が増えると電気伝導度が増える物質）の積層薄膜を設けた電子管を作り，この面にレンズで光学像を作ると考えよう．薄膜を電子ビームで走査すると画面の明るさ分布に応じた電流が流れて映像信号が得られる．この原理のテレビカメラ用電子管（**撮像管**という）は 1950 年に商品化され，改良を重ねてカラー撮像も可能となり，1960 年代から 1980 年代まで放送，家庭その他に広く使われた．真空管時代の構造複雑な撮像管のカメラは 20～50 kg と重く，放送に限り使用された．

1980 年代後半から固体撮像素子が多く使われている．数 mm 角の Si 板表面にフォトダイオード数十万個の行列を作り込んだ IC がそれで，読出し方式に行・列の配線を切替えて交点のフォトダイオード出力を順次出力する MOS 形と，フォトダイオード出力をレジスタで順送りして出力する CCD（charge coupled device）がある．テレビカメラは毎秒 30 枚で長時間動作し，ディジタルカメラは読出しが 1 回のみと相違があるがデバイスの原理構造は変わらない．

7.1.4　デバイス技術の流れ

以上，20 世紀に多くの電子デバイスが電子管から出発し，半導体に移行する様子を見てきた．電子管は未熟な技術レベルのもとでも一定の機能を果たしたが，小形化はもちろん高度な機能を果たすことは難しい．これらに関する電子管の状況や特徴には

① 電子管が初の機能を達成した際は高性能や利便性などを求めない時代背景
② 電子管は構成各部の機能が分離され相互に干渉せず，個々の設計や材料選定が容易
③ 電子管の基礎技術は比較的安定（半導体では不純物や界面など扱い難い要素が多い）
④ 電子管は電子のコレクタが金属であり，温度上昇に耐え，冷却も可能
⑤ 真空管の電子は加速して電磁波の速度に近づけることが可能
⑥ 電子走行中に地磁気，他の器材の発する電磁界の影響を受けやすい
⑦ 電子管の寿命は短い（陰極の寿命が問題．改善され機器の陳腐化による寿命に近づいた）

などが考えられる．

デバイスは基礎科学と密接に関係する一方システムの一部であり，システムは社会のニーズに従い，全体として総合的な科学技術として発展する．20 世紀のこれらシステムの動向を見ると，システムの機能は情報の通信から保存や処理へ，取り扱う情報は音声から画像や立体へ，通信や保存は高品質へ，単独機能から総合へ，単体機器から総合システムへなどの動きがある．したがって機器の内部はアナログからディジタルへ大規模化へと進んだ．デバイスは一層大規模な IC が中心となり，電子管は上記の特徴 ④，⑤ を生かした少数の用途に限られよう．

問題　ブラウン管は技術レベルの低い 1940 年からテレビに実用されている．平板表示装置は 1970 年頃から研究が行われたにもかかわらず実用は 20 年以上遅れた．文献 3），4）などを調べ，この場合の 7.1.4 項に記した特徴や背景について考え，技術者として参考になる点を述べよ．

7.2 トランジスタの誕生

科学技術の分野で20世紀に起こった壮大なドラマの一つは，トランジスタの発明だったということができる．トランジスタとその続きとして生まれた集積回路（IC）とは世界の人々の生活をすみずみまで変えた．人間が「賢い機械」と親しくつき合う技術文化がつくられたのである．そのトランジスタはどのようにして生まれたのか？

7.2.1 歴史的な状況

トランジスタが生まれるまで，約10年にわたって米国の研究所で壮大な人間ドラマが展開した．そのドラマをたどる前に，その頃の歴史的な背景を見ておこう．

1915年1月25日，米国での初めての電話の実用化セレモニーが行われた．ニューヨークの会場にいるベル（A. G. Bell）が，開設されたラインを通して西海岸サンフランシスコ会場のワットソン（T. Watson）に『聞こえますか？　こっちにいらっしゃいよ』というと，ワットソンが『5日かかるよ！』と答えたという話が残っている．1926年には，量子力学が初めて電子の波動性を問題にするド・ブロイ（de Broglie）の理論が出て，実験による裏付けが報告された．原子の構造などは見事に解き明かされたが，結晶の中の電子の振舞いを扱うことはなお難しく，ウイルソン（Wilson）のモデルが出てある程度の成功を見せたのは1930年になってからのことだった．米国社会はその1930年前後からひどい経済不況の中にいた．企業の研究所では新人を採用することが止められていた．これらの話は後の話の伏線になる．

1940年代に入って，米国では国防に関する研究が急速に立ち上がる．潜水艦を攻撃するための近接信管などの研究に多くの人材が投入され，続いて電波による飛行機の検知，いわゆる電波兵器に関する国防研究のための国家プロジェクト（NDRC）が1940年からスタートしている．これから述べるトランジスタ誕生への道で，この国家プロジェクトにかかわる人々とその研究がさまざまにからんでくる．その詳細はここでは触れないが，一つのことだけ，後の話との関連で説明しておく．

1930年代から子供の遊びの一つに手作りのラジオがあった．鉱石検波器を使って放送を聞く．その頃は，磁鉄鉱とか，方鉛鉱というような天然の鉱石に金属針を押し当てた鉱石検波器を使った．その電圧-電流特性は図7.4のように曲がっている．この曲がりが検波や整流という機能を生む．

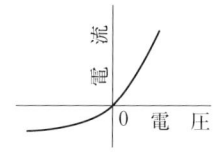

半導体結晶に金属針の電極を置くと，図のように電流の流れやすい方向と流れにくい方向が現れ，折れ曲がった特性が現れる．

図7.4　鉱石検波器の電圧-電流特性

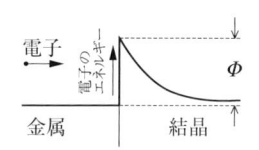

図7.5　金属と鉱石（半導体）の間に，電子の流れをせき止めるバリアがある．図7.4の特性を理解するために，このようなモデルが使われた．

ところで，図 7.4 の特性はなぜ生じるのか？ イギリスやドイツの物理学者がその理論を組み立てたのが，1930 年代だった．その基本的な考え方は，図 7.5 に示すように，金属と鉱石（半導体）の間にバリア（barrier）ができていて，これが電子の流れを邪魔するのだと考える．このバリアは，電子に対するポテンシャルの壁を意味するのだが，そもそもこのバリアの高さ ϕ の値は何で決まるのか？ 1940 年代には，これは，半導体と金属，それぞれの仕事関数（work function）の差であると多くの学者は思っていたのだ．やがて，これがどうも本当ではないらしいという謎が生まれた．この謎も以下の話の一つの伏線なので覚えておいていただきたい．

7.2.2 ベル電話研究所，電子管研究部長ケリー

さて，米国の東海岸，ニュージャージー州にマレーヒルというところがある．ここに，米国の電話事業にかかわる大きな研究所「ベル電話研究所」があった．1935 年，この研究所の電子管研究部長ケリー（M. Kelly）は

『この研究所が，米国の将来のためにするべき研究は何か？』

という大きな課題について真剣に考えていた．間もなく，それは

『米国の国土を覆う，非常に機能の高い電話ネットワークの構築だ．』

という答を出した．当時，米国の電話網はまだ非常に低いレベルにあった．先に述べた開設以来 20 年経っていたが遠距離の通話はつながりにくく，雑音も多かった．そこに大きな飛躍が必要だというのである．

彼は更に続けてこういう結論に達した．

『それは，真空管ではできない．何か全く新しい増幅器を発明することが必要だ！』

ケリーは非常に気性の激しい人で，目標を立てると部下を指揮して突進する．議論に熱中すると部長室の外の廊下のはずれまでその声が響いたという．

ここで，歴史の中でケリーの寄与が特筆される一つの理由を上げておく．彼は電子管（真空管）研究開発を担当する部長だった．普通なら，部長は自分が担当する部の予算や人を増やすことに固執する．ケリーは，将来のことを考えたら真空管を『踏みつぶし』て増幅器に革命を起こすことが必要だと考え，実行したのである．革新を追及するこの姿勢がなかったら以下に述べるような歴史の展開はなかったであろう．

7.2.3 ショックレーの登場

ケリーは思い立ったらぐずぐずするのが大きらいな人であった．新しい増幅器を発明する仕事を任せるべき人材を求めてボストンに近いマサチューセッツ工科大学（MIT）に自ら出かけて行く．1935 年のことである．MIT には，理論物理のスレーター（J. Slater）教授がおり，そこで博士論文の仕事で「ナトリウムの中の電子のエネルギー状態」を計算していたのがショックレー（W. Shockley）だった．ケリーはショックレーを口説いた．このとき，ショックレーはかなりいろいろな条件を持ち出したのだが，ケリーは実に丁寧にこれに応じた．年俸の額の上積みを求めたときも，すぐニューヨークのベル電話研究所本部に電話を入れて，即座にこの要求をのんでいる．ケリーはショックレーの並外れた能力にほれ込み，ショックレーもまたケリーが求める「新しい増幅器」の夢の魅力にしびれたのである．

翌年の 1936 年に，MIT の博士号取得を果たしたショックレーはベル研究所に入る．そして，ケ

リーの与えた課題にこたえる研究に入ることになった．先に述べた米国の大不況はまさに1936年に解消しつつあって，人の採用にOKが出たところであった．ケリーはこのチャンスを逃さなかった．

あとにショックレーは当時の思い出を話すとき，必ずこういった．

『ケリーの言葉が，私の人生を決めた．』

ケリーはショックレーに対して，研究の細かい内容に口出しをすることはなかったが，一つだけ繰り返した忠告がある．

『真空管は忘れろ！』

ここで注釈を入れる．そもそも，ケリーが将来の課題にこたえる仕事になぜ「真空管ではだめだ」と結論づけたのかということだ．真空管には，フィラメントが入っている．このフィラメントに電流を流して熱し，そこから電子を飛び出させる．この電流が実はかなり大きなエネルギーを食う．つまり，準備のために費やすエネルギーが大きい．言い換えれば真空管は効率の低いデバイスなのだ．そして，もう一つ，フィラメントはやがては燃えつきる．せいぜい数1000時間で切れる．これが真空管の寿命．つまり真空管は人間と同じで死ぬ宿命をもつ．この二つの要因から，真空管に将来の壮大な技術を支える展望はない，とケリーは結論づけたのである．

ケリーは，ショックレーがこの発明のためにかなり苦労することを予見していた．苦労しているうちにあせりが出て，なんとか早く仕事を進めようと，真空管の構造に戻って考え，近道を進もうとしたら革新的な物は決して生まれない．そこで，ケリーはショックレーを励ますと同時にその退路を断とうとしたのである．

大局的な見地から，真空の中の電子ではなく，結晶の中の電子を相手にするように指導したのもケリーであり，後年，ケリーが「トランジスタの spiritual father」と呼ばれる理由もここにある．

7.2.4　失敗の連続

ショックレーは非凡な洞察力の持ち主であった．そのことは彼の業績を見れば誰でも納得する．かみそりの刃のような鋭さと，戦車のようなエネルギーで徹底的に相手を論破するところが敵を作るようなこともあったが，彼はまさに鬼才である．そのショックレーが，使命感に燃えて半導体結晶の中の電子を駆り立てる工夫を続けたのである．

ところが，次々に試みる実験はことごとく彼の期待に反して失敗に終わるのである．10年に及ぶ失敗の連続であった．ここにも注釈が要る．この実験の失敗は，彼の実験計画のまずさや，実験技術の未熟さからくるものではなかった．

実際，このことの証明がある．ベル電話研究所には，ノートブックシステムが採用されていたから，毎日の研究について何事も記録され，マネージャーがそれを読んでサインすることも実行されていた．こんにち残っているノートを見ると，当時ショックレーが計画した実験について，マネージャーや友達が

『このアイデアは有望だ．何かの測定結果が期待される．』
と書き込んで署名したページがいくつも残っている．

1946年に試みた実験の例を図7.6に示す．石英板の上にゲルマニウムの薄い膜を作る．これに二つの電極をつけておく．石英板の裏側に金の膜（金箔）を付ける．これで金の膜とゲルマニウムの膜とを向かい合わせ，コンデンサを形成している．いま，ゲルマニウム膜に電池をつないで電流を流しておく．その上で，金の膜に例えば1000 Vの電圧をかけたとしよう．コンデンサなのだか

ら，ゲルマニウムの膜にある量の「電荷」が誘導される．この電荷がゲルマニウムの中を流れるから，電流はそれだけ増えるはずである．

ショックレーはこの方法で，増幅器ができると考えたのである．実験してみると，誘導されるはずの電流変化はゼロだった．測定にかからずデータがまとまらない！．

ショックレーは，実験の計画を立てると，実験に入る前に研究グループの仲間に「賭」をさせるようになった．良い意味で研究の経緯の記憶を保つための遊びだった．賭金は 1 ドル．あまり失敗が続くので，仲間のブラッテン（W. H. Brattain）が，賭はもう止めようと提案したこともあった．ショックレーはいつも 1 ドル札を寄進する結果となった．

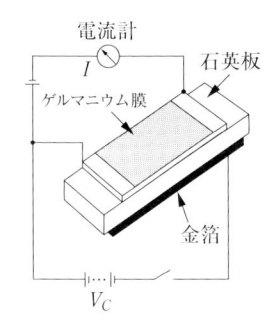

この構造で増幅器ができると期待したが失敗だった．しかし，この実験が一つの転機を生んだ．

図 7.6 ショックレーの実験の例

7.2.5　失敗の議論——バーディンの登場

1947 年のある日，ショックレーは彼のひきいるグループの仲間の 10 人ほどを呼び集めた．
『今日は実験の細かい内容から離れて議論する．一体，これほど良く考えて計画した実験がなぜこうまで続けて失敗するのか？　なぜ期待した効果が認められないのか？　忌憚のない討論をしてみたい．』

これはある日の午前中の会議だった．その席に静かな一人の男が座っていた．バーディン（J. Bardeen，バーディーンともいう）であった．バーディンはもともと理論物理が専門で，この人をベル電話研究所に引き込んだのは他ならぬショックレーだった．ショックレーはバーディンの優れた資質を知っていたので，推薦して 1945 年に引き込んだのである．

当時のベル電話研究所は不況のために建物の増築が遅れ，所員の人数に対して部屋数が少なくて，バーディンは個室をもらえず，部屋をカーテンで仕切って同居をさせられた．その同居者が，ショックレーのグループのブラッテンとピアソン（G. Pearson）だった．そんなことから彼らの仕事に引き込まれ協力することになった．もしこの偶然がなかったらこのドラマはなかったろう．

バーディンは元来口数の極めて少ない人である．滅多に自分から話を持ち出さないし，その声がまた小さい．後年，イリノイ大学で彼につけられたあだ名は「ささやきの John：（whispering John）」だった．その彼がこの会合で手を上げた．極めて控えめにショックレーに向かってこういった．

『君は増幅器を作ることをあせりすぎていないだろうか？　結晶の表面で電子がどんな振舞いをするか，いまの物理学（量子力学）ではよくわからない．ウイルソンのモデルが 1930 年に出てからも，表面の現象はまだ取り扱えない．ひとたび結晶表面の物理学に戻ってはどうだろう？』
ショックレーはこの提案をあとに『わが人生最大最高の助言』といった．
バーディンはここで，自ら極めて大胆な結晶表面物理学の仮説を提案する．それは，
『結晶の表面には，電子の入れ物ともいうべきエネルギー状態が存在する．』
というモデルで，これを表面準位（surface states）と呼んだ．

この仮説を置くと，図 7.6 のショックレーの実験の失敗は実は当然のこととなる．なぜなら，コンデンサとして誘導された電荷（つまり電子）は，表面にある表面準位の中に落ち込んで固定されてしまうから，電流にはならない．電流の変化は認められなくても不思議ではないのだ．更に，図

7.5 に示したバリアの高さに関する議論で当時不思議とされていたパズルも極めてすんなりと解けてしまうのである．つまり，結晶の表面には，表面準位に落ち込んだ電子によってポテンシャルの山（バリア）がいつでもできている．接触する物との仕事関数の差などということを考える必要はない，ということである．

表面準位の仮説は重要なインパクトを与えた．

7.2.6　検証の実験——そして増幅の発見！

バーディンの仮説は，半導体表面の物理学に大きな一石を投じた．しかし，それだけでは不十分で，仮説は検証されなければならない．他の現象に足を出させて真偽を確かめる必要がある．この役目を担ったのがブラッテンだった．ブラッテンはバーディンと非常に仲が良く，また理論については彼から謙虚に学ぶ気持ちを常に持っていた．彼はまた根っからの実験屋で，実験装置をアシスタントに任せるのが大きらい．装置も試料も，何でも自分でいじらなければ気がすまない人．この彼の性格がまた歴史の中の重要な鍵となる．

ブラッテンの実験は**図 7.7** のようなものであった．まず，結晶の表面に薄い酸化膜を作り，その上に金属の膜をつけてから，小さい穴を開ける．この穴を通して細い針電極を結晶表面に立てる．針を通して電流を流しておく．酸化膜の上の金属膜に高い電圧をかけ，それによって電流が変化する様子を調べるのである．金属膜にかけた電圧による電場が，結晶表面の表面準位の中に落ち込んでいる電子の数を変え，そのために生ずる電流の変化を観測しようというわけである．

ブラッテンはゲルマニウム結晶の表面に酸化膜を作る仕事について，科学者ギブニー（Gibny）の助けをかりた．

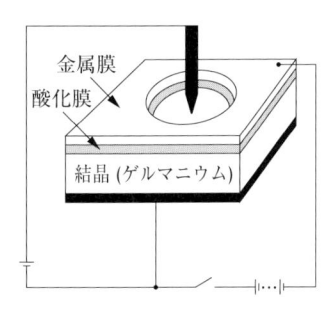

図 7.7 ブラッテンが，バーディンの仮説を検証するために工夫した実験

注意深い実験をしていると，電流の変化が測定にかかり，データがまとまった．ブラッテンはそれをバーディンに見せて，理論解析の準備に入ろうとした．そのとき

『ウオーリー，これは向きが違うぞ！』

バーディンは，彼の理論からすれば減ると期待されるのとは反対に，電流が増加している．これは『何か別の現象を見ているのではないか？』という．

ブラッテンは実験室に戻って試料を調べた．注意深く見直してみると，ゲルマニウム結晶表面の酸化膜がない！　ギブニーを呼んで調べてもらうと，突然彼は笑い出した．

『結晶の表面を洗ったな？　この酸化膜は水に溶けるんだ！．』

こうして実は結晶の表面には二つの金属が直接乗った試料で実験をしていたことが判明する．その構造は本質的には**図 7.8** のようになっていたのだ．結晶表面に金属針を 2 本，接近させて押しつけた構造になっていた．

驚いたことに，この実験は，何と「増幅現象」を明らかに示していたのである．

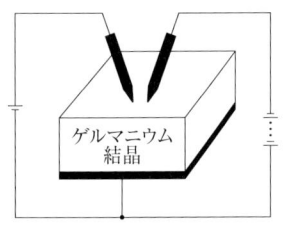

ブラッテンの実験の失敗は，結果として本質的にこういう構造を作り出していた．

図 7.8 点接触トランジスタの構造

これが 1947 年 12 月 17 日．そして，12 月 23 日には，研究所のおもなスタッフが集まって，図 7.8 の構造で増幅が認められることの確認実験が行われた．増幅だけでなく，発振現象による傍証固めも行われた．これは珍しい大雪の日だった．

こうして，世界最初の結晶増幅器であるトランジスタが誕生したのである．生まれたときのトランジスタはその形態から「点接触トランジスタ」と呼ばれる．

ベル電話研究所は特許処理のためにその後 6 か月をかけ，翌年 1948 年 6 月 23 日に軍関係者に発表，その翌週の 6 月 30 日に一般に公式発表をした．

7.2.7　トランジスタの発展

生まれたばかりのトランジスタは，まだ海の物とも山の物とも分からなかった．そのままでは，生産工程に不向きだし，周波数特性も悪く，安定性にも欠けていた．この赤ん坊は何者だろう？それが興味の中心だった．

ショックレーは現象発見の直後から一人で考えを進め，夜も寝ないで概念を整理し，翌 1948 年 1 月末までに，こんにち使われている「接合トランジスタ」の理論をほぼ完成した．驚くべき洞察力だが，彼自身は「当時の知識を総合すれば分かること，動機づけが強ければ高校生だってできたろう」と後日談である．その辺の話はこの項を越える．

真空の中の電子から，結晶の中の電子へと視点を変え，20 世紀の生活の中の技術に革新をもたらしたトランジスタの誕生までには，このようなドラマが展開したのである．

問題　かつて筆者がショックレーに

『トランジスタの発明は偶然（アクシデント）だったという人がいる．一方，別の人は，あれこそは巧妙な研究の企画管理（マネジメント）の成果の典型だと答える人もいる．あなた自身はどう思っているか？』

と尋ねたときに，彼はほほえみながらこういった．

『巧妙なマネジメントの元に進められた研究の中での偶然だった．』

7.2 節を読んで，このショックレーの答えの真意をどのように理解するか？

7.3　HEMTの開発

7.3.1　はじめに

「その"構造"には興味があるが，何か有用な半導体デバイスができるのかどうか私にはわからない」．三村高志の「唐突な提案」に対し，IBM ワトソン研究所のブラスロウ（N. Braslau）はこう返答して肩をすくめた．米国コロラド大学で開催された第 37 回デバイスリサーチコンファレンス（DRC）のレセプションの会場でかわした立ち話を，三村ははっきりと記憶している．その"構造"というのは，1978 年に AT&T ベル研究所のディングル（R. Dingle）らが論文のなかで報告していた変調ドープ超格子といわれるユニークな超格子構造のことだった[1]．高純度の GaAs と n 形 AlGaAs という異なる半導体薄膜が交互に何層にも積み重ねられた構造をしていた．これをト

ランジスタのような実用的な機能をもつデバイスに適用できないかというのが三村の提案であった．実はこのときの立ち話が，HEMTという具体的なデバイスに結実するきっかけになったと三村は述懐する．HEMT発表の約1年前，1979年6月25日のことであった．

7.3.2 高速トランジスタの夢

　1950年4月20日，20世紀を代表する発明である接合トランジスタがベル研究所で初めて動作した．ところが，その動作スピードの遅さにベル研究所は打ちのめされる．発明者のショックレー (W. Shockley) の回想である[2]．トランジスタ高速化への飽くなき挑戦はこのときに始まった．数多くの新しいデバイスが生まれては消えていく．デバイス開発の冷徹な歴史であった．入社以来，三村はこのようなデバイス開発を担う職場にいた．

　「打つ手がない」．三村は途方にくれていた．彼が営々と取り組んできたGaAsを用いたMOSFETを実現する研究．この研究のねらいは，Si MOSFETより高速で動作する集積回路素子の開発である．GaAsとゲート酸化膜との近傍に存在する高密度の界面準位を除去し，電流チャネルとなる電子の蓄積層を実現させることが研究のポイントであった．しかし，いくら試みても蓄積層が実現する気配はない．気がつけば，GaAs MOSFETの研究を始めてすでに2年が経過していた．三村は目標を変えた．界面準位密度が比較的低いエネルギーギャップセンター近傍でフェルミレベルを変化させて動作するバルクチャネル形MOSFETでスイッチング性能を評価することにした．ねらっていた集積回路に不可欠な蓄積（反転）チャネル形MOSFETが絶望的となってしまった以上，研究に幕を引く前に開発の到達地点を示しておくべきだという考えからだった．幕を引く舞台として先の第37回DRCを選んだ．

　DRCで発表する論文を書いていたとき，例の変調ドープ超格子の論文と出遭った．変調ドープ超格子では，AlGaAs層にドープされたドナーから供給された電子は，隣接する高純度GaAs層に移動しドナーと空間的に分離する．この分離のためドナーによる散乱が減少し，電子の移動度が高くなる．このことを実験的に検証したのが，この論文のオリジナリティである．実は三村がショックを受けたのはこのことではない．ディングルたちが触れていなかったある実験事実にショックを受けたのだ．ポテンシャル井戸である高純度GaAs層に電子が蓄積するという現象である．GaAs MOSFETでは最後まで実現できなかった電子の蓄積をまぎれもなくそこに発見したからである．しかし，三村にとって変調ドープ超格子はなじみのない構造であり，その時点ではどんなアイデアやインスピレーションも生まれるはずもなかった．だがそのときのショックは，潜在意識として心に深く刻まれる．数か月後に開かれたDRCでGaAs MOSを発表した直後，その潜在意識がブラスロウに対する冒頭の唐突な提案となってまさによみがえったのだ．

7.3.3 単純さを指導原理に

　このとき以後の2〜3週間，何か創造的なデバイスアイデアを得ようと，三村は超格子構造に思考を集中する．そして一つの単純な結論に達した．トランジスタという実用的なデバイスを考えるときには，超格子構造のようにGaAsとAlGaAsとを何層にも繰り返す構造は不要であるばかりか，素子製作技術の制御性などの観点からはむしろ不利益となるというものであった．つまり，できるだけ単純な構造こそが最良であるという，思考上の一種の指導原理である．これに従うと，最も単純な構造はGaAs層とn型AlGaAs層の1組から作られる1層の電子蓄積層を電流チャネル

とする構造であることは明らかである．

このような思考過程を経てたどり着いたHEMTの動作原理を説明するエネルギーバンドダイアグラムを図7.9に示す．

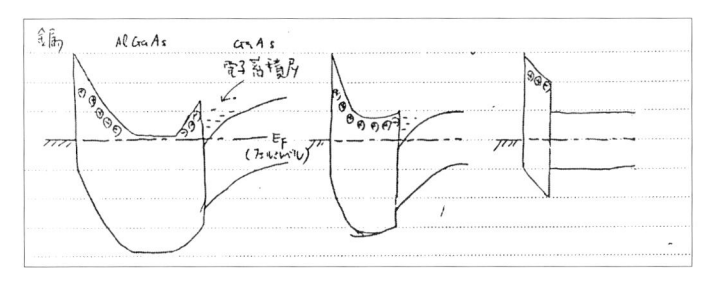

図7.9 HEMTの動作原理を説明するエネルギーバンドダイアグラム
（1979年8月16日，富士通の特許部に受理された三村の特許原稿の複写）

この図は，三村が1979年8月16日に社内の特許部に提出した特許原稿の一部である[3]．図の一番左の図は，n形AlGaAs層が厚すぎてHEMTが正常に動作しないケースに対応するエネルギーバンドダイアグラムを示す．ショットキーゲート電極から伸びる表面空乏層と，ヘテロ接合界面から伸びる界面空乏層とにはさまれて電荷中性領域が残存している．ゲート電極からの電界は，この電荷中性領域に遮へいされ，電流チャネルの電子蓄積層にとどかない．つまり，高速トランジスタとして動作できない状況を表す．真中のスケッチは，n形AlGaAs層が薄くなり，表面空乏層と界面空乏層がオーバーラップし，電荷中性領域が消滅し，ゲート電極からの電界が電子蓄積層にまで到達できる状況を表す．負のゲート電圧によりドレーン電流が減少するいわゆるディプレッションモードで動作するHEMT（D-HEMT）のエネルギーバンドダイアグラムに対応する．n形AlGaAs層が更に薄くなった場合に対応するのが一番右の図である．電子蓄積層が熱平衡状態で消滅する．n形AlGaAs表面でのゲート電極のフェルミレベルがGaAsの伝導帯の底のエネルギーより低く，GaAsの伝導帯の電子がゲート電極側へ移動するからである．しきい値より高い正のゲート電圧を印加すれば，電流チャネルが誘導される．これがエンハンスメントモードHEMT（E-HEMT）の動作原理である．三村らは，最初のD-HEMTを1980年5月に，またE-HEMTを同年8月に報告した[4],[5]．

7.3.4　組織の壁を越えて

1979年の7月下旬，エネルギーバンドダイアグラムによって明らかになったデバイスの製作技術の検討に入った．製作上の要は，高純度GaAsとn形AlGaAsの結晶成長技術である．当時，三村が所属していた富士通研究所にMOCVD（有機金属化学的気相成長法）でGaAsを成長している仲間がいた．GaやAsなど結晶材料をトリメチルガリウムやアルシンといったガスの形で供給して成長を行う．最初このMOCVDグループにヘテロ接合の製作が可能かどうか打診したが，彼らの返事は否定的であった．不可能ではないにしても，かなりの開発期間が必要となろうということであった．この時点で最も重要なことは，アイデアを誰よりも早く実証することであり，MOCVDを断念した．アイデアの早期実現という観点からは，ディングルらも変調ドープ超格子の製作に使ったMBE（分子線エピタキシー法）が最適であった．幸いにも，同じ富士通研究所に

MBE の研究を行っていたグループがいた．グループリーダーは冷水佐壽だった．1979 年 8 月 7 日，三村は MBE グループに HEMT のアイデアを説明しヘテロ接合の製作を依頼した．「これが我々に残された最後のチャンスかもしれない」．冷水はつぶやいた．彼は HEMT に MBE グループの命運を託したのだ．日本国内では MBE の研究は，1973 年から 1975 年にかけて数多くの企業や大学，国立の研究機関で本格的に進められた．しかし，1979 年当時にはすでに MBE の研究を中止する企業もあった．従来からの結晶成長法に比べ明確な優位性を実証することができなかったからである．研究開始より 5 年を経て冷水らの MBE グループもまさに風前の灯火であった．三村の話を聞いた冷水は，HEMT こそ MBE の優位性を実証できるデバイスであると直感した．**図 7.10** はそのときの三村のミーティングメモである．MBE 研究の現況と HEMT（hetero-isojunction を利用した新しい FET と記載されている）について説明がなされたことが記載されている．この日から所属組織を越えた小規模な研究が始まった．この研究は，正式にオーソライズされたものではなく，これに割ける研究時間も予算も極めて限られたものでしかなかった．

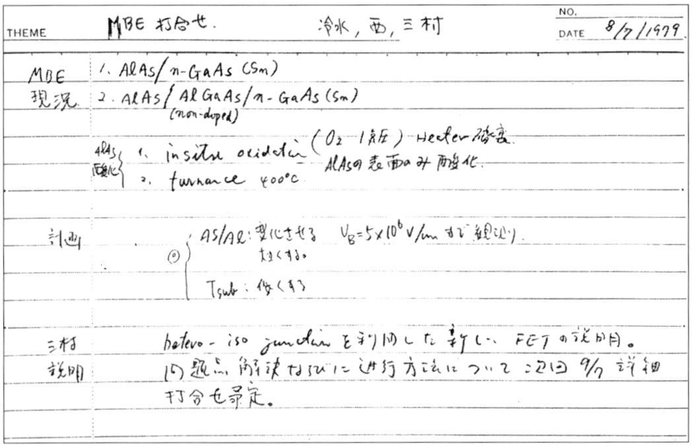
THEME　MBE 打合せ．　冷水，西，三村
NO.
DATE　8/7/1979

MBE 現況　1. AlAs/n-GaAs (5m)
2. AlAs/AlGaAs/n-GaAs (5m)
(non-doped)

AlAs 酸化　1. insitu oxidation (O2 1気圧) Heater 破壊
AlAs の表面のみ酸化
2. furnace 400°C

計画　AS/Al：変化させる　$V_B=5\times10^6$ V/cm まで組込り．
大きくする。
Tsub：低くする

三村 説明　hetero-iso junction を利用した新しい FET の説明。
問題点解決ならびに進行方法について 次回 9/7 詳細打合せ予定。

図 7.10　最初の HEMT 開発ミーティングメモ（1979 年 8 月 7 日）の複写

実は，この研究をスタートさせた直後に 1 通の手紙を受け取った．驚いたことに，例のディングルからであった．三村が研究していた GaAs MOSFET についてぜひ討論したいというのである．三村に新素子の開発に向かわせるきっかけを作った彼が，GaAs MOSFET に興味をもったのである．まさに因縁である．彼は 8 月 30 日に来社した．変調ドープ超格子や MOSFET について議論したが，新しくスタートした三村たちの HEMT の開発研究については当然秘密であった．この来訪は図らずも，彼らはまだ明確な素子概念には達しておらず，当面の研究を急げば勝てそうだという希望を与える結果となった．しかし彼が帰国した直後の 9 月上旬，彼のグループが変調ドープ超格子中の電子を制御する実験結果を発表することが，その年の GaAsIC シンポジウムのプログラムをみて分かった．明らかに何らかのデバイスを指向した研究に移行した動きである．HEMT とは異なるらしいことは推察できたものの，手ごわい競争相手を意識せざるを得ない状況になった．このようなことが契機となって，われわれの研究は一段と活性化した．

7.3.5　HEMT の誕生

11 月頃になると，MBE グループの技術はデバイス試作に適用できるレベルにまで向上しつつあ

7.3 HEMT の開発

った．このころ，HEMTの構造としてどちらを先行させて開発すべきかという問題が生じていた．三村は図7.9で示したHEMTのほかに，もう一つの可能な構造も考えていた．それは，図7.9のn形AlGaAs層と高純度GaAs層の位置関係を逆にし，ショットキーゲート電極を高純度GaAs層上に配置するものであった．現在，それは「逆HEMT」と呼ばれる．HEMTを誰かほかの人によってではなく自分たちの手で最初に完成させること．これが，この時点での三村の最大の関心事であった．二番煎じでは価値がないのだ．いずれにしろ，どちらの構造が短期間で素子動作にたどり着けるかという判断の問題である．三村は「逆HEMT」構造の開発を先行させた．三村の所属していた職場での最大の研究テーマであったGaAs MESFET（GaAsショットキーゲート電界効果トランジスタ）と構造上の特徴が類似していた．これが判断の根拠となった．GaAs MESFETは，1966年にミード（C. A. Mead）によって発明された高速デバイスである[6]．まさにそれは究極の高速デバイスであり，「これを改良する仕事しか残されていないのではないか」，というのが当時のおおかたのデバイス屋の共通認識でもあった．1979年11月13日に「逆HEMT」構造の結晶が成長した．すぐに素子を製作した．増幅特性が得られず完全に失敗であった．製作過程での何かのミスによるものかもしれないと考え，ほぼ同一構造のものに再度挑戦した．しかし，結果はやはり同じであった．失敗の原因はどうしても分からない．しかし，ここで時間をかけすぎ，HEMTの発表一番乗りという最も貴重な栄誉を逸しては元も子もない．「逆HEMT」からHEMT構造へかじを切った．12月24日，HEMTの結晶が成長し12月28日，ついに基本的な増幅特性を確認した．因みに，n形AlGaAs層上に高品質の高純度GaAs層を当時うまく作れなかったことが「逆HEMT」が失敗した原因だった．参考のため，D-HEMTとE-HEMT，逆HEMT，GaAs MESFETの断面構造を図7.11に示す．

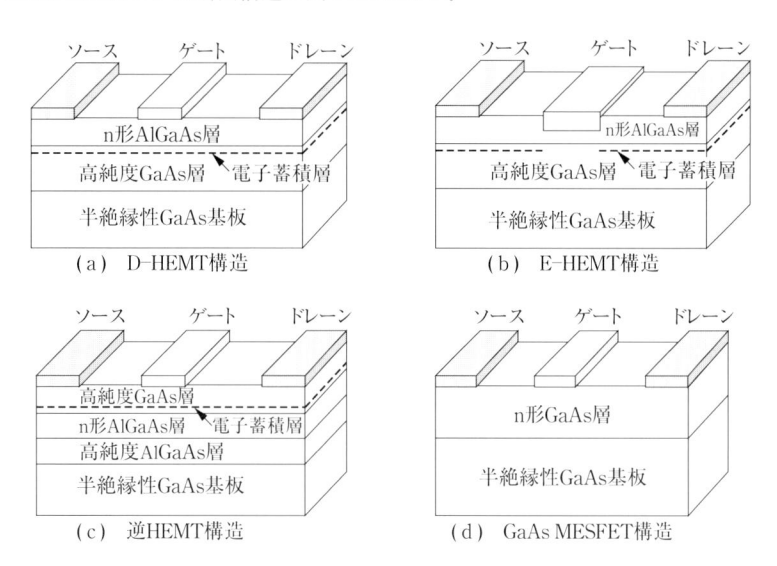

図7.11 デバイスの断面構造

ともかくHEMTの開発に成功した三村は，その成果を第38回DRCで発表したときのことである．彼が発表を終えて席へ戻ると，ふいに後ろから肩を叩かれ，ふりかえると見知らぬ男が何か書類を差し出すので見ると，驚いたことそれはまさしく「逆HEMT」の原稿であった．数か月後，この原稿は最初の「逆HEMT」の論文として掲載された[7]．いずれにせよ，三村たちは

HEMT 一番乗りの栄誉を手にしたが，それはまさにタッチの差であった．

7.3.6 実用化を確信

HEMT は誕生してすぐに高速デバイスの片鱗を見せ始める．しかし，半導体層の厚さを，従来のデバイスに比べはるかに高い精度で制御しなければ正常に動作しないことがしだいに明らかになってきた．HEMT のしきい値電圧が作るたびに変動するのだ．しきい値電圧を制御できなければ回路は設計どおりに動作しない．しきい値電圧が変動するのは，ゲート電極から電流チャネルまでの距離にばらつきがあるのが原因だった．この距離をエッチング技術でうまく制御するのが難しいのだ．HEMT が実用になるかどうか，三村自身，半信半疑だった．

誕生から約半年たった 1980 年の中ごろになって，スイッチング性能を評価するためリング発振器の試作が必要になった．リング発振器には，しきい値電圧の異なる 2 種類のトランジスタが必要である．E-HEMT と D-HEMT である．E-HEMT は，入力信号に応じてオン・オフのスイッチの働きをするトランジスタであり，D-HEMT は定電流を供給する役目をもっている．これら 2 種類の HEMT では，ゲート電極とチャネル間の距離を変える必要がある．ゲート電極とチャネル間の距離をエッチングによってコントロールするのは一種類のトランジスタでも難しく，それが 2 種類ともなればなおさらである．三村は，この難しい課題をその年入社してきた常信和清に新人研修課題として担当させた．一月もすればギブアップするだろうと半分覚悟の上だった．しかし予想に反して常信は，この難題を見事やり遂げた．世界初の HEMT 集積回路が入社間もない新人の手によって実現されたのだ．先入観にとらわれない新人がひたむきに努力した成果である．28 個の HEMT を集積化したリング発振器がはじめて動作した．スイッチングスピードは，半導体デバイスの世界記録を塗り替えた[8]．「HEMT はモノになる」．三村はこのときはじめて確信した．図 7.12 は，HEMT のスイッチングスピードを測定する三村と MBE グループの冷水である．

図 7.12 HEMT のスイッチングスピードを測定する三村（右）と冷水（1982 年頃）

7.3.7 おわりに

HEMT の開発に成功した三村は，その成果を第 38 回 DRC で発表する数日前の 1980 年 6 月 17 日，IBM ワトソン研究所にブラスロウを訪ねた．彼は，HEMT の成果をすでに知っており，研究所内の講演会を準備して三村を迎えた．三村が彼に「唐突な提案」をしたのは，357 日も前の過去の出来事になっていた．

問題 1 参考文献 2) にでてくる "creative-failure methodology" について調査し，技術者として参考になる点を述べよ．

問題 2 ワットによる蒸気機関の発明経緯を調査し（例えば，朝永振一郎著「物理学とは何だろうか」上，岩波新書，1979 年），技術者として参考になる点を述べよ．

7.4 フラッシュメモリ

7.4.1 はじめに

　フラッシュメモリの最近の発展は，筆者が東芝在職中最初に特許をまとめた1980年には想像できないほどである．

　悲劇的な事件として，2001年ハワイ沖で沈没した「えひめ丸」がある．「えひめ丸」は，半年以上も600m以上の深海に沈んでいた．引き上げられた遺品のディジタルカメラから，沈没前ハワイ島で写したカラーのきれいな写真が再現された．これこそフラッシュメモリの力である．フィルム，テープあるいは磁気ディスクでは，このようなことは不可能である．もちろん原理的にできないかといえば可能ではある．深海に沈んでも水が漏れないように完璧に密閉すればよいのである．そのときに重さは数十kg以上となり，かつ値段は数億円もかかる．軍事用にはともかく，高校生が気軽に演習航海に持っていけるようなカメラではない．

　フラッシュメモリは半導体でできており，ビット単価が安く，軽く，電源を切っても記憶を忘れない上に，低消費電力でかつ信頼性が高い，使いやすく理想的なメモリである．現在，航空機のボイスレコーダ，自動車のエンジンコントロール，携帯電話，ロボット，計算機，及び電気ポット，炊飯器，ミシン，ラジオ，テレビ，冷蔵庫など，ほとんどの電化機器に使われている．

　特に携帯電話の普及には眼をみはるほどである．いまや小学生が持つまでになっている．筆者がフラッシュメモリを発明した当時は考えもしなかったことである．

　この携帯電話の爆発的な普及の牽引車になったのが，まさにフラッシュメモリである．携帯電話に必要な機能を簡単にいってしまえば，電話をかける相手の電話番号を決められた規則によって基地局に送信することである．この規則を記憶しているメモリがフラッシュメモリなのである．もし，磁気記録であるハードディスクを使うとすると，電池を現在使われている携帯電話の1000倍以上の電力容量にし，かつ振動を与えないような機構が要求される．結果として，大きさ及び価格が，現在使われている携帯電話の100倍以上になってしまう．誰もこのような携帯電話を使わないのは明らかである．

　フラッシュメモリは，既に，図7.13に示すように半導体産業の第3回目の牽引車に十分なっているといっても過言ではない．

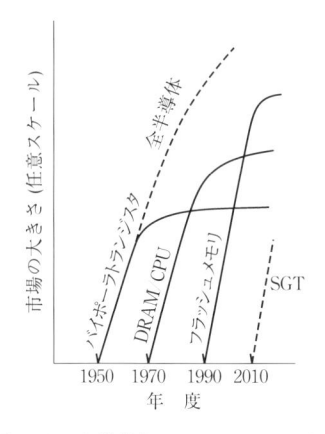

図7.13　半導体はフラッシュメモリの登場により成長を続ける

　半導体産業は，トランジスタが米国のベル研究所で1947年に発明されたことに起因する．通常の技術はその産業が起こってから30年でその成長が止まる．このいわゆる30年説から見ると半導体産業が50年を超え，連続して成長を維持していることは異常な部類に属するといわれている．

　しかし，筆者は，半導体産業のこれまでの発展は一つの半導体技術によるというより別のジャン

ルの半導体技術によるものと考えている．30年説が否定されているわけではないのである．

半導体産業の発展は，従来二つの別の技術によって支えられてきた．まず，ベル研究所の発明したトランジスタが単体として真空管を置き換えてラジオ及びテレビに革命を起こし，第1回目の発展期を迎えた．その後，1970年に米国のインテル社の開発した半導体メモリであるDRAMなどや1個の爪の先に乗るようなシリコンチップのコンピュータの開発により第2回目の発展期を迎えた．

これに続く第3回目の発展期を半導体産業が迎えると筆者は信じてきた．その牽引車がフラッシュメモリである．21世紀に入りまさにそれが証明されてきた．

スタンフォード大学を訪問して教授と研究のあり方について議論した際に，以下のような話になった．ベル研究所は，1960年代までトランジスタ，光伝送，レーザ及び固体撮像素子（CCD）などの開発で世界をリードしてきた．したがって，世界の研究所がベル研究所もうでをし，研究題目探しをしたものである．しかしそのベル研究所が，筆者の開発したフラッシュメモリを開発題目として選ぶようになっている．従来と逆の現象が起こっているのである．その原因について教授は，1970年代になってベル研究所ではシリコンデバイスの研究者を大幅に削り，化合物半導体にシフトしてしまったことをあげていた．化合物半導体は牽引車となりえなかった．その教授もシリコンの将来性を信じてベル研究所に見切りをつけ，スタンフォード大学に移ったそうである．そしてスタンフォード大学の電気系の教授の大半がシリコン関係の研究を行っている．

また，同じく米国のカリフォルニア州立大学バークレイ校でも，工学部の電気系の大半の教授がシリコン関係の研究を行っている．筆者がバークレイ校を訪問した際には，既に特別講義がセットされており，最新の半導体メモリの話をした．このように，彼らは常にシリコン関係の技術の最先端を吸収し，研究の方向を更正しているのである．またこのことは，今後数十年はシリコン技術の発展が続くと考えていることの表れでもある．

逆にシリコンに代わる半導体産業の牽引車は見あたらない．

半導体産業の発展の歴史には共通点がある．いずれも旧来からあるキー技術を置き換えていることである．最初は真空管をトランジスタが置き換え，次にコアメモリをDRAMが置き換えた．そしてハードディスク及びフロッピーディスクをフラッシュメモリが置き換える．それぞれ結果的に30年説に従って急激に成長したのち，安定期を迎える．筆者は，フラッシュメモリがとてつもなくマーケットの大きい磁気メモリを置き換えることにより，第3回目の半導体産業の牽引車となると信じている．半導体産業の発展を担うデバイスが初めて日本から生まれることになるのである．

7.4.2 フラッシュメモリの誕生

1980年に特許出願し，1984年12月，IEDM（米国電気電子学会主催の国際電子デバイス会議）でフラッシュメモリと命名して筆者が発表した．このとき発表したフラッシュメモリが，現在のNOR型フラッシュメモリである．1987年にNAND型フラッシュメモリを同じくIEDMで発表したため，NOR型フラッシュメモリとNAND型フラッシュメモリを区別するために筆者がそれぞれ命名した．

フラッシュメモリは，半導体不揮発性メモリセルを集積回路化した半導体不揮発性メモリである．半導体不揮発性メモリセルの発明は，1967年にベル研究所のカーン博士とシー博士によってなされた．フラッシュメモリの発明は不揮発性メモリセルを高密度に集積化可能にしたアーキテクチャの発明にある．NOR型フラッシュメモリの等価回路図をNAND型フラッシュメモリと比較

(a) NOR型フラッシュメモリ　　　　　　(b) NAND型フラッシュメモリ

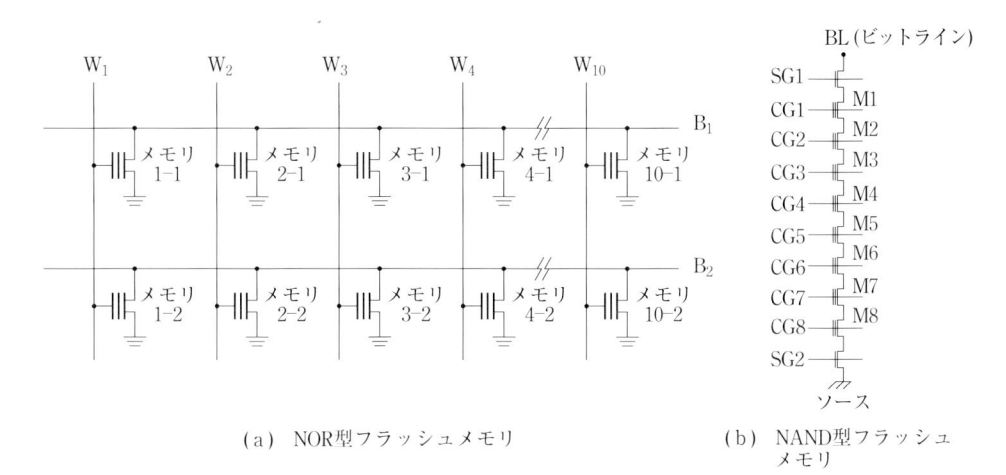

図 7.14　NOR 型フラッシュメモリと NAND 型フラッシュメモリ

して図 7.14 に示す．

　フラッシュメモリは磁気メモリであるハードディスク及びフロッピーディスクを置き換える半導体メモリとして期待されている．なぜかといえば磁気メモリであるハードディスク及びフロッピーディスクのマーケットは，半導体メモリの DRAM の数倍も大きいからである．
　しかし，これまで半導体メモリが磁気メモリを完全に置き換えることはできなかった．その理由には次の二つがある．
　① 磁気メモリのコストが安かったこと
　② 磁気メモリが不揮発性メモリであること
　従来の半導体不揮発性メモリは，1 bit が 2 個のトランジスタからなり，1 bit 当りの占有面積が大きかった．このため電気的書換え可能な半導体不揮発性メモリのコストが高くなった．
　筆者は，計算機のファイル用メモリとして磁気メモリが必ずしも使いやすいとは思っていなかった．少なくとも起動するときには，ハードディスクからデータを読み出すための時間がかかる．そして何よりハードディスクは 1 年に 1 度くらいクラッシュし，ハードディスク装置に入力したデータがすべて失われる．クラッシュ対策としてハードディスクを 2 台以上並列に使うことも考えたがコストがかかりすぎる．我々がとれる対策は時間単位あるいは 1 日単位でデータをテープに保存する方法だった．そうすれば，もしハードディスクがクラッシュしても，失う仕事量は最大 1 日分である．この方法はハードディスクを 2 台以上常に並列に使うよりもコストパフォーマンスが格段によい．しかし一方で，今後の半導体メモリの大きな発展のためには磁気メモリが使われている分野の置き換えが必須と考え続けていた．
　また，メモリのマーケットの大きさは，そのメモリの使いやすさより，1 bit 当りのコストが大事であることを実感として感じていた．例えば，DRAM と SRAM のマーケットの大きさを考えると，使いやすさの点からは SRAM はアクセス速度が早くリフレッシュも必要ないため，非常に使い勝手がよい．しかし，DRAM は特性面で SRAM に劣っているにもかかわらずマーケットの大きさは常に SRAM の数倍である．理由は一つ，DRAM のコストが SRAM に比較して安いからである．
　同様に，従来の半導体不揮発性メモリは 1 bit ごとに消去及び書込みができ，非常に使いよい．

しかしコストが高いためあまり使われなかった．一方，セクタ単位，即ちあるメモリの固まりでデータのやりとりを行うハードディスクは，コストが従来の半導体不揮発性メモリに比較して安いためマーケットが大きい．半導体不揮発性メモリに必要なのは，1 bit ごとに書換えができることでなく，コストの安さである．

　以上の考えから，1980 年一括消去形半導体不揮発性メモリの特許を出願した．コストを下げるために 1 bit を 1 トランジスタからなる半導体不揮発性メモリを提案した．1 bit を 1 トランジスタで実現するために 1 bit ごとの消去をあきらめ，全ビット一括消去方式を採用した．現在では Flash erase が一括消去の意味を持つ英語になっている．

　実際に試作を開始したのは 1983 年であった．デバイスとして動作確認でき 1984 年 6 月に IEDM に投稿した．機能として世界初の一括消去形半導体不揮発性メモリの登場であると認識し，受けるネーミングを仲間と考えた．写真のフラッシュをイメージしてフラッシュメモリの誕生となった．1984 年 12 月，米国のサンフランシスコで初めてフラッシュメモリを発表，続いて翌年 2 月に同じくサンフランシスコで開催された ISSCC で 256 kbit フラッシュメモリを発表した．当時の反応はそれほど大きくなかった．しかし，我々としては新しいネーミングも考案し，相当のマーケットをつくるはずであると自信を持っていた．

　1985 年 2 月米国から帰国した直後に米国の経済週刊誌ビジネスウィークの取材を受けた．筆者の写真入りで紹介された．カウンターインタビューとしてインテル社の不揮発性メモリの責任者であった R. D. パシュレイ博士の談話も掲載されたが，パシュレイ博士はフラッシュメモリは複雑でものにならないと述べ，非常に批判的であった．特にインテル社の紫外線消去形 EPROM は，東芝のフラッシュメモリよりチップサイズも小さくでき，コストも安くできると述べている．しかし後述するようにインテル社は紫外線消去形 EPROM の開発を中止し，フラッシュメモリの開発のみを行うようになるのである．インテル社はこの後フラッシュメモリ事業部を作り，パシュレイ博士がフラッシュメモリ事業部長に就任している．1987 年のことである．この頃からフラッシュメモリが電気的一括消去形書換え可能な半導体不揮発性メモリとして全世界で通用するようになるのである．日本人が発明した初めての汎用メモリの誕生が全世界で認められたことになる．当然インテル社としては初めて東芝が命名したフラッシュメモリを使用した事業部を作ったことになる．256 kbit のフラッシュメモリの商品化には苦労したが，1988 年日刊工業新聞十大新製品賞に選ばれた．その後インテル社は 1989 年 3 月に週間エレクトロニクスで次のように述べている．インテル社は DRAM を発明し現在東芝が DRAM で世界のリーダである．今度は東芝の発明したフラッシュメモリでインテル社が世界のリーダになる，なぜならばフラッシュメモリは磁気メモリであるフロッピーディスクを置き換えマーケットが DRAM より大きいからである．パシュレイ博士は 1989 年 12 月号の米国電子情報通信学会（IEEE）のスペクトラムではいかにフラッシュメモリが素晴らしいかを述べ，最初のコンセプトは東芝によるものであると引用している．1991 年 4 月にエレクトロエンジニアリングタイムで，ついにインテル社は紫外線消去形 EPROM の開発を止めすべてフラッシュメモリの開発に移す，と発表するなかでも，フラッシュメモリは東芝で発明されたと述べている．パシュレイ博士は，このほか，筆者をフラッシュメモリの発明者として何回かの国際会議のパネルにも呼んでくれるなど，我々のオリジナリティを評価してくれている．これほどフラッシュメモリが評価されるようになったのは，まさにインテル社及びシーク社など米国各社が，我々の命名したフラッシュメモリという名前を使い，論文などで引用してくれたおかげである．

7.4.3　NOR型, NAND型フラッシュメモリの比較

　NOR型フラッシュメモリもNAND型フラッシュメモリも，不揮発性メモリとして浮遊ゲートに電荷を蓄積し，記憶を保持する機能は同じである．違いはメモリセルとデータ線との接続方法である．

　NOR型フラッシュメモリは1本のデータ線に1bitのメモリセルが接続されている．NAND型フラッシュメモリは1本のデータ線に8bitあるいは16bit以上のメモリセルが接続されている．このためNAND型フラッシュメモリは，接続する面積をNOR型フラッシュメモリに比較して1/8から1/16以上に小さくできる．結果として，例えば1GbitのNAND型フラッシュメモリのシリコンチップの大きさは，NOR型フラッシュメモリの半分以下になる．

　このチップサイズが半分以下になるということは，コストに換算すると1/10以下を実現できることを意味する．しかし，何の犠牲を払わずにコストを下げることはできない．NAND型フラッシュメモリは，NAND型接続によって最初のビットを読み出す時間，ハードディスクでいえばシーク時間がNOR型フラッシュメモリに比較して非常に遅い．一方，NAND型フラッシュメモリの書込み及び消去は，ファウラノルドハイムトンネルを使用しているためNOR型フラッシュメモリに比較して非常に速い．電気的基本特性の比較を**表7.2**に示す．電力消費に関しては，NAND型フラッシュメモリもNOR型フラッシュメモリもハードディスクと比較して約1/10と少ない．シーク速度については，半導体メモリは圧倒的に高速である．

表7.2　NAND型フラッシュメモリとNOR型フラッシュメモリの電気的基本特性の比較

電気的基本特性	NAND型フラッシュメモリ	NOR型フラッシュメモリ	ハードディスク
動作電源電圧	5/3.3/1.8 V	13.3/1.8/1 V	+5 V 単一
消費電流			
読出し時	5 mA (サイクル時間=1 μs) 30 mA (サイクル時間=100 ns)	30 mA	400〜600 mA
書込み時	60 mA	60 mA	約 200 mA
待機時	10 μA	10 μA	約 200 mA
速　度			
シーク時間	10 μs	10〜150 ns	約 200 mA
読出しサイクル時間	100 ns	10〜150 ns	1〜2 m バイト/s
既に消去されている領域への書込み	0.1 μs/バイト	10 μs/バイト	1〜2 M バイト/s (0.5 μs〜1 μs/バイト)
消去から始める場合の書込み	約 1 μs/バイト	約 80 μs/バイト	──

　NOR型フラッシュメモリもNAND型フラッシュメモリも書換え回数に制限がある．しかしハードディスクを置き換えようとすると最低でも10^6回の書換えができることが必要といわれている．もちろんそれ以上できたほうがよいのであるが，10^6回できればシステム的にカバーし，現在の大部分のハードディスクの市場に食い込めるといわれている．

　NOR型フラッシュメモリの特長は，ランダム読出し速度が速いことである．ランダム読出しとは任意のアドレスのデータを読み出すことで，CPUからのアドレスの指定でデータを直接CPUへ送り出す使い方が普通である．NAND型フラッシュメモリはランダム読出しは遅く，直接CPUへデータを送り出す使い方はできない．データの書換えは逆にNAND型フラッシュメモリの方が速くできる．これはNAND型フラッシュメモリは，書込み及び消去に電力の少ないトンネル効果

を使用しているため，多数のメモリセルを同時に書き込めるページモード書込み方式を採用できるからである．磁気メモリを置き換える観点からみると，磁気メモリはCPUと直接データのやりとりをせず，フラッシュメモリの高速ランダム読出しは，宝の持ち腐れとなり利点とはならない．したがって，特性からみてもNAND型フラッシュメモリが有利となる．コストは1 bit当りのメモリセル面積の小さいNAND型フラッシュメモリが有利である．

以上から，磁気メモリを置き換える大きなマーケットはNAND型フラッシュメモリが占め，高速のランダム読出しを必要とするマーケットにNOR型フラッシュメモリが使われている．

問題 フラッシュメモリは，電源を切っても記憶を忘れない不揮発性メモリである．他の半導体メモリであるDRAM及びSRAMが電源を切ると記憶がなくなるのに対して，なぜフラッシュメモリは不揮発性メモリなのか．

7.5 弾性表面波デバイス

7.5.1 はじめに

1912年4月，イギリスのサザンプトン港をニューヨークに向けて出港したイギリスの豪華客船タイタニック号は，北の海を航行中，氷山に衝突して沈没し，約1500人の犠牲者を出した．この事件を契機に，海面にわずかに頭を出した大きな氷山を見つけるため，超音波の研究が急速に進展した．以来，1960年頃までは，超音波は，専ら水晶振動子などの信号源，ソナーなどの観測・測定に用いられてきたが，これを電子デバイスに応用できないかという着想から，弾性表面波の研究が始まった．ここでは，圧電単結晶材料の研究，すだれ状電極の発想など弾性表面波デバイス研究の歴史と将来展望について述べる．

7.5.2 弾性表面波とすだれ状電極変換器

地震が発生すると，まず縦波（primary wave, P波）に続き，横波（secondary wave, S波）が観測される．更に，この二つの波に続いて，震源地が比較的遠いと，地球表面を伝搬してくる弾性表面波が観測される．縦波・横波は，媒質中（この場合は地球内部）を伝搬し，バルク波と呼ばれる．縦波は，図7.15(a)のように，振動変位が伝搬方向と同じ，横波は図(b)のように，変位が伝搬方向に直角の方向であり，伝搬速度は，アルミニウムでは，縦波が約5 km/s，横波が約3.4 km/sである．

一方，表面がフリー（応力の反作用が零）の境界条件では，図(c)のように，縦波と横波が結合して伝搬する弾性表面波（surface acoustic wave, SAW）が得られる．この波は，表面付近に最も大きな振動変位をもち，深さが波長程度になると変位がほとんど零になる波である．1885年にイギリスのレイリー卿（Lord Rayleigh）がその存在を理論的に見いだした波[1]で，レイリー波とも呼ばれる．この波を電子通信工学に応用できないかと東北大学電気通信研究所の柴山乾夫教授ら

7.5 弾性表面波デバイス

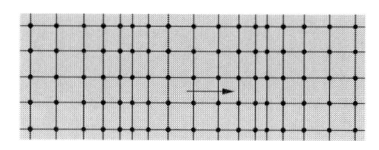

(a) 縦波（振動変位が伝搬方向の波）

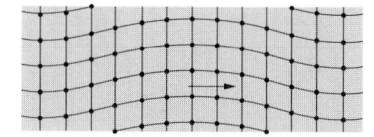

(b) 横波（振動変位が伝搬方向に直角な波）

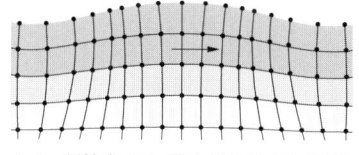

(c) 弾性表面波（縦と横の結合した波）

図7.15 縦波，横波，弾性表面波の概念図

が着想し，1964年世界に先駆けて，研究が始められた．

弾性表面波の励振及び受信には，電気信号を弾性振動に変換する圧電変換器（piezoelectric transducer）が必要である．当初は，図7.16のようにくさび形のポリスチロール製変換器[2]にチタン酸バリウム圧電振動子をはり付け，この振動をグリースを介して研磨したアルミニウム基板の表面に与えることにより，その表面上を伝搬する弾性表面波の深さ方向のエネルギー分布が測定された．

その後，山之内らが，図7.17のような，圧電性をもつ水晶基板上に電界を印加することにより，直接弾性表面波を励振・受信する「すだれ状電極」（この名称は電極形状が"すだれ"に似ていることから名づけられ，電子情報通信学会の学術用語となっている）を考案し，1965年11月26日東北大学より発表した[3]．その3週間後，Calfornia Univ.の R.M.Whiteら[4]が，同じ原理のIDT（inter digital electrode transducer）と呼ばれている論文をAppl.Phys.Lett.の1965年12月15日号で発表，同じような研究が世界で同時に行われていたことに驚きを感ずるとともに，オリジナリティのためには，早く発表することの重要性が分かった．この方法で弾性表面波を送受できるようになったことで，弾性表面波の特徴，すなわち，エネルギーが表面に集中していることを利用して，圧電基板表面にこの電極を作製することにより効率よく弾性表面波が送受できること，半導体と同じリソグラフィ技術で多量生産が可能なこと，更に，その速度が，電磁波伝速度が $c=3\times10^8$ m/s（1 GHzで波長 $\lambda_E=0.3$ m となる）であるのに対して，弾性表面波の速度は $V_s=3\times10^3$ m/s（1 GHzで波長 $\lambda_s=3\mu$m）と小さいことから波長で比較して，10^5小さい超小形化の素子ができると同時に，電極構造と伝搬路を工夫することにより，高性能の機能素子が得られる特徴があることから，世界各国で研究開発が開始された．

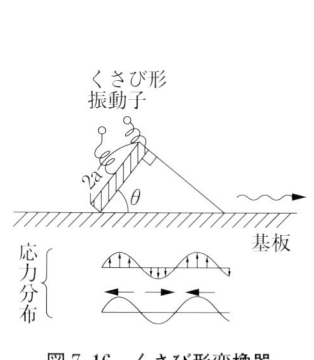

図7.16 くさび形変換器

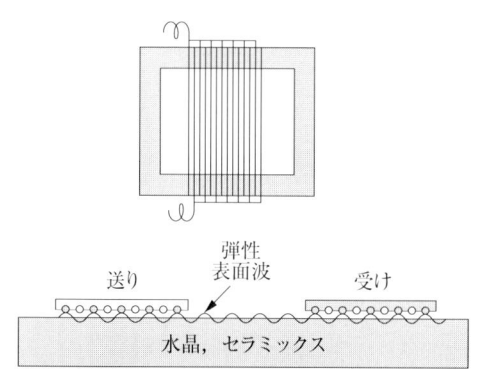

図7.17 すだれ状電極変換器

7.5.3　LiNbO₃単結晶の育成と伝搬特性

この電極を用いた弾性表面波圧電体基板として，おもに水晶，セラミックスが用いられていたが，更に新たな基板を求めて検討を行った．当時文部省在外研究員として1年間スタンフォード大学に滞在し，帰国した東北大学通研の高橋正教授が，米国でLiNbO₃という単結晶が光の分野で研究されていることを紹介し，山之内らが種々調べた結果，弾性表面波の基板としても，圧電定数が大きく優れた単結晶であることを文献で読み，早速この結晶の波動解析に着手した．まず，遅い横波より低い伝搬速度のレイリー形の弾性表面波としては，Lincohn Lab.のSlobodnikらが解析[5]しており，新たな研究テーマとして，電気-機械変換能力である電気機械結合係数（$k^2 = 2(V_f - V_s)/V_f$，V_f：表面フリー，V_s：ショートの速度）の大きな波動を求めて研究に着手した．その一つとして，早い横波と遅い横波の間にある擬似弾性表面波のk^2に着目し，世界で初めて圧電を考慮した解析プログラムを作成し，シュミレーションを行った．

その結果，回転Y-X伝搬のLiNbO₃基板が，図7.18のように，擬似弾性表面波の$k_L^2 (=0.17)$がレイリー形（$k_R^2 = 0.055$）の約3倍の大きさをもち，かつ伝搬減衰が零の基板[6]を見いだした．

さて，回転Y-X伝搬のこの波を実験するため，LiNbO₃単結晶を探したところ，当時通研の1年の研究費50万円に対して，大きさ$2\,\mathrm{cm}^3$角のLiNbO₃単結晶でも，約4倍の200万円以上するとのこと，またこの単結晶の育成には電気炉として高周波加熱炉が用いられており，研究費では購入できないということで，SiCヒータを用いた抵抗加熱炉と

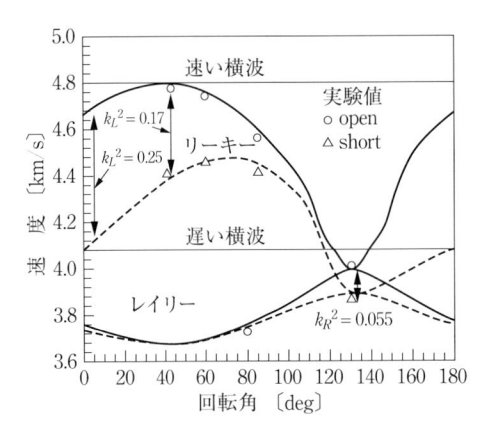

図7.18　回転Y-X伝搬のLiNbO₃基板の特性

引上げ装置[7]を作成した．LiNbO₃の熔融温度が$1\,260\,°\mathrm{C}$，一方，SiCの最高使用温度が約$1\,600\,°\mathrm{C}$であることから，SiCを燃やす失敗を重ねながら，LiNbO₃単結晶を得ることができた．この単結晶を用いて，図7.18のマークで示すような理論とよく一致する実験結果を得た．この方式の抵抗加熱炉は，温度一様性が良いことから，現在LiNbO₃の量産に用いられている．

更に，解析の結果，131°回転Y板-X伝搬のLiNbO₃が弾性表面波ブランチで最大のk^2をもつことに着目し，育成した結晶をX線でカット角を求め，研磨材を浸した絹の上を手動で滑らせる方法で得られた鏡面基板を用いてフィルタの実験を行ったところ，図7.19（a）の$\theta = 130.86°$の場合の矢印①のように周波数特性の落ち込みが悪く，この基板はフィルタには使えないと落胆していたところ，ある日突然，$\theta = 127.95°$の矢印②のようにシャープに落ち込んだ特性が得られた．そこで，この基板のカット角を調べたところ，カット角が約3°ずれた，$\theta = 127.95°$となっていること，またこのずれは，手動による研磨のときのずれによることがわかった．そこで，カット角[8]に対するスプリアス特性を詳細に調べたところ，図7.19（図（a）は，表面フリーの特性，図（b）は表面に粘着テープを付着させた特性であり，表面に沿って伝搬するバルク横波のみが伝搬し，表面波は伝搬しない）のように，スプリアス信号は，遅い横波が励振されたことによること，127.95°カットは横波を励振しないスプリアスのないカットであることが分った．このカット角が得られたのは，育成から基板の研磨，測定までの実験を行っていた結果であり，いかに基礎からの

7.5 弾性表面波デバイス

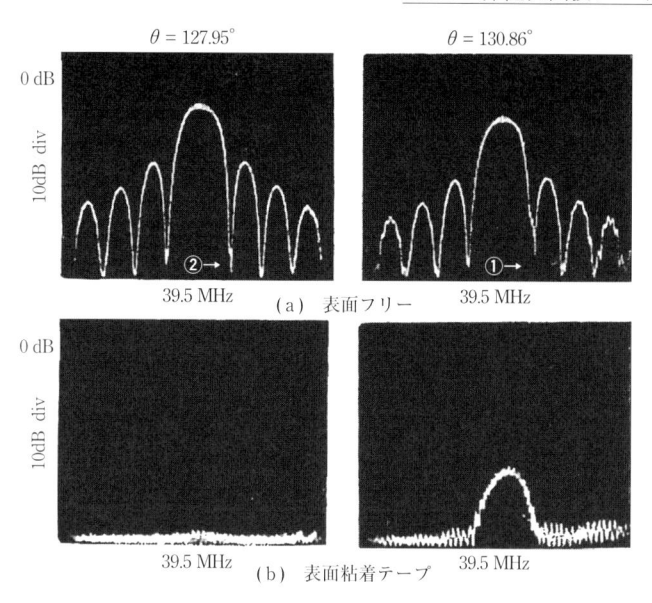

図7.19 カット角に対するスプリアス特性

実験が重要であるかが分かる．また，この研究はその後のスプリアス抑圧基板の研究の端緒となり，これまで世界的に使われている．

7.5.4 KNbO₃単結晶弾性表面波基板の研究

光の2次高周波発生効率の高い KNbO₃ 単結晶の圧電定数を調べたところ，ある部分の圧電定数が LiNbO₃ の約4倍の大きな値をもつことを見いだし，SAW の解析を行った．その結果，図7.20 のようにレイリー波ブランチ（遅い横波より下のブランチ）で約 LiNbO₃ の $k^2 = 0.055$ に対して約10倍の $k^2 = 0.53$ をもつ KNbO₃ 基板[9]が見いだされた．また，この基板は，温度特性も良好なので今後の研究が期待される．この成果を考えると，材料定数を絶えず検討することの重要性が分かる．

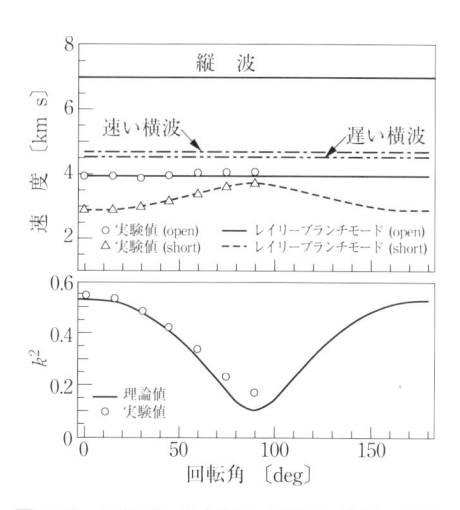

図7.20 回転 Y-X 伝搬の KNbO₃ 基板の特性

7.5.5 微細加工技術とGHz帯弾性表面波の研究

すだれ状電極は，30 MHz から 10 GHz の超高周波帯までの広い周波数にわたって効率良く弾性表面波を送受できる．一方，周波数が高くなると波長が短くなるので電極線幅が狭くなるため，半

導体の高密度集積化と同様に、微細加工技術が必要になる。例えば、弾性表面波速度が4 km/s、空隙と電極幅の比が1:1のすだれ状電極では、1 GHzの周波数では1 μmの電極幅が必要である。

1967年当時は、紫外線を用いて最小線幅2 μmの線しか得られなかった。IBMのA. M. Broersら[10]は、新たに開発されたランタヘキサボライド（LaB_6）フィラメントを用い、コンピュータで制御された電子ビーム露光装置を開発し、0.14 μmの電極（中心距離0.5 μm）のすだれ状電極をY-Z $LiNbO_3$基板上に作製し、3.5 GHzの弾性表面波の送受に成功した。電子ビーム露光で得られた最初のデバイスは、半導体ではなく、弾性表面波デバイスであったことは注目に値する。

1980年、0.1 μm以下の線幅の得られる日本電子製の電子ビーム露光装置が東北大学通研に導入された。早速、$LiNbO_3$基板上にポジ形のPMMAレジストを塗布し、電子ビーム直接描画露光法を用いて、0.1 μm線幅のすだれ状電極を作製し、10 GHz帯の実験を行った。誘電体上のビームのチャージアップを防ぐための接地電極として、基板上にCr膜を試みたが、電極下のCr膜の伝搬損失のため、挿入損失が大きく実用化は不可能と考えた。そこで、PMMAの上にAuを10 nm蒸着して接地電極とする方法を考案し、図7.21のような、0.1 μm最小線幅、0.1 μm空隙のすだれ状電極を作製することができ、10 GHz帯で、挿入損失が約10 dBの弾性表面波[11]の送受実験に成功した。

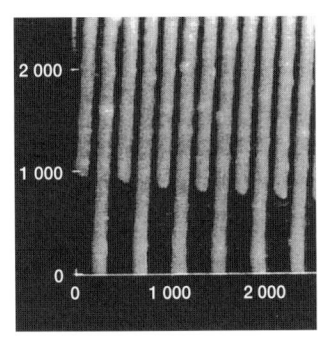

図7.21 電子ビームによる0.1 μm最小線幅、0.1 μm空隙のすだれ状電極

7.5.6 一方向性すだれ状電極トランスジューサ

すだれ状電極は、左右対称構造であるため、図7.22のように、波が両側に同じ大きさで励振される両方向性電極である。これを送受電極としたフィルタでは、良好な周波数特性を得ようとすると、挿入損失を15 dB以上大きくしなければならない。なぜなら、損失を小さくしていくと両方向性のため、受信電極で反射した表面波が送信電極に戻って受信されるTTE (triple transit echo) のため、中心周波数付近に大きなリプルが生ずるからである。これを避けるためにはすだれ状電極を一方向性にすればよい。一方向性電極（UDT）は、大きく分けて3相形[12]、2相形[13]、単相形に分けられる。

図7.22 両方向性すだれ状電極（$X_1 = X_2$）

これらのうち、位相器を必要としない単相形は、励振中心と反射中心を$\lambda_0/8$ずらした図7.23のような構造とすることにより、励振波と反射波が、前進方向で同位相、反対方向で逆位相となる一方向性すだれ状電極[14]、及びマスク合わせを必要としない$\lambda_0/8$-$3\lambda_0/8$の電極構造[15]、図7.24のように、短絡と浮き電極を正負電極間に用いた一方向性電極[16]、及び高周波化の可能な、2倍高周波で大きな変換効率を持つすだれ状電極一方向性変換器[17]が考案されている。一方向性の高周波フィルタとして、周波数8 GHz帯で挿入損失8 dBの良好な特性[18]が得られている。

7.5 弾性表面波デバイス

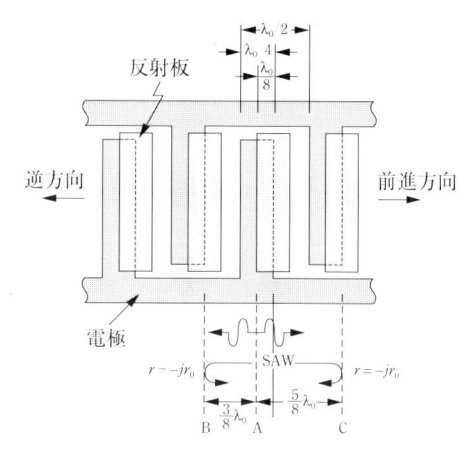

図 7.23　内部反射一方向性電極

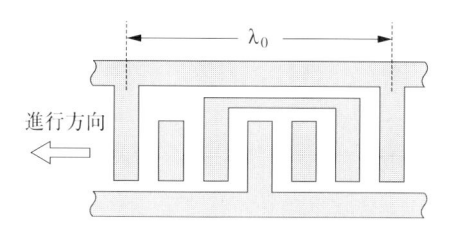

図 7.24　浮き電極一方向性電極（電極幅＝$\lambda_0/12$）

7.5.7　トランスバーサル形弾性表面波フィルタの研究

すだれ状電極の周波数特性を積極的に利用したものがSAWフィルタである．電気回路のトランスバーサルフィルタと同じ原理であり，振幅と位相特性を独立に制御できることから，カラーテレビ受像機用映像中間周波数（国内では58 MHz 帯，PIF フィルタ）[19]に採用された．映像中間周波数フィルタは画質，色画質を決める重要な回路であり，従来は，5組の同調回路の組合せで構成されていたが，調整が難しく，温度特性が悪く，精密な調整設備が必要だった．これをSAWフィルタに用いることにより，十数個あった部品数が1個になると同時に，調整が不要になり画質が良くなった．東芝は世界のトップをきって1976年から一部機種にSAWフィルタを採用し，数年後には，全機種に採用した．また，基板として，128°Y-X伝搬のLiNbO$_3$でのスプリアス抑圧の研究を参考に，温度特性の良好なXカット112°伝搬タンタル酸リチウム（LiTaO$_3$）単結晶基板[20]を開発した．一方，日立は，128°Y-X LiNbO$_3$[21]を用いた．その他のフィルタ応用として，100 MHz 帯ビデオの信号源，300 MHz 帯のポケットベル用のフィルタ，600 MHz 帯のフィルタ及び信号源などに応用されている．

7.5.8　反射器，共振器及びラダー形フィルタ

図 7.25 のように，基板表面に周期的な摂動を与えることにより効率の良い反射器（グレーティング反射器）[22]が得られる．周期摂動のタイプとして，電気的摂動を利用するものと弾性的摂動を利用するもの，両者を利用するものに大別される．各反射エレメントの反射率は高々数%であるが，ブラッグ（Bragg）条件を満足する周波数では各エレメントからの反射波が同相に加わるので，反射器全体として大きな反射係数（～1）が得られる．

共振器を格子形に構成し，弾性表面波共振器の共振・反共振を適当に配置したフィルタが，S. Tseng[23]らにより提案された．その後，これが超小形のGHz帯のフィルタが得られることに着目し，富士通の佐藤ら[24]は，図 7.26 のような弾性表面波共振器をラダー形に配置した移動体通信のフロントエンドのフィルタを36°回転Y-X伝搬のLiTaO$_3$基板[25]~[27]を用いて作製し，現在広く用いられている．

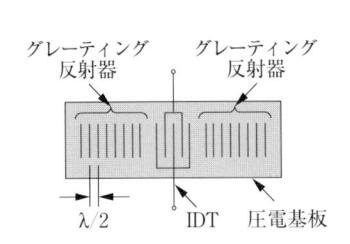

図 7.25　グレーティング反射器の構造

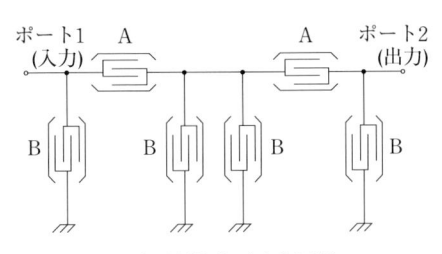

図 7.26　ラダー形フィルタ

A：直列弾性表面波共振器
B：並列弾性表面波共振器

7.5.9　レーザ光とSAWの相互作用を用いたデバイス

　Ti拡散形またはOut-diffused Y-X LiNbO$_3$光表面波導波路にプリズムカプラや円筒レンズを用いて端面から入射させたレーザ光と表面波との相互作用によるブラッグ回折現象を用いて光偏向器[28]，コンボルバ，コリレータ，スペクトル分析器などの信号処理機能素子が得られる．現在，1〜2GHz帯での光偏向器の開発が行われている．

　また，LiNbO$_3$単結晶の光弾性定数と光電気定数のうち，異方性のP_{41}, P_{42}, r_{41}, r_{42}などの定数が大きいことに着目し，弾性表面波と光表面波とをコリニヤー相互作用させた，光表面波のTEモードをTMモードに変換する，効率の良い光フィルタが開発されている[29]．

7.5.10　スペクトル拡散通信とコンボルバ

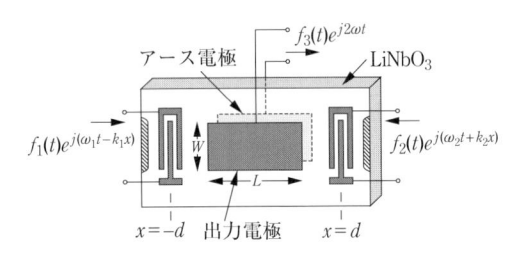

図 7.27　弾性表面波コンボルバ

　W-CDMAなど移動体通信において，擬似雑音信号（PN）で拡散された信号を瞬時にPN信号との相関をとることで，元のデータ信号を得るデバイスとしては，図 7.27に示す弾性表面波コンボルバ以外にはなく，精力的に研究されている．互いに向かい合った方向に伝搬する二つの表面波を媒質の非線形効果によって干渉させると，その積の表面波が発生する．図のように，二つの波が縮退している．すなわち，$k_1 = k_2 = k$, $\omega_1 = \omega_2 = \omega$ であると，出力表面波の波数は零となり，中央電極から二つの畳込み積分の2ωの信号が取り出される．

　圧電基板の非線形を用いたエラスティックコンボルバでは，Y-Z LiNbO$_3$が用いられていた．最良の基板を求めて，LiNbO$_3$のすべての非線形定数[30]を測定した．その結果，Yカットから+9°のカット角で，Z軸伝搬で，Y-Z基板の効率（M値）の1.2倍の基板を得たが，k^2Mを考慮すると大きな違いがなく，おもにY-Z基板が用いられている．しかし，すべての非線形定数のほぼ正確な値が得られるとともに，これが非線形顕微鏡[31]の研究につながった．エラスティックコンボルバでは，現在Y-Z LiNbO$_3$に分散型すだれ状電極を用いて，200MHz帯，帯域幅60MHz，遅延時間5.0μs，効率−55dBm[32]が得られている．また，Y-Z LiNbO$_3$より，約20dB効率のよいKNbO$_3$基板[33]が開発されている．ZnO/Si構造のコンボルバで中心周波数$f_0 = 250$ MHz，帯域幅

23 MHz，遅延時間 9 μs，効率 −42 dBm[34]，ストリップカップラーを用いたコンボルバでは，効率 −15 Bm[35] が得られている．

7.5.11 おわりに

以上，圧電弾性表面波デバイスについて述べた．今後は，デバイスの 2～10 GHz 帯への高周波化，低損失化，高性能化が進むと同時に，実用化研究が進展すると思われる．また，ユビキタス情報化社会において，"新しい波動デバイスがシステムに革命をもたらす"の意気込みで超音波エレクトロニクスの研究を進めることにより，弾性表面波が超小形，高性能，高機能をもつ未来に向けた先端技術として，発展することが期待される．

☕ 談 話 室 ☕

大電力マグネトロンの話

こんにち，どの家庭でも電子レンジを持ち食品加熱用に便利に使っている．しかし，その電子レンジの中には歴史的技術成果としての大電力マグネトロン[1]が活躍しているのをご存知だろうか．

「今次大戦を勝利のうちに終わらせるためには，現存していない全く新しい構想の兵器の開発が是非とも必要である．現存していない新兵器の開発を考えてほしい．」1942 年（昭和 17 年）に同時に敢行されたミッドウェイ作戦とアリュウシャン作戦のうち，アリュウシャン作戦から帰還した戦艦「日向」艦上において実施されたレーダ会議において，途中から参加された山本五十六長官の，海軍技術研究所の伊藤庸二技術中佐に対するこの発言に端を発して超大出力マグネトロンの研究が始まる．実は当初この発言に対し，伊藤中佐はマグネトロンではなく核応用技術を考えていたのであるが，その話の前に，日本におけるマグネトロン研究の出発点について述べておく．

日本におけるマグネトロンの研究は，1927 年に東北大学の岡部金治郎助教授（後に大阪大学教授）による分割陽極マグネトロンを用いたマイクロ波の発生に始まる[2]．この岡部助教授の発明を基礎としてマグネトロンの研究は東京工業大学の森田清助教授（後に同大学教授）ほかの研究者によっても行われた．1928 年頃のことである．1931 年に日本無線に入社した中島茂（元同社専務取締役，元アロカ社長）はたびたび森田助教授からマグネトロンの試作品の注文を受けた．試作品を先生の研究室に届けるようになると，先生からマグネトロンについて教えていただけるようになった．その頃ドイツではバルクハウゼン・クルツ振動管（BK管）の研究を行っており，テレフンケンの技術報告雑誌「テレフンケン・ツァイティング」に興味深い記事が載った．これをヒントに中島は波長 60～80 cm で出力 2～10 W の BK 管を各種試作した．森田助教授はこの BK 管（波長 65 cm で出力 8 W）を用いて 1935 年に大岡山の東京工業大学から筑波山の間 80 Km の遠距離通信に成功している．その前年の 1934 年 4 月に日本無線は海軍技術研究所との間に「マイクロ波真空管の協同研究契約」を結び，以来マグネトロンとレーダの研究が進んだのである．

さて話を戻すと，1939 年頃から米国では原子力応用の研究が進みつつあることを伊藤中佐は耳にしていたので，開戦が間近に迫っているとは知らず多数の先輩学者を訪問し意見を聞くとともに，核応用技術の検討を始めたのである．しかし，伊藤中佐には戦時下の欧州戦線視察の大役が与えられ，1941 年 1 月から 10 か月，ドイツを中心にした新しい科学技術について調査するため渡航せざるを得なかった．このため，この間，核応用技術についての進展は全くなかったのである．したがって伊藤中佐が山本長官のこの言葉を聞き最初に思いついたのは「原子力応用委員会」を組織し，核応用技術を検討することであった．ところが「米国といえども今次大戦中に原子爆弾を開発することは不可能である」という委員会の結論でこの委員会は解散された．伊藤中佐は止むなく原子爆弾の開発をあきらめ，1942 年 10 月に三鷹にある日本無線に隣接した海軍技術研究所の分室でレーダ用超大出力マグネトロンの研究に着手した．これはそれまで伊藤中佐と当時日本無線真空部長であった中島（伊藤中佐は実兄）との間

で討論を重ねていたものであった．その目的は超大出力のマイクロ波で敵戦闘機を撃墜するということである．ところが伊藤中佐と山本長官が対談した直後に軍令部は三鷹の研究室の大拡張を指示してきた．そこで伊藤中佐は1943年8月に静岡県下の島田町（現在島田市）に大研究所の建設を計画した．ここでは東北大学の渡辺寧教授を所長として，朝永振一郎東京教育大学教授，小谷正雄東京大学教授，菊池正士東京大学教授など，当代一流の電気，物理，化学界の学者を招き，また日本無線からもマグネトロン研究課長の山崎荘三郎以下数十名も参加して研究に着手した．しかし時既に遅く，波長10cmで連続出力500kWのマグネトロンを試作中に終戦を迎えた．図7.28は日本無線から同研究所へ出向していた山崎の設計による波長20cmで連続出力100kWのマグネトロンである．

ところで，このような大出力でかつ安定した発振のマグネトロンの製作に成功した技術的理由には二つのアイデアがある[2]．一つはマグネトロンの陽極内で電子の塊が回転するのを，交流発電機において回転子が回転するのにヒントを得て，陽極構造に工夫を凝らしたことにより安定した発振が得られるようになったこと．次に，従来のマグネトロンの陽極はモリブデン板を細工して，これを電気溶接していたが，これではマグネトロンの発振状態と共に陽極の温度が上昇し陽極が変形するため，これを避けるために陽極に無酸素銅のブロックを用い，これを精密加工し，更に水で冷却する構造とすることにより大出力が得られるようになったことである．こうして1939年5月，波長10cmで連続出力500kWの大出力マグネトロンM312が完成した（図7.29）．

図7.28 波長20cm，連続出力100kWのマグネトロン　図7.29 大出力マグネトロン M312

さて，当時の日本のマグネトロン研究については1946年5月に米国の電子工学雑誌「ELECTRONICS」に"Japanese Magnetron"という題目で紹介されている[3,4]．これは1945年8月下旬，すなわち太平洋戦争終結直後に来日した米国の軍事技術調査団の報告書をもとに書かれたものと思われるが，これには日本無線，東京芝浦（現東芝），住友通信（現日本電気）の研究が述べられている．記事内容の大部分は海軍技術研究所と日本無線の協同研究に関するものであり，誌上の写真も特性表も日本無線の開発品である．住友通信に関しては住友真空管研究所における未完成品の中に12個の空洞陽極のマグネトロンが見られたが，尖頭出力の点で日本無線の程度に進歩していたかどうか不明であること，また東京芝浦については外見上日本無線の形に似た全金属封入マグネトロンを製作していたことが述べられている．

戦後の1953年に中島はロンドンの科学博物館を訪れているが，展示品の中に彼らの発明品と称するマグネトロンを見つけている．しかしその説明には「このマグネトロンはバーミンガム大学で1940年に発明されたもので，この真空管が今次大戦を勝利に導いた」と書かれていた[2]．なお，中島は1985年6月，招かれてロンドンで開催されたレーダシンポジウムで講演しているが，その折に訪れた同博物館にはこのマグネトロンはなかったという．

文献
1) 中島　茂：創意無限，暁印書館（1997）．（非売品）
2) 電子管史研究会編：電子管の歴史，日本電機機械工業会，pp.149〜189，オーム社（1987）．
3) M. Hobbs：Japanese Magnetrons, ELECTRONICS, pp.114〜115（1946-5）．
4) 中島　茂：太平洋戦争中の日本のマグネトロンについての米軍技術団報告，日本無線技報，No.26, pp.3〜5（1988）．

付　　録

日本を中心とした電子情報通信技術史年表

（紀元前）
6世紀　　　自然哲学の創始（タレス　Thales）
5世紀　　　古代原子論の完成（デモクリトス　Democritus）
4世紀　　　自然学の確立（アリストテレス　Aristoteles）
250頃　　　アルキメデスの原理の発見（アルキメデス　Archimedes）
105頃　　　紙の製法の改良（蔡倫）
120頃　　　『アルマゲスト（天文学大系）』：天動説の確立（プトレマイオス　Ptolemaios）
（紀元後）
5〜6世紀　　零の発見（インド）
9世紀〜　　アラビアで科学が発展：航海術，光学，天文体系
12世紀頃　　欧州で古代科学書の翻訳が盛ん
1450　　　活版印刷術（グーテンベルク　J. Gutenberg）
1543　　　地動説の提唱（コペルニクス　N. Copernicus）
1590　　　顕微鏡の発明（ヤンセン兄弟　H. & Z. Janssen）
1600　　　『磁性体について』（ギルバート　W. Gilbert）　**1.2**：本文関連の節番号，以下同様
1604　　　落体の法則（ガリレイ　G. Galilei）
1609　　　惑星運動の法則（ケプラー　J. Kepler），望遠鏡による天体の観測（ガリレイ）
1621　　　光の屈折の法則（スネル　W. Snell）
1632　　　『天文対話』，地動説を擁護したとして宗教裁判（ガリレイ）
1666　　　光のスペクトルの発見（ニュートン　I. Newton）
1668　　　反射望遠鏡の発明（ニュートン）
1669　　　光の微粒子説（ニュートン）
1675　　　地球の公転による木星の衛星の蝕時刻の変動から光速を測定（レーマー　O. Roemer）
1678　　　光の波動説（ホイヘンス　C. Huygens）
1687　　　『プリンキピア（自然哲学の数学的原理）』：万有引力の法則，運動の3法則（ニュートン）
1752　　　雷の本性（フランクリン　B. Franklin）
1769　　　実用的な蒸気機関を発明（ワット　J. Watt）　**1.2**
1785　　　静電気と静磁気におけるクーロンの法則（クーロン　C. A. de Coulomb）　**1.2**
1791　　　動物電気の発見（ガルバーニ　L. Galvani）　**1.2**
1793　　　腕木通信システムを考案（シャップ　C. Chappe）
1800　　　電池の発明（ヴォルタ（ボルタ）　A. Volta）　**1.2**
　　　　　赤外線の発見（ハーシェル　W. Herschel）
　　　　　水の電気分解（カーライル　A. Carlisle，ニコルソン　W. Nicholson）
1803　　　物質が原子の組合せからなることや，原子量の概念を導入（ドルトン　J. Dalton）
1811　　　気体分子仮説（アボガドロ　A. Avogadro）
1812　　　関数表を自動作成する計算機関「階差機関」を発想（バベッジ　C. Babbage）
1816　　　光の干渉実験（フレネル　A. Fresnel）
1820　　　電流の磁気作用の発見（エルステッド　H. C. Oersted）　**1.2**
　　　　　ビオ・サバールの法則（ビオ　J. B. Biot，サバール　F. Savart）
　　　　　アンペールの法則（アンペール　A. M. Ampère）　**1.2**
　　　　　熱起電力（ゼーベック効果）発見（ゼーベック　T. J. Seebeck）　**1.2**
1823　　　電磁石の発明（スタージョン　W. Sturgeon）　**1.2**
1824　　　熱力学の創始（カルノー　S. Carnot）
1826　　　オームの法則（オーム　G. S. Ohm）　**1.2**
　　　　　鉄道システムの創始（スティーブンソン　G. Stephenson）
1830　　　自己誘導現象の発見（ヘンリー　J. Henry）　**1.2**
1831　　　電磁誘導の発見（ファラデー　M. Faraday）　**1.2**
1833　　　電気分解の法則（ファラデー）　**1.2**

年	事項	
1834	ペルティエ効果の発見（ペルティエ J. C. A. Peltier）	1.2
1837	電信機を発明（モールス S. F. B. Morse）	1.2
	日本最初の化学書『舎密開宗』（宇田川榕庵）	
1840	ジュールの法則（ジュール J. P. Joule）	1.2
1842	ドップラー効果（ドップラー C. Doppler）	
1843	熱の仕事当量（ジュール）	
	ファクシミリの発明（ベイン A. Bain）	3.4
1844	ワシントン-ボルチモア間に電信ケーブルを布設（モールス）	1.2
1849	光速の測定（フィゾー F. L. Fizeau）	
1847	電気回路の電圧則と電流則（キルヒホッフ G. R. Kirchhoff）	1.2
1850	ドーバー海峡横断海底電信ケーブルを布設（ブレット兄弟 J. & J. W. Brett）	
1856	ウエスタンユニオン社設立（モールス，ほか）	1.2
1864	電磁場の基礎方程式を導き，電波の存在と，それが光と同じ性質をもつことを予言（マクスウェル J. C. Maxwell）	1.2
1865	International Telegraph Union 結成（日本は 1875 年に加盟）	
1866	ダイナマイトの発明（ノーベル A. Nobel）	
	大西洋横断電信海底ケーブル完成（ウェスタンユニオン社）	1.2
1867	自励式直流発電機の発明（ジーメンス E. W. von Siemens）	1.2
1868	明治維新	
1869	元素の周期表（メンデレエフ D. I. Mendeleiev）	
	東京-横浜間で電報業務開始	
1871	デンマークの Great Northern Telegraph Co.（大北電信会社）により長崎-ウラジオストック，長崎-上海，海底電信ケーブル完成	
1874	電動機の発明（ヤコビ M. H. von Jacobi）	1.2
1876	4サイクルエンジンの発明（オットー N. Otto）	
	電話を発明（ベル A. G. Bell），グレイ（E. Gray）もほぼ同時期に発明	1.2，3.1
1877	ベル電話会社設立	1.2
1880〜1887	演算子法を開発（ヘビサイド O. W. Heaviside）	2.1
1883	テブナンの定理（テブナン C. J. Thévenin）	1.2
1885	弾性表面波（レイリー波）の存在を証明（レイリー L. Rayleigh）	7.5
1887	ロンドン-パリ間に国際電話開通	
	地球の自転方向の光速が，南北方向のそれと変わらないことを，干渉計を用いて見出す（マイケルソン A. Michelson，モーリー E. Morley）	
1888	液晶の発見（ライニッツア F. Reinitzer）	5.6
	実験により電波の存在を実証（ヘルツ H. R. Heltz）	1.2
1889	自動式電話交換機（ストロージャー A. B. Strowger）	1.2
1890	東京-横浜間に電話開通	
	電磁波の検波器に用いられるコヒーラ現象発見（ブランリー E. Branly）	
1890頃	送電方式に関する直流・交流の論争（エジソン T. A. Edison，ケルビン L. Kelvin，スタインメッツ C. P. Steinmetz，テスラ N. Tesla，など）	2.1
1891	電気分解にかかわる粒子を仮定して電子と命名（ストーニー G. J. Stoney）	1.2
1893〜1897	交流理論（ケネリー A. Kennelly，スタインメッツ）	2.1
1895	X線の発見（レントゲン W. Röntgen）	
	モールス符号を用いた無線電信の実験に成功（マルコーニ G. Marconi）	1.2，7.1
1897	電気試験所の松代松之助が，無線電信の実験に成功	1.2
	電子線の発見（トムソン J. J. Thomson）	5.6，7.1
	ブラウン管（CRT，cathode-ray tube）の発明（ブラウン K. F. Braun）	5.6，7.1
1898	ラジウムの発見（キュリー夫妻 M. & P. Curie）	
1900	量子論の提案（プランク M. Planck）	7.1
	ヘビサイドの論文がヒントになって，ピュピン（M. I. Pupin）が装荷ケーブルを発明	1.2
1902	電離層の存在を予言（ケネリー A. Kennelly，ヘビサイド）	2.1
1903	飛行機の実験（ライト兄弟 W. & O. Wright）	
1904	原子模型の理論を発表（長岡半太郎）	
	2極真空管を発明（フレミング J. A. Fleming）	7.1
	日本海海戦で無線電信が実用化される	

| 1905 | 特殊相対性理論，光量子仮説を唱える（アインシュタイン A. Einstein）　**7.1**
| 1906 | 3極真空管を発明（ド・フォーレ L. de Forest），増幅器として用いられる　**5.6**，**7.1**
International Radiotelegraph Union 結成，日本も加盟，遭難呼出符号 "SOS" を採用
米国：太平洋横断の海底ケーブル布設．日本のケーブルを小笠原で接続
| 1907 | シリコン鉱石検波器の発明（ピッカード J. Picard）　**1.2**
| 1908 | 日本の船舶に初めて官営の無線電信局開設，併せて海岸局開局
| 1909 | 電子の電荷の測定（ミリカン R. Millikan）
| 1910 頃 | 光電管が実用化される　**7.1**
| 1912 | TYK 無線電話を開発（鳥潟右一，横山英太郎，北村政治郎）　**1.2**
タイタニック号遭難
結晶による X 線の回折を発見（フォン・ラウエ M. von Laue）
| 1913 | 原子構造の量子論（ボーア N. Bohr）
増幅と帰還を利用した発振器を発明（マイスナー A. Meissner），振幅変調に利用　**7.1**
| 1914 | 海上人命安全条約（タイタニック条約）締結
第 1 次世界大戦勃発
| 1915 | 一般相対性理論の提唱（アインシュタイン）
真空管式発振器の発明（ハートレー R. von L. Hartley）
フィルタの発明（キャンベル G. A. Campbell，ワグナー K. W. Wagner）　**1.2**
| 1918 | 第 1 次世界大戦終結，翌年，国際連盟発足
| 1919 | 原子核崩壊の実験（ラザフォード E. Rutherford）
| 1920 | 米国：ラジオ放送の開始（ウェスチングハウス社）　**1.2**，**7.1**
日本：国際連盟の常任理事国となり，南洋群島を委任統治
| 1921 | マグネトロンの発明（ハル A. W. Hull）　　**7章の談話室**
| 1923 | コンプトン効果の発見（コンプトン A. Compton）
| 1924 | 電離層の存在を実験で実証（アップルトン E. Appleton，バーネット M. F. Bernett）　**1.2**
| 1925 | 機械式テレビジョンの発明（ベアード J. L. Baird）
日本：音声放送開始（NHK）　**7.1**
八木・宇田アンテナを開発（八木秀次，宇田新太郎）　**1.2**
| 1926 | 日本：ステップバイステップ自動交換機（ストロージャー式，次いでジーメンス式）導入　**3.2**
ブラウン管上に，走査による「イ」の字の映像（高柳健次郎）　**5.1**
量子力学の創始（ド・ブロイ L. de Broglie）　**7.2**
| 1927 | 分割陽極型マグネトロンの発明（岡部金治郎）　**7.1**，**7章の談話室**
| 1929 | ブラウン管によるテレビジョン方式の開発（ツボルキン V. K. Zvorykin）
長波で欧州向け通信運用開始（日本無線電信の依佐美無線電信局（愛知県））
日本：民間航空機に無線設備の設置が開始される
| 1930 | フェライトの発見（加藤与五郎，武井武）　**1.2**
| 1931 | ニュートリノ仮説（パウリ W. Pauli）
| 1932 | 陽電子の発見（アンダーソン C. D. Anderson）
中性子の発見（チャドウィック J. Chadwick）
無装荷ケーブルの開発（松前重義）　**1.2**
International Telegraph Union と International Radiotelegraph Union が合併して International Telecommunication Union (ITU) 結成，日本も加盟
日本が清朝最後の皇帝 "溥儀" を擁立して満州国を建国
| 1933 | FM 通信方式の発明（アームストロング E. H. Armstrong）　**1.2**
| 1935 | 中間子の存在を理論的に予測（湯川秀樹）
| 1936 | イギリス：テレビの正式放送開始
レーダの発明（ワトソンワット R. Watson-Watt）　**1.2**
チューリングマシンの論文を提出（チューリング A. M. Turing）　**1.2**
| 1937 | 日中戦争勃発，戦線は大陸奥地へと拡大
パルス符号通信（PCM）の発明（リーブス A. H. Reeves）　**1.2**，**3.1**
| 1938 | ブール代数によるリレー回路の設計（中嶋章，シャノン C. E. Shannon）　**1.2**
ウランの核分裂の発見（ハーン O. Hahn，シュトラスマン F. Strassman，など）
最初の合成繊維ナイロン誕生（カローザス W. H. Carothers）

1939	電子顕微鏡の発明（クノール M. Knoll，ルスカ E. A. F. Ruska）
	テレビの実験放送（東京）開始（NHK）
	クライストロンの発明（バリアン兄弟 R. H. & S. F. Varian） **7.1**
1940	日・独・伊の3国軍事同盟成立
1941	米国：商業テレビ放送を開始
	最初の同軸ケーブル周波数分割多重(FDM)伝送を実用化，L1方式480回線(AT & T) **3.1**
	東条内閣成立，太平洋戦争に突入
1942	核の連鎖反応確認（フェルミ E. Fermi）
1943	進行波管の発明（コンフナー R. Kompfner） **7.1**
1944	リレー式計算機 the MARK-1 を完成（エイキン H. Aiken，ホッパー G. Hopper）
1945	米国：原子爆弾を広島と長崎へ投下
	昭和天皇が初めてラジオで詔勅を録音放送して終戦
	国際連合成立（国際連盟は翌年解散）
	シンクロトロンの提案（マクミラン E. M. McMillan，ベクスラー V. I. Veksler）
1946	真空管式計算機 ENIAC（パッチボードによるプログラミング採用）を開発（エッカート J. P. Eckert，モーキュリー J. W. Mauchly） **6.1**
	プログラム内蔵方式コンピュータの提唱（フォン・ノイマン J. von Neumann） **6.1**
	米国：自動車電話サービス開始） **1.2**
1947	トランジスタ（接合形）を発明（ブラッテン W. H. Brattain，バーディーン J. Bardeen，ショックレー W. B. Shockley **5.6**，**7.1**，**7.2**
	宇宙線の中から，パイ中間子を発見（パウエル C. F. Powell ほか）
1948	通信理論（情報理論）を発表（シャノン C. E. Shannon）
	サイバネティクス理論を発表（ウィーナー N. Wiener）
	米国：パロマー山に5m反射望遠鏡が完成
1949	最初のプログラム内蔵方式計算機 EDSAC の開発（水銀遅延メモリ採用）（ウイルクス M. V. Wilkes） **6.1**
1950	日本：「電波法」施行
1950〜1951	マイクロ波伝送方式の TD-2 開発，大陸を横断．4 GHz 帯で電話480回線またはテレビジョン信号1回線を FM で（AT & T） **3.1**
1950	テレビ実験放送を開始（NHK）
1951	日本：サンフランシスコ平和条約に調印して独立
	MOS トランジスタの発明 **6.1**，**7.1**
	フロンティア電子論（福井謙一）
1952	トランジスタを使った計算機の開発始まる（ベル研究所，MIT） **6.1**
1953	DNA 二重らせん構造の発見（ワトソン J. D. Watson，クリック F. H. C. Crick）
	「日本電信電話公社（電電公社）」，「国際電信電話（株）（国際電電）」発足
	磁気ドラム使用の汎用コンピュータ IBM 650 を発表（IBM）
	テレビ本放送開始（NHK と民放） **5.1**
	国際航空路線開設（日本航空）
1954	マイクロ波伝送方式の SF-B1 開発，東名阪ルートに導入．4 GHz 帯で電話360回線またはテレビジョン信号1回線を FM で（電電公社） **3.1**
1955	トランジスタラジオを発売（ソニー） **7.1**
1953〜1958	真空管方式計算機 IBM-700 シリーズ発表（IBM） **6.1**
1954〜1957	2元線形符号（喜安善一，スレピアン D. Slepian），巡回符号（プランジ E. Prange）の研究が開始される **6.2**
1956	パラメトロン発明（後藤英一） **6.1**
	FM 残留側波帯方式 VTR（video tape recorder）開発（アンダーソン C. Anderson ほか Ampex 社） **5.8**
	日本：国際連合に加盟
	トランジスタを使った計算機 ETL Mark III 開発される（電気試験所） **6.1**
1957	ソ連：初の人工衛星，スプートニク1号
1957〜1959	パラメトロン計算機開発（電電公社，東大，東北大，日立，富士通，日電） **6.1**
1957	トンネル効果に基づいたエサキダイオードの理論を発表（江崎玲於奈）
	プログラミング言語 FORTRAN を発表（IBM） **6.1**

	日本：南極観測開始
	超伝導の理論（バーディーン，クーパー L. N. Cooper，シュリーファ J. R. Schrieffer）
	液晶の詳細解説（ブラウン G. H. Braun）　**5.6**
1958	東京タワー完成
	日本：各社，トランジスタ計算機を開発　**6.1**
1958〜1961	固体集積回路（IC）の発明（キルビー J. Kilby：Texas Instruments，ノイス R. Noyce：Fairchild Semiconductors）　**5.6**，**7.1**
1959〜1964	IBM 社トランジスタ計算機 IBM 7000 シリーズ　**6.1**
1960	JR の座席予約システム MARS-1，4 年後には MARS-101 が開発実運用される　**6.5**
	米国：レーザの発生に成功
	プログラミング言語 COBOL を発表（CODASYL(米国標準プログラミング言語策定委員会)）
	日本：カラーテレビの本放送を開始（NHK と民放 4 社）　**7.1**
	ソ連：最初の有人宇宙飛行，ボストーク 1 号
1961	米国：PCM ディジタル有線伝送方式実用化，電話 24 回線時分割多重（T 1 方式）（AT & T）　**3.1**
1962	通信衛星による衛星中継の実験の開始（テルスター 1 号：ベル研究所，リレー 1 号：NASA）　**5.2**
	米国：半導体レーザ（ストライプ形）の発振に成功　**4.3**
1963	米国：最初の静止通信衛星シンコム 2 号打上げ　**5.2**
	通信衛星テルスターによる初めての日・米 TV 中継実施，ケネディ大統領の暗殺を放映
	フェライト 2 ヘッドヘリカルスキャン VTR 開発（高柳健次郎，廣田昭：日本ビクター）　**5.8**
1964	米国：同軸ケーブルによる太平洋第 1 海底ケーブル TPC-1 開通（AT & T）
	「国際電気通信衛星機構：INTELSAT」発足．日本も加盟
	東京オリンピックのテレビ番組を米国へ衛星中継（シンコム 3 号）　**5.2**
	日本：気象庁の富士山レーダ完成，広域的な雲の観測が可能になる
1965	ファジィ集合の提唱（ザデー L. Zadeh）
	日本，米国：弾性表面波（表面弾性波）デバイスのための「すだれ状電極」の発明　**7.5**
	FFT アルゴリズムの考案（クーリー J. W. Cooley，チューキー J. W. Tukey）　**2.2**
1965〜1966	PCM ディジタル有線伝送方式 PCM 24 実用化，電話 24 回線時分割多重化（電電公社）　**3.1**
1965〜1968	マイクロ波 PCM 伝送方式 2 GHzPCM 実用化，32 Mbit/s，電話 480 回線（電電公社）　**3.1**
1967	半導体不揮発メモリセルの発明（ベル研究所）　**7.4**
	INTELSAT による日米間のカラー TV 中継開始
	畳込み符号の最適な復号方式であるトレリス復号方式を発見（ビタビ A. J. Viterbi）
1968	米国：アポロ 7 号で初めて宇宙からの TV 中継に成功
	液晶ディスプレイを用いたディジタル時計を試作発表（RCA 社）　**5.6**
1966〜1968	プラズマディスプレイ試作発表（イリノイ大，フィリップス社）　**5.7**
1969	米国：人類が初めて月面に立つ．アポロ 11 号月面着陸
	日本海ケーブル（直江津-ナホトカ）開通（国際電電と Great Northern Telegraph Co.（デンマーク））
	この頃，"UNIX" の開発を開始（ベル研究所）　**3.7**
	日本で電子交換機導入　**3.2**
	米国国防省，研究機関のコンピュータ相互を接続する ARPANET を展開，のちにインターネットに発展　**3.7**
1970	減衰量 20 dB/km の石英系光ファイバを開発（コーニング社）　**4.1**，**4.2**
1970〜1980	FFT を用いた OFDM 方式（現在，日本と欧州の地上ディジタル放送の方式）の研究　**5.4**
1971	人工衛星 ATS-1 を用いて，データ伝送 ALOHA System の実験開始（アブラムソン N. Abramson：ハワイ大学）
	マイクロプロセッサ Intel 4004 の誕生（嶋正人，ホッフ T. Hoff）　**6.1**
1972	米国：地球資源探査衛星：ERTS（のちの LANDSAT）打上げ
1973	UNIX 開発用言語であった"C" が汎用プログラミング言語として完成される（ベル研究所）
	日本：静止気象衛星「ひまわり」稼働開始（宇宙開発事業団）
	交流駆動 DSM 方式液晶ディスプレイを用いた電卓を商品化（シャープ）　**5.6**
1974	DCT（discrete cosine transform）考案（アーメッド N. Ahmed，ナタラヤン T. Natarajan，ラオ K. R. Rao）　**3.6**，**5.1**

年	
1973～1974	トランジスタ技術を用いた同軸ケーブル FDM 伝送方式により，10 800 回線の実用化（L-5：AT & T, C-60 M：電電公社）　**3.1**
1974	ディジタルデータ交換機 DDX-1 を開発（電電公社）
1974～1976	長距離同軸ケーブル PCM ディジタル伝送方式 PCM 400 M（DC-400 M）を実用化，5 760 回線 400 Mbit/s の伝送を実現（電電公社）　**3.1**
1975	米国：長距離同軸ケーブル PCM ディジタル伝送方式 T 4 M 実用化，4 032 回線 274 Mbit/s の伝送を実現（AT & T）　**3.1**
	太平洋横断第 2 ケーブル TPC-2 開通（AT & T，国際電電）
1976	VAD（vapor-phase axial deposition）法による長距離光ファイバ製造技術が完成（伊澤達夫，電電公社）　**4.1**，**4.2**
1975～1976	家庭用 VTR ベータ方式（ソニー）と VHS 方式（日本ビクター）登場（2 ヘッドヘリカルスキャンアジマス記録採用）　**5.8**
1976	日中間海底ケーブル開通（国際電電）
	ディジタル交換機 No.4 ESS 実用化（ベル研究所）　**3.1**
	CRI（Cray Research Inc.）社製ベクトル計算機 Cray-1，160 MFlops を達成　**6.7**
1977	公開鍵暗号 RSA 符号の開発（リベスト R. L. Rivest，シャミア A. Shamir，エーデルマン L. Adleman）　**6.3**
	共通鍵暗号 DES（data encryption standard）が米国の標準に　**6.3**
	米国：MARISAT による船舶衛星通信の運用開始
	米国：惑星探査機，ボイジャー 1，2 号打上げ
1978 頃	弾性表面波デバイスが，テレビジョンの映像中間周波数フィルタとして定着
1979	MARISAT を国際海事衛星機構：INMARSAT に改組，日本も加盟
	波長 1.55 μm，0.2 dB/km のシングルモードファイバを開発，実用化（電電公社）　**4.1**
	ストライプ形に比べてしきい値電流が 3 桁低い面発光半導体レーザの発明（伊賀健一）　**4.3**
	パソコン用 OS "MSDOS" 発表（Microsoft）
	東京で自動車電話のサービス開始
	高速増幅デバイス HEMT（high electron mobility transistor）の発明（三村高志）　**7.3**
1980	G 3（第 3 世代）ファクシミリ方式として KDD から提案された 2 次元圧縮方式（modified READ）が国際標準に　**3.4**
	米国：ボイジャー 1 号，土星に接近して探査に成功
1981	米国：最初のスペースシャトル・コロンビア打上げ
	ハードウェア動作記述・論理合成言語SFL/PARTHENONの開発（電電公社）　**6 章の談話室**
1982	インターネットプロトコル TCP/IP が，UNIX 4.2 BSD に標準搭載される　**3.7**
	日本：新世代コンピュータ技術開発機構（ICOT）発足
	光ディスク実用化される　**4.5**
1983	1975 年以来開発されてきた 200 Mbit/s，40 MHz の 16 QAM マイクロ波ディジタル通信方式が基幹回線でのサービスを開始（電電公社）　**3.3**
	米国：静止衛星からの直接放送を開始
	世界の大形プラズマディスプレイ方式の主流となる 3 電極面放電形交流駆動方式の発明（富士通）　**5.7**
	ディジタル交換機（D 70）導入（電電公社）　**3.2**
	ファミリコンピュータを発売（任天堂）　**6.6**
1984	ITU の CCITT（現 ITU-T の前身）は 1981 年からこの年にかけてディジタルサービス統合網 ISDN に関する標準勧告作成，日本も寄与　**3.5**
	Macintosh を発表（Apple Computer 社）
	日本：リアルタイム OS の TRON プロジェクトが開始され，現在，組込みコンピュータ用の代表的な OS　**6.4**
	日本：研究機関を結ぶインターネット JUNET が形成され始める　**3.7**
	BS による直接衛星放送開始（PCM 音声伝送，画像はアナログ，12 GHz 帯）（NHK）　**5.1**
	一括消去形半導体不揮発性メモリとしてのフラッシュメモリを発明（舛岡富士雄）　**7.4**
1980～1985	光ファイバ伝送路の損失測定法，破断点検出（OTDR），スペクトル測定法の完成（電電公社）　**4.4**
1985	この頃，浮動小数点の DSP が開発される　**2.2**
	ハードウェア仕様記述言語 VHDL が発表される　**6 章の談話室**
	アバランシ増倍による超高感度 HARP 撮像管の原理の発見（谷岡健吉）　**5.5**

日本を中心とした電子情報通信技術史年表 243

	日本電信電話公社が民営化されNTTグループとなる
	国際電信電話（株）と高速通信（株）が合併しKDDとなる
	旭川-鹿児島間の3 400 km 日本縦貫シングルモード光ケーブル（波長1.3μm）完成（NTT）　**4.1**
	「放送大学」発足
	シングルモード光ファイバの融着接続技術の実用化（NTT）　**4章の談話室**
1986	BS-2 b 放送衛星打上げ：1984年に打ち上げられた BS-2 a に搭載された進行波管電子銃部の不具合の原因を，予備機の環境試験により発見して解決（NHK）　**5.2**
	トランジスタ100万個以上の大規模集積回路 VLSI が開発される
	各社が超大形計算機を発表　**6.1**
	高温超伝導物質の発見（ベドノルツ J. G. Bednorz, ミュラー K. A. Mueller）
1987	太平洋横断第3ケーブル TPC-3 開通，太平洋で初の光海底ケーブル（KDD, AT&T）
	"イリジウム計画"を発表（モトローラ）
	日本の海洋観測衛星 MOS-1 打上げ（宇宙開発事業団）
1988	薄膜トランジスタマトリックスによる液晶ディスプレイ実用化（シャープ，松下電器）　**5.6**
1989	MUSE (multiple sub-Nyquist sampling encoding) アナログ方式によるハイビジョン実験放送を BS-2 により開始（NHK）　**5.3**
	光磁気ディスク実用化される　**4.5**
1990	日本：超高速 AI コンピュータを試作（ICOT）
	ITU-T(ITUの標準担当部門)は，NTTの提案に基づき，同期ディジタルハイアラーキ SDH (synchronous digital hierarchy)のための NNI(network node interface)標準を勧告　**3.5**
	米国：インターネットを一般に公開（ARPA）
	日本の地上デジタル放送方式となる OFDM 方式の研究がスタート（NHK）　**5.4**
1991	ISO と ITU-T はカラー静止画圧縮の標準規格 JPEG を勧告，日本も寄与　**3.6**
	HDTV（高品位テレビジョン，通称ハイビジョン）の実験放送を開始（NHK）　**5.3**
1992	第4太平洋ケーブル TPC-4 開通（KDD, AT&T）
1993	情報スーパーハイウェイ構想 NII を発表（クリントン米国大統領）
	米国：インターネットの商用サービス開始
	パソコン用"MS-Windows"を発売（Microsoft 社）
1994	地球規模の情報基盤 GII の構築を提案（ゴア米国副大統領）
	World Wide Web（WWW）の普及でインターネットが爆発的な伸び　**3.7**
	ISO と IEC は，現在 DVD や DTV で普及している動画圧縮の標準規格 MPEG-2 を勧告，日本からの提案も多く採用される　**3.6**
1995	日本：携帯電話と PHS のサービス開始
1996	日本：CS による全デジタルテレビ放送開始（MPEG 2, QPSK 採用）　**5.1**
	CDMA 移動体通信のコンボルバーに弾性表面波デバイスを導入　**7.5**
	大学間衛星通信網 SCS の構築を開始（文部省）
1998	プラットホーム独立なオブジェクト指向言語の完成版 Java 2 とその開発環境をリリース（ノートン P. Naughton, ゴスリン J. Gosling：サンマイクロシステムズ社）
	米国：スーパーコンピュータ用学術ネットワーク vBNS と，光ファイバ超高速ネットワーク Abiline からなる学術用インターネットが整備される　**3.7**
	加入者線 ADSL によるインターネット接続の実用化，最大 1.5 Mbit/s を実現　**3.7**
1999	タイタニック号以来の無線電信による"SOS"に代わって，衛星利用海上遭難安全通信システム GMDSS を世界の海で採用，日本も採用
	i モードサービス開始（NTTドコモ）　**3.7**，**3章の談話室**
2000	コンピュータエンタテインメント，プレイステーション2発売（ソニー）　**6.6**
	デジタルハイビジョンとデータ放送で構成された ISDB による BS デジタル放送開始（NHK）　**5.1**
	音声認識を用いた字幕放送を開始（NHK）　**5章の談話室**
2001	加入者光ファイバ通信システム（FTTH）によるインターネット24時間接続サービスが開始される　**3.7**
2002	40 TFlops 並列度5 120のベクトル計算機として世界最高速のスーパーコンピュータ「地球シミュレータ」が稼動（日本電気）　**6.1**，**6.7**
2003	地上デジタルテレビ放送開始（OFDM 方式，携帯・移動体受信も可能）　**5.1**
	ITU-R（ITUの無線通信部門）で，日本が提案した走査線1 125本の HDTV（ハイビジョン）スタジオ規格が国際標準規格に　**5.3**

引用・参考文献

(1 章)

1) 二見一雄：電気の歴史，コロナ社 (1968)．
2) 高木純一：電気の歴史――計測を中心として――，オーム社 (1967)．
3) 直川一也：電気の歴史，東京電機大学出版局 (1985)．
4) 丹羽保次郎：電気をひらいた人々，東京電機大学出版局 (1952)．
5) 電子通信学会編，水島宣彦：エレクトロにクスの開拓者たち――電気通信を中心として科学技術史――，コロナ社 (1977)．
6) 山崎俊雄，木本忠昭：新版 電気の技術史，オーム社 (1992)．
7) 岩本 洋：絵で見る 電気の歴史，オーム社 (2003)．
8) 岩波書店編集部編：岩波科学百科，pp. 868〜869，岩波書店 (1989)．
9) 物理学大辞典編集委員会（委員長：牧 二郎）編：物理学大辞典，p. 926, pp. 953〜955，丸善 (1983)．
10) Georg Simon Ohm：The galvanic circuit investigated mathematically (original German edition：Berlin, 1827); translated by W. Francis (Van Norstrand, 2nd edition, 1905)
11) Samuel Hunter Christie：Experimental determination of the laws of magneto-electric induction, Philosophical Transactions of the Royal Society of London, **123**, 10, pp. 95〜142 (1842). ｛イギリスの王立協会のフェローの一人が選ばれ，年に一度行われるベイカー・レクチャー（Bakerian Lecture；イギリスにおける物理科学の分野における最も権威の高い講義，講話または講演）において，1833 年に発表された Experimental Determination of the laws of magneto-electric induction in different masses of the same metal, and its intensity in different metals を論文として記録に残したもの｝．
12) Charles Wheatstone：An account of several new instruments and processes for determining the constant of a voltage circuit, Philosophical Transactions of the Royal Society of London, **133**, pp. 303〜329 (1843).
13) A. W. Humphreys：The Development of the Conception and Measurement of Electric Current, Annals of Science, **2**, pp. 164〜178 (1937).
14) G. Kirchhoff：Ueber den Durchgang eines elektrischen Stromes durch eine Ebene, insbesondere durch eine kreisförmige；Poggendroffs Annalen der Physik und Chemie, **64**, pp. 497〜514 (1845).
15) G. Kirchhoff：Ueber die Auflösung der Gleichungen, auf welche man bei der Untersuchung der linearen Vertheilung galvanisher Ströme Geführt wird, Pogendroffs Annalen der Physik und Chemie, **72**, pp. 497〜508 (1847).
16) G. Kirchhoff：Ueber die Anwendberkeit der Formeln fur die Intensitäten der galvanischer Ströme in einenm System linearer Leiter auf Systeme, die zum Theil aus nicht linearen Leitern besetehen, Pogendroffs Annalen der Physik und Chemie, **75**, pp. 189〜205 (1848).
17) N. L. Biggs, E. K. Lloyd and R. J. Wilson：Graph Theoty pp. 1736〜1936, Clarendon Press, Oxford, 1976 (Reprints, with correction 1977), pp. 131〜157.
18) 篠田庄司：回路論入門 (1), まえがき，pp. 30〜31, p. 46, pp. 52〜53, pp. 270〜271, pp. 280〜182，コロナ社 (1996)．
19) O. Veblen：Analysis Situs, American Mathematical Society, 1931（岡田幸雄，高野一夫共訳：ヴェブレンの位相幾何学，森北出版 (1970)）．
20) H. Helmholtz：Über einige Gesetze der Vertheilung elektrisher Ströme in körperlichen Leitern mit Anwendung auf die thierisch-electrischen Versuche, Poggendroffs Analen der Physik und Chemie, **89**, pp. 211〜233, pp. 353〜377 (1853).
21) Ch. L. Thévenin：Sur un nouveau Téhorèm d'Electicité Dynamique, Comptes Rendus, **97**, pp. 159〜161 (1883).
22) James Clark Maxwell：Electricity and Magnetism, Clarendon Press, Oxford (1892).
23) Arthur Kennelly：The equivalence of Triangles and Tree-Pointed Stars in Conducting Networks, El. World and Engineers, N.Y., XXXIV, No. 12, pp. 413〜414 (1899).

24) W. Feussner：Uber Stromverzweigung in netzförmigen Leitern, Ann. Phys., 9, pp. 1304〜1329 (1902).
25) W. Feussner：Zur Berechnung der Stromstärke in netförmigen Leitern, Ann Phys., **15**, pp. 385〜394 (1904).
26) Loed Rayleigh：Theory of Sound, **1** and **2**（1877，初版），（1894，第2版）．
27) Oliver Heaviside：Electrical Papers (2 vols), The Macmillan Co., New York, and London (1892).
28) Oliver Heaviside：Electromagnetic Theory (3 vols.), The Electrician Printing & Publishing Co., London, (1894, 1899 and 1912). Reprinted by Benn Brothers, London (1922).
29) Ch. P. Steinmetz：Complex quantities and their use in electrical engineering, in Proc. International Electrical Congress, Proc. AIEE, pp. 33〜75 (1894).
30) Ch. P. Steinmetz：Reactance, Trans. AIEE, pp. 640〜648 (1894).
31) Ch. P. Steinmetz：Theory and Calculation of Alternating Current Phenomena, McGraw-Hill (1897).
32) J. L. Bordewijk：Inter-reciprocity applied to electrical networks, Appl. Sci. Res., **B6**, pp. 1〜74 (1956).
33) H. Watanabe and S. Shinoda：Seoul of Circuit Theory —— A review on Research Activities of Graphs and Circuits in Japan, IEEE Trans. on Circuits and Systems -1：Fundamental Theory and Applications, **45**, 1, pp. 83〜94, (1999).
34) 辻井重男：科学技術の研究開発と歴史の役割，電子情報通信学会誌，**82**，11，pp. 1092〜1097（1999）．
35) 若井 登：我が国の電気通のパイオニア――志田林三郎――，電子情報通信学会，**78**，9，pp. 907〜908（1995）．
36) 伊賀健一：フェライトの開発――その初期――，電子情報通信学会，**78**，7，pp. 709〜710（1995）．
37) 平間宏一：移動体通信を支える水晶技術――古賀カットから現代まで――，信学誌，**85**，12，pp. 896〜899（2002）．
38) 岡田幸雄，藤木 榮：通信の本質と其計量に就て，電通誌，pp. 147〜157（1940-3）．
39) 電子通信学会50周年史，pp. 113〜345，電子通信学会（1967-9）．
40) 大橋幹一：電気通信と其の事業――電気通信概論――，通信文化振興会（1951）．
41) 電子情報通信学会75周年史，pp. 117〜390，電子情報通信学会（1992-9）．
42) 篠田庄司：線形回路と非線形回路（最近25年間における電子情報通信技術の発展），電子情報通信学会75周年史，pp. 249〜255（1992-9）．
43) 特集「あの技術は今…――技術の変遷と21世紀への展望――」，信学誌，**78**，11，pp. 1068〜1181（1995）．
44) 特集「電子情報通信分野の歴史に残すべき技術――産業界を中心として――」，信学誌，**82**，11，pp. 1086〜1199（1999）．
45) 特別小特集「1900年代の技術を振り返る」，信学誌，**83**，1，pp. 4〜37（2000）．
46) 小特集「インターネットの歴史と将来展望」，電子情報通信学会誌，**86**，3，154〜173，2003年3月
47) 特別小特集「ブレークスルー ――そして独創的な技術は生まれた――」，信学誌，**87**，1，pp. 4〜41（2004）．
48) 霜田光一，稲場文男，末松安晴：光エレクトロニクスの30年を振り返って，信学誌，**78**，10，pp. 1028〜1033（1995）．
49) 福田益美：化合物半導体の細道，信学誌，**85**，6，pp. 397〜400（2002）．
50) 近野 正：メカニカルフィルタから振動ジャイロスコープまで，信学誌，**79**，5，pp. 466〜468（1996）．
51) 柴山乾夫：弾性波素子の研究回顧――弾性表面波素子をめぐって，信学誌，**80**，10，pp. 1020〜1023（1997）．
52) 尾上守夫：画像処理の夜明け，信学誌，**78**，12，pp. 1216〜1220（1995）．
53) 赤岩芳彦：ディジタル移動通信技術の歴史，信学誌，**86**，6，pp. 393〜395（2003）．
54) 松坂 泰：今，移動通信を振り返る，信学誌，**81**，5，pp. 463〜467（1998）．
55) 藤本京平：Integrated Antenna Systemsについて――今まで，そしてこれから――信学誌，**86**，6，pp. 403〜408（2003）．
56) 奥井重彦：仲上mフェージングチャネル，信学誌，**86**，12，pp. 969〜971（2003）．
57) 佐藤利三郎：環境電磁工学誕生，信学誌，**80**，10，pp. 1017〜1019（1997）．
58) 伊賀泰彦：宇宙通信発展の歴史――総論――，信学誌，**79**，4，pp. 318〜322（1996）．

59) 大賀寿郎：電話機設計の思想の流れ，信学誌，**78**，10，pp. 1033〜1036（1995）．
60) われらのマイクロ波通信50年（透明編），桑原情報研究所（2004-3）．
61) 甘利俊一：夢中の40年，信学誌，**81**，8，pp. 785〜788（1998）．
62) 森 健一：日本語ワードプロセッサ開発の回想，信学誌，**78**，5，pp. 446〜449（1995）．
63) 森 健一，河田 勉，天野真家：日本語ワープロが果たした社会的役割，信学誌，**86**，8，pp. 637〜639（2003）．
64) 淵 一博：第五世代コンピュータ時代，信学誌，**79**，3，pp. 213〜217（1996）．
65) 矢島脩三：コンピュータ開発，信学誌，**80**，5，pp. 432〜434（1997）．
66) 山田昭彦：デジタルシステムの自動設計30年の歩み，信学誌，**78**，8，pp. 745〜748（1995）．
67) 山田昭彦：我が国における初期のコンピュータ開発，信学誌，**86**，4，pp. 226〜229（2003）．
68) 情報処理学会歴史特別委員会編，日本のコンピュータ発達史，オーム社（1998）．
69) 石井彰三，荒川文生：技術創造，朝倉書店（1999）．
70) Brian Bowers："Electricity" in an Encyclopedia of the History of Technology, ed. by Ian McNeil, Routledge, 1990 (Paperback, 1996), pp. 350〜387.
71) Herbert Ohlman：Electrical speech communication, in an Encyclopedia of the History of Technology, ed. by Ian McNeil, Routledge, 1990 (Paperback, 1996), pp. 686〜758.

（2 章）

2.1節

1) Sigmund A. Lavine著，村越司訳：スタインメッツ——世界最高の電気工学者——，時事通信社（1958）．
2) A. E. Kennelly：Impedance, AIEE Trans., pp. 175〜216 (1893).
3) C. P. Steinmetz：Complex Quantities and Their Use in Electrical Engineering, Proc. 1893 International Electrical Congress, pp. 33〜75 (1984).
4) C. P. Steinmetz：Theory and Calculation of Alternating Current Phenomena, McGraw-Hill, New York (1897).
5) C. P. Steinmetz：Theory and calculation of transient electric phenomena and oscillations, p. 556, McGraw-Hill, New York (1909).
6) C. P. Steinmetz：Lectures on Electrical Engineering, p. 566 (Vol. 1), p. 507 (Vol. 2), p. 462 (Vol. 3), McGraw-Hill, New York (1915, 1920).
7) O. Heaviside：On Resistance and Conductance Operators, XXVI, pp. 479〜502 (1878).
8) G. Windred：Early Developments in A. C. Circuit Theory, Some Notes On the Application of Complex Methods to the Solution of A. C. Circuit Problems, Phil.Mag., **10**, 66, pp. 905〜916 (1930).
9) Jan Mikusinski：Operational Calculus, Pergamon Press, Warsaw, (1953). (English Edition (1957)).
10) Karl Willy Wagner：Die Theorie des Kettenleiters nebst Anwendungen. (Wirkung der verteilten Kapazitat in Widerstandssatzen.), Archiv fur Elektrotechnik, **3**, 11, pp. 315〜332 (1915).
11) Karl Willy Wagner：Spulen-und Kondensatorleitungen, Archiv fur Elektrotechnik, **8**, pp. 5〜92 (1919).
12) George Campbell：Physical theory of the electric wave-filter, BSTJ, **1**, 2, pp. 1〜32 (1922-11).
13) Otto Zobel：Theory and design of uniform and composite wave-filters, BSTJ, **2**, 1, pp. 1〜46 (1923-1).
14) E. A. Guillemin：A recent contribution to the design of electric filter networksJ. Mathematics & Physics, **11**, 2 (1932).
15) R. M. Foster：A ractance theorem, Bell Syst.Tech. J., 3, p. 259 (1924-4).
16) W. Cauer：Die Verwirklichung von Wechselstrom widerstanden vorgeschriebener Frequenzabhangigkeit, Arch. f. Elektrot., **17**, p. 355 (1926-4).
17) O. Brune：Synthesis of a finite two-terminal network whose driving —— point impedance is a prescribed function of frequency, J. Math. Phys., **10**, p. 191 (1931-8).
18) W. Cauer：Theorie der linearen Wechselstrom-schaltungen, Becker und Erler, Leipzig (1941).
19) S. Darlington：Synthesis of reactance 4-poles which produce prescribed insertion loss characteristics, J. Math. Phy., **18**, p. 257 (1939-10).
20) W. Cauer著，岡田幸雄，井上浩訳：濾波回路，コロナ社（1942）．
21) 永井健三，神谷六郎：伝送回路網学，上・下，コロナ社（1937）．
22) 松本秋男：起伏形分波器，信学誌，**20**，11，p. 879（1936）．
23) 喜安善市：位相差分波器について，信学誌，**26**，10，p. 657（1942）．

24) 大野克郎：抵抗終端リアクタンス回路網群による一般多端子網の構成理論, 信学誌, **29**, 3, p. 82 (1946).
25) B. D. H. Tellegen：The gyrator, a new electric network element, Philips Res. Rep., 3, p. 81 (1948-4).
26) Y. Oono and K. Yasuura：Synthesis of finite passive 2n-terminal networks with prescribed scattering matrices, Mem. Fac. Engg., Kyushu Univ., **14**, p. 125 (1954-5).
27) R. Bott and R. J. Duffin：Impedance synthesis without use of transformers, J. Appl. Phys., **20**, p. 816 (1949-8).
28) 宮田房近：二端子合成の新系列, 信学誌, **35**, 5, p. 211 (1952).
29) 藤沢俊男：直列端又は並列端低域濾波梯子回路が相互誘導を用いないで構成されるための必充条件, 信学誌, **37**, 5, p. 341 (1954).
30) 高橋秀俊：Tchebycheff 特性を有する梯子形濾波器についで, 信学誌, **34**, 1, p. 65 (1951).
31) 尾崎　弘：多変数正実関数, 信学誌, **55**, 12, p. 1589 (1972).
32) 林　重憲：演算子法と過渡現象, オーム社 (1965).
33) 大野克郎：回路網の古典合成論［Ⅰ］-［Ⅴ］, 信学誌, **57**, 10, p. 1170 (1974).
34) V. Belevitch：Classical Network Theory, Holden-Day, Inc., p. 440 (1968).

2.2 節
1) IEEE ASSP Magazine, I, 1, 4 (1984).
2) E. T. Jury：Theory and Application of the z-Transform Method, John Wily & Sons (1964).
3) 宮川　洋 他：ディジタル信号処理, 電子情報通信学会 (1975).
4) 西谷隆夫：DSP の技術動向, テレビ誌, **41**, 3 (1987).
5) J. R. Boddie, et al.：Digital Signal Processor, BSTJ, 60, Part 2 (1981-9).

(3 章)
3.1 節
1) 城水元次郎：電気通信物語——通信ネットワークを変えてきたもの——, オーム社 (2004).
2) Engineering and Operations in the Bell System, AT&T Bell Laboratories, Murray Hill, N. J., (1984).
3) 日本電信電話公社技術局編：続・最近の電気通信技術, オーム社 (1967).
4) 真野捷司, 田中公男：C-60 M 中継装置の実用化, 研実報, **20**, 10, pp. 2133～2161 (1971).
5) D. F. Hoth：The T1 Carrier System, Bell Laboratories Record, pp. 358～363 (1962-11).
6) C. G. Davis：An Experimental Pulse Code Modulation System for Short-Haul Trunks, Bell Syst. Tech. J., **41**, 1, pp. 1～24 他5論文 (1962).
7) 平塚憲一, 坂下隆義, 大蔵恭仁夫, 榎並章三：PCM-24 方式の商用試験中間結果, 施設, **18**, 5, pp. 75～81 (1966).
8) 熊谷伝六, 倉橋　裕：符号変調時分割方式の多重構成とその特性, 研実報, **14**, 1, pp. 9～32 他6論文 (1965).
9) 松浦芳久：近距離 PCM 方式用圧伸符号復号器の研究, 研実報, **14**, 9, pp. 1643～1680 他14論文 (1965).
10) 小島　哲：PCM 特集について, 信学誌, **49**, 11, p. 1962, 他34論文 (1966).
11) 室谷正芳, 立川敬二, 田中良一：2 GHz PCM 方式, 施設, **20**, 6, pp. 96～105 (1968).
12) 三木哲也, 河西宏之, 山口治男：実験用 400 Mb/s 同軸 PCM 中継系の伝送特性, 研実報, **23**, 4, pp. 653～671 (1974).
13) N. Inoue, N. Sakurai, T. Miki and H. Kasai：PCM-400M Digital Repeatered Line, IEEE ICC75, **24**, 11 (1975).
14) M. Kawashima, I. Fudemoto, Y. Mochida and T. Uyehara：400Mb/s Digital Repeater Circuitry Proved by a New Design Method and Beam Lead GHz Transistors, IEEE ICC75, **24**, 6 (1975).
15) P. E. Rubin：The T4 Digital Transmission System——Overview, IEEE ICC75, **48**, 1 他5論文 (1975).
16) M. Robert Aaron：Digital Communications——The Silent (R)evolution?, IEEE Commun. Mag. **17**, 1, pp. 16～26 (1979).

3.2 節
1) 二十五年史編集委員会：日本電信電話公社二十五年史, 電気通信協会 (1977).
2) NTT 技術局：電気通信自主技術開発史——交換編, 電気通信協会 (1976).
3) NTT 施設局：施設, 電気通信協会 (1956～1967).

4) 福富禮治郎，城水元次郎，田代穰次：クロスバＣ 400 方式，電気通信協会（1967）．
 5) 福富禮治郎：交換方式，電気通信協会（1971）．
 6) 池澤英夫：情報化社会創成記，電気通信協会（2003）．
 7) 尾佐竹侚，秋山　稔：交換工学，電気通信学会（1963）．

3.3 節

 1) 山本平一，森田浩三，鎌田光帯，松本愼二，山後純一：ディジタルマイクロ波方式，信学誌，**67**，3，pp. 266～278（1984）．
 2) 森田浩三：電気通信技術開発物語――ディジタル・マイクロ波，衛星通信編（その 3），電気通信，**56**，560，pp. 17～33（1993）．
 3) 室谷正芳，山本平一：ディジタル無線通信，産業図書（1985）．
 4) H. Yamamoto：Advanced 16-QAM Techniques for Digital Microwave Radio, IEEE Commun. Mag. **CM-19**, 3, pp. 36～45 (1981).
 5) 山本平一：高能率無線伝送方式，信学誌，**64**，9，pp. 926～929（1981）．
 6) 斉藤洋一：ディジタル無線通信の変復調，電子情報通信学会（1996）．
 7) I. Horikawa, T. Murase and Y. Saito：Design and Performances of a 200 Mbit/s 16 QAM Digital Radio System, IEEE Trans. Commun, **COM-27**, 12, pp. 1953～1958 (1979).
 8) 堀川　泉，斉藤洋一：選択制御形 16 QAM 用搬送波再生回路，信学論（B），**63-B**，7（1980）．
 9) 吉田彰顕，斉藤洋一，山本平一：非線形ひずみを有する増幅器の 16 QAM 信号伝送特性，信学論（B），**J66-B**，4，pp. 514～520（1983）．
10) 進士昌明編：無線通信の電波伝搬，電子情報通信学会（1992）．
11) 田島浩二郎，小牧省三，岡本栄晴：最小振幅偏差スペースダイバーシティ受信方式の設計と特性，信学論（B），**66-B**，3（1983）．
12) K. Komaki, K. Tajima and Y. Okamoto：A Minimum Dispersion Combiner for High Capacity Digital Microwave Radio, IEEE Trans. Commun, **COM-32**, 4, pp. 419～428 (1984).
13) 田島浩二郎，小牧省三，岡本栄晴：スペースダイバーシティ及び自動等化器併用時の瞬断率改善効果，信学論（B），**66-B**，5（1983）．
14) 市川敬章，小牧省三：デュアルゲート FET を用いたマイクロ波帯無限移相器，信学論（B），**65-B**，6，pp. 715～722（1980）．
15) 森田浩三，吉田彰顕：選択性フェージング用振幅自動等化器，信学論（B），**65-B**，1，pp. 102～108（1982）．
16) 松江英明，吉田彰顕，森田浩三：ディジタル無線方式用可変共振形自動等化器の制御法，信学論（B），**J65-B**，12，pp. 1547～1554（1982）．
17) T. Yoshida, T. Murase and K. Morita：An Adaptive Variable-Resonance Equalaizer for a 16 QAM Radio System, IECE Trans., **E-67**, 2, pp. 101～108 (1984).
18) 荒木正治，村瀬武弘：マイクロ波帯ディジタル無線方式用トランスバーサル形自動等化器，信学論（B），**64-B**，10，p. 1131（1981）．
19) S. Sakagami and Y. Hosoya：Some experimental results on inband amplitude dispersion and a method for estimating inband linear amplitude dispersion, IEEE Trans. Commun, **COM-30**, 8, pp. 1875～1888 (1982).
20) 中嶋信生，島貫義太郎，阿部紘士，古野孝允：広角指向性と交さ偏波特性の優れた 4, 5, 6 GHz 帯共用オフセットアンテナ，信学論（B），**J67-B**，2，pp. 194～201（1984）．
21) 野本真一：ワイヤレス基礎理論，電子情報通信学会，9 章，pp. 208～213（2003）．
22) 苅込正敞，山田吉英：鏡面修整オフセット 3 枚鏡アンテナの設計と特性，信学論（B），**J71-B**，2，pp. 277～284（1988）．
23) T. Yoshida, K. Komaki and K. Morita：System Design and New Techniques for an Over-wave 100 km Span Digital Radio, IEEE International Conference on Communication, ICC-83, pp. 664～670 (1983).
24) Y. Saito, K. Komaki and M. Murotani：Feasibility Considerations of High-Level QAM Multi-carrier System, IEEE International Conference on Communication, ICC-84, pp. 665～671 (1984).

3.4 節

 1) 若原　恭，山崎泰弘，寺村浩一，中込雪男：ファクシミリ信号の変化点相対アドレス符号化方式の圧縮率，画電学誌，**5**，3，pp. 92～101（1976-9）．
 2) KDD：Proposal for Redundancy Reduction Technique of Digital Facsimile Signals, CCITT Contribution G3 No. 18 (1975).

3) 寺村浩一：ディジタルファクシミリの国際標準化にむけて——2次元符号化方式 Modified READ が生まれるまで——，画電学誌，**9**，3，pp. 208〜210，**9**，4，pp. 267〜269，**9**，5，pp. 397〜398（1980）．
4) 山田豊通：ファクシミリ信号の境界差分符号化方式，信学会画像工学研資，IE 76-69（1976）．
5) 山田豊通，結城皖曠，山崎泰弘，若原　恭：ファクシミリ信号の READ 符号化方式，画電学誌，**8**，4，pp. 265〜275（1979-12）．
6) CCITT：Recommendation T.4 "Standardization of Group 3 Facsimile Apparatus for Document Transmission", (1980).
7) CCITT：Recommendation T.30 "Procedures for Document Facsimile Transmission in the General Switched Telephone Network", (1988).

3.5 節
1) 沖見勝也，加納貞彦，井上友二，村上英世編著：新版 ISDN，電気通信協会（1995）．
2) 井上友二，坪井利憲，吉開範章：ブロードバンド ISDN を支える SDH の世界 1 回〜15 回，コンピュータ&ネットワーク LAN，オーム社（1992-1〜1993-7）．
3) 辻井重男，河西宏之，坪井利憲：ディジタル伝送ネットワーク，朝倉書店（2000）．
4) ITU-T 勧告 G.707：Network Node Interface for the synchronous digital hierarchy，1996 年（1988 年に作成された G.707，G.708，G.709 が一体化された改訂版）
5) ITU-T 勧告 G.803：Architecture of transport networks based on the synchronous digital hierarchy（SDH）（1993）．
6) ITU-T 勧告 G.805：Generic functional architecture of transport networks，(1995)．
7) ITU-T 勧告 G.872：Architecture of optical transport networks，(1999)．

3.6 節
1) 安田　浩　編著：マルチメディア符号化の国際標準，丸善（1991）．
2) テレビジョン学会　編：総合マルチメディア選書 MPEG，オーム社（1996）．
3) 三木 弼一 編著：MPEG-4 のすべて，工業調査会（1998）．
4) 藤原　洋，安田　浩　監修：ポイント図解式 ブロードバンド＋モバイル 標準 MPEG 教科書，アスキー（2003）．
5) ISO/IEC IS 11172：Coding of Moving Pictures and Associated Audio for Digital Storage Media at up to about 1.5Mbps, (1993).
6) ISO/IEC IS 13818：Information Technology—Generic Coding of Moving Pictures and Associated Audio International Standard, (1994).
7) ISO/IEC IS 14496：Information Technology-Coding of Audio Visual Objects, (1999).
8) ISO/IEC IS 15938：Information technology—Multimedia content description interface, (2003).

3.7 節
1) 尾家祐二，後藤滋樹，小西和憲，西尾章治郎：岩波講座 インターネット第 1 巻インターネット入門」，岩波書店（2001）．
2) 小西和憲：インターネット 2 と次世代インターネット，電子情報通信学会通信ソサイエティマガジン，(1998)．
3) Internet2, "http://www.internet2.edu/"
4) Abilene, "http://abilene.internet2.edu/"
5) vBNS（very high performance back bone network service），"http://www.vbns.net/"
6) 情報通信白書，平成 17 年版，総務省（2005）．"http://www.johotsusintokei.soumu.go.jp/whitepaper/ja/cover/index.htm"
7) インターネット史電子図書館，"http://history.sfc.wide.ad.jp/"
8) Hobbes' Internet Timeline，"http://www.zakon.org/robert/internet/timeline/"

（4 章）
4.1 節
1) 島田禎晋：ミリ波から光技術へ，信学誌，**78**，11，pp. 1098〜1106（1995）．
2) 佐藤健一，北山研一：フォトニックバックボーンネットワークの先端技術，信学誌，**85**，2，pp. 94〜103（2002）．
3) チャールズ・K・カオ：光ファイバ通信の提案とその後の発展，日経エレクトロニクス・ブックス，エレクトロニクス・イノベーションズ，別冊，pp. A 1〜A 15，日経マグロウヒル社（1981）．

4) 例えば，小山内裕：人物往来 10，オプトロニクス，**10**，8，pp. 175～183（1991）．
5) T. Ito, K. Nakagawa, K. Aida, K. Takemoto and K. Sato：Non-repeatered 50km transmission experiment using low-loss optical fibers, Electron.Lett., **14**, 16, pp. 520～521 (1978-8).
6) 例えば，島田禎晉，中川清司：商用サービスに入った 400 Mb/秒の日本縦貫光ファイバ伝送システム，日経エレクトロニクス，pp. 185～203（1985-8）．
7) 島田禎晉：光通信システムの実用化状況，楽水会報（東京工業大学電気・情報系同窓会誌），no. 34，pp. 2～3（1985-6）．
8) 鈴木信雄：私の発言，O plus E，no. 168，pp. 56～61（1994-11）．
9) 猿渡正俊：私の発言，O plus E，no. 179，pp. 58～65（1994-10）．
10) K. Hagimoto, K. Iwatsuki, A. Takada, M. Nakazawa, M. Saruwatari, K. Aida, K. Nakagawa and M. Horiguchi：A 212km non-repeatered transmission experiment at 1.8Gb/s using LD pumed Er^{3+} doped fiber amplifiers, OFC '89, PD15-1, Houston, Texas (1989-2).
11) 島田禎晉：光伝送システム研究の今昔 2——光増幅器の国際会議 OAA 設立の経緯と光コネクタの元始，O plus E，**24**，3，pp. 250～262（2002）．
12) 島田禎晉：光伝送システム研究の今昔 1——光波長多重の研究経緯と伝送システム設計の一考察，O plus E，**23**，12，pp. 1424～1434（2001）．
13) 島田禎晉：1 Tb/s 光通信を目指す，オプトロニクス，no. 73，pp. 86～87（1988-1）．
14) K. Asatani, K. Sato, K. Maki and T. Miki：Fiber-optic analogue transmission experiment for high-definition television signals using semiconductor laser diodes, Electron. Lett. **16**, 14. pp. 536～538 (1980-7).
15) 島田禎晉：光伝送方式の構成，信学誌，**63**，11，pp. 1107～1113（1980）．
16) 島田禎晉：特集：光通信技術・その実際的な応用 1——総論・応用分野，技術動向，O plus E，no. 62，pp. 49～61（1985-1）．
17) 島田禎晉：四半世紀を経た光通信システムの技術開発——歴史に学ぶ——，信学誌，**87**，8，pp. 732～737（2004）．

4.2 節

1) T. Izawa and S. Sudo：Optical Fibers：Materials and Fabrication, D. Reidel Publishing Co., (1987)
2) T. Izawa：Early Days of VAD process, IEEE J. Selected Topics in Quantum Electronics, **6**, 6, pp. 1220～1227 (2000)
3) D. Keck：A Future Full of Light, IEEE J. Selected Topics in Quantum Electronics, **6**, 6, pp. 1254～1258 (2000)
4) J. MacChesney：MCVD：Its Origin and Subsequent Development, IEEE J. Selected Topics in Quantum Electronics, **6**, 6, pp. 1305～1306 (2000)

4.3 節

1) 伊賀健一：研究ノート March 22（1977）．
2) 伊賀健一，上林利生，北原知之：第 26 回応用物理関係連合講演会（3 月 27 日）27 p-C-1 1（1978）．
3) H. Soda, K. Iga, C. Kitahara and Y. Suematsu：GaInAsP/InP surface emitting injection lasers, Jpn. J. Appl. Phys. 18, p. 2329 (1979)
4) H. Soda, K. Iga, C. Kitahara and Y. Suematsu：IQEC, Boston, (1979).
5) K. Iga, F. Koyama and S. Kinoshita：IEICE Trans. Electronics, J71-C, 1493 (1988).
6) F. Koyama, S. Kinoshita and K. Iga：Appl. Phys. Lett. 55, p. 221 (1989).
7) J. L. Jewell, A. Scherer, S. L. McCall, Y. H. Lee, S. J. Walker, J. P. Harbison and L. T. Florez：Electron. Lett., 25, p. 1123 (1989).
8) 伊賀健一：信学論，**J81**, p. 483（1998）．
9) 小山二三夫，伊賀健一：応用物理：71，p. 1342（2002）．
10) K. Iga：IEEE J. STQE, 6, p. 1201 (2000).
11) K. Iga：IEICE Trans. Electronics, E85-C, p. 10 (2002).
12) 伊賀健一，小山二三夫：面発光レーザの基礎と応用，第 2 刷，共立出版（2003）．

4.4 節

1) 島田禎晉・枡野邦夫 他：近距離光ケーブル伝送方式現場試験の概要，研実報，**28**，9，pp. 1803～1822（1979）．
2) 島田禎晉，枡野邦夫 他：光ケーブル伝送方式所内伝送実験の概要，研実報，**27**，2，pp. 281～289（1978）．
3) 長岐芳郎：光測定技術，信学誌 光伝送技術特集，**63**，11，pp. 1200～1206（1980）．

引用・参考文献

4) 藤井洋二，小山正樹：各種光電力計の光ファイバ伝送への適用とその特性　信学会マイクロ波研究資料，MW 76-146（1977）．
5) 小林郁太郎，三木哲也，松岡聖司：高感度光パワーメータの試作，信学論，**62-C**，5，p. 365（1979）．
6) Stewart D. Personick：Photon probe an optical-fiber time domain reflecto meter Bell Syst. Tech. J., **56**, p. 355 (1977).
7) 岡田賢治，小林郁太郎，橋本国男，山本英夫：光源スペクトラム測定器，信学会通信部門全大，No. 548，p. 2345（1980）．

4.5 節
1) 今村修武：光磁気ディスクメモリーとアモルファス磁性薄膜記録媒体，O plus E，No. 14，pp. 57～63（1981-1）．
2) 研究産業協会監修：匠たちの挑戦（3），オーム社（2002）．

（5 章）
5.1 節
1) 若井　登監修：無線百話，無線百話出版委員会，クリエイト・クルーズ（1997）．
2) 林　謙二：ステレオ用PCM録音機，NHK技研月報，No. 11，pp. 536～541（1981）．
3) 吉野武彦，近江克郎，辻　隆，河合直樹：テレビ衛星放送標準方式の開発，NHK技術，p. 167（1985）．
4) 山田　宰編著：放送システム，映像メディア情報学会，3章，10章，コロナ社（2003）．
5) 河合直樹編著：デジタル放送，2章，裳華房（2003）．
6) 安田　浩編著：マルチメディア符号化の国際標準，丸善（1993）．
7) 山田　宰編著：ディジタル放送の技術とサービス，6章，コロナ社（2001）．

5.2 節
1) 野村達治：オリンピック時における日米宇宙中継，テレビ誌，**19**，5，pp. 316～325（1965）．
2) 遠藤敬二，泉　武博：放送衛星の基礎知識，兼六館出版（2001）．
3) 星野紀甫，内海要三：衛星放送用FM受信機の開発，テレビ誌，**33**，10，pp. 822～825（1979）．
4) T. Mimura, S. Hiyamizu, T. Fujii and K. Nanbu：A New Field-Effect Transistor with Selectively Dopped GaAs/n-AlGaAs Heterojunctions, Japan. J. Appl. Phys. **19**, pp. L-225～227 (1980).
5) 斉藤成文：日本宇宙開発物語，三田出版（1992）．
6) 山本海三，森下洋治，佐々木誠：放送衛星搭載用TWTの研究開発，映情学誌，**59**，10，pp. 1424～1427（2005）．
7) 角尾貞之，高橋建慈他：放送衛星3号（BS-3）用120W TWT増幅器，信学技報SANE 89-15，（1989）．

5.3 節
1) NHK放送技術研究所：ハイビジョン技術，日本放送出版協会（1988）．
2) NHK放送技術研究所：ディジタルテレビ技術，日本放送出版協会（1990）．

5.4 節
1) ARIB機関誌，No. 26，p. 18（2001）．
2) NHK放送技術研究所：技研公開資料，（1995～1997）．
3) NHK技研：R&D，特集「地上デジタル放送方式の研究」，No. 56，（1995-5）．

5.5 節
1) M. Kubota, T. Kato, S. Suzuki, H. Maruyama, K. Shidara, K. Tanioka, K. Sameshima, T. Makishima, K. Tsuji, T. Hirai and T. Yoshida：Ultrahigh-sensitivity New Super-HARP Camera, IEEE Trans., Broadcasting, **42**, 3, pp. 251～258 (1996-9)
2) K. Tanioka, J. Yamazaki, K. Shidara, K. Taketoshi, T. Kawamura, S. Ishioka and Y. Takasaki：An Avalanche-Mode Amorphous Selenium Photoconductive Layer for Use as a Camera Tube Target, IEEE Electron Device Lett., **EDL-8**, 9, pp. 392～394 (1987).
3) 谷岡健吉，山崎順一，設楽圭一，竹歳和久，河村達郎，高崎幸男，平井忠明，雲内高明：アバランシェ増倍a-Se光導電膜を用いた高感度HARP撮像管，テレビ誌，**44**，8，pp. 1074～1083（1990）．
4) P. K. Weimer, S. V. Forgue and R. R. Goodrich：The Vidicon Photoconductive Camera Tube, Electronics, **23**, 5, pp. 71～73 (1950).
5) F. F. De Hann, A. Van der Drift and P. P. M. Schampers：THE "PLUMBICON", A NEW TELEVISION CAMERA TUBE, Philips Tech. Rev., **25**, 6/7, pp. 133～151 (1963/64).
6) 清水和夫，吉田興夫：カルニコン，テレビ誌，**28**，11，pp. 875～879（1974）．
7) 後藤直宏，磯崎幸直，設楽圭一，小泉才一，丸山瑛一，平井忠明，藤田　努：新光導電型撮像管サチ

コンの特性，テレビ学全大，pp. 3～23（1973）．
8) 藤田　努，後藤直宏：サチコン，テレビ誌，**28**，11，pp. 879～884（1974）．
9) 長谷川正，山本準太，藤原慎司：ニュービコン，テレビ誌，**28**，11，pp. 884～888（1974）．
10) 谷岡健吉，設楽圭一，河村達郎，後藤直宏：光導電性ターゲットの高利得化，テレビ全大，pp. 2～5（1985）．
11) D. M. Pai and R. C. Enck：Onsager Mechanism of Photogeneration in Amorphous Selenium, Phys. Rev. B, **11**, 12, p. 5163 (1975).
12) 内田徹夫，棚田　詢，谷岡健吉：「超高感度深海ハイビジョンTVカメラ」の開発，海洋科学技術センター試験研究報告，No. 43, pp. 107～114（2001-3）．
13) 盛　英三，山川明彦，篠崎芳郎，ミンハズウッデインモハメット，田中越郎，中沢博江，田中　豊，後藤研一郎，飛田浩輔，石過孝文，三富利夫，岩田美郎，松山正也，青木直人，阿部純久，半田俊之介，兵藤一行，安藤正海，谷岡健吉，久保田節：単色放射光を線源とする微小血管造影法とその臨床応用，放射光，**8**，4，pp. 50～57（1995）．

5.6節

1) W. Shockley：The Path to the Conception of the Junction Transistor, IEEE Trans. on ED, **ED-23**, 7, pp. 597～620 (1976).
2) J. Kilby：Invention of the Integrated Circuit, IEEE Trans. on E D, **ED-23**, 7, pp. 648～654 (1976).
3) 日本学術振興会代142委員会編：液晶デバイスハンドブック，日刊工業新聞社（1989）．
4) G, H. Brown and W. G. Shaw：Chemical Review, **57**, p. 1049 (1957).
5) J. L. Fergason：Liquid Crystals, Scientific American, **211**, pp. 77～85 (1964).
6) R. Williams：Electro-Optical Elements Utilizing an Organic Nematic Compound, US Patent, 3322485 (1962filed).
7) B. Levin and N. Levin：Improvements in or relating to Light Valves, British Patent, 441274 (1934filed).
8) G. H. Heilmeier：Liquid Crystal Displays —— An Experiment in Interdisciplinary Research that Worked, IEEE Trans. on Electrn Devices, **ED-23**, 7, pp. 780～790 (1976).
9) 荒井　義，木下正一，木村和男，和田富夫，山本　久，船田文明：日本国特許公報　昭52-16468（1972出願）
10) M. Schadt and W. Helfrich：Voltage-Dependent Optical Activity of a Twisted Nematic Liquid Crystals, Appl. Phys. Lett., **18**, 4, pp. 127～128 (1971).
11) T. J. Scheffer and J. Nehring：A New Highly Multiplexable Liquid Crystal Display, Appl. Phys. lett., **48**, 10, pp. 1021～1023 (1984).
12) B. J. Lechner F. J. Marlow E. O. Nester and J. Tults：Liquid Crystal Matrix Displays, Proc. IEEE, 59, 11, pp. 1566～1579 (1971).
13) T. P. Brody：The Thin Film Transistor —— A Late Flowering Bloom, IEEE Trans. on ED, **ED-31**, 11, pp. 1614～1628 (1984).
14) 松村正清：薄膜トランジスタ——創生から未来まで，応用物理，**65**，8，pp. 841～848（1996）．
15) P. G. LeComber, W. E. Spear and A. Ghaith：Amorphous Silicon Field Effect Device and Possible Application, Electron. Lett., **15**, 6, pp. 179～180 (1979).
16) S. Morozumi, K. Oguchi, S. Yazawa, T. Kodaira, H. Ohshima and Y. Mano：B/W and Color LC Video Displays Addressed by Poly Si TFTs, Digest of SID1983, pp. 156～157 (1983).
17) T. Nagayasu, T. Oketani, T. Hirobe, H. Kato, S. Mizushima, H. Take, K. Yano, M. Hijikigawa and I. Washizuka：A 14-inch-diagonal full color a-Si TFT-LCD, Digest of IDRC 1988, pp. 56～58 (1988).
18) 阿部浩之，船田文明：次世代ディスプレイの展望と課題，JEITA Review，2月号，pp. 6～19（2003）．

5.7節

1) J. Koike, T. Kojima, R. Toyonaga, A. Kagami, T. Hase and S. Inaho：New tricolor phosphors for gas discharge display, J. Electrochem. Soc., **126**, 6 (1979).
2) H. Uchiike, K. Miura, N. Nakayama, T. Shinoda and Y. Fukushima：Secondary electron emission characteristics of dielectric materials in AC-operated Plasma Display Panels, IEEE Trans. Electron Device, **ED-23**, 11, pp. 1211～1217 (1976).
3) 村上　宏，鳥居直哉：パルスメモリ駆動による放電パネルのカラーテレビ表示，テレビ学技報，**4**，27，pp. 75～80（1980）．

4) T. Yamamoto, T. Kuriyama, M. Seki, T. Katoh, H. Murakami, K. Shimada and H. Ishiga：A 40-inch-diagonal HDTV plasma display, 1993 SID Int. Symp., Digest of Technical Papers, pp. 165～168 (1993).
5) T. Shinoda, et al.：Development of technologies for large-area color AC plasma display, 1993 SID Int. Symp., Digest of Technical Papers, pp. 161～164 (1993).
6) Y. Kanazawa, et al.：High-resolution interlaced addressing for plasma displays, 1999 SID Int. Symp., Digest of Technical Papers, pp. 154～157 (1999).
7) 村上　宏，篠田　傳，和邇浩一：大画面壁掛けテレビ――プラズマディスプレイ――，コロナ社 (2002)．

5.8節

1) 廣田　昭，高山　了，稲波博男：映像情報メディアのランドマーク，1-3家庭用VTR 映像情報メディア学会誌，**54**，4，pp. 479～485（2000）．
2) C. E. Anderson：Broad Band Magnetic Tape System and Method, US Patent, 2956114.
3) 横山克哉：磁気録画装置の設計に関する基礎的研究，NHK 技術，**21**，4 (1969)．
4) 高柳健次郎：テレビジョン映像信号の磁気記録再生装置，実公昭 38-73185．
5) S. Duinker：Durable High-Resolution Ferrite Transducer Heads Employing Bonding Glass Spacers, Phlips.Res.Rept. 15．pp. 342～367 (1960).
6) 藤田光男：カラー映像信号記録方式，特公昭 53-9928．
7) 岡村央良：磁気記録処理装置，実公昭 39-23924．
8) 甘利真次：カラー映像信号の記録方法及びその再生方法，特開昭 50-4273．
9) 廣田　昭：カラー映像信号記録，再生方式，特公昭 56-9073．
10) 大田善彦：映像信号記録方法及び装置，特公昭 58-18830．
11) 一ッ町修三：ビデオテープレコーダ，特公平 4-58228．
12) T. Ohira and S. Hirano：VHS Video Movie, IEEE Trans. on CE, CE-30, 3 (1984-8)

(6 章)

6.1節

本節では主として筆者の見聞を記した．そのうえで，内外の学会誌や学会資料，The Annals of the History of Computing，更にコンピュータ，通信，半導体の歴史書，MIT Press History of Computing Series，内外の社史，ウェブの情報など多数を参考にした．ここでは，古いものと最近の非常な労作である貴重文献を記す．

1) A. W. Burks, H. H. Goldstine and J. von Neumann：Preliminary Discussion of the Logical Design of an Electronic Computing Insturment, The Institute for Advanced Study, Princeton Univ., p. 28 (1946-6).
2) M. V. Wilkes, D. J. Wheeler and S. Gill：The Preparation of Programs for an Electronic Digital Computer, Addison-Wesley Press, Inc. (1951).
3) D. Swade：Charles Babbage and his Calculating Engines, Science Museum (1991).
4) 中澤喜三郎：計算機アーキテクチャと構成方式，朝倉書店 (1995)．
5) 山田昭彦：コンピュータ開発史概要と資料保存状況について，国立科学博物館技術の系統化調査報告第1集，(2001-3)，同第2集 (2002-3)．
6) Hook and Norman：Origins of Cyberspace, historyofscienc.com, Novaro, California (2002).

6.2節

1) 今井秀樹：符号理論，電子情報通信学会 (1990)．
2) 嵩　忠雄：情報と符号の理論入門，昭晃堂 (1989)．
3) F. J. MacWilliams and N. J. A. Sloane：The Theory of Error-Correcting Codes, North-Holland (1977).
4) W. W. Peterson and E. J. Weldon, Jr.：Error-Correcting Codes. 2nd edition, MITPress (1972).
5) Elwyn R. Berlekamp：Algebraic Coding Theory, McGraw-Hill (1968).
6) P. Fan and M. Darnel：Sequence Design for Communication Applications, John Wiley and Sons Inc. (1996).
7) D. V. Sarwate and M. B. Pursley：Crosscorrelation properties of pseudorandom and related sequences, Proc. IEEE, **68**, pp. 593～619 (1980).
8) T. Kasami and R. Kohno：Kasami sequences, **12**, pp. 1219～1222, The Wiley Encyclopedia of Telecommunications, ed. J. G. Proakis (2002).
9) Ramjee Prasad：An Overview of CDMA Evolution toward Wideband CDMA, http://www.com-

soc.org/livepubs/surveys/public/4q98issue/prasad.html
10) 山内雪路：スペクトル拡散通信，東京電機大学出版局（2001）．

6.3 節
1) 辻井重男；暗号――ポストモダンの情報セキュリティ，講談社メチエ（1996）．
2) 辻井重男；暗号と情報社会．文春新書，文芸春秋（1999）．
3) 堀切近史；難攻不落の暗号を落とせ，暗号アルゴリズム「MISTY」の開発（日経エレクトロニクス連載 2002 年 6 月 17 日，7 月 1 日，7 月 15 日，8 月 12 日）．
4) 神田雅透；日米欧の暗号技術標準化・評価プロジェクトを終えて――実績と今後の展望――日本ネットワークセキュリティ協会・日本セキュリティ・マネジメント学界共催論文賞発表会（2003-10）．
5) 辻井重男；電子社会のパラダイム，新世社（2002）．
6) 特集「電子社会を推進する暗号技術」情報処理，**45**，11，情報処理学会（2004）．

6.4 節
1) 特集 TRON プロジェクトの 15 年，情報処理，**40**，3，pp. 215〜258（1999）．
2) 坂村　健：TRON プロジェクトの 15 年，情報処理，**40**，3，pp. 216〜222（1999）．
3) 坂村　健：TRON 仕様チップ，情報処理，**40**，3，pp. 252〜258（1999）．
4) 坂村　健：15 年経った TRON プロジェクト bit, **31**，6，p. 30〜39（1999）．
5) 特集 TRON プロジェクトの現状と展望，情報処理，**35**，10，pp. 894〜933（1994）．
6) 小特集 TRON，情報処理，**30**，5，pp. 521〜573（1989）．
7) 坂村　健：21 世紀日本の情報戦略――IT バブル崩壊を超えて――岩波書店（2002）．
8) 坂村　健：ユビキタス・コンピュータ革命――次世代社会の世界標準，角川 one テーマ 21（2002）．
9) 大下 英治：孫正義 起業の若き獅子，講談社（1999）．

6.5 節
1) 鉄道通信発達史，第 9 編「情報処理」，鉄道通信協会（1970）．
2) 事務近代化通信網委員会研究報告書，鉄道通信協会（1958）．
3) 座席予約通信系の研究報告書，日本鉄道技術協会（1961）．
4) 穂坂　衛，大野　豊，谷　泰彦：多数入出力のある実時間のデータ処理，情報処理学会，月例講演会資料（1961-6）．
5) 穂坂　衛，大野　豊，谷　泰彦：MARS-101 座席予約の実時間処理の基本構想，日立評論，**46**，6，pp. 95〜100（1964）．
6) 穂坂　衛，谷　泰彦，岸本利彦 他 4 名：MARS-101 座席予約中央装置，日立評論，**46**，6，pp. 111〜118（1964）．
7) 穂坂　衛：オンライン・システム MARS のソフトウェア，情報処理，**24**，3，pp. 284〜294（1983）．
8) G. A. Blaawe, and F. P. Brooks：The Structure of System/360：Outline of the Logical Structure, IBM Systems Jl. **3**, 2, pp. 119〜135 (1964).

6.6 節
1) デヴィッド・シェフ著，笹原　慎訳：ゲーム・オーバ，角川書店（1993）．
2) 宮沢　篤，武田政樹，柳原孝安：コンピュータゲームのテクノロジー，岩波書店（1999）．

6.7 節
1) D. N. Senzig and R. V. Smith：Computer Organization for Array Processing, AFIPS Proc. FJCC, **27**, pp. 117〜128 (1965).
2) 村田健郎 他：スーパーコンピュータ――科学技術計算への適用，丸善（1985）．
3) 富田眞治：並列計算機構成論，昭晃堂（1986）．
4) S. Fernbach 著，長島重夫訳：スーパーコンピュータ，パーソナルメディア（1988）．
5) 長島重夫，田中義一：スーパーコンピュータ，オーム社（1992）．
6) John P. Riganati and Paul B. Schneck：Supercomputing, IEEE Computer , pp. 97〜113 (1984-10).
7) Carl S. Ledbetter：A Historical Perspective of Scientific Computing in Japan and the United States, Supercomputing Review, November 1990, pp. 31〜37, pp. 48〜58 (1990-12).
8) Raul Mendez：Japanese Supercomputers：An Overview, in High Performance Computing, Research and Practice in Japan, Raul Mendez ed., Wiley (1992) pp. 3〜6 (1992).
9) Y. Oyanagi：Development of Supercomputers in Japan：Hardware and Software, Parallel Computing 25, pp. 1547〜1567 (1999).
10) J. F. Ruggiero and D. A. Coryell：An Auxiliary Processing System for Calculations, IBM Systems Journal, 8, 2, pp. 118〜135 (1969).

(7 章)

7.1 節
1) 電子管史研究会編：電子管の歴史，オーム社（1987）．
2) 水島宣彦：エレクトロニクスの開拓者たち，電子通信学会（1977）．
3) 長谷川伸：改定画像工学，第 5 章，（電子通信学会編），コロナ社（1991）．
4) 柴田幸男：電子管・超高周波デバイス，第 7 章，（電子通信学会編），コロナ社（1983）．

7.3 節
1) R. Dingle, H. L. Stormer, A. C. Gossard and W. Wiegmann：Electron Mobilities in Modulation-Doped Semiconductor Heterojunction Superlattices, Applied Physics Letters, **33**, 7, pp. 665〜667 (1978-10).
2) W. Shockley：The Path to the Conception of the Junction Transistor, IEEE Trans. Electron Devices, **ED-31**, 11, pp. 1523〜1546 (1984).
3) 三村高志：半導体装置，特願昭 54-171027（特許第 1409643）．
4) T. Mimura, S. Hiyamizu, T. Fujii and K. Nanbu：A New Field-Effect Transistor with Selectively Doped GaAs/n-Al$_x$Ga1-$_x$As Heterojunctions, Jpn. J. Appl. Phys., **19**, 5, pp. L225〜L227 (1980).
5) T. Mimura, S. Hiyamizu, H. Hashimoto and H. Ishikawa：An Enhancement-Mode High Electron Mobility Transistor for VLSI，第 12 回固体素子コンファレンス，(1980-8)．
6) C. A. Mead：Schottky Barrier Gate Field Effect Transistor, Proc. IEEE, **54**, 2, pp. 307〜308 (1966).
7) D. Delagebeaudeuf, P. Delescluse, P. Etienne, M. Laviron, J. Chaplart and N. T. Linh：Two-Dimensional Electron Gas MESFET Structure, Electron. Lett., **16**, 17, pp. 667〜668 (1980-8).
8) T. Mimura, K. Joshin, S. Hiyamizu, K. Hikosaka and M. Abe：High Electron Mobility Transistor Logic, Jpn. J. Appl. Phys., **20**, 8, pp. L598〜L600 (1981).

7.4 節
1) 舛岡富士雄：躍進するフラッシュメモリ（改訂新版），工業調査会（2003）．

7.5 節
1) Lord Rayleigh：On waves propagated along the plane surface of an elastic solid, Proc.London Math. **17**, pp. 4〜11 (1885).
2) I. V. Viktrov：Rayleigh and Lamb Waves, Plenum Press, NewYork (1967).
3) 山之内和彦，柴山乾夫：すだれ状電極による圧電板に対する弾性表面波の励振について，東北大学通研 120 回音響工学研究会資料（1965.11.26），K. Yamanouchi and K. Shibayama：J. Acoust.Soc. Am., 41, 1 (1967-1).
4) R. M. White and F. W. Voltmer：Direct Piezoelectric Coupling to Surface Elastic Waves, Appl. Phys.Lett., Dec. 15, pp. 314〜316 (1965).
5) A. J. Slobodonik, E. D. Conway and R. T. Delmonico：Microwave Acoustic Handbook, **1A**, Surface Wave Velocities, AFCRL, Hanscom AFB, MA 01731, TR73-0597 unpublished.
6) K. Yamanouchi and K. Shibayama：Propagation and Amplification of Rayleigh Waves and Piezoelectric Leaky Surface Waves in LiNbO$_3$, J. Appl. Phys., **43**, 3, pp. 856〜862 (1972).
7) 山之内和彦，高柳昭夫，我妻康夫，柴山乾夫：抵抗加熱引き上げ法によるる LiNbO$_3$ 単結晶の育成，日本音響学会論文集，pp. 49〜50（1970-10）．
8) K. Shibayama, K. Yamanouchi, H. Sato and T. Meguro：Optimum Cut for Rotated Y-Cut LiNbO$_3$ Crystal Used as the Substrate Acoustic-Surface-Wave Filters, Proc. IEEE, **64**, 5, pp. 595〜597 (1976).
9) K. Yamanouchi, H. Odagawa, T. Kojima and T. Matsumura：Theoretical and Experimental study of super-high electromechanical coupling surface acoustic wave propagation in KNbO$_3$ single crystal, Electron. Lett., **33**, pp. 192〜193 (1997-1).
10) A. N. Broers：Electron Beam Fabrication, Journal of Vacuum Science and Technology, **8**, 5, pp. 850〜851 (1971-9).
11) K. Yamanouchi, Y. Cho and T. Meguro：SHF-Range Surface Acoustic Wave Inter-Digital Transducers Using Electron Beam Exposure, 1998 IEEE Ultrason. Symp. Proc., pp. 115〜110 (1998).
12) R. C. Rosenfeld, R. B. Brown and C. S. Hartmann：Unidirectional acoustic surface wave filter with 2 dB insertion loss, Proc. IEEE Ultrason.Symp., pp. 425〜429 (1974).
13) K. Yamanouchi, F. M. Nyffeler and K. Shibayama：Low Insertion Loss Acoustic Surface Wave Filter Using Group-type Unidirectional Interdigital Transducer, 1975 IEEE Ultrason. Symp. Proc.,

pp. 317〜321 (1975).
14) C. S. Hartmann, P. V. Wright, R. J. Kansy and E. M. Garber：Analysis of SAW intergigital transducer with reflection and the application to the design of single-phase unidirectional transducers, Proc. IEEE Ultrason. Symp., pp. 40〜45 (1982).
15) T. Kodama, H. Kawabata, Y. Yasuhara and H. Sato：Design of Low-Loss Filters Employing Distributed Acoustic Reflection Transducers, Proc.IEEE Ultrason.Symp., pp. 59〜64 (1986).
16) K. Yamanouchi and H. Furuyashiki：Low-Loss SAW Filter Using Internal Refection Types of Single Phase Unidirectional Transducers, Electron. Lett., 27th, **20**, 20, pp. 819〜821 (1984-9).
17) K. Yamanouchi and M. Takeuchi：Application for Piezoelectric Leaky surface waves, Proc.IEEE Ultrason.Symp., pp. 11〜18 (1990).
18) K. Yamanouchi, H. Nakagawa, J. A. Qure-shi and H. Odagawa：Jpn.Appl., **38**, pp. 3270〜3274 (1999).
19) A. J. DeVries and R. Adler：Case History of a Surface-Wave TV IF Filter for Color Televisin Receivers, Proc.IEEE, **64**, 5, pp. 671〜676 (1976).
20) 平野 均，福田承生，松村貞夫：東芝レビュー，**38**, p. 761（1978）．
21) J. Yamanda, M. Ishigaki, K. Hazama and T. Toyama：Design and mass production fabrication techniques of High perfprmance SAW TV IF filter, IEEE Ultrason. Symp., Cherry Hall (1978-9).
22) E. J. Staples：UHF surface acoustic wave resonators, Proc. IEEE Ultrason. Symp. pp. 245〜252 (1974).
23) S. C. C. Tseng and G. W. Lynch：SAW Planer Network, Proc. IEEE Ultrason..Symp., pp. 282〜285 (1974-11).
24) Y. Satoh, O. Ikata, T. Matsuda, T. Nishihara and T. Miyashita：Resonator-Type Low-Loss Filters, Proc. Int. Symp. SAW Devices for Mobile Comm., Edited by K. Shibayama and K. Yamanouchi, pp. 179〜185 (1992-12).
25) 岩橋浩司，山之内和彦，柴山乾夫：高結合 $SiO_2/LiTaO_3$ 構造擬似弾性表面波の温度特性，電子通信学会超音波研究会資料，US 77-43, pp. 37〜42（1977-9），及び K. Yamanoyuchi, K. Iwahashi and K. Shibayama：Wave Electronics, 3, pp. 319〜333（1979）．
26) 中村 良，員見正文，清水 洋：$LiTaO_3$ における SH タイプおよび Rayleigh タイプの弾性表面波，電子通信学会超音波研究会資料，US 77-42, pp. 31〜36（1977-9），及び K. Nakamura, M. Kazumi and H. Shimizu, Proc. IEEE Ultrason. Symp. pp. 819〜822 (1977).
27) K. Hashimoto, M. Yamaguchi, S. Mineyoshi, O. Kawachi, M. Ueda, G. Endoh and O. Iketa：Optimum Leaky-SAW Cut of $LiTaO_3$ for Minimised Insertion Loss Devices, Proc. IEEE Ultrason. Symp. pp. 245〜254 (1997).
28) R. V. Schmit, and I. P. Kaminow：Acousttooptic Bragg deflection in $LiNbO_3$ Ti-diffused waveguide, IEEE J. Quantum Electron., **11**, pp. 57〜59 (1974-10).
29) K. Yamanouchi, K. Higuchi and K. Shibayama：TE-TM mode conversion by interaction between elastic waves and a laser beam on a metal-diffused optical wave guide, Appl. Phys. Lett., **28**, 2, 15, pp. 75〜77 (1976-1).
30) Y. Cho and K. Yamanouchi：Nonlinear, Elastic, Piezoelectric, Electrostrictive and Dielectric Costants of Lithium Niobate, J. Appl. Phys., **61(5)**, 1, pp. 875〜887 (1987-3).
31) 長 康雄，山之内和彦：高分解能走査型非線形誘電率顕微鏡，日本学術振興会 弾性波 素子第150委員会第56回研究会資料，pp. 531〜534（1998-2-2）．
32) 山之内和彦，尾形淳一：分散型一方向性すだれ状電極変換器とエラスティックコンボルバの高効率化，信学論A，**J76-A**, 2, pp. 253〜259（1993）．
33) K. Yamanuchi, H. Odagawa, K. Morozumi and Y. Cho：High Efficient Convolver Using $KNbO_3$ Substrate, 1997 IEEE Ultrason. Sympo. Proc., **1**, pp. 335〜338 (1997).
34) S. Minagawa, T. Okamaoto, T. Niitsuma, K. Tsubouchi, and N. Mikoshiba：Efficient ZnO-SiO_2-Si Sezawa wave convolver, IEEE TRans. Sonics Ultrason., SU-32, pp. 670〜674 (1985).
35) K. Yamanouchi, W. Sato and H. Odagawa：High Efficient Electro-Acoustic Convolvers, 1996 IEEE Ultrason. Symp. Proc., **2**, pp. 1583〜1586 (1996).

編 集 後 記

　歴史は人類の文化遺産的記録としての意味だけでなく，未来への種々の創発の指針と示唆を与えるものとして重要な意義を持っている．科学技術分野で活躍しようと志す学生諸君にとっては，先達の成功や失敗の体験を通して，その中にある技術の本質や研究開発マネジメントの真髄を学ぶことは極めて重要であろう．本書はこのような視点から，電子情報通信技術史についての講義の素材を提供するとともに，学生諸君が読み物として読んでも興味が持てるような教科書を目指して企画した．

　歴史は必ずしも過去の客観的な事実ではなく，後世の人々がそれをどのように解釈するかという主観的なものであり，その内容は記録に留める人によって異なってくる．したがって，本書にある記述にも多くの異なる解釈があることだろうと推察している．更には，特定の技術トピックスを取り上げ，それらを物語風に記述するという方針をとったことから，本書からは割愛せざるを得なかった技術もあり，ご専門の諸兄からお叱りを受けるであろうことは想像に難くない．事実，当研究会においても，「あれを載せるなら，これも載せなければ」とか，「この分野では，このトピックスを落とすわけにはいかない」という議論を，繰り返し長時間にわたって行った．また「物語」である以上，その技術に貢献した個人名を特定した記述とすることを編集方針としたが，これにも種々の問題があることが議論され，結果として個人名を特定しない記述も許容することになった．これらの熱心な議論を踏まえた上で，ここは，不完全ではあるかもしれないが当研究会の責任において，いったん教科書として刊行し，その後に皆様方のご意見を伺いながら，改定の企画あるいは学会誌を通じたディスカッションなどを企画していきたいと考えている．

　本書は40名以上の各分野の著名な専門家に分担執筆していただき，それらを当研究会が編集した．多数の方々の原稿を横通しで見ながら編集する煩雑さから，原稿をいただいてから刊行までに長い時間を要してしまった．ここに執筆者の皆様におわびを申し上げる．

　2006年2月

電子情報通信学会「技術と歴史」研究会

幹事　花　澤　　隆

索　引

【あ】

アクティブマトリックス
　LCD技術 …………………149
アーケードゲーム ……………193
アジマス方式 …………………160
アタリショック ………………195
圧縮符号化 …………………68, 72
圧電定数 ………………………230
圧電変換器 ……………………229
アナログVTR …………………133
アナログファクシミリ …………57
アモルファス磁性薄膜 ………113
誤り制御特性 …………………170
誤り訂正符号 …………………170
アラゴの円盤 ……………………7
アンペールのはかり ……………6
アンペールの法則 ………………6

【い】

1次元符号化方式 ………………57
一次電池 …………………………5
一方向性IDT …………………232
一方向性関数に落とし戸 ……178
一括消去形半導体不揮発性
　メモリ ………………………226
「イ」の字 ……………………119
入り側回線 ………………………40
インターネット ………………84, 169
インピーダンス ………………8, 18

【う】

ヴォルタ ………………………2, 3
ヴォルタ電池 ……………………5
ヴォルタの電堆 …………………4
動き補償 …………………………69
動き補正形のフィールド
　周波数変換方式 ……………135
うず電流 …………………………7

【え】

衛星放送受信用コンバータ …128
映像中間周波数 ………………233
影像パラメータフィルタ ………23
液晶 ………………………………85
液晶ディスプレイ ……………147
液晶テレビ ……………………133
液相成長 ………………………101
エグニマ ………………………175
エジソン ………………………8, 12
エッチングレーザ ……………100
エモーションエンジン ………197
エラスティックコンボルバー
　………………………………234
エルステッド ……………………6
エンコード ………………………70
演算子法 …………………………19
エントロピー符号化 ……………57

【お】

大野克郎 …………………………24
オームの法則 ……………………7
重　み …………………………171
重みプロファイル ……………171
重み分布 ………………………171
音声認識 ………………………162
オンラインリアルタイム ……187

【か】

回線選択 …………………………42
階層符号化方式 …………………75
回転式スイッチ …………………40
海面反射波 ………………………52
改良C41・51形クロスバ ……44
回路合成論 ………………………22
カウエル …………………………23
画　角 …………………………131
課金方式 …………………………42
課金用のパルス …………………42
拡散符号 ………………………174
拡大符号 ………………………173
画像圧縮 ……………………68, 70
画像表示デバイス ……………210
活性層 …………………………102
加入者回線 ………………………41
加入者階梯 ……………39, 41, 43
可変共振等化器 …………………50
可変長符号化 ………………69, 70
可変符号長 ………………………70
カラーアンダー方式 …………158
カーライル ………………………5
カラー静止画符号化 ………68, 70

ガルヴァーニ電気 ………………4
勧告709 ………………………135
完全共通制御方式 …41, 43〜46

【き】

基幹伝送システム ………………89
擬似弾性表面波 ………………230
ギップス …………………………11
起電力 ……………………………7
キャヴェンディッシュ …………3
逆HEMT ………………………221
キャッチホン ……………………46
キャリヤインタリーブ ………161
キャントン ………………………3
境界差分符号化 …………………56
共通鍵 …………………………177
共通制御装置 ……………………41
共有メモリ形 …………………199
距離別時間差法 ……………42, 44
キラーソフト …………………195
ギルバート ………………………2
キルヒホッフ ……………………7
　──の電圧則（第二法則）
　　………………………………8, 10
　──の電流則（第一法則）
　　………………………………7, 10
記録技術 …………………………56
金箔検電器 ………………………3

【く】

空席パターン …………………189
クック ……………………………13
組込みコンピュータ …………181
グラフィックシンセサイザ 198
グラム ……………………………11
グレー ……………………………13
クレイ …………………200, 202
グローヴ …………………………12
グローヴ電池 ……………………5
クロスバ交換機 …………………38
クロスバスイッチ …………40, 44
クーロンの法則 …………………3

【け】

蛍光体 …………………………152
ケネリー ………………8, 18, 21

索引

ケーブルテレビ ……………81
ゲーム＆ウォッチ …………194
ゲームコンソール …………193
ゲーリック …………………2
限界距離 t 復号法 …………170

【こ】

呼 ………………………………41
公開鍵暗号 …………………177
交差偏波識別度 ……………53
広視野効果 …………………131
広視野誘導効果 ……………131
高周波加熱炉 ………………230
高精細度テレビ ……………130
鉱石検波器 …………………212
高速フーリエ変換 …………25
広帯域 ISDN …………………62
光電変換 ………………………56
高能率符号化 ……………68,69
高品位テレビ ………………130
後方散乱光 …………………110
交流電動機 …………………12
交流発電機 …………………12
ゴラール ………………………11
コリニヤー相互作用 ………234
コロッサス …………………175
コンテンツ ……………………85
コンピュータスペース ……193
コンピュータネットワーク 169
コンピュータプログラミング
………………………………165

【さ】

最小重み ……………………171
最小偏差合成 SD ……………50
再送訂正方式 ………………60
最適視距離 …………………131
サイバースペース …………169
索表コンピュータ …………190
佐久間象山 …………………13
座席指定券 …………………191
座席ファイルコンピュータ 190
サチコン管 …………………133
撮像デバイス ………………211
サバール ……………………6
サブフィールド法 …………155
酸化ゲルマニウム ……………97
酸化チタン ……………………95
3 次元グラフィックス用
　プロセッサ ……………197
3 相回転磁界 …………………12
3 相交流変圧器 ………………12
3 段フレーム ………40,41,43
3 電極面放電 PDP …………154

【し】

市外クロスバ ………………44
市外クロスバ交換機 ………42
市外交換機 ……………………39
紫外線 ………………………152
市外中継用交換機 …………43
市外通話帯域制 ………39,40
市外発信交換機 ……………42
市外発着信機能 ……………44
市外網 …………………………45
磁気転写記録 ………………114
磁気バブルメモリ …………113
磁気ひずみ遅延線 …………190
視距離 ………………………131
自己誘導現象 …………………7
磁性薄膜 ……………………112
次世代ゲーム機 ……………197
7 タップトランスバーサル
　等化器 ……………………55
実験用中形放送衛星 ………129
実用形 HARP 撮像管 ………145
自動改式 ………………………46
自動交換技術委員会 ………43
自動即時サービス ……………45
自動ベクトル化方式 ………200
市内クロスバ ………………44
市内交換機 ……………………39
字幕放送 ……………………162
ジーメンス ……………………11
ジャンクタ …………………41
十字ボタン …………………194
集積回路 ……………………209
集中局 …………………………39
集電子 …………………………11
重要加入者 ……………………46
シュタインメッツ ……………8
手動交換機 …………………40
ジュールの法則 ……………10
巡回符号 ……………………171
循環遅延線 …………………188
循環レジスタ ………………189
順次走査 ……………………132
準ミリ波 ……………………34
蒸気機関 ………………………3
情報バリアフリー …………162
シリング ……………………13
自励式直流発電機 …………11
真空管 …………………208,214
シングルモード光伝送方式 91
シンコム衛星 ………………125
深層記録 ……………………161

【す】

垂直モード ……………………59
水平モード ……………………59
数値風洞 ……………………202
すぐつく電話 …………………46
すぐつながる電話 ……………46
スタインメッツ ……8,18,21
スタージョン ……………7,13
すだれ状電極 ………228,229
すだれ状電極変換器 ………228
スタンレー ……………………12
ステップバイステップ交換機
………………………………40,43
ストーニー ……………………6
ストライプ構造 ……………155
ストライプレーザ …………103
ストロジャー ………………14
スーパー 301 条 ……………183
スーパーツイステッド
　ネマチック形 …………149
スパッタリング ……………153
スーパーファミコン …195,197
スーパーマリオブラザーズ 195
スプライト …………………194
スペースインベーダー ……194
スペースダイバーシチ ………49
スワン ………………………12

【せ】

正極同期 ……………………126
精細度 ………………………131
静止画符号化 ……………69,70
正実関数 ……………………23
生成多項式 …………………172
静電気 …………………………3
静電誘導現象 …………………3
セガサターン ………………197
石英ガラス …………………95
積算度数 ……………………42
積滞解消 …………………38,46
接合トランジスタ …………217
接続方路情報 ………………42
ゼビウス ……………………195
ゼーベック起電力 ……………6
ゼーベック効果 ………………6
線形解析法 ……………179,180
全国自動即時化 ……………46
全国電話番号計画 …………38
全国番号計画 …………………44
線順次駆動 …………………153
全走査線数 …………………135
全電子化無限移相器 …………50
ゼンメリング ………………13

【そ】

- 総括局 ………………………… 39
- 相互相関関数 ……………… 174
- 相互通信 ……………………… 62
- 走査線数 …………………… 130
- 走査変換 …………………… 126
- 送受信制御装置 …………… 190
- 双対符号 …………………… 171
- 増幅器 ……………………… 208
- ゾーベル ……………………… 22

【た】

- 大群化 …………………… 39, 40, 42
- 代数的復号法 ……………… 171
- 大送信電力衛星 …………… 129
- ダイナモ電気 ………………… 11
- ダイナモ発電機 ……………… 11
- 第2種小自動交換機 ………… 44
- 多孔質母材 …………………… 98
- 正しい復号 ………………… 170
- 畳込み積分 ………………… 234
- 多チャネルPCM音声放送 …123
- 縦波 ………………………… 228
- 縦横比 ……………………… 131
- ダニエル電池 ………………… 5
- 多変数回路 …………………… 24
- 多モードファイバ …………… 95
- 端局 ………………………… 39
- タングステン電球 …………… 12
- 単結晶の育成 ……………… 230
- 短縮巡回符号 ……………… 172
- 弾性表面波 ………………… 228
- 弾性表面波共振器 ………… 233
- 炭素フィラメント …………… 12
- 炭素マイクロホン送話器 …… 14
- タンタル酸リチウム ……… 233

【ち】

- チェイニング ……………… 199
- 地球シミュレータ ……169, 203
- 蓄積変換機能 …………… 42, 43
- 蓄積メディア …………… 72, 73
- 蓄積メディア符号化技術 …… 71
- 地磁気 ………………………… 2
- 地上デジタル放送 ………… 136
- 着信加入者 ………………… 39
- 中局用クロスバ方式 ………… 44
- 中継器 ……………………… 28
- 中心局 ……………………… 39
- 超音波 ……………………… 228
- 超機能分散システム ……… 186
- 直交振幅変調 ………………… 47

【つ】

- ツイステッドネマチック方式 ……………………… 149
- 通研 ………………… 31, 38, 43
- 通話路 ……………… 39, 40, 44
- 通話路フレーム ……………… 42

【て】

- 抵抗加熱炉 ………………… 230
- ディジタルVTR …………… 133
- ディジタル画像 ……………… 68
- ディジタルシグナルプロセッサ ……………………………… 24
- ディジタル署名 ………176, 177
- ディジタル同期網 …………… 65
- ディジタルハイアラーキ …… 63
- ディジタルファクシミリ …… 58
- デーヴィ ……………………… 5
- 出側回線 …………………… 40
- デコード …………………… 70
- デジタルハイビジョン放送 …134
- テスラ ……………………… 12
- デッドゾーン ……………… 111
- デーピー …………………… 12
- デファクトスタンダード … 162
- テブナン …………………… 10
- 手回しの磁石式直流発電機 …11
- テレビテニス ……………… 194
- テレホーダイ ………………… 81
- 電気機械結合係数 ………… 230
- 電気通信研究所 ………… 31, 38
- 電気-光変換効率 ………… 104
- 電気分解の法則 ……………… 5
- 電子 ………………………… 6
- 電子管 ……………………… 207
- 電子交換方式 ………………… 38
- 電磁式電信機 ………………… 13
- 電磁石 ………………………… 7
- 電子デバイス ……………… 206
- 電磁波 ………………………… 8
- 電子番組ガイド …………… 124
- 電子ビーム露光装置 ……… 232
- 電磁誘導現象 ………………… 7
- 点接触トランジスタ ……… 217
- 電電公社 …………………… 38
- 伝搬減衰 …………………… 230
- 電流狭窄構造 ……………… 104
- 電流計 ………………………… 6
- 電流の磁気作用 ……………… 6
- 電話ネットワーク ………… 213
- 電話網 ……………………27, 38

【と】

- 動画擬似輪郭 ……………… 155
- 透過蛍光面 ………………… 154
- 動画像圧縮符号化 …………… 71
- 動画符号化方式 ……………… 69
- 統合デジタル放送 ………… 122
- 同軸ケーブル ………………… 28
- 動的散乱モード …………… 149
- 動物電気 ……………………… 4
- 度数計 ……………………… 42
- 特許権 ……………………… 60
- 飛越し走査 ………………… 132
- ドブロヴォルスキー ………… 12
- トムソン効果 ………………… 7
- トムソン熱 …………………… 7
- ドラゴンクエスト ………… 195
- トラヒック ………………… 39
- トランジスタ ……………… 209
- トランスバーサル形
  - 自動等化器 ………………… 51
- トランスバーサルフィルタ 233

【な】

- ナイキストロールオフ
  - フィルタ …………………… 49
- 鉛蓄電池 ……………………… 5

【に】

- 2元線形符号 ……………… 170
- 2元対称通信路 …………… 170
- ニコルソン …………………… 5
- 2次元符号化方式 ……… 57, 61
- 2次電子放出係数 ………… 153
- 二次電池 ……………………… 5
- 2線式回線 …………………… 40
- 2線式回線交換 ……………… 40
- 2相交流発電機 ……………… 12
- 2段フレーム ……………40, 43
- 2枚反射鏡オフセット形
  - アンテナ …………………… 53
- ニュートン …………………… 3

【ね】

- 熱起電力 ……………………… 6
- 熱電対 ………………………… 6
- 熱電流現象 …………………… 6
- 眠れる巨人 ………………… 56

【の】

- ノイマンコンピュータ …… 164
- ノイマンの法則 ……………… 7
- ノッチ検出形最小振幅
  - 偏差SD …………………… 55

索引

ノートブックシステム ……214
ノンリニアエンファス ……126

【は】

ハイビジョン ………130, 151
ハイビジョン地上デジタル放送
　………………………134
ハイビジョン用プラズマディス
　プレイ共同開発協議会 ……155
ハイファイオーディオ ……161
パイプライン処理 ………198
ハイブリッドIC ……………34
ハイブリッド符号化方式 ……69
バグダード電池 ………………4
白熱電球 ……………………12
薄膜トランジスタ ………149
歯車マシン ………………169
パケット ……………………84
パス ……………………………64
パスモード …………………59
パーソナルコンピュータ ……169
8ミリビデオ ………………162
バーチャルコンテナ ………63
波長多重技術 ………………93
パックマン ………………194
発光効率 …………………156
発光ダイオード …………101
発加入者 …………………39
ハードウェア記述言語 ……204
波動解析 …………………230
ハープ撮像管 ……………141
ハフマン符号化 …………70
ハミング距離 ……………170
ハミング符号 ……………172
パラメトロン ……………166
バリア ……………………213
針磁気記録 ………………114
バルクハウゼン・クルツ
　振動管 …………………235
パルスメモリ方式 ………153
パルテノン ………………204
パルテノン研究会 ………205
バローズ形パネル ………152
反射形蛍光面構造 ………155
反射器 ……………………233
半導体不揮発性メモリ ……224
半導体レーザ ……………100
万有引力の法則 ……………3

【ひ】

ビオ ……………………………6
ビオ・サバールの法則 ………6
光インターコネクト ……105
光回路 ……………………100
光加入者システム ……………89
光共振器 …………………102
光磁気記録 ………………114
光磁気ディスク …………112
光スペクトラムアナライザ …111
光センサ …………………210
光増幅器 …………………93
光通信ネットワーク ……105
光電力計 …………………108
光導電形撮像管 …………142
光表面波導波路 …………234
光ファイバ …………………36
光ファイバ融着技術 ……117
引上げ装置 ………………230
ピキシー ……………………11
ピーク相互相関値 ………174
微細加工技術 ……………232
非線形効果 ………………234
非線形定数 ………………234
非対称セル構造 …………155
ビット誤り率 ……………170
ビットストリーム ……………70
ビットマップ ……………193
非電話系サービス ………42
ビデオゲーム ……………193
ヒューズ ……………………14
標準テスト原稿 …………58
表面準位 …………………215
避雷針 ………………………3
平　文 ……………………176

【ふ】

ファブリ・ペロー ………102
ファミリーコンピュータ …194
ファラデー ……………5, 7
　──の電磁誘導の法則 ……7
フィルタ設計論 ……………22
フィールドフレーム
　適応符号化 ……………73
フェーザ解析 ……………17
フェーザの導入 …………19
フェージング補償技術 ……49
フォイスナー ……………10
フォスター ………………23
負帰還増幅 ………………29
復号誤り ……………………170
復号器 ……………………170
符号化 ………………31, 170
符号器 ……………………170
符号技術 …………………170
符号分割多元接続方式 ……174
プッシュホン ………………46
部分共通制御方式 ……41, 43, 44
不変置換群 ………………171

ブラウザ ……………………84
プラズマディスプレイ
　………………………150, 151
フラッシュメモリ ………223
フランクリン ………………2
プランテ ……………………5
ブルーネ ……………………23
プレイステーション ……195
プレイステーション2 ……197
フレネル反射 ……………110
プログラマブルキャラクタ
　ジェネレータ …………193
プログラム内蔵方式 ……164
ブロック符号 ……………170
ブロードバンド …………93
ブロードバンドエンター
　テインメント …………198
分散メモリ形 ……………199
分子線エピタキシー法 ……219
分子ビーム成長装置 ……101
分配階梯 ……………39, 41, 43
分布帰還形 ………………100
分布ブラッグ反射鏡 ……104

【へ】

ペアケーブル ………………28
並列計算機 ………………201
ヘヴィサイド …………………8
ベクトル化 ………………200
ベクトル計算機 …………198
ベクトルレジスタ ………199
ベータ ……………………157
ベネット ……………………3
ヘビサイド ……………19, 20
ヘリカルスキャン方式 ……158
ベル ………………………13
ベル研究所 ………………30
ヘルツ ………………………8
ペルティエ効果 ……………6
ベル友 ……………………84
ヘルムホルツ ………………10
ベレビッチ ………………24
変圧器 ……………………12
変位電流 ……………………8
変化画素 ………………57, 59
変化点相対アドレス符号化
　…………………………56, 57
変調ドープ超格子 ………217
変復調 ……………………56
ヘンリー ……………………7

【ほ】

ポアンカレ ………………10
ホイートストン …………13

ホイートストンブリッジ …… 10
放送メディア ………………… 73
放電ガス ……………………… 152
放電形ディスプレイ ………… 133
ポケベル ……………………… 84
ボーズ・チャウドリ
・ホッケンゲム符号 ……… 171
ポッケンドルフ ………………… 6
ボルタ …………………………… 2
ボルタ電池 ……………………… 5
ポン …………………………… 193

【ま】

マイクロ波 …………………… 30
マイクロ波管 ……………… 210
マイクロプロセッサ … 169, 181
毎秒像数 …………………… 131
マグネトロン ……………… 235
摩擦起電機 …………………… 2
マックスウェル ……………… 3
　──の方程式 ……………… 8
窓口入出力装置 …………… 190
マルチキャリヤ技術 ………… 54
マルチパスフェージング …… 49
マンガン乾電池 ……………… 5

【み】

ミシェル ………………………… 3
緑の窓口 ……………… 187, 191
ミリ波 ………………………… 37

【め】

メインフレーム …………… 201
メガドライブ ……………… 197
メモリバンド幅 …………… 199
メール ………………………… 84

面発光レーザ …………… 102, 103

【も】

文字多重放送 ……………… 121
モディファイド READ ……… 59
モールス符号 ………………… 13

【ゆ】

有機金属化学的気相成長法　219
有機金属気相成長 ………… 102
有効画素数 ………………… 135
有効走査線数 ……………… 135
融着接続機 ………………… 118
融着法 ……………………… 117
誘導電動機 …………………… 12
ユビキタスコンピューティング
　……………………………… 182

【よ】

横波 ………………………… 228
4 線式回線 …………………… 40
4 段フレーム ………… 41, 43〜46

【ら】

ライス ………………………… 13
ライデンびん ………………… 2
ラインバッファ …………… 193
ラインロックアウト ………… 46
ラングミュア ………………… 12
ランレングス ………………… 69

【り】

リアクタンス ………………… 8
リアルタイム OS ………… 184
リアルタイム制御プログラム
　……………………………… 191

離散的コサイン変換 ………… 68
リソグラフィ技術 ………… 229
リッター ……………………… 5
立体平面回路 ……………… 127
リード・マラー …………… 171
量子化 ………………………… 70
両方向性電極 ……………… 232
リンク接続 …………………… 40
リング発振器 ……………… 222
リンクブロック率 …………… 41
臨場感 ……………………… 131

【る】

ルート f 特性 ……………… 28

【れ】

レイテンシ ………………… 199
レイリー散乱 ……………… 110
レイリー波 ………………… 228
レイリー波ブランチ ……… 231
レイレイ ……………………… 9
レクランシェ電池 …………… 5
レーザアレー ……………… 104

【ろ】

ロドギン ……………………… 12
ローレンツの法則 …………… 9
ローレンツ力 ………………… 9
論理合成 …………………… 204

【わ】

ワイヤスプリングリレー
　………………………… 42, 44
ワグナー …………………… 22
ワット ………………………… 3
わら検電器 …………………… 3

【A】

Abilene …………………………… 80
AC 形 PDP …………………… 152
ADCT …………………………… 70
ADSL …………………………… 81
AES …………………………… 178
ALIS …………………………… 155
AnnexC ………………………… 81
ARPA …………………………… 76
ASCI 計画 …………………… 202
a-Si（H）TFT ……………… 150
ATARI 2600 ………………… 195
ATSRI VCS ………………… 195
ATM …………………………… 64
AUP …………………………… 78

【B】

BCH 符号 …………………… 171
Bendix-G 15 ………………… 188
BS-2 a，2 b，3 a …………… 129
BST …………………… 137, 138
BS デジタル放送 ……… 121, 123
BTRON ……………………… 183
B フレーム ………………… 69, 73

【C】

C 1 形自動交換機 …………… 46
C 22 形自動交換機 ………… 46
C 2 形クロスバ ……………… 44
C 400 形クロスバ交換機 …… 38
C 400 形交換機 ……………… 46
C 40・50 形クロスバ ……… 44

C 41・51 形クロスバ ……… 44
C 45 形 ………………………… 45
C 460 形交換機 ……………… 46
C 5 形クロスバ ……………… 44
C-60 M 方式 ………………… 28
C 61 形クロスバ …………… 44
C 63 形交換機 ……………… 45
C 6 形 ………………………… 45
C 80 形クロスバ …………… 44
C 82 形交換機 ……………… 45
C 8 形 ………………………… 45
Camelia …………………… 180
CCIR ……………………… 135
CCITT …………… 56, 57, 58, 69
CD ………………… 112, 120
CDMA …………………… 174
CD-ROM ………………… 197

索　　　　　引　　**263**

【C】

CEC *183*
CELL *198*
CFP *72*
CIPHERUNICORN *179*
CP-PACS *203*
CRYPTREC *180*
CSNET *79*
CS デジタル放送 *123*

【D】

DBR *104*
DCT .... *68〜70*, *122*
DC 形 PDP *152*
DFB *100*
D-HEMT *219*
DNS *78*
DSM *149*
DSP *24*

【E】

ECM *61*
EDIC *56*, *58*
EDSAC *164*
EGP *78*
E-HEMT *219*
ENIAC *164*
ETL Mark-Ⅰ, Ⅱ *165*
ETL Mark Ⅲ *166*
ETL Mark Ⅳ *167*

【F】

F 501 i *84*
FACOM 100, 128 .... *165*
FACOM 212 .... *167*
FDDP *205*
FDM 伝送 *28*
FM 記録方式 *157*
FM 変調 *30*
FORTRAN *168*
FTTH *82*, *93*
FUJIC *165*

【G】

G 1 機 *56*
G 2, 3 機 *57*
G 3 ファクシミリ *56*
GaAs *101*
GaAs MESFET *221*
GaAs MOSFET *218*
GaAs ショットキーゲート
　電界効果トランジスタ ... *221*
GaInAlP *103*
GaInAsP *100*
GaN *103*

Gnutella *82*

【H】

HARP 管 *133*, *141*, *142*
HDLC *60*
HDTV *93*, *130*
HDTV/PAL 方式変換装置
　............................. *135*
HEMT *128*, *218*
HEMT 集積回路 *222*
HieroCrypt *180*
HIPAC-1 .... *166*
HIPAC 101 .... *167*
HITAC 301, 102 B *167*
HTML/HTTP *84*

【I】

IAB *78*
IANA *78*
IBM 650 .... *166*
IBM 704 .... *168*
IBM System/360, 370 ... *181*
IBM 産業スパイ事件 *181*
IBM システム/360 .... *191*
ICANN *78*
IC タグ *187*
IC 特許 *168*
IDT *229*
IETF *78*
i-mode *80*
IMP *77*
Internet 2 .... *80*
IP *77*
ISDB *122*
ISDN *37*
ISO/IEC *69*, *72*
ITRON *184*
ITU *135*
ITU-T *56*, *69*
i モード *84*

【J】

Java *85*
JCT-1/ISO・IEC *69*
JUNET *79*

【K】

Kasami codes *174*
KASUMI *179*
KDC-Ⅰ *167*
KNbO₃ *231*
K 走査線 *60*

【L】

LCD *147*
LiNbO₃ 単結晶 *230*

【M】

MARS *189*
MARS-1 .... *189*
MARS-101, 102 .... *187*
MARS-501 .... *188*
MBE *101*, *219*
MC *69*
MCVD 法 *97*
MD *112*
MgO 保護膜 *153*
MH *57*, *58*
MISTY *179*
MO *112*
MOCVD *102*, *219*
MOR 型フラッシュメモリ ... *224*
MPEG .... *69〜76*, *123*
MPEG-101 .... *76*
MPEG-1, 2, 4
　............ *69*, *73*, *74*, *134*, *139*
MPEG-7, 21 .... *75*
MR *56*, *59*, *61*
MUSASINO-1 .... *166*
MUSE *134*

【N】

NAND 型フラッシュメモリ
　............................. *224*
Napster *82*
NCP *77*
NEAC 2201, 2203 ...... *167*
NESSIE *180*
NIC *78*
No.5 クロスバ *43*
No.7 クロスバ *43*
NSF *78*
NTSC *130*
NTT ドコモ *84*

【O】

OFDM *55*, *124*, *136*
OTDR *109*

【P】

PAL *130*
PARTHENON *204*
PC-1 .... *166*
PC-FX *197*
PCM 24 方式 *32*
PCM-400 M 方式 *35*

PCM 伝送 ……………………31	SONET ………………………63	VHS-C システム ……………162
PCM 録音機 ………………120	SSB 変調 ……………………29	VHS-C ムービー ……………162
PDH …………………………63	STN …………………………149	V 溝法 ………………………117
PDP ……………133, 150, 151	【T】	【W】
PI 方式 ……………………160	T1 方式 ……………………31	WADMA の国際基準 ………174
PlayStation 3 ………………198	TAC …………………………165	WAP …………………………85
PPU …………………………194	TAO …………………………179	WARC-BS …………………127
PS 2 …………………………197	TbFeCo 膜 …………………115	W-CDMA …………………234
PSEC-KEM …………………180	TCP …………………………77	Winny ………………………83
PSX …………………………198	TELNET ……………………77	WWW ………………………79
PS 方式 ……………………160	TE-TM Mode 変換 ………234	【X】, 【Y】, 【Z】
【R】	TFT …………………………149	XBOX 360 …………………198
RAC ……………………56, 57, 58	TN …………………………149	Y-Δ 変換 ……………………8
READ ……………………56, 58	TOSBAC 2103 ……………167	ZnSe ………………………103
Revolution…………………198	TRADIC ……………………166	【数字・ギリシャ】
RFID ………………………187	TRON プロジェクト ………182	128°Y-X LiNbO$_3$ ………233
RM 符号 ……………………171	TV ゲーム …………………193	1.5 Mbit/s 系 ………………63
【S】	【U】	16 QAM ……………………47
SC 2000 暗号 ………………180	UDP …………………………77	2 Mbit/s 系 …………………63
SC 29 ………………………72	UNIVAC ……………………165	36°回転 Y-X LiTaO$_3$ ……233
SDH …………………………63	UUCP ………………………79	3 DO REAL …………………197
SD 装置 ……………………50	【V】	3 R ……………………………31
SECAM ……………………130	VAD 法 ………………………99	4/5 L-D1 方式 ………………54
SENAC-1 ……………………166	vBNS ………………………79	4 PSK ………………………47
SFL …………………………204	VHS …………………………157	Δ-Y 変換 ……………………8
SMPTE ……………………132		

電子情報通信技術史
―おもに日本を中心としたマイルストーン―
History of Technologies on Electronics, Information and Communication
— Milestones Centering on Japanese Technologies —

　　　　　　　　　　　　Ⓒ 社団法人　電子情報通信学会　2006

2006年3月20日　初版第1刷発行

検印省略	編　者	社団法人 電 子 情 報 通 信 学 会 「技術と歴史」研究会 http://www.ieice.org/
	発 行 者	株式会社　コロナ社 代 表 者　牛 来 辰 巳

112-0011　東京都文京区千石 4-46-10
発行所　株式会社　コロナ社
CORONA PUBLISHING CO., LTD.
Tokyo　Japan　　Printed in Japan
振替 00140-8-14844・電話(03)3941-3131(代)
http://www.coronasha.co.jp

ISBN 4-339-01802-3
印刷：壮光舎印刷／製本：グリーン

無断複写・転載を禁ずる
落丁・乱丁本はお取替えいたします

電子情報通信レクチャーシリーズ

■(社)電子情報通信学会編　　　(各巻B5判)

共通

	配本順			頁	定価
A-1		電子情報通信と産業	西村吉雄著		
A-2	(第14回)	電子情報通信技術史 ―おもに日本を中心としたマイルストーン―	「技術と歴史」研究会編	276	4935円
A-3		情報社会と倫理	辻井重男著		
A-4		メディアと人間	原島 博／北川 高嗣 共著		
A-5	(第6回)	情報リテラシーとプレゼンテーション	青木由直著	216	3570円
A-6		コンピュータと情報処理	村岡洋一著		
A-7		情報通信ネットワーク	水澤純一著		
A-8		マイクロエレクトロニクス	亀山充隆著		
A-9		電子物性とデバイス	益 一哉著		

基礎

B-1		電気電子基礎数学	大石進一著		
B-2		基礎電気回路	篠田庄司著		
B-3		信号とシステム	荒川 薫著		
B-4		確率過程と信号処理	酒井英昭著		
B-5		論理回路	安浦寛人著		
B-6	(第9回)	オートマトン・言語と計算理論	岩間一雄著	186	3150円
B-7		コンピュータプログラミング	富樫 敦著		
B-8		データ構造とアルゴリズム	今井 浩著		
B-9		ネットワーク工学	仙石正和／田村裕 共著		
B-10	(第1回)	電磁気学	後藤尚久著	186	3045円
B-11		基礎電子物性工学	阿部正紀著		
B-12	(第4回)	波動解析基礎	小柴正則著	162	2730円
B-13	(第2回)	電磁気計測	岩﨑 俊著	182	3045円

基盤

C-1	(第13回)	情報・符号・暗号の理論	今井秀樹著	220	3675円
C-2		ディジタル信号処理	西原明法著		
C-3		電子回路	関根慶太郎著		
C-4		数理計画法	福島雅夫／山下信雄 共著		
C-5		通信システム工学	三木哲也著		
C-6		インターネット工学	後藤滋樹著		
C-7	(第3回)	画像・メディア工学	吹抜敬彦著	182	3045円
C-8		音声・言語処理	広瀬啓吉著		
C-9	(第11回)	コンピュータアーキテクチャ	坂井修一著	158	2835円

配本順			頁	定価
C-10	オペレーティングシステム	徳田英幸 著		
C-11	ソフトウェア基礎	外山芳人 著		
C-12	データベース	田中克己 著		
C-13	集積回路設計	浅田邦博 著		
C-14	電子デバイス	舛岡富士雄 著		
C-15 (第8回)	光・電磁波工学	鹿子嶋憲一 著	200	3465円
C-16	電子物性工学	奥村次徳 著		

展 開

D-1	量子情報工学	山崎浩一 著		
D-2	複雑性科学	松本隆・相澤洋二 共著		
D-3	非線形理論	香田徹 著		
D-4	ソフトコンピューティング	山川烈 著		
D-5	モバイルコミュニケーション	中川正雄・大槻知明 共著		
D-6	モバイルコンピューティング	中島達夫 著		
D-7	データ圧縮	谷本正幸 著		
D-8 (第12回)	現代暗号の基礎数理	黒澤馨・尾形わかは 共著	198	3255円
D-9	ソフトウェアエージェント	西田豊明 著		
D-10	ヒューマンインタフェース	西田正吾・加藤博一 共著		
D-11	結像光学の基礎	本田捷夫 著		
D-12	コンピュータグラフィックス	山本強 著		
D-13	自然言語処理	松本裕治 著		
D-14 (第5回)	並列分散処理	谷口秀夫 著	148	2415円
D-15	電波システム工学	唐沢好男 著		
D-16	電磁環境工学	徳田正満 著		
D-17	VLSI工学 —基礎・設計編—	岩田穆 著		
D-18 (第10回)	超高速エレクトロニクス	中村徹・三島友義 共著	158	2730円
D-19	量子効果エレクトロニクス	荒川泰彦 著		
D-20	先端光エレクトロニクス	大津元一 著		
D-21	先端マイクロエレクトロニクス	小柳光正 著		
D-22	ゲノム情報処理	高木利久 著		
D-23	バイオ情報学	小長谷明彦 著		
D-24 (第7回)	脳工学	武田常広 著	240	3990円
D-25	生体・福祉工学	伊福部達 著		
D-26	医用工学	菊地眞 著		
D-27	VLSI工学 —製造プロセス編—	角南英夫 著		

定価は本体価格+税5%です。
定価は変更されることがありますのでご了承下さい。

図書目録進呈◆

電子情報通信学会 大学シリーズ

(各巻A5判)

■(社)電子情報通信学会編

配本順		書名	著者	頁	定価
A-1	(40回)	応用代数	伊藤 正夫／理重 悟 共著	242	3150円
A-2	(38回)	応用解析	堀内 和夫 著	340	4305円
A-3	(10回)	応用ベクトル解析	宮崎 保光 著	234	3045円
A-4	(5回)	数値計算法	戸川 隼人 著	196	2520円
A-5	(33回)	情報数学	廣瀬 健 著	254	3045円
A-6	(7回)	応用確率論	砂原 善文 著	220	2625円
B-1	(57回)	改訂 電磁理論	熊谷 信昭 著	340	4305円
B-2	(46回)	改訂 電磁気計測	菅野 允 著	232	2940円
B-3	(56回)	電子計測(改訂版)	都築 泰雄 著	214	2730円
C-1	(34回)	回路基礎論	岸 源也 著	290	3465円
C-2	(6回)	回路の応答	武部 幹 著	220	2835円
C-3	(11回)	回路の合成	古賀 利郎 著	220	2835円
C-4	(41回)	基礎アナログ電子回路	平野 浩太郎 著	236	3045円
C-5	(51回)	アナログ集積電子回路	柳沢 健 著	224	2835円
C-6	(42回)	パルス回路	内山 明彦 著	186	2415円
D-2	(26回)	固体電子工学	佐々木 昭夫 著	238	3045円
D-3	(1回)	電子物性	大坂 之雄 著	180	2205円
D-4	(23回)	物質の構造	高橋 清 著	238	3045円
D-6	(13回)	電子材料・部品と計測	川端 昭 著	248	3150円
D-7	(21回)	電子デバイスプロセス	西永 頌 著	202	2625円
E-1	(18回)	半導体デバイス	古川 静二郎 著	248	3150円
E-2	(27回)	電子管・超高周波デバイス	柴田 幸男 著	234	3045円
E-3	(48回)	センサデバイス	浜川 圭弘 著	200	2520円
E-4	(36回)	光デバイス	末松 安晴 著	202	2625円
E-5	(53回)	半導体集積回路	菅野 卓雄 著	164	2100円
F-1	(50回)	通信工学通論	畔柳 功芳／塩谷 光 共著	280	3570円
F-2	(20回)	伝送回路	辻井 重男 著	186	2415円
F-4	(30回)	通信方式	平松 啓二 著	248	3150円

記号	(回)	書名	著者	頁	価格
F-5	(12回)	通信伝送工学	丸林　元著	232	2940円
F-7	(8回)	通信網工学	秋山　稔著	252	3255円
F-8	(24回)	電磁波工学	安達三郎著	206	2625円
F-9	(37回)	マイクロ波・ミリ波工学	内藤喜之著	218	2835円
F-10	(17回)	光エレクトロニクス	大越孝敬著	238	3045円
F-11	(32回)	応用電波工学	池上文夫著	218	2835円
F-12	(19回)	音響工学	城戸健一著	196	2520円
G-1	(4回)	情報理論	磯道義典著	184	2415円
G-2	(35回)	スイッチング回路理論	当麻喜弘著	208	2625円
G-3	(16回)	ディジタル回路	斉藤忠夫著	218	2835円
G-4	(54回)	データ構造とアルゴリズム	斎藤信男・西原清二共著	232	2940円
H-1	(14回)	プログラミング	有田五次郎著	234	2205円
H-2	(39回)	情報処理と電子計算機（「情報処理通論」改題新版）	有澤　誠著	178	2310円
H-3	(47回)	電子計算機 I ―基礎編―	相磯秀夫・松下温共著	184	2415円
H-4	(55回)	改訂 電子計算機 II ―構成と制御―	飯塚　肇著	258	3255円
H-5	(31回)	計算機方式	高橋義造著	234	3045円
H-7	(28回)	オペレーティングシステム論	池田克夫著	206	2625円
I-3	(49回)	シミュレーション	中西俊男著	216	2730円
J-1	(52回)	電気エネルギー工学	鬼頭幸生著	312	3990円
J-3	(3回)	信頼性工学	菅野文友著	200	2520円
J-4	(29回)	生体工学	斎藤正男著	244	3150円
J-5	(45回)	改訂 画像工学	長谷川伸著	232	2940円

以下続刊

C-7	制御理論	D-1	量子力学
D-5	光・電磁物性	F-3	信号理論
F-6	交換工学	G-5	形式言語とオートマトン
G-6	計算とアルゴリズム	J-2	電気機器通論

定価は本体価格+税5%です。
定価は変更されることがありますのでご了承下さい。

図書目録進呈◆

電子情報通信学会 大学シリーズ演習

(各巻A5判,欠番は品切です)

配本順			頁	定価
3.(11回)	数値計算法演習	戸川 隼人 著	160	2310円
5.(2回)	応用確率論演習	砂原 善文 著	200	2100円
6.(13回)	電磁理論演習	熊谷・塩澤 共著	262	3570円
7.(7回)	電磁気計測演習	菅野 允 著	192	2205円
10.(6回)	回路の応答演習	武部・西川 共著	204	2625円
16.(5回)	電子物性演習	大坂之雄 著	230	2625円
19.(4回)	伝送回路演習	辻井・石井 共著	228	2520円
22.(12回)	通信伝送工学演習	丸林・穂刈 共著	150	2100円
27.(10回)	スイッチング回路理論演習	当麻・米田 共著	186	2520円
31.(3回)	信頼性工学演習	菅野 文友 著	132	1470円

以下続刊

1.	応用解析演習	堀内和夫 他著	2.	応用ベクトル解析演習	宮崎 保光 著
4.	情報数学演習	廣瀬 健 他著	8.	電子計測演習	都築 泰雄 他著
9.	回路基礎論演習	岸 源也 他著	11.	基礎アナログ電子回路演習	平野浩太郎 著
12.	パルス回路演習	内山 明彦 著	13.	制御理論演習	児玉 慎三 著
14.	量子力学演習	神谷武志 他著	15.	固体電子工学演習	佐々木昭夫 他著
17.	半導体デバイス演習	古川静二郎 著	18.	半導体集積回路演習	菅野 卓雄 他著
20.	信号理論演習	原島 博 他著	21.	通信方式演習	平松 啓二 著
24.	マイクロ波・ミリ波工学演習	内藤 喜之 他著	25.	光エレクトロニクス演習	
28.	ディジタル回路演習	斉藤 忠夫 著	29.	データ構造演習	斎藤 信男 他著
30.	プログラミング演習	有田五次郎 著			

定価は本体価格+税5%です。
定価は変更されることがありますのでご了承下さい。

図書目録進呈◆